Göschens Lehrbücherei

1. Gruppe

Reine und angewandte Mathematik

Band 11

Elliptische Funktionen

Von

Dr. R. König und Dr. M. Krafft

Walter de Gruyter & Co.
vormals G. J. Göschen'sche Verlagshandlung
J. Guttentag, Verlagsbuchhandlung — Georg
Reimer — Karl J. Trübner — Veit & Comp.
Berlin W 10 und Leipzig
1928

Elliptische Funktionen

Von

Dr. R. König und **Dr. M. Krafft**

o. Professor an der Universität Jena

a. o. Professor an der Universität Marburg i. H.

Mit 4 Figuren

Walter de Gruyter & Co.

vormals G. J. Göschen'sche Verlagshandlung
J. Guttentag, Verlagsbuchhandlung — Georg
Reimer — Karl J. Trübner — Veit & Comp.

Berlin W 10 und Leipzig

1928

Druck von C. G. Röder G. m. b. H., Leipzig

Vorwort.

Vorliegendes Buch will nicht ein Kompendium der elliptischen Funktionen sein — der Leser findet solche Werke in der Literaturübersicht am Schlusse —, sondern es will dem Studierenden und Fachmann die elliptischen Funktionen als Glied eines großen Organismus verstehen lehren, der mit den einfachsten analytischen Funktionen, den rationalen, beginnt, sich zu den elliptisch-algebraischen und algebraischen entfaltet und schließlich zu den Riemannschen Funktionensystemen (den Lösungssystemen linearer homogener Differentialgleichungen vom Fuchsschen Typus) emporwächst. Diesen Organismus — nach der Auffassung B. Riemanns und F. Kleins — beherrscht ein einheitliches Gesetz, dessen Struktur zum erstenmal und am einfachsten an den elliptisch-algebraischen Funktionen sichtbar wird; um nur eines zu nennen, tritt — ähnlich wie in der Geometrie — ein Dualitätsprinzip in Erscheinung, welches jedem Satz über Funktionen einen solchen über Differentiale an die Seite stellt.

Dem gekennzeichneten Standpunkt entspricht die Methode: nicht mit ad hoc konstruierten Hilfsmitteln und Rechnungen Sätze und Formeln aufzustellen, sondern aus den Grundeigenschaften der elliptischen Funktionen und zwar 1. der einfachsten, allgemeinsten, daß sie eine lineare Mannigfaltigkeit (Klasse) bilden, 2. der spezielleren, daß sie einen algebraischen Körper bilden und 3. der speziellsten, daß sie vom Geschlecht eins sind, die Ergebnisse organisch und genetisch zu entwickeln. Ähnlich wie in der Elementargeometrie die Axiomatik ordnend und sichtend eingreift, erhält hier jeder Satz seine bestimmte Stellung; es ist überraschend, ein wie großer Teil der bekannten Lehrsätze u. a. gar nicht an die elliptischen Funktionen gebunden ist, sondern bereits aus der allgemeinen Eigenschaft 1 folgt.

Der Leser, bei dem wir nur die gewöhnliche Funktionentheorie voraussetzen, wird hierbei nicht nur mit den Auffassungen Riemanns vertraut, die der ganzen Anlage des Buches zugrunde liegen, sondern er lernt auch die Methoden und Begriffsbildungen der Arithmetiker, eines Dedekind, K. Hensel kennen und vor allem das kraftvolle Werkzeug, das Weierstraß in seiner klassischen „Vorlesung über die Theorie der Abelschen Transzendenten“ (Mathematische Werke, Bd. IV, Berlin 1902) geschaffen hat; dazu auch — im letzten Kapitel — an Jacobi anschließende Entwicklungen.

Daß manches Neue hinzugekommen ist, sachlich wie methodisch, und daß auch bei an und für sich bekannten Dingen wesentliche Vereinfachungen erzielt wurden[1]), wird der Kenner bemerken. — Leider verbot es der Umfang des Buches, die Lehre von den Modulfunktionen[2]) sowie Anwendungen der elliptischen Funktionen mit aufzunehmen.

Bei der Herausgabe des Buches haben uns wesentlich unterstützt Herr Dr. H. Klocker-Ravensburg, der den arithmetischen Teil nach einer Vorlesung zuerst durchgearbeitet hat, sowie Herr Dr. A. Baur-Münster. Den Herren Dr. A. Plessner-Marburg und Dr. E. Ullrich-Jena sind wir für ihre Hilfe bei der Korrektur und mannigfache Verbesserungsvorschläge verpflichtet. Es gebührt ihnen allen unser wärmster Dank.

Jena und Marburg, Ostern 1928.

R. König. M. Krafft.

---

[1]) Das gilt insbesondere vom letzten Kapitel, das ausschließlich Eigentum des Jüngeren von uns ist.

[2]) Für diese vgl. L. Bieberbach, Lehrbuch der Funktionentheorie, Bd. II.

Inhaltsverzeichnis.

Seite

Vorwort 5

Einleitung 9

Erstes Kapitel. **Grundlagen.**

§ 1. Die Riemannsche Fläche der Quadratwurzel; Definition der elliptischen Funktionen 15

§ 2. Bezeichnungen und Definitionen 20

§ 3. Die Basisdarstellung der elliptischen Funktionen 22

§ 4. Lineare Mannigfaltigkeit und Körper 24

§ 5. Funktionenpaare 26

§ 6. Differentiale 33

Zweites Kapitel. **Arithmetischer Teil.**

§ 7. Die Klassenbasis 38

§ 8. Die ganzen elliptischen Funktionen 40

§ 9. Das Ideal $J(\mathfrak{Q})$ 44

§ 10. Eigenschaften der Idealbasis für $J(\mathfrak{Q})$ 52

§ 11. Die Multipla von $\mathfrak{Q}$ 55

§ 12. Über Funktionenpaare, insbesondere über die komplementäre Klasse . . . 60

§ 13. Die Anzahltheoreme 65

Drittes Kapitel. **Die Elementarfunktionen.**

§ 14. Die Vorbereitungssätze 71

§ 15. Relationen für die Hauptteile der elliptischen Funktionen und Differentiale . 72

§ 16. Die Lückensätze 74

§ 17. Die Elementarfunktionen 75

§ 18. Die Partialbruchzerlegung der Funktionen 78

§ 19. Die Elementardifferentiale und die Partialbruchzerlegung der Differentiale . 79

§ 20. Aufstellung der $\mathfrak{E}$ und $d\mathfrak{F}$ 81

Viertes Kapitel. **Elementarfunktionen und Elementardifferentiale von zwei Veränderlichen.**

§ 21. Definition und grundlegende Sätze 84

§ 22. Die Entwicklungssätze 89

§ 23. Entwicklung von $E^{(1)}$ in beiden Veränderlichen 93

§ 24. Der Ableitungssatz 95

§ 25. Anwendung von $E^{(1)}$ und $d\breve{F}^{(1)}$ zur Partialbruchzerlegung 96

§ 26. Die Vertauschungstheoreme 98

§ 27. Das Vertauschungstheorem III 2 100

§ 28. Die allgemeinen Vertauschungstheoreme 105

§ 29. Die Stämme und die algebraisch kanonischen Funktionen von zwei Veränderlichen 107

§ 30. Die Reduktionstheoreme 110

§ 31. Die Reziprozitätstheoreme 115

Fünftes Kapitel. **Die elliptischen Integrale.** Seite

§ 32. Arithmetische Sätze über elliptische Integrale 116

§ 33. Die kanonische Zerschneidung der Riemannschen Fläche von $s(\mathfrak{z})$ 118

§ 34. Die Perioden der elliptischen Integrale 124
§ 35. Die Integrale erster Stufe von zwei Veränderlichen 130
§ 36. Die Integrale zweiter und höherer Stufe von zwei Veränderlichen 136
§ 37. Die Methode der Vertauschungstheoreme 138
§ 38. Periodenreduktion und Periodenrelation 141
§ 39. Rückblick auf die fünf ersten Kapitel 144

Sechstes Kapitel. **Funktionen zweiter und dritter Art.**

§ 40. Grundlagen 146
§ 41. Die elliptischen Funktionen zweiter Art 148
§ 42. Die Funktion $P_n\binom{\mathfrak{b}}{\mathfrak{z}}$ 151
§ 43. Transzendente, erzeugt durch mehrmalige Integration 153
§ 44. Die Weierstraßsche Primfunktion 156
§ 45. Die Kleinsche und Prymsche Primfunktion 159

Siebentes Kapitel. **Das Abelsche Theorem.**

§ 46. Nullstellen und Pole einer elliptischen Funktion 161
§ 47. Die Produktzerfällung der elliptischen Funktionen und das Abelsche Theorem für elliptische Integrale erster Gattung 166
§ 48. Das Abelsche Theorem für Integrale zweiter und dritter Gattung 170

Achtes Kapitel. **Konforme Abbildung durch elliptische Funktionen und birationale Transformationen.**

§ 49. Konforme Abbildung durch elliptische Funktionen 172
§ 50. Konforme Abbildung der Riemannschen Fläche von $s(\mathfrak{z})$ durch lineare Funktionen 176
§ 51. Die Normalformen der überall endlichen Differentiale 183
§ 52. Konforme Abbildung der Fläche von $s(\mathfrak{z})$ durch nichtlineare zweipolige Funktionen 186

Neuntes Kapitel. **Die elliptischen Funktionen und Integrale im Periodenparallelogramm.**

§ 53. Konforme Abbildung durch das elliptische Integral erster Gattung 195
§ 54. Die elliptischen Funktionen als Funktionen des Integrals erster Gattung $u = \int \frac{dz}{s(\mathfrak{z})}$ 200
§ 55. Die Elementarfunktionen im Parallelogramm 204
§ 56. Die Weierstraßschen elliptischen Funktionen und die Übertragung der Integrale 208
§ 57. Independente Theorie der doppeltperiodischen Funktionen 217
§ 58. Homogenitäts- und Gruppeneigenschaften der elliptischen Funktionen . . . 224
§ 59. Die multiplikativen elliptischen Funktionen 228
§ 60. Die Funktionen $\sigma_1(u)$, $\sigma_2(u)$, $\sigma_3(u)$ 231
§ 61. Die Jacobischen Funktionen 234
§ 62. Die Legendresche Normalform des elliptischen Integrals erster Gattung . . 242

Zehntes Kapitel. **Die Funktionen des Ringes.**

§ 63. Konforme Abbildung der Riemannschen Fläche von $s(\mathfrak{z})$ auf den Kreisring 245
§ 64. Partialbruchreihen und unendliche Produkte 248
§ 65. Die Laurentreihen für die Funktionen des Rings 254

Literaturverzeichnis 260
Sachverzeichnis 261

Einleitung.

Das Buch zerfällt in drei Abschnitte. In Kapitel 1—7 studieren wir die elliptischen Funktionen auf der zweiblättrigen Riemannschen Fläche, in Kapitel 9 auf dem Periodenparallelogramm, in Kapitel 10 auf dem Ring. Kapitel 8 vermittelt, die konforme Abbildung behandelnd, den Übergang vom 1. zum 2. Teil. Des näheren gestaltet sich der Inhalt so[1]):

In Kapitel 1 lernen wir die elliptisch-algebraischen Funktionen in zweifacher Auffassung kennen, einerseits als eindeutige Funktionen auf der zweiblättrigen Riemannschen Fläche mit vier Verzweigungspunkten, andererseits als Spezialfall einer Klasse (K) von Funktionenpaaren auf zwei getrennten Blättern. Neben den Funktionen treten als völlig gleichberechtigt die Differentiale auf.

Kapitel 2 bringt den arithmetischen Unterbau. Ausgehend von einer Klassenbasis werden aus der Gesamtheit der elliptischen Funktionen zunächst die ganzen Funktionen, dann allgemeiner die Funktionen eines beliebigen Ideals ausgesondert und vermöge einer Idealbasis dargestellt. Als Abschluß einer Sätzegruppe, welche mit bekannten Sätzen der Zahlentheorie in vollkommener Parallele steht, ergeben sich die sog. „Anzahlsätze".

Kapitel 3 handelt von der Charakterisierung der elliptischen Funktionen und Differentiale. Es werden die einfachsten unter ihnen, welche den Partialbrüchen bei den rationalen Funktionen entsprechen, aufgestellt und als Elementarfunktionen $\mathfrak{E}(\mathfrak{z}, \mathfrak{d})$ bzw. Elementardifferentiale $d\mathfrak{F}(\mathfrak{z}, \mathfrak{d})$ bezeichnet. Sie haben eine *feste* Polstelle beliebiger Ordnung $\mathfrak{d}$ und dienen zur Partialbruchzerlegung der elliptischen Funktionen und Differentiale.

Überdies wird schon bei den rationalen Funktionen bzw. in der gewöhnlichen, auf der schlichten Vollebene operierenden Funktionentheorie

---

[1]) Der Anfänger wird gut tun, gleich mit Kapitel 1 zu beginnen und diese Einleitung erst nach Durcharbeitung des Buches gewissermaßen als Zusammenfassung des Stoffes zu lesen.

eine Funktion $\frac{1}{z-x}$ mit einfacher, *variabler* Polstelle x benötigt; ja, sie bildet, als Hauptbestandteil der Cauchyschen Integralformel, das Grundelement der ganzen Funktionentheorie. Es ist das Verdienst von Weierstraß, in seiner klassischen Vorlesung über Abelsche Transzendenten (Werke Bd. 4) für einen beliebigen algebraischen Funktionenkörper dasselbe Instrument geschaffen zu haben. Wir stellen hier in Kapitel 4 diese Elementarfunktion von zwei Variablen $E(\mathfrak{z}, \mathfrak{x})$ auf und dual dazu das Elementardifferential $dF(\mathfrak{z}, \mathfrak{x})$. Entwickelt man $E(\mathfrak{z}, \mathfrak{x})\,dx$ in der Umgebung einer Stelle nach Potenzen des Parameters x, so treten als Entwicklungskoeffizienten genau die im vorigen Kapitel charakterisierten Elementarfunktionen einer Variablen auf[1]); das ist der Inhalt des grundlegenden Entwicklungstheorems, dessen erster Keim sich bei den rationalen Funktionen in der unablässig gebrauchten Entwicklung $\frac{1}{z-x} = \frac{1}{z} + \frac{x}{z^2} + \frac{x^2}{z^3} + \ldots$ findet. Diesem Satz tritt ein dualer, auf $dF(\mathfrak{z}, \mathfrak{x})$ bezüglicher, an die Seite. Mit Hilfe dieser Sätze gelingt die Partialbruchzerlegung der elliptischen Funktionen und Differentiale mit einem Schlage.

Früheres nachholend, bemerken wir zum Verständnis des Restes von Kapitel 4 zunächst dieses: durch Ableitung nach dem Parameter entstehen aus $E(\mathfrak{z}, \mathfrak{x}) = E^{(1)}(\mathfrak{z}, \mathfrak{x})$ eine Folge von Elementarfunktionen höherer Stufe $E^{(h)}(\mathfrak{z}, \mathfrak{x})$ mit einem variablen Pol h^{ter} Ordnung ($h = 1, 2, 3, \ldots$); ebenso aus $dF(\mathfrak{z}, \mathfrak{x}) = dF^{(1)}(\mathfrak{z}, \mathfrak{x})$ eine Folge $dF^{(h)}(\mathfrak{z}, \mathfrak{x})$. Diese bilden mit den $\mathfrak{E}$, $d\mathfrak{F}$ zusammen das einfachste, im Riemannschen Sinne eindeutig charakterisierte „Inventar" der Klasse. — Zudem aber zeigt es sich allgemein, daß neben einer Funktionsklasse (K) eine zweite, sog. „komplementäre" $(\breve{K})$ betrachtet werden muß, deren Basis durch die zur ersten Klassenbasis komplementäre Matrix geliefert wird (Kap. 1, § 5). Auch für diese läßt sich das analoge „Inventar" aufstellen, $\breve{\mathfrak{E}}(\mathfrak{x}, \mathfrak{d})$, $d\breve{\mathfrak{F}}(\mathfrak{x}, \mathfrak{d})$, $\breve{E}(\mathfrak{x}, \mathfrak{z})$, $d\breve{F}(\mathfrak{x}, \mathfrak{z})$, wobei wir jetzt die Variable x, den Parameter z nennen. *Aus der Wechselwirkung beider Klassen fließt alle tiefere Erkenntnis.*

Dieser, für eine lineare Funktionsmannigfaltigkeit grundlegende Sachverhalt wird freilich bei den elliptischen Funktionen etwas verschleiert dadurch, daß beide Klassen zusammenfallen. Um die Struktur der Sätze

---

[1]) Herrn M. Krafft gelang es, durchaus mit Potenzreihenentwicklungen von einer Variablen auszukommen und damit einen elementaren Zugang zur Theorie zu eröffnen. Die Aufstellung von $E(\mathfrak{z}, \mathfrak{x})$ erfolgt ausschließlich auf Grund ihrer aus der Klassen- (nicht Körper-) Eigenschaft elliptischer Funktionen entspringenden Definition, während sie bei Weierstraß in verwickeltes algebraisches Rechengewand gekleidet ist. R. König.

erkennen zu lassen, behalten wir aber trotzdem die Unterscheidung in der Bezeichnung bei. Alsdann liefert die funktionentheoretische Gegenüberstellung von I. E und $d\breve{F}$, II. E und $\breve{E}$, III. dF und $d\breve{F}$ drei Arten von Relationen, die wir wegen ihrer Bauart „Vertauschungstheoreme" nennen. Nach den Stufen der in Betracht gezogenen Elementarfunktionen und -differentiale unterscheiden wir sie überdies nach Stufen. In der klassischen Literatur ist, insbesondere seit Weierstraß, das Vertauschungstheorem 3. Art und 2. Stufe (V.Th. III 2) berühmt geworden, welches in seiner integrierten Form den „Satz von der Vertauschung von Argument und Parameter bei den Integralen 3. Gattung" liefert.

In diesen Vertauschungssätzen, welche Identitäten in zwei Variablen darstellen, liegt eine große Kraft. Das zeigt sich bereits, wenn wir eine solche Identität nach Potenzen einer Variablen entwickeln und die Koeffizienten links und rechts vergleichen. Es entsteht ein „Reduktionstheorem", welches die Darstellung aller elliptischen Funktionen bzw. Differentiale durch gewisse einfachste Typen liefert und viel tiefer als die Partialbruchzerlegung greift. Je nach der Art der angewendeten Vertauschungsformel ist diese Reduktionsmöglichkeit eine verschiedene. Vor allem offenbart sich auch hier die Dualität; es gibt ebenso eine Reduktion der Funktionen wie der Differentiale. Die spezielle Anwendung von V. Th. III 2 liefert — in integrierter Form — die Riemannsche Reduktion der Integrale auf 2 (bzw. allgemein $2p$) Stammintegrale. Sie ist aber nur ein einziger Ausschnitt aus dem ganzen Fragenkomplex.

Während die Kapitel 1—4 rein arithmetischer Natur sind und uns Sätze über elliptische Funktionen und Differentiale liefern, welche vom Dualitätsprinzip beherrscht werden, gehen wir nun in Kapitel 5 zu den Integralen über. Alle über Differentiale oben gewonnenen Erkenntnisse, speziell die Reduktion, übertragen sich zunächst unmittelbar auf die Integrale; insbesondere entsteht so der Begriff der „Integralstämme", wovon der „Riemannsche Stamm" ein Ausschnitt ist. Die Integralstämme geben eine tiefgreifende Antwort auf die fundamentale, bei den rationalen Funktionen durch den Logarithmus beantwortete Frage, was durch Integration Neues zu den elliptischen Funktionen hinzukommt. Bis hierher ist alles arithmetische Erkenntnis. Neu, transzendent, sind die Periodizitätseigenschaften der Integrale; wir entwickeln hierbei die Zusammenhangsverhältnisse und die kanonische Zerschneidung der Riemannschen Fläche der Quadratwurzel direkt mit Hilfe elementarer Abbildungen.

Schwerer als die Integrale der Funktionen einer Variablen sind die einfachen und mehrfachen Integrale der Funktionen von zwei Variablen zu übersehen, wenn man sie direkt funktionentheoretisch untersucht. Auch hier wieder beweisen die Vertauschungstheoreme ihre Kraft. Mit ihrer Hilfe gelingt es, auf tieferliegende Fragen, wie z. B. nach der Abhängigkeit des Integrals $\int_{\mathfrak{x}_0}^{\mathfrak{x}_1} d\breve{F}^{(h+1)}(\mathfrak{x}, \mathfrak{z})$ vom Parameter oder nach den Integralperioden nicht nur eine qualitative Antwort zu geben, sondern die Darstellung explizit hinzuschreiben.

Die Verknüpfung der Integrale mit der Exponentialfunktion führt zu den sog. elliptischen Funktionen 2. und 3. Art, welche in Kapitel 6 eine kurze Behandlung erfahren.

Ebenso gelangen wir von den in Kapitel 5 studierten Integralen über Elementarfunktionen und Differentiale von zwei Variablen auf systematische Weise zu drei Typen von Primfunktionen, die dadurch ausgezeichnet sind, daß sie nur eine einzige Nullstelle besitzen; natürlich muß dafür die Eindeutigkeit auf der Riemannschen Fläche preisgegeben oder eine wesentliche Singularität in Kauf genommen werden. Die erste Primfunktion wurde von Weierstraß in seiner Vorlesung über „Abelsche Transzendenten"[1]) aufgestellt; die beiden anderen von F. Klein[2]) (zunächst in homogener Gestalt als Primform) und von Prym[3]). Wir beschränken uns hier ganz auf die Weierstraßsche Primfunktion und geben die Mittel zur Bildung der beiden anderen ohne Beweis an.

Die Weierstraßsche Primfunktion findet in Kapitel 7 ihre naturgemäße Verwendung zum Beweise des Abelschen Theorems für die Integrale der drei Gattungen. Man muß hierbei aber ganz verschiedene Fragestellungen unterscheiden.

Bisher haben wir immer an der zweiblättrigen Riemannschen Fläche festgehalten. Nun bilden wir diese in Kapitel 8 mittels elliptischer Funktionen konform ab. Wir können eine mehrpolige Funktion wählen — allgemeine birationale Transformation — oder spezieller eine zweipolige oder schließlich eine solche, welche eine Transformation der Fläche in sich liefert. In der Gewinnung der letzteren ohne weitschweifige Rechnung wird man einen Fortschritt erblicken dürfen. — Neben die konforme Abbildung der Riemannschen Fläche durch elliptische Funktionen tritt in Kapitel 9 die Abbildung der kanonisch zerschnittenen Fläche durch elliptische Integrale. Dabei ist die konforme Abbildung durch das Integral 1. Gattung u wegen dessen uniformisierender Kraft wichtig. Für die konforme Abbildung durch Integrale 2. und 3. Gattung haben F. Klein

---

[1]) Mathematische Werke Band IV, (Berlin 1902) Seite 385.

[2]) Vgl. dazu: F. Klein, Gesammelte mathematische Abhandlungen III (Berlin 1923), S. 319 u. 320 und die daselbst zitierten Abhandlungen des Bandes.

[3]) Prym und Rost, Theorie der Prymschen Funktionen erster Ordnung (Leipzig 1911), zweiter Teil, S. 80ff.

und Thomae zuerst Beispiele[1]) gegeben. Diese von uns nicht behandelten Abbildungen treten z. B. in der Kreiseltheorie auf[2]).

Wir legen nun in Kapitel 9 das durch die konforme Abbildung mittels u gewonnene Periodenparallelogramm zugrunde. Die eindeutigen Funktionen der Riemannschen Fläche verwandeln sich in die meromorphen doppeltperiodischen Funktionen der u-Ebene. Wir führen diese Übertragung für einige der wichtigsten durch; es entstehen so $\wp'(u)$, $\wp(u)$, $\zeta(u)$, $\sigma(u)$, die Hauptfunktionen der Weierstraßschen Theorie. Funktionen und Differentiale werden identisch. Die Theorie schrumpft erheblich zusammen; in dem Maß, wie sie an Einfachheit gewinnt, geht ihre Struktur verloren. Ein anderes Interesse tritt in den Vordergrund, das der Gewinnung analytischer Ausdrücke. Wir tragen diesem Interesse Rechnung, indem wir auch den direkten Aufbau der Theorie der doppeltperiodischen Funktionen — unter erheblicher Vereinfachung der Beweisführung — vortragen. Aus dem speziellen Umstande, daß die Transformation der Riemannschen Fläche in sich in eine Parallelverschiebung des Periodenparallelogramms übergeht, fließt das Additionstheorem. Es ist ein Beispiel für jene (4.) Kategorie allerspeziellster Sätze über elliptische Funktionen, welche nicht nur an die im Vorwort erwähnten Eigenschaften 1., 2., 3. gebunden sind, sondern überdies noch den Gebrauch von u als Argument voraussetzen.

In Kapitel 10 bilden wir schließlich das Periodenparallelogramm nochmals konform auf einen Ring ab. Es entstehen so aus den doppeltperiodischen Funktionen Funktionen des Ringes. Der Laurent-Entwicklung hier entspricht eine Fourier-Entwicklung dort.

Erstere kann — viel einfacher als unter Verwendung von Funktionalgleichungen z. B. bei Fricke[3]) — ganz direkt unter Benutzung bekannter Integraleigenschaften aufgestellt werden, und damit sind auch, rückwärts auf das Periodenparallelogramm übertragen — auf durchsichtige, nicht von Rechenwerk überwucherte Weise —, die klassischen Fourier-Entwicklungen elliptischer Funktionen, welche man Jacobi verdankt, gewonnen. — Haben wir so einerseits uns von der Riemannschen Fläche her bekannte Funktionen auf den Ring verpflanzt und hier entwickelt, so können wir andererseits „Funktionen des Ringes" direkt aufbauen; wir führen den Konvergenznachweis für gewisse einfachste, als „Elementarfunktionen des Ringes" anzusprechende Entwicklungen. Hier liegt die Quelle für

[1]) Klein, Riemannsche Flächen I Seite 85 ff.; Thomae, Berichte über die Verhdlgn. der sächs. Gesellsch. d. W. Bd. 69 (1917), S. 63 ff.

[2]) F. Klein, Gesammelte math. Abhandlungen II (Berlin 1922), S. 641; F. Lütgemeier, Die Bewegung der Hauptträgheitsachsen des allgemeinen kräftefreien Kreisels, Dissertation Münster 1924.

[3]) Fricke, Die elliptischen Funktionen I, S. 264 ff.

zahllose trigonometrische Reihen, und wir überlassen dem Leser das Feld zur freien funktionentheoretischen Betätigung.

Wir glauben ihn nicht mit einem vollständigen Wissen über elliptische Funktionen, welches die Benutzung jedes anderen Werkes überflüssig machte, erfüllt, wohl aber ihm ein Verständnis für die Anschauungen und Arbeitsmethoden unserer Klassiker, eines Dedekind, Jacobi, Riemann, Weierstraß u. a. vermittelt zu haben, und indem wir den Leser zugleich auf einen höheren, die elliptischen Funktionen als Teil eines größeren Organismus begreifenden Standpunkt zu führen trachteten, auf dem die verschiedenen Methoden sich harmonisch einfügen und von dem der Blick in Neuland frei wird, ihm die Anregung zur weiteren Forschung gegeben zu haben.

Erstes Kapitel.

Grundlagen.

§ 1. Die Riemannsche Fläche der Quadratwurzel; Definition der elliptischen Funktionen.

Die Funktionentheorie beschäftigt sich zunächst mit den gemeinsamen Eigenschaften aller analytischen Funktionen. Bei der großen Allgemeinheit des Begriffs „analytische Funktion“ können sich die allgemein gültigen Sätze im wesentlichen nur auf das Verhalten der analytischen Funktionen „im kleinen“, d. h. in der Umgebung einer — regulären oder singulären — Stelle beziehen. Sätze über das Verhalten der Funktionen „im großen“, d. h. im gesamten Existenzbereich, darf man erst erwarten, wenn man durch weitere Voraussetzungen aus der Gesamtheit aller analytischen Funktionen Teilgesamtheiten ausscheidet. So kommt man zunächst zu den einfachsten analytischen Funktionen, den rationalen Funktionen.

Die rationalen Funktionen kann man rein formal definieren als die Funktionen, die aus z und beliebigen Konstanten durch eine endliche Anzahl von Additionen, Subtraktionen, Multiplikationen und Divisionen erzeugt werden können. Genau dasselbe ist es, wenn wir die rationalen Funktionen definieren als Quotienten zweier Polynome.

Neben diese formale Definition tritt eine zweite, völlig gleichwertige, von den charakteristischen Eigenschaften der rationalen Funktionen ausgehende: Eine Funktion heißt rational, wenn sie auf der ganzen Zahlenkugel eindeutig und bis auf Pole regulär ist.

Bei dieser Definition ist die Richtung der Verallgemeinerung vorgezeichnet:

Man läßt entweder neben den Polen noch wesentliche Singularitäten zu und behält die Eindeutigkeit bei, oder aber man gibt die Eindeutigkeit auf und fordert wieder Regularität bis auf Pole. Den zweiten Weg wollen wir hier gehen. An Stelle der Eindeutigkeit verlangen wir Zweiwertigkeit. Wir betrachten zuerst die einfachste zweiwertige Funktion, die Quadratwurzel aus einer ganzen rationalen Funktion, definieren dann die elliptischen Funktionen durch ihre Eigenschaften und zeigen schließlich, wie aus dieser Definition eine andere, rein formale folgt. Diese ist dann das Analogon der ursprünglichen formalen Definition der rationalen Funktionen.

Ist

$$s = c\sqrt{(z-a_1)(z-a_2)\cdots(z-a_n)} \tag{1}$$

gegeben, wobei c eine von Null verschiedene Konstante ist, die später (Kap. 3, § 14 am Schluß) festgelegt wird, so setzen wir

$$z - a_j = \varrho_j e^{i\varphi_j}, \tag{2}$$

$$\varrho_j = |z - a_j|, \qquad \varphi_j = \arg(z - a_j).$$

Daraus folgt:

$$s = c\sqrt{\varrho_1 \cdot \varrho_2 \cdots \varrho_n} \cdot e^{\frac{i}{2}\sum_1^n \varphi_\nu} \tag{3}$$

Hierbei ist $\sqrt{\varrho_1 \cdot \varrho_2 \cdots \varrho_n}$ positiv oder Null.

Da die φ_j nur bis auf additive ganze Vielfache von 2π bestimmt sind, so ist $\frac{1}{2}\sum\varphi_\nu$ nur bis auf additive ganze Vielfache von π bestimmt, d. h. ist $\varphi_\nu^{(0)}$ eine Art der Bestimmung der φ_ν zu einem z, s_0 der zugehörige Wert von s, so sind alle Werte von s gegeben durch (k ganzzahlig):

$$s = c\sqrt{\varrho_1 \cdot \varrho_2 \cdots \varrho_n} \cdot e^{\frac{i}{2}\sum\varphi_\nu^{(0)} + k\pi i} = s_0 \cdot e^{k\pi i} = \pm s_0. \tag{4}$$

Die Mehrdeutigkeit von s liegt also in der Unbestimmtheit der φ_ν begründet; sie verschwindet, wenn wir irgendwie jedem z eindeutig ganz bestimmte φ_ν zuordnen.

Zu dem Zwecke schneiden wir die Zahlenebene von den a_j aus geradlinig durch einander nicht überkreuzende Schnitte nach dem unendlich fernen Punkte auf[1]). Diese Schnitte nennen wir l_j und erteilen ihnen die Richtung vom Unendlichen nach a_j zu. Fig. 1 zeigt eine solche Zerschneidung. Die Einführung der ϱ_j, φ_j in (2) kommt auf die Zuordnung eines Polarkoordinatensystems zu jedem a_j hinaus. Verlangt man, daß der Polarwinkel φ_j stets so gemessen wird, daß der Radiusvektor beim Durchlaufen von φ_j den Schnitt l_j nicht überschreitet, so ist jedem z ein ganz bestimmtes φ_j zugeordnet, ausgenommen die z auf l_j, zu denen immer zwei um 2π verschiedene Werte von φ_j gehören. Die Punkte z auf den l_j unterscheiden wir deshalb in „Punkte z^+ auf dem rechten Ufer" und in „Punkte z^- auf dem linken Ufer" von l_j, je nachdem wir zu dem Punkt z durch Annäherung von rechts oder links

---

[1]) Solche Schnitte gibt es stets. Man braucht nur einen Punkt C, der auf keiner der höchstens $\frac{n(n-1)}{2}$ Verbindungsgeraden von je zwei a_j liegt, mit allen a_j zu verbinden. Die Verlängerungen dieser Verbindungslinien über die a_j hinaus überkreuzen sich nicht.

gekommen sind. Setzen wir nun fest, daß, wie es innerhalb der zerschnittenen Ebene von selbst der Fall ist, auch bei Annäherung an die Schnitte l_j

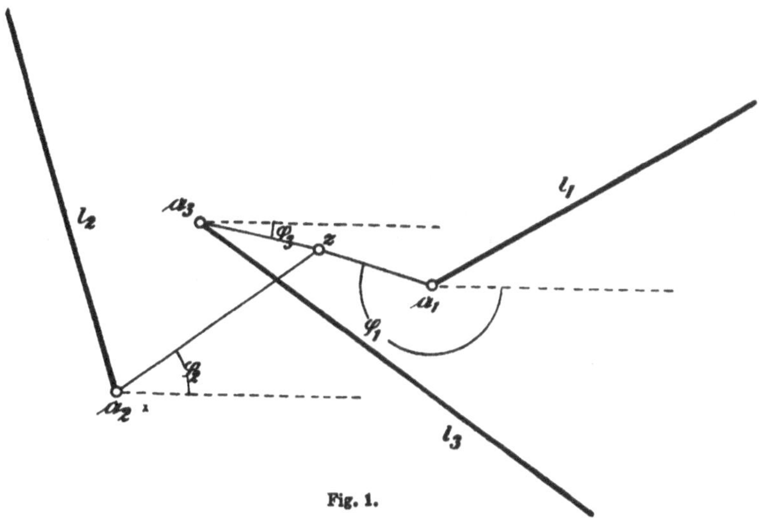

Fig. 1.

die φ_j sich mit z stetig ändern sollen, so sind damit dem z^+ und dem entsprechenden z^- eindeutig Argumente φ_j^+ und φ_j^- zugeordnet. Längs l_j ist, wie die Figur zeigt,

$$\varphi_k^+ = \varphi_k^- = \varphi_k \text{ für } k \neq j,$$
$$\varphi^+ = \varphi_j^- - 2\pi,$$

also

$$\tfrac{1}{2}\Sigma\varphi_\nu^+ = \tfrac{1}{2}\Sigma\varphi_\nu^- - \pi$$

oder

(5) $$s(z^+) = -s(z^-).$$

In gegenüberliegenden Punkten der Schnitte l_j nimmt $s(z)$ entgegengesetzt gleiche Werte an.

Die Voraussetzungen über die l_j können noch eingeschränkt werden. Wir wollen noch zulassen, daß ein l_j (in der Figur l_3) ganz auf einen anderen Schnitt l_k (in der Figur l_2) fällt, wie es Fig. 2 zeigt[1]). Hier bedarf das Ergebnis (5) noch einer Ergänzung. Längs l_1 gilt alles unverändert, ebenso längs des Stückes von l_2, das nicht mit l_3 zusammenfällt.

---

[1]) Die Verallgemeinerung, daß mehr als zwei Schnitte sich decken, wird im folgenden nie gebraucht.

Längs des gemeinsamen Schnittes l_2, l_3 ändert sich aber sowohl φ_2 als auch φ_3 um $\pm 2\pi$ beim Übergang von z^+ zu z^-, hier ist also

$$\tfrac{1}{2}\Sigma\varphi_\nu^+ = \tfrac{1}{2}\Sigma\varphi_\nu^- - \pi - \pi,$$

d. h.

$$\tfrac{1}{2}\Sigma\varphi_\nu^+ = \tfrac{1}{2}\Sigma\varphi_\nu^- - 2\pi.$$

M. a. W.: Längs dieses Schnittes ist $s(z^+) = s(z^-)$, der Schnitt kann hier geschlossen werden, ohne daß die Wurzel $s(z)$ aufhört, in der zerschnittenen Ebene eindeutig zu sein.

Durch die Zerschneidung der Ebene ist jedem z ein Funktionswert s eindeutig zugeordnet, oder es ist, wie wir auch sagen werden, s in der

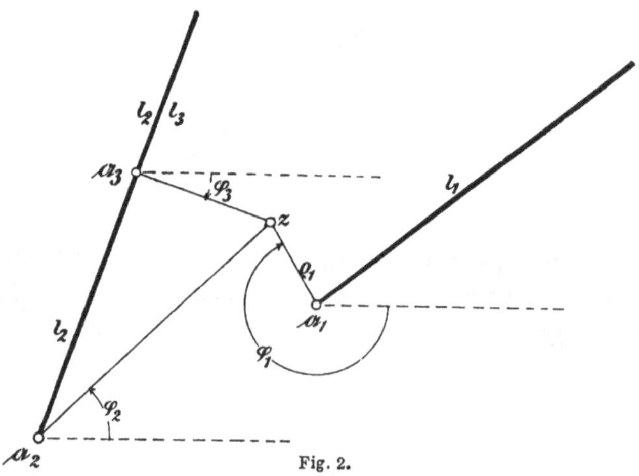

Fig. 2.

zerschnittenen Ebene eindeutig ausgebreitet. Hierdurch ist aber nur die Hälfte aller Funktionswerte s erfaßt; um alle zu erhalten, benutzen wir noch eine zweite, kongruent zerschnittene Ebene, in der wir jedem z den entgegengesetzten Wert von s zuordnen wie in der ersten Ebene.

Diese zerschnittenen Ebenen oder „*Blätter*" legen wir so übereinander, daß sich entsprechende z decken. Dann ist längs l_j das $s(z^+)$ im ersten Blatt gleich dem $s(z^-)$ im zweiten Blatt und das $s(z^-)$ im ersten gleich dem $s(z^+)$ im zweiten. Innerhalb jedes Blattes ist $s(z)$ stetig, da sich mit z auch die ϱ_j und φ_j stetig ändern; verbinden wir noch das rechte Ufer von l_j im ersten Blatt mit dem linken Ufer von l_j im zweiten Blatt, so ändert sich $s(z)$ auch stetig, wenn man über die so geschaffene Verbindung vom ersten in das zweite Blatt oder umgekehrt geht. Diese Verbindung können wir an allen l_j herstellen und ebenso auch die linken Ufer der l_j im ersten Blatt mit dem rechten Ufer desselben Schnittes im zweiten Blatte verbinden. Auch beim Übergang über diese Verbindung bleibt $s(z)$ stetig. Man muß nur beachten, daß längs jedes l_j die beiden Verbindungen zu einer Selbstdurchdringung der von den beiden Blättern gebildeten Fläche Anlaß geben.

Auf der so entstehenden zweiblättrigen Fläche, die sich in den l_j selbst durchsetzt, entspricht jedem Punkt der Fläche ein ganz bestimmter Wert von $s(z)$. Diese Tatsache meint man, wenn man sagt:

Die Funktion $s(z)$ ist eine eindeutige stetige Funktion des Orts auf dieser Fläche, der **„Riemannschen Fläche“** von $s(z)$. Die Punkte $a_1, a_2 \ldots$, in denen die „Verzweigungsschnitte“ l_j enden, heißen die „Verzweigungspunkte“ der Fläche. Sind die a_j in gerader Anzahl vorhanden, so kann man die l_j stets so legen, daß sie paarweise zusammenfallen, also die Verzweigungsschnitte (da zusammenfallende Schnitte von vornherein geschlossen werden) zwei a_j verbinden; sind sie in ungerader Anzahl vorhanden, so endet mindestens ein Schnitt im unendlichfernen Punkt, der dann auch zu den Verzweigungspunkten gezählt wird. Die Verzweigungspunkte sind stets in gerader Anzahl vorhanden.

Ist $s(z)$ auf dieser Fläche eindeutig, so auch noch eine Menge anderer Funktionen, etwa $z \cdot s(z)$ oder $1 + s(z)$. Lassen wir eine solche Fläche mit vorgeschriebenen a_j an Stelle der schlichten Zahlenkugel treten, so können wir analog wie dort die rationalen Funktionen so hier alle auf dieser Fläche eindeutigen und bis auf Pole regulären Funktionen betrachten.

Definition. Die auf einer zweiblättrigen Riemannschen Fläche mit vier Verzweigungspunkten eindeutigen und bis auf Pole[1]) regulären Funktionen heißen elliptisch-algebraische Funktionen.[2])

Es ist hier noch zu begründen, warum wir gleich vier Verzweigungspunkte statt des einfachsten denkbaren Falles zweier Verzweigungspunkte genommen haben. In diesem Fall nämlich hat $s(z)$ die Form $c \cdot \sqrt{z - a}$ oder $c \cdot \sqrt{(z - a_1)(z - a_2)}$. Wir setzen dann, je nachdem, $w^2 = z - a$ oder $w^2 = \frac{z - a_1}{z - a_2}$. In beiden Fällen ist z eine rationale Funktion von w^2 und s eine rationale Funktion von w. Da der im folgenden zu führende Beweis, daß jede elliptische Funktion sich in der Gestalt $r(z) + R(z) \cdot s(z)$ darstellen läßt ($r(z)$, $R(z)$ rationale Funktionen), von der Anzahl der Verzweigungspunkte unabhängig ist, so erhielte man einfach: Jede auf einer zweiblättrigen Fläche mit zwei Verzweigungspunkten eindeutige, bis auf

[1]) Was unter einem Pol auf der Fläche zu verstehen ist, wird in § 2 definiert.

[2]) Im folgenden werden als die elliptisch-algebraischen Funktionen stets kurz „elliptische Funktionen“ nennen.

Pole reguläre Funktion ist eine rationale Funktion von w. Da auch die Umkehrung gilt, wären wir in Wirklichkeit mit den neuen Funktionen nicht über die rationalen Funktionen hinausgekommen. Bei den elliptischen Funktionen ist eine solche Zurückführung auf die rationalen Funktionen nicht mehr möglich, wie später aus einigen Besonderheiten der elliptischen Funktionen direkt folgen wird (vgl. § 13 Schluß).

§ 2. Bezeichnungen und Definitionen.

Unsere Funktionen sind eindeutige Funktionen nicht der *Zahl* z, sondern der Punkte der Fläche. Diese Punkte wollen wir stets mit kleinen deutschen Buchstaben bezeichnen, die zugehörige Zahl mit dem entsprechenden lateinischen. $\mathfrak{p}, \mathfrak{z}, \ldots$ sollen also Punkte sein, die zur Zahl $p, z, \ldots$ gehören. Zu jeder Zahl z gehören zwei Punkte $\mathfrak{z}', \mathfrak{z}''$ in den verschiedenen Blättern der Fläche, nur bei den Verzweigungspunkten entsprechen sich Zahl (a_j) und Punkt der Fläche $(\mathfrak{a}_j)$ eineindeutig. Die unendlich fernen Punkte der Fläche sollen mit $\mathfrak{p}'_\infty$, $\mathfrak{p}''_\infty$ bezeichnet werden. Falls im Unendlichen ein Verzweigungspunkt liegt, hat die Fläche auch nur einen unendlich fernen Punkt $\mathfrak{p}_\infty$.

Genau so, wie man von der Zahlenebene zur Zahlenkugel übergehen kann, so von der zweiblättrigen Ebene zur zweiblättrigen Kugel, die aus geschlitzten Kugeln genau so aufgebaut wird wie die Fläche aus geschlitzten Ebenen. Durch eine Kugeldrehung, d. h. eine lineare elliptische Substitution für z, kann man es stets erreichen, daß ein Verzweigungspunkt ins Unendliche fällt, umgekehrt kann man durch eine Drehung einen Verzweigungspunkt aus $\mathfrak{p}_\infty$ ins Endliche bringen.

Es ist deshalb keine Einschränkung, wenn wir im folgenden stets voraussetzen, daß $\mathfrak{p}_\infty$ ein Verzweigungspunkt der vorgelegten Fläche sei.

„Ortsuniformisierende" eines Punktes $\mathfrak{p}$ der Fläche nennen wir jede Funktion $t(\mathfrak{z})$, welche eine Umgebung von $\mathfrak{p}$ auf das Innere eines schlichten Kreises um $t = 0$ eineindeutig abbildet. Ist $\mathfrak{p}$ kein Verzweigungspunkt, so gibt es einen Kreis um $\mathfrak{p}$ als Mittelpunkt, der keinen Verzweigungspunkt mehr enthält. Dann ist $t = z - p$ eine (und zwar die einfachste) Ortsuniformisierende von $\mathfrak{p}$. In einem Verzweigungspunkte $\mathfrak{a}_j$ entspricht dem schlichten Kreis der t-Ebene eine zweiblättrige Umgebung von $\mathfrak{a}_j$. Die einfachste Uniformisierende ist hier $t^2 = z - a_j$, denn einem vollen Umlauf von t um $t = 0$ entsprechen dann zwei Umläufe von z um $\mathfrak{a}_j$. Für den Verzweigungspunkt bei $\mathfrak{p}_\infty$ gibt die bekannte Definition, daß unter dem Verhalten im Unendlichen das Verhalten bei $z' = 0$ für $z' = \frac{1}{z}$ verstanden werden soll, als einfachste Ortsuniformisierende $t^2 = \frac{1}{z}$. Wir stellen zusammen: Die einfachsten Ortsuniformisierenden für einen endlichen Verzweigungspunkt $\mathfrak{a}_j$, den unendlich fernen Verzweigungspunkt $\mathfrak{p}_\infty$ und einen beliebigen von den $\mathfrak{a}_j$ und $\mathfrak{p}_\infty$ verschiedenen Punkt $\mathfrak{p}$ sind

(6) $$t^2 = z - a_j, \quad t^2 = \frac{1}{z}, \quad t = z - p.$$

Wir verstehen unter Ortsuniformisierenden schlechthin im folgenden stets die unter (6) aufgezählten einfachsten Ortsuniformisierenden. Der Gebrauch allgemeiner Uniformisierenden bringt z. T. wesentliche Änderungen[1]).

Mit Benutzung der Ortsuniformisierenden kann schon in der schlichten Ebene folgende Definition gegeben werden, und diese Definition behalten wir auf der Fläche bei:

α heißt die Ordnungszahl von $f(\mathfrak{z})$ im Punkte $\mathfrak{p}$, wenn dort

(7) $$f(\mathfrak{z}) = t^\alpha \mathfrak{P}(t) \qquad (\alpha \text{ ganz})$$

ist. Dabei bedeutet $\mathfrak{P}(t)$ eine gewöhnliche Potenzreihe[2]) mit $\mathfrak{P}(0) \neq 0$ und t eine Ortsuniformisierende für $\mathfrak{p}$.

Ist $\alpha > 0$, so heißt $\mathfrak{p}$ eine **Nullstelle** von $f(\mathfrak{z})$ und α die Ordnung der Nullstelle; ist $\alpha < 0$, so nennen wir $\mathfrak{p}$ einen **Pol** von $f(z)$ der Ordnung $|\alpha| = -\alpha$.

Eine Nullstelle der Ordnung α wird, wie üblich, für α einfache Nullstellen gezählt, ein Pol der Ordnung β für β einfache Pole.

Man sagt, eine Funktion hat in der Umgebung von $\mathfrak{p}$ „rationalen Charakter", wenn sie dort eine Darstellung der Form (7) mit ganzem α besitzt. Eine Funktion besitzt auf der ganzen Fläche „rationalen Charakter" oder ist „bis auf Pole regulär", wenn in jedem Flächenpunkt eine Darstellung (7) gilt.

Ist $f(\mathfrak{z}) = t^\alpha \mathfrak{P}(t)$ bei $\mathfrak{p}$ und $\alpha \geqq m$ (m ganz), so drücken wir dies abkürzend aus durch: $f(\mathfrak{z})$ ist in der Umgebung von $\mathfrak{p}$ **Multiplum des Divisors** $\mathfrak{p}^m$. Ist die Ordnungszahl gleich m, so heißt $f(\mathfrak{z})$ genaues Multiplum von $\mathfrak{p}^m$.

Sind $\mathfrak{p}_1, \mathfrak{p}_2, \ldots \mathfrak{p}_n$ verschiedene Stellen, in deren Umgebung $f(\mathfrak{z})$ Multiplum von $\mathfrak{p}_1^{m_1}, \mathfrak{p}_2^{m_2}, \ldots, \mathfrak{p}_n^{m_n}$ ist, so sagt man, $f(\mathfrak{z})$ ist an diesen Stellen Multiplum des Divisors:

(8) $$\mathfrak{Q} = \mathfrak{p}_1^{m_1} \cdot \mathfrak{p}_2^{m_2} \cdot \ldots \cdot \mathfrak{p}_n^{m_n}.$$

[1]) Vgl. R. König und M. Krafft, Über Reihenentwicklungen analytischer Funktionen. Journal für die r. u. a. Mathematik, Bd. 154 (1925), S. 154—173.

[2]) Diese Bezeichnung wird durchgängig gebraucht!

Ist die Ordnungszahl von $f(\mathfrak{z})$ in allen nicht in $\mathfrak{Q}$ aufgezählten Punkten positiv oder Null, so ist $f(\mathfrak{z})$ überall Multiplum von $\mathfrak{Q}$.

Ist $f(\mathfrak{z})$ Multiplum von $\mathfrak{Q}$ und sind die Ordnungszahlen an den $\mathfrak{p}_\nu$ genau m_ν, so ist $f(\mathfrak{z})$ genaues Multiplum von $\mathfrak{Q}$.

Die Einführung der Divisoren ist bequem, weil man mit ihnen oft rechnen kann wie mit Potenzen bzw. Potenzprodukten. Ist in der Umgebung einer Stelle $\mathfrak{p}$ z. B. $f_1(\mathfrak{z})$ Multiplum von $\mathfrak{p}^{m'}$, $f_2(\mathfrak{z})$ von $\mathfrak{p}^{m''}$, so ist $f_1(\mathfrak{z})\cdot f_2(\mathfrak{z})$ Multiplum von $\mathfrak{p}^{m'+m''}$, aber nicht immer $\frac{f_1(\mathfrak{z})}{f_2(\mathfrak{z})}$ Multiplum von $\mathfrak{p}^{m'-m''}$. Für $\mathfrak{p}^0$ schreibt man 1, da jedes Nichtvorkommen eines $\mathfrak{p}$ im Divisor bedeutet, daß dort die Ordnungszahl nicht negativ sein soll.

§ 3. Die Basisdarstellung der elliptischen Funktionen.

Es sei $f(\mathfrak{z})$ irgendeine elliptische Funktion, es seien ferner $\mathfrak{z}'$, $\mathfrak{z}''$ die beiden zum gleichen z gehörigen Flächenpunkte; ist z Verzweigungspunkt, so ist $\mathfrak{z}'=\mathfrak{z}''$.

Dann nennt man:

$$f(\mathfrak{z}')+f(\mathfrak{z}'') \tag{9}$$

die **Spur** der elliptischen Funktion. Diese ist eine in der ganzen Ebene eindeutige Funktion von z; wir wollen zeigen, daß sie überall rationalen Verhaltens, also selbst rational ist.

Es sei zunächst z_0 irgendein endlicher Punkt[1]) und $z_0 \neq a_j$ $(j=1,2,3)$. Dann ist $z=z_0+t$. Dieses t ist Ortsuniformisierende auch auf der schlichten Kugel, nicht nur für beide Flächenpunkte $\mathfrak{z}_0'$, $\mathfrak{z}_0''$. In der Umgebung von $\mathfrak{z}_0'$ bzw. $\mathfrak{z}_0''$ hat $f(\mathfrak{z})$ nun Entwicklungen der Gestalt

$$f(\mathfrak{z}') = t^{\alpha'}\mathfrak{P}_1(t)$$
$$f(\mathfrak{z}'') = t^{\alpha''}\mathfrak{P}_2(t), \qquad (\alpha', \alpha'' \text{ ganz})$$

also die Spur bei z_0 die Entwicklung

$$f(\mathfrak{z}')+f(\mathfrak{z}'') = t^{\alpha}\mathfrak{P}(t) \text{ mit } \alpha = \min(\alpha', \alpha'').$$

Liegt $\mathfrak{z}'$ in der Umgebung eines a_j, so ist

$$z = a_j + t^2;$$

entspricht hier dem *Punkt* $\mathfrak{z}'$ der Wert t' der Uniformisierenden, so dem *Punkt* $\mathfrak{z}''$ der Wert $-t'$. Da nun bei a_j

$$f(\mathfrak{z}) = t^{\alpha}\mathfrak{P}(t)$$

---

[1]) Da es sich jetzt um Punkte der schlichten Ebene, nicht der Fläche handelt, schreiben wir z_0, nicht $\mathfrak{z}_0$.

ist, so folgt

$$f(\mathfrak{z}') = t'^{\alpha}\mathfrak{P}(t'), \qquad f(\mathfrak{z}'') = (-t')^{\alpha}\mathfrak{P}(-t')$$

und

$$f(\mathfrak{z}') + f(\mathfrak{z}'') = t'^{2\beta}\overline{\mathfrak{P}}(t'^2),$$

wobei β ganz und $\frac{\alpha}{2} \leqq \beta \leqq \frac{\alpha+1}{2}$ ist.

In der schlichten Ebene ist aber $z - a_j = t^*$ Ortsuniformisierende von a_j, also $t^* = t'^2$ und

$$f(\mathfrak{z}') + f(\mathfrak{z}'') = t^{*\beta}\overline{\mathfrak{P}}(t^*).$$

Ganz dasselbe gilt bei $\mathfrak{p}_\infty$.

Die Spur von $f(\mathfrak{z})$ ist also auf der schlichten z-Kugel eindeutig und bis auf Pole regulär, d. h. eine rationale Funktion, die wir $2r(z)$ nennen wollen:

$$f(\mathfrak{z}') + f(\mathfrak{z}'') = 2r(z). \tag{10}$$

Neben der Spur betrachten wir noch als Funktion von $\mathfrak{z}'$ die Differenz:

$$d(\mathfrak{z}') = f(\mathfrak{z}') - f(\mathfrak{z}'').$$

Diese Funktion ist auf der Fläche eindeutig und rationalen Verhaltens und nimmt in entsprechenden Punkten $\mathfrak{z}', \mathfrak{z}''$ entgegengesetzt gleiche Werte an, denn es ist

$$d(\mathfrak{z}'') = f(\mathfrak{z}'') - f(\mathfrak{z}') = -d(\mathfrak{z}').$$

Ganz genau dasselbe Verhalten zeigt aber

$$s(z) = c\sqrt{(z-a_1)(z-a_2)(z-a_3)}.$$

Daraus folgt aber: $\frac{d(\mathfrak{z})}{s(\mathfrak{z})}$ ist auf der ganzen Fläche eindeutig und selbst rationalen Verhaltens und nimmt in $\mathfrak{z}', \mathfrak{z}''$ gleiche Werte an. $\frac{d(\mathfrak{z})}{s(\mathfrak{z})}$ ist daher nicht nur eindeutige Funktion der $\mathfrak{z}$, sondern sogar der z. Für die von den Verzweigungspunkten verschiedenen z ergibt sich sofort ($z = z_0 + t$):

$$d(\mathfrak{z}) = t^{\alpha}\mathfrak{P}_1(t), \qquad s(\mathfrak{z}) = t^{\beta}\mathfrak{P}_2(t),$$

$$\frac{d(\mathfrak{z})}{s(\mathfrak{z})} = t^{\alpha-\beta}\mathfrak{P}(t).$$

Dabei ist das t nicht nur Uniformisierende der Fläche, sondern auch der schlichten Zahlenkugel. Für die Umgebung eines Verzweigungspunktes ist entsprechend wie oben

$$d(\mathfrak{z}') = t'^{\alpha}\mathfrak{P}(t') - (-t')^{\alpha}\mathfrak{P}(-t') = t'^{2\gamma+1}\mathfrak{P}_1(t'^2)$$

mit ganzem γ, für das $\frac{\alpha-1}{2} \leqq \gamma \leqq \frac{\alpha}{2}$ ist, und

$$s(\mathfrak{z}') = t'\,\mathfrak{P}_2(t'^2),$$

also, wenn wir wie oben $t^* = t'^2$ setzen,

$$\frac{d(\mathfrak{z}')}{s(\mathfrak{z}')} = t'^{2\gamma}\overline{\mathfrak{P}}(t'^2) = t^{*\gamma}\overline{\mathfrak{P}}(t^*);$$

ganz ebenso bei $\mathfrak{p}_\infty$.

Damit haben wir gefunden: Es ist für jede elliptische Funktion

(11) $$f(\mathfrak{z}') - f(\mathfrak{z}'') = 2R(z)s(\mathfrak{z}') = -2R(z)s(\mathfrak{z}'')$$

mit rationalem $R(z)$.

Aus (10) und (11) folgt sofort:

(12) $$\begin{cases} f(\mathfrak{z}') = r(z) + R(z)s(\mathfrak{z}') \\ f(\mathfrak{z}'') = r(z) - R(z)s(\mathfrak{z}') = r(z) + R(z)s(\mathfrak{z}'') \end{cases}$$

oder:

(13) $$f(\mathfrak{z}) = r(z) + R(z)s(\mathfrak{z}).$$

Es läßt sich aber nicht nur jede elliptische Funktion in die Gestalt (13) bringen, sondern umgekehrt ist jede Funktion dieser Gestalt eine elliptische Funktion; denn sowohl $r(z)$, wie $R(z)s(\mathfrak{z})$ sind auf der Fläche eindeutig und rationalen Verhaltens, folglich auch die Summe.

Satz 1. *Die elliptischen Funktionen sind identisch mit der Gesamtheit der in der Form*

(13) $$f(\mathfrak{z}) = r(z) + R(z)s(\mathfrak{z})$$

darstellbaren Funktionen. Dabei sind $r(z)$, $R(z)$ *rationale Funktionen und*

(14) $$s(\mathfrak{z}) = c\sqrt{(z-a_1)(z-a_2)(z-a_3)}.$$

Der Ausdruck (13) *kann somit als formale Definition der elliptischen Funktionen gebraucht werden und heißt die Basisdarstellung von* $f(z)$.

§ 4. Lineare Mannigfaltigkeit und Körper.

Aus der einen wie der anderen Definition können wir zwei grundlegende Eigenschaften der elliptischen Funktionen ablesen, die uns zu einer Gliederung des ganzen Stoffes verhelfen:

1. Die elliptischen Funktionen bilden eine lineare Mannigfaltigkeit, d. h. mit $f(\mathfrak{z})$ und $\varphi(\mathfrak{z})$ sind auch die Summe $f(\mathfrak{z}) + \varphi(\mathfrak{z})$ und die Differenz $f(\mathfrak{z}) - \varphi(\mathfrak{z})$ elliptische Funktionen und ebenso das Produkt jeder elliptischen Funktion mit einer rationalen Funktion.

Die beiden Funktionen 1 und $s(\mathfrak{z})$ bilden eine „Basis" für diese lineare Mannigfaltigkeit, d. h. alle zu ihr gehörigen Funktionen lassen sich darstellen in der Gestalt $r(z)\cdot 1 + R(z)\cdot s(\mathfrak{z})$. An Stelle von 1 und $s(\mathfrak{z})$ können auch irgend zwei andere „rational unabhängige" elliptische Funktionen treten, d. h. irgend zwei Funktionen f, φ, für welche

$$\begin{vmatrix} f(\mathfrak{z}') & \varphi(\mathfrak{z}') \\ f(\mathfrak{z}'') & \varphi(\mathfrak{z}'') \end{vmatrix} \not\equiv 0. \tag{15}$$

In diesem Fall kann man nämlich, unter $\psi(\mathfrak{z})$ irgendeine elliptische Funktion verstanden, die beiden Gleichungen

$$\begin{aligned} r_1 \cdot f(\mathfrak{z}') + r_2 \cdot \varphi(\mathfrak{z}') &= \psi(\mathfrak{z}') \\ r_1 \cdot f(\mathfrak{z}'') + r_2 \cdot \varphi(\mathfrak{z}'') &= \psi(\mathfrak{z}'') \end{aligned} \tag{16}$$

stets nach r_1, r_2 auflösen. Die Lösungen sind dann symmetrisch in $\mathfrak{z}', \mathfrak{z}''$, also eindeutige Funktionen von z und überall in der schlichten Ebene rationalen Verhaltens. Dies zeigt man, wie oben für die Spur und für $\frac{d(\mathfrak{z})}{s(\mathfrak{z})}$. r_1 und r_2 sind daher rationale Funktionen von z, und die beliebige elliptische Funktion $\psi(\mathfrak{z})$ ist durch $f(\mathfrak{z})$ und $\varphi(\mathfrak{z})$ linear dargestellt, w. z. b. w.

Es bleibt noch die Bezeichnung „rational abhängig“ zu erklären.

Ist die Determinante (15) identisch Null, so ist notwendig

$$\frac{f(\mathfrak{z}')}{\varphi(\mathfrak{z}')} = \frac{f(\mathfrak{z}'')}{\varphi(\mathfrak{z}'')},$$

d. h. dieser Quotient ist wieder eindeutige Funktion von z und mit der wiederholt gebrauchten Begründung eine rationale Funktion $\varrho(z)$.

Die letzte Gleichung ist dann gleichbedeutend mit:

$$f(\mathfrak{z}) - \varrho(z) \cdot \varphi(\mathfrak{z}) = 0. \tag{17}$$

Umgekehrt muß auch die Determinante (15) identisch verschwinden, wenn es ein rationales $\varrho(z)$ gibt, für das (17) gilt.

Damit ist die Bezeichnung „rational abhängig“ erklärt.

Lineare Mannigfaltigkeiten treten uns in der Mathematik allenthalben entgegen. So bilden z. B. die Vektoren eine lineare Mannigfaltigkeit — die Rolle, die bei uns die rationalen Funktionen spielen, übernehmen dort die Skalare —, ein anderes Beispiel sind die Zahlenmoduln der Zahlentheorie.

Allein aus dieser „arithmetischen“ Eigenschaft der elliptischen Funktionen, daß sie eine lineare Mannigfaltigkeit bilden, folgt — natürlich unter Heranziehung der Definitionseigenschaften im kleinen, d. h. des rationalen Verhaltens an jeder Stelle, eine Reihe von Sätzen. Diese gilt es zunächst herzuleiten; denn sie lassen sich auch auf höhere Funktionsgattungen, soweit diese Riemannsche Klassen bilden[1]), übertragen.

---

[1]) Klassen sind besondere lineare Mannigfaltigkeiten. Wir geben die Definition, die hier nur verwirren würde, später, bemerken aber, daß den elliptischen Funktionen die Klasseneigenschaften zukommen.

2. Nicht nur Summe und Differenz zweier elliptischer Funktionen $f(z)$ und $\varphi(z)$, sondern auch ihr Produkt $f(z)\cdot\varphi(z)$ und ihr Quotient $\frac{f(z)}{\varphi(z)}$ sind wieder elliptische Funktionen. Die vier Spezies führen also aus der Gesamtheit der elliptischen Funktionen nicht heraus. Man nennt eine solche Gesamtheit von Funktionen einen „Funktionenkörper (oder kurz „Körper“).

Jeder Körper ist auch eine lineare Mannigfaltigkeit, aber nicht umgekehrt jede lineare Mannigfaltigkeit ein Körper. Wir werden uns daher in zweiter Linie nach den Sätzen umschauen, die nicht aus der Linearität allein folgen, sondern aus der Eigenschaft der elliptischen Funktionen, einen Körper zu bilden. Diese Sätze lassen sich auf andere Körper übertragen, z. B. auf die von andern algebraischen Funktionen gebildeten Körper.

3. Es wird schließlich eine Reihe von Sätzen speziell für die elliptischen Funktionen gelten, die weiter nicht verallgemeinerbar sind. Auch auf diese haben wir unser Augenmerk zu richten.

Will man alle für elliptische Funktionen gültigen Sätze haben, ohne Rücksicht darauf, in welche der drei soeben unterschiedenen Kategorien sie gehören, so kommt man unter ständiger Benutzung spezieller Eigenschaften der elliptischen Funktionen rasch zum Ende. Unser Ziel ist aber gerade, im besonderen Fall der elliptischen Funktionen den allgemeinsten Fall zu erkennen. Wir müssen deshalb auch Beweismethoden und Beweisanordnungen benutzen, die unnötig verwickelt wären, hätte man nur den Sonderfall im Auge.

Neben die eben erörterte Klassifikation der Sätze nach ihrer Stellung in der Theorie tritt die Gliederung des Stoffes zunächst in einen arithmetischen und einen transzendenten Teil. Im ersten Teil werden wesentlich arithmetische Methoden zur Anwendung kommen; er bezieht sich auf die elliptischen Funktionen und die später einzuführenden elliptischen Differentiale. Der transzendente Teil handelt von den Eigenschaften der elliptischen Integrale. Auf diese folgen weitere Untersuchungen, anschließend an die durch elliptische Funktionen und Integrale vermittelten konformen Abbildungen.

§ 5. Funktionenpaare.

Die Riemannsche Fläche von $s(z)$ hatten wir in § 1 aus zwei zerschlitzten Ebenen aufgebaut. Statt nun diese Blätter zu verbinden, hätte man die beiden zerschlitzten Ebenen unverbunden lassen können. Wenn man die Punkte der einen Ebene $\mathfrak{z}'$ nennt und die zugehörigen Werte von s

mit $+s(\mathfrak{z}')$ bezeichnet, so läßt sich die Gesamtheit der Werte, die eine elliptische Funktion in der ersten Ebene annimmt, in der Gestalt

$$f(\mathfrak{z}') = r(z) + R(z)\,s(\mathfrak{z}')$$

darstellen und die Werte in der zweiten Ebene durch:

$$f(\mathfrak{z}'') = r(z) - R(z)\,s(\mathfrak{z}').$$

Dies ist ja der Inhalt des Formelpaares (12). Was unter $+s(\mathfrak{z}')$ verstanden ist, hängt natürlich von der Zerschneidung der Ebene ab. Wir hätten übrigens die Ebene auch von einem irgendwo im Endlichen gelegenen Punkte nach den vier Verzweigungspunkten a_1, a_2, a_3, a_4 hin aufschneiden können (Fig. 3).[1]) Auch von der so zerschlitzten Ebene hätten

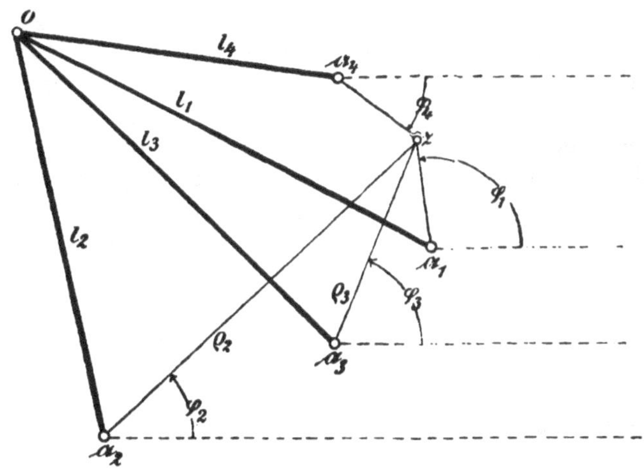

Fig. 3.

wir ausgehen können; denn auch in ihr ist $s(\mathfrak{z})$ eindeutig. Da der Beweis für das Folgende nicht nötig ist, übergehen wir ihn. Die Schnitte bezeichnen wir wie früher mit l_j.

Da durch das Vorzeichen von $s(\mathfrak{z})$ das Blatt, in dem wir uns bewegen, gegeben ist und $\mathfrak{z}', \mathfrak{z}''$ mit z bekannt sind, werden wir statt $\mathfrak{z}$ jetzt überall z schreiben und $f(\mathfrak{z}')$ mit y_1, $f(\mathfrak{z}'')$ mit y_2 bezeichnen:

$$(18) \qquad \begin{cases} y_1 = r(z) + R(z)s(z) \\ y_2 = r(z) - R(z)s(z). \end{cases}$$

An Stelle der einen Funktion $y = f(\mathfrak{z})$ haben wir ein Paar (y_1, y_2) von Funktionen zu betrachten, wenn wir statt der Riemannschen Fläche von

[1]) Wegen einiger sonst auftretender Besonderheiten ist hier der vierte Verzweigungspunkt im Endlichen angenommen.

$s(\mathfrak{z})$ die unverbundenen, kongruent zerschlitzten Ebenen, aus denen sich die Fläche aufbaut, zugrunde legen. Damit werden die elliptischen Funktionen zu einem Spezialfall der sog. Riemannschen Funktionenpaare. Diese wollen wir jetzt allgemein definieren und stellen zum Vergleich die elliptischen Funktionen und die allgemeinen Funktionenpaare einander gegenüber:

Elliptische Funktionen.

Gegeben seien vier Punkte $\mathfrak{a}_1, \mathfrak{a}_2, \mathfrak{a}_3, \mathfrak{a}_4$, die „Verzweigungspunkte", und zwei Funktionen y_1, y_2 von folgenden Eigenschaften:

1*) Schlitzt man zwei Zahlenebenen von einem *beliebigen* Punkt O aus nach den $\mathfrak{a}_j$ durch Schnitte $l_j (j = 1, 2, 3, 4)$ kongruent auf, so sind y_1, y_2 in den so zerschlitzten Ebenen eindeutig und überall rationalen Verhaltens.

2*) Längs l_σ ist[1]):

$$(19^*)\qquad \begin{cases} y_1^- = y_2^+ , \\ y_2^- = y_1^+ . \end{cases}$$

(Die $a_{ik}^{(\sigma)}$ des allgemeinen Falles sind hier: $a_{11} = 0, \quad a_{12} = 1, \quad a_{21} = 1, \quad a_{22} = 0$.)

Darin liegt, daß y_1, y_2 über die Schnitte l_j hinweg fortgesetzt werden können.

3*) Ist t die zu $\mathfrak{a}_\sigma$ gehörige Ortsuniformisierende der *schlichten* Ebene (nicht der Fläche), so ist

$$(21^*)\qquad \begin{cases} \overset{\sigma}{y}_1 = y_1 + y_2 = t^n \,\mathfrak{P}_1(t) , \\ \overset{\sigma}{y}_2 = y_1 - y_2 = t^{m+\frac{1}{2}} \mathfrak{P}_2(t) , \end{cases}$$

n, m ganzzahlig.

Funktionenpaare.

Gegeben seien s Punkte $\mathfrak{a}_1, \mathfrak{a}_2, \ldots, \mathfrak{a}_s$, die „Verzweigungspunkte", und zwei Funktionen y_1, y_2 von folgenden Eigenschaften:

1) Schlitzt man zwei Zahlenebenen von einem *beliebigen* Punkt O aus nach den $\mathfrak{a}_j$ durch Schnitte $l_j (j = 1, 2, \ldots s)$ kongruent auf, so sind y_1, y_2 in den so zerschlitzten Ebenen eindeutig und überall rationalen Verhaltens.

2) Längs l_σ ist[1]):

$$(19)\qquad \begin{cases} y_1^- = a_{11}^{(\sigma)} y_1^+ + a_{12}^{(\sigma)} y_2^+ , \\ y_2^- = a_{21}^{(\sigma)} y_1^+ + a_{22}^{(\sigma)} y_2^+ \end{cases}$$

mit konstantem $a_{ik}^{(\sigma)}$.

Darin liegt, daß y_1, y_2 über die Schnitte l_j hinweg fortgesetzt werden können.

3) Ist t die zu $\mathfrak{a}_\sigma$ gehörige Ortsuniformisierende, so gibt es[2]) eine Substitution

$$(20,_1)\qquad L_\sigma = \begin{pmatrix} l_{11}^{(\sigma)} & l_{12}^{(\sigma)} \\ l_{21}^{(\sigma)} & l_{22}^{(\sigma)} \end{pmatrix}$$

---

[1]) Die oberen Indizes + und — geben an, daß der Funktionswert in entsprechenden Punkten auf dem rechten bzw. linken Ufer von l_σ gemeint ist.

[2]) Vgl. die folgenden Bemerkungen.

Diese Gleichungen sind nichts anderes als die Gleichungen (10) und (11).

(Das L_σ des allgemeinen Falles ist hier

$$(20^*) \qquad L_\sigma = \begin{pmatrix} \frac{1}{2} & \frac{1}{2} \\ \frac{1}{2} & -\frac{1}{2} \end{pmatrix},$$

das $A_1 = n + 0$, $A_2 = m + \frac{1}{2}$).

derart, daß die durch

$$(20,_2) \qquad \begin{cases} y_1 = l_{11}^{(o)} \overset{\sigma}{y}_1 + l_{12}^{(o)} \overset{o}{y}_2, \\ y_2 = l_{21}^{(o)} \overset{o}{y}_1 + l_{22}^{(o)} \overset{\sigma}{y}_2 \end{cases}$$

definierten Funktionen $\overset{\sigma}{y}_1, \overset{o}{y}_2$ bei a_0 sich darstellen lassen in der Gestalt[1]):

$$(21) \qquad \begin{cases} \overset{\sigma}{y}_1 = t^{A_1} \mathfrak{P}_1(t), \\ \overset{\sigma}{y}_2 = t^{A_2} \mathfrak{P}_2(t), \end{cases}$$

dabei sind A_1, A_2 irgendwelche reellen oder komplexen Zahlen.

4*) Bei den elliptischen Funktionen sind diese Eigenschaften 1*), 2*), 3*) vorhanden, und umgekehrt können diese Eigenschaften als Definition der elliptischen Funktionen gelten.

4) Sind die Eigenschaften 1), 2), 3) vorhanden, so nennt man $y = (y_1, y_2)$ ein Riemannsches Funktionenpaar.

Daß die Behauptung unter 4*) richtig ist, folgt so: Aus 1*), 2*) und 3*) folgt, daß $\overset{o}{y}_1$ sogar in der unzerschlitzten Ebene eindeutig und rationalen Verhaltens ist; denn es ist $\overset{\sigma+}{y_1} = \overset{\sigma-}{y_1}$. D. h., es ist $\overset{\sigma}{y}_1$ rational: $\overset{\sigma}{y}_1 = 2\,r(z)$.

Ebenso folgt: $\dfrac{\overset{o}{y}_2}{s(\mathfrak{z})} = 2R(z)$; $R(z)$ ist eine rationale Funktion.

Dann ergibt sich aber für y_1, y_2 unmittelbar die Darstellung (18).

Zu 3) bemerken wir ohne Beweis[2]), daß aus 2) die Existenz solcher nur von den $a_{ik}^{(o)}$ abhängiger L_σ folgt, welche die y in $\overset{\sigma}{y}$ überführen von der Form

$$\overset{\sigma}{y}_1 = t^{A_1} P_1(t), \quad \overset{\sigma}{y}_2 = t^{A_2} P_2(t),$$

wobei die $P(t)$ auch unendlich viele negative Potenzen enthalten können[3]). 3) fordert, daß in den P_j nur endlich viele negative t-Potenzen vorkommen oder, was dasselbe ist, da man einen Faktor t^{-n} zu t^A hinzunehmen kann, daß gar keine negativen t-Potenzen vorkommen.

---

[1]) Zu $\overset{\sigma}{y}_2$ kann noch ein Logarithmus additiv hinzutreten; der allgemeine Fall ist der oben angegebene, deshalb beschränken wir uns auf diesen.

[2]) Vgl. Frobenius, Über den Rang einer Matrix, Sitzungsber. d. K. Preuß. Akad. d. W. 1911, S. 20—29 und S. 128—129.

[3]) Auch hier kann wieder der additive Logarithmus auftreten.

Man drückt den Inhalt der Forderung 3) kurz aus, indem man sagt, die $\mathfrak{a}_\sigma$ sollen „Stellen der Bestimmtheit" sein. 2) verbindet die Werte y_1^+, y_2^+ und y_1^-, y_2^- durch eine lineare Substitution

$$(22) \qquad A_\sigma = \begin{pmatrix} a_{11}^{(\sigma)} & a_{12}^{(\sigma)} \\ a_{21}^{(\sigma)} & a_{22}^{(\sigma)} \end{pmatrix}.$$

Diese Verbindung ist die Verallgemeinerung von 2*). Dies 2*) bedeutet, daß y_2 aus y_1 durch analytische Fortsetzung hervorgeht. Im allgemeinen wird das nicht mehr der Fall sein. Im elliptischen Fall haben wir die Besonderheit, daß die A_σ und L_σ für alle Punkte $\mathfrak{a}_\sigma$ dieselben sind. Auch das fällt bei allgemeinen Paaren fort.

Die Forderung 1) bedingt, daß zwischen den Substitutionen A_σ eine Relation besteht, die die Substitutionentheorie in der Form

$$A_s \cdot A_{s-1} \ldots A_2 \cdot A_1 = E = \begin{pmatrix} 1 & 0 \\ 0 & 1 \end{pmatrix}$$

schreibt.

Die Frage, ob zu gegebenen $\mathfrak{a}_\sigma$, A_σ, von denen die letzteren die erwähnte Bedingung erfüllen, stets Funktionenpaare y_1, y_2 gehören, behandeln wir hier nicht, sondern setzen voraus, daß diese Existenzfrage[1]) erledigt ist.

Auf die Riemannschen Funktionenpaare (und allgemeiner Funktionensysteme) wurde Riemann durch seine Untersuchungen über lineare Differentialgleichungen[2]) geführt. Jedes Fundamentalsystem von Lösungen einer linearen homogenen Differentialgleichung zweiter Ordnung vom Fuchsschen Typus[3]) ist ein solches Funktionenpaar. Aber nicht die Differentialgleichung ist das wesentliche, sondern die $\mathfrak{a}_\sigma$ und die Umlaufssubstitutionen A_σ. Darin liegt der Grund für die entscheidende Wichtigkeit der Riemannschen Einteilung der Funktionenpaare in Klassen. Auf diese Klassen müssen wir kurz eingehen.

Zur gleichen Klasse gehören nur Funktionenpaare mit den gleichen $\mathfrak{a}_\sigma$ und A_σ. Man kann deshalb für alle diese Funktionenpaare auch die gleichen L_σ nehmen.

Eine Gesamtheit von Funktionenpaaren mit denselben $\mathfrak{a}_\sigma$, A_σ, L_σ heißt eine Klasse, wenn sie

---

[1]) Existenzbeweis bei Plemelj, Riemannsche Funktionenscharen mit gegebener Monodromiegruppe. Monatshefte f. Math. u. Physik, Bd. 19 (1908), S. 211ff.

[2]) Riemann, Zwei allgemeine Sätze über lineare Differentialgleichungen mit algebraischen Koeffizienten. Ges. Werke, 2. Aufl., 1892, XXI.

[3]) Vgl. Schlesinger, Einführung in die Theorie der gewöhnlichen Differentialgleichungen, Berlin 1922. — Horn, Gewöhnliche Differentialgleichungen, 1. Aufl., Leipzig 1905, S. 66ff., 2. Aufl., Berlin 1927. S. 125ff.

1. mit den Paaren $(y_1^{(1)}, y_2^{(1)})$ und $(y_1^{(2)}, y_2^{(2)})$ auch das Paar $(y_1^{(1)} \pm y_1^{(2)}, y_2^{(1)} \pm y_2^{(2)})$ und

2. mit (y_1, y_2) auch die Paare $(R(z)\, y_1, R(z)\, y_2)$, $R(z)$ eine beliebige rationale Funktion, und

3. $\left(\frac{d y_1}{dz}, \frac{d y_2}{dz}\right)$ enthält; wenn ferner

4. es mindestens ein Paar gibt, dessen Funktionen linear unabhängig sind und

5. nicht alle A_σ die Form haben $\begin{pmatrix} a_{11}^{(\sigma)} & 0 \\ 0 & a_{22}^{(\sigma)} \end{pmatrix}$ [1]).

Die „elliptischen Funktionenpaare“ (18) erfüllen diese fünf Bedingungen, die sog. „Klasseneigenschaften“; es gilt also der

Satz 2. *Die elliptischen Funktionenpaare* (18) *bilden eine Klasse.*

Neben diese Klasse, die wir stets abkürzend mit (K) bezeichnen wollen, tritt in der allgemeinen Theorie noch eine gewisse zweite Klasse $(\breve{K})$, die sog. „komplementäre Klasse“, die i. A. von (K) verschieden ist, bei uns aber, wie wir sofort zeigen wollen, mit (K) zusammenfällt. Wir werden im folgenden trotzdem die beiden Klassen sorgfältig trennen, im Hinblick auf den Zweck dieses Buches. Äußerlich wird diese Trennung dadurch hervorgehoben, daß die Veränderliche in der komplementären Klasse x (bzw. $\mathfrak{x}$) statt z (bzw. $\mathfrak{z}$) genannt wird und daß die Funktionszeichen in (K) $y, \eta, \varphi, \psi, \ldots$, in $(\breve{K})$ aber $\breve{y}, \breve{\eta}, \breve{\varphi}, \breve{\psi}, \ldots$ sein werden.

Die komplementäre Klasse enthält die Funktionenpaare, welche dieselben $\mathfrak{a}_\sigma$ besitzen wie die Paare in (K), aber die zu A_σ komplementäre Substitution

$$(\breve{22}) \qquad \breve{A}_\sigma = \begin{pmatrix} \dfrac{a_{22}^{(\sigma)}}{|A_\sigma|} & -\dfrac{a_{21}^{(\sigma)}}{|A_\sigma|} \\ -\dfrac{a_{12}^{(\sigma)}}{|A_\sigma|} & \dfrac{a_{11}^{(\sigma)}}{|A_\sigma|} \end{pmatrix}$$

an den Schnitten l_σ erfahren. Dabei ist

$$(23) \qquad |A_\sigma| = \begin{vmatrix} a_{11}^{(\sigma)} & a_{12}^{(\sigma)} \\ a_{21}^{(\sigma)} & a_{22}^{(\sigma)} \end{vmatrix}$$

die Determinante von A_σ.

[1]) Oder sich durch dieselbe lineare Transformation auf diese Form bringen lassen.

Im elliptischen Fall ist $|A_\sigma| = -1$ und

$$(\breve{22}^*) \qquad \breve{A}_\sigma = \begin{pmatrix} 0 & 1 \\ 1 & 0 \end{pmatrix} = A_\sigma .$$

Da aber aus $\mathfrak{a}_\sigma$, A_σ im elliptischen Fall schon (18) folgt, so sind die Paare der komplementären Klasse $(\breve{K})$ hier mit den Paaren von (K) identisch, es ist $(K) = (\breve{K})$.

Die hier vorzutragende Theorie der elliptischen Funktionen soll nur ein Beispiel sein für die Theorie der allgemeinen Klassen von Riemannschen Funktionenpaaren, oder noch allgemeiner der Klassen von Riemannschen Funktionssystemen. In diesen treten statt zweien, wie beim Paar, stets n Funktionen nebeneinander auf.

Wir wollen zum Schluß kurz zeigen, daß man sofort Funktionspaare aus $(\breve{K})$ angeben kann, wenn man zwei rational unabhängige Funktionspaare aus (K) kennt. Dabei heißen zwei Funktionspaare

$$(24) \qquad (y_1^{(1)}, y_2^{(1)}) \quad \text{und} \quad (y_1^{(2)}, y_2^{(2)})$$

ganz analog, wie wir es in § 4, Formel (15) für elliptische Funktionen definierten, rational unabhängig, wenn die Determinante

$$(25) \qquad \begin{vmatrix} y_1^{(1)} & y_1^{(2)} \\ y_2^{(1)} & y_2^{(2)} \end{vmatrix} = D(y^{(1)}, y^{(2)})$$

nicht identisch verschwindet.

Es seien (24) zwei solcher Paare. Dann bilden wir die neuen Paare

$$(\breve{24}) \qquad \begin{cases} (\breve{y}_1^{(1)}, \breve{y}_2^{(1)}) = \left(\dfrac{+y_2^{(2)}}{D}, \dfrac{-y_1^{(2)}}{D}\right) \\[2ex] (\breve{y}_1^{(2)}, \breve{y}_2^{(2)}) = \left(\dfrac{-y_2^{(1)}}{D}, \dfrac{+y_1^{(1)}}{D}\right). \end{cases}$$

Wir behaupten:

Diese neuen Paare $(\breve{24})$ gehören zu $(\breve{K})$.

In der Tat folgt aus (19), angewendet auf die Paare (24), daß längs l_σ:

$$(26) \qquad D(y^{(1)-}, y^{(2)-}) = |A_\sigma| \cdot D(y^{(1)+}, y^{(2)+})$$

ist. Ferner wieder aus (19) und aus (26), daß

$$(27) \qquad \begin{cases} \breve{y}_1^{(1)-} = \dfrac{a_{21}^{(\sigma)} y_1^{(2)+}}{|A_\sigma| \cdot D(y^+)} + \dfrac{a_{22}^{(\sigma)} y_2^{(2)+}}{|A_\sigma| \cdot D(y^+)} = \\[2ex] \qquad = \dfrac{a_{22}^{(\sigma)}}{|A_\sigma|} \cdot \breve{y}_1^{(1)+} - \dfrac{a_{21}^{(\sigma)}}{|A_\sigma|} \cdot \breve{y}_2^{(1)+} \end{cases}$$

ist, und ganz entsprechend mit $\breve{y}_2^{(1)-}$, $\breve{y}_1^{(2)-}$, $\breve{y}_2^{(2)-}$.

(27) und die analogen Formeln bedeuten aber, daß die Paare $(\breve{24})$ beim Umlauf um die Punkte $\mathfrak{a}_\sigma$ die Substitution $\breve{A}_\sigma$ erfahren. Es bleibt noch zu zeigen, daß für die Paare $(\breve{24})$ die $\mathfrak{a}_\sigma$ Stellen der Bestimmtheit sind, denn der rationale Charakter an allen anderen Stellen ist aus der Definitionsgleichung $(\breve{24})$ und den Eigenschaften der Paare (24) sofort abzulesen.

An den $\mathfrak{a}_\sigma$ haben wir mit Hilfe der Substitution L_σ die $(\overset{\sigma}{y}_1, \overset{o}{y}_2)$ zu bilden.

Wir setzen fest, daß in $(\breve{K})$ sein soll:

$$(\breve{20}, {}_1) \qquad \begin{cases} \breve{y}_1 = \dfrac{l_{22}^{(\sigma)}}{|L_\sigma|}\,\breve{\overset{o}{y}}_1 - \dfrac{l_{21}^{(\sigma)}}{|L_\sigma|}\,\breve{\overset{o}{y}}_2 \\[2ex] \breve{y}_2 = -\dfrac{l_{12}^{(\sigma)}}{|L_\sigma|}\,\breve{\overset{\sigma}{y}}_1 + \dfrac{l_{11}^{(\sigma)}}{|L_\sigma|}\,\breve{\overset{\sigma}{y}}_2\,, \end{cases}$$

d. h., daß in $(\breve{K})$ an Stelle der Matrix L_σ die komplementäre $\breve{L}_\sigma$ tritt.

Dabei haben die $l_{ik}^{(\sigma)}$ die durch (20), (21) festgelegte Bedeutung und $|L_\sigma|$ ist die Determinante der Matrix L_σ.

Wendet man dann $(\breve{20}, {}_1)$ auf die linke, $(20, {}_1)$ auf die rechte Seite von $(\breve{24})$ an, so sieht man, daß die $\breve{\overset{o}{y}}^{(1)}$, $\breve{\overset{\sigma}{y}}^{(2)}$ aus den $\overset{\sigma}{y}^{(1)}$, $\overset{\sigma}{y}^{(2)}$ ebenso nach $(\breve{24})$ hervorgehen, wie die $\breve{y}^{(1)}, \breve{y}^{(2)}$ aus den $y^{(1)}, y^{(2)}$. Damit ist aber auch gezeigt, daß die $\mathfrak{a}_\sigma$ für die $\breve{y}^{(1)}, \breve{y}^{(2)}$ Stellen der Bestimmtheit sind. Die Rechnung ist so einfach, daß wir sie dem Leser überlassen. $(\breve{y}_1^{(1)}, \breve{y}_2^{(1)})$ und $(\breve{y}_1^{(2)}, \breve{y}_2^{(2)})$ sind wirklich Funktionenpaare aus $(\breve{K})$.

§ 6. Differentiale.

Für das Folgende müssen wir noch die sog. Differentiale einführen. Entscheidend für die Einführung neuer mathematischer Begriffe ist stets die Zweckmäßigkeit. Gerade bei den Differentialen kann man diese nicht sofort aus der Definition ablesen, deshalb wollen wir an den einfachsten Beispielen darlegen, wie schon in den Elementen der Funktionentheorie die Einführung der Differentiale sich vorteilhaft erweist. Wir knüpfen an den Cauchyschen Integralsatz an. Dieser läßt sich folgendermaßen formulieren: Ist $f(z)$ auf einem ganz im Endlichen liegenden einfach zusammenhängenden schlichten Bereiche $\mathfrak{B}$ regulär, so ist für jede ganz innerhalb $\mathfrak{B}$ verlaufende geschlossene Kurve C

$$\int_C f(z)\,dz = 0\,.$$

Hier ist die Forderung: „im Endlichen liegend“ auffallend. Der Satz gibt also dem Punkt $\mathfrak{p}_\infty$ der Zahlenkugel eine Ausnahmestellung, die zur geometrischen Gleichberechtigung dieses Punktes mit den anderen Kugelpunkten im krassesten Widerspruch steht, um so mehr, als alle übrigen Voraussetzungen des Satzes keine Auszeichnung des Punktes $\mathfrak{p}_\infty$ enthalten. Läßt man die Forderung „im Endlichen liegend" fallen, so gilt der Satz nicht mehr, es sei denn, daß $f(z)$ in $\mathfrak{p}_\infty$ eine mindestens zweifache Nullstelle hat.

Ganz dieselbe Ausnahmestellung des Punktes $\mathfrak{p}_\infty$ zeigt sich bei der Definition des Residuums und bei der Cauchyschen Integraldarstellung.

Damit ist die Aufgabe gestellt, alles dies auf eine den Punkt $\mathfrak{p}_\infty$ nicht auszeichnende Form zu bringen. Erreicht wird das mit Hilfe der Differentiale.

Definition. Ist $f(\mathfrak{z})$ eine auf einem ein- oder mehrblättrigen Bereich $\mathfrak{B}$ eindeutige und bis auf Pole reguläre Funktion, so bildet man für jeden Punkt $\mathfrak{p}$ von $\mathfrak{B}$ den Ausdruck $f(\mathfrak{z})\cdot\frac{dz}{dt}$, wobei t jede beliebige Uniformisierende von $\mathfrak{p}$ sein darf. Die Gesamtheit dieser Ausdrücke heißt das mit $f(\mathfrak{z})$ gebildete Differential auf $\mathfrak{B}$.

Aus der Definition geht hervor, daß einem Differential kein „Wert" zukommt, da ja der Ausdruck $f(\mathfrak{z})\frac{dz}{dt}$ sich i. A. ändert, wenn man von einer Ortsuniformisierenden von $\mathfrak{p}$ zu einer anderen übergeht.

Ist z. B. $f(\mathfrak{z})\equiv 1$, $\mathfrak{p}=0$, so sind $t=z$ und $t^*=2z+z^2$ beides Ortsuniformisierende. Das Differential ist einmal

$$1\cdot\frac{dz}{dt}=1$$

und das andere Mal $$1\cdot\frac{dz}{dt^*}=\frac{1}{2\sqrt{1+t^*}},$$

und diese beiden Ausdrücke stimmen nicht überein, auch nicht für $z=0$ (d. h. $t=t^*=0$) selbst.

Es ist nun wichtig, daß es bei den Differentialen genau wie bei den Funktionen gewisse Zahlen gibt, die von der Wahl der Uniformisierenden unabhängig sind. Bei den Funktionen sind dies Ordnungszahl und Funktionswert, bei den Differentialen wieder die Ordnungszahl und das Residuum.

Aus den Voraussetzungen über $f(\mathfrak{z})$ folgt, daß sich $f(\mathfrak{z})\frac{dz}{dt}$ in jedem Punkt $\mathfrak{p}$ in eine Potenzreihe mit höchstens endlich vielen negativen Potenzen entwickeln läßt (es gilt dies ja von $f(\mathfrak{z})$ und $\frac{dz}{dt}$ einzeln). Wir dürfen also sicher schreiben

$$f(\mathfrak{z})\frac{dz}{dt}=t^s\,\mathfrak{P}(t),\qquad (\mathfrak{P}(0)\neq 0). \tag{28}$$

Die dadurch jedem Punkt $\mathfrak{p}$ zugeordnete Zahl β heißt die Ordnungszahl des Differentials in $\mathfrak{p}$; sie ist von der Wahl von t unabhängig. Ist nämlich t^* eine zweite Uniformisierende der Stelle $\mathfrak{p}$, so ist jedenfalls

$$(29) \qquad t = c_1 t^* + c_2 t^{*2} + \cdots = \mathfrak{P}^*(t^*), \qquad c_1 \neq 0.$$

Da nun

$$(30) \qquad f(\mathfrak{z}) \frac{dz}{dt^*} = f(\mathfrak{z}) \frac{dz}{dt} \cdot \frac{dt}{dt^*}$$

ist, so folgt aus (28) und (29) die Behauptung.

Mit Hilfe der Ordnungszahl definieren wir weiter: Ist in $\mathfrak{p}$ die Ordnungszahl β negativ, so ist $\mathfrak{p}$ ein Pol der Ordnung $|\beta|$ des Differentials, ist die Ordnungszahl nicht negativ, so verhält sich das Differential in $\mathfrak{p}$ regulär; ist β positiv, so ist $\mathfrak{p}$ eine Nullstelle der Ordnung β des Differentials. Mit der Ordnungszahl ist auch der Begriff „Multiplum eines Divisors" auf Differentiale übertragen. Es gilt alles unverändert.

Kehren wir für einen Augenblick zum Cauchyschen Integralsatz zurück. Wir wollen unter den im Satz angegebenen Voraussetzungen die Funktion $f(z)$ und das mit ihr gebildete Differential $f(z)\frac{dz}{dt}$ betrachten. Da $\mathfrak{B}$ schlicht ist, so ist für endliches $\mathfrak{p}$ eine Uniformisierende $t = z - p$. Daraus folgt aber, daß für endliches $\mathfrak{p}$ Funktion $f(z)$ und Differential $f(z)\frac{dz}{dt}$ stets die gleiche Ordnungszahl besitzen, also beide regulär oder beide unstetig sind. Anders bei $\mathfrak{p}_\infty$. Dort dürfen wir setzen: $t = \frac{1}{z}$, also $\frac{dz}{dt} = -\frac{1}{t^2}$. Hier ist also das Differential nur dann regulär, wenn $f(z)$ eine mindestens zweifache Nullstelle in $\mathfrak{p}_\infty$ hat. Das ist aber gerade die zusätzliche Voraussetzung für die Gültigkeit des Cauchyschen Integralsatzes, wenn $\mathfrak{p}_\infty$ in $\mathfrak{B}$ liegt. Wir können den Satz also jetzt folgendermaßen einheitlich formulieren:

Ist das Differential $f(z)\frac{dz}{dt}$ auf einem einfach zusammenhängenden schlichten Bereich $\mathfrak{B}$ regulär, so ist für jede ganz innerhalb $\mathfrak{B}$ verlaufende geschlossene Kurve C

$$\int\limits_C f(z)\, dz = 0.$$

Die analoge Neuformulierung des Residuensatzes gelingt, indem wir das Residuum nicht, wie in den Elementen üblich, mit Hilfe der Funktion, sondern mittels eines Differentials definieren. Die gebräuchliche Definition ist folgende: Ist an der Stelle $\mathfrak{p}$

$$f(z) = \frac{A_\varkappa}{(z-p)^\varkappa} + \frac{A_{\varkappa-1}}{(z-p)^{\varkappa-1}} + \cdots + \frac{A_1}{z-p} + \mathfrak{P}(z-p),$$

so heißt der Koeffizient A_1 von $(z - p)^{-1}$ das Residuum der Funktion an der Stelle $\mathfrak{p}$. Diese Definition hat einige Mängel, unter denen folgender minder wichtig ist: $t = z - p$ ist die einfachste Ortsuniformisierende des Punktes $\mathfrak{p}$. Wählt man statt t eine andere Uniformisierende t^*, so ist der Koeffizient von t^{*-1} nicht mehr A_1. Das Residuum hängt ab von der Wahl der Uniformisierenden, und das erschwert z. B. die Übertragung der Residuenrechnung auf Riemannsche Flächen, da sich dann sofort die Frage nach der ausgezeichneten Uniformisierenden erhebt. Wichtiger ist der zweite Mangel: Wünscht man, daß der Cauchysche Residuensatz unverändert gilt, so ist bei $\mathfrak{p}_\infty$ als Residuum nicht der Koeffizient des niedrigsten Gliedes im Hauptteil zu nehmen, sondern, wenn bei $\mathfrak{p}_\infty$

$$f(z) = A_\varkappa z^\varkappa + A_{\varkappa-1} z^{\varkappa-1} + \cdots + A_1 z + B_0 + \frac{B_1}{z} + \frac{B_2}{z^2} + \cdots$$

ist, $-B_1$, also der negative Koeffizient von $\frac{1}{z}$.

Beide Mängel verschwinden nun, wenn man definiert:

Definition. Das Residuum des Differentials $f(\mathfrak{z})\frac{dz}{dt}$ an der Stelle $\mathfrak{p}$ ist der Koeffizient von t^{-1} in der Entwicklung

$$f(\mathfrak{z})\frac{dz}{dt} = t^\beta \mathfrak{P}(t).$$

Wir werden sofort den Satz beweisen:

Satz 3. *Das Residuum ist unabhängig von der Wahl der Uniformisierenden.*

Durch diesen Satz ist der erste Einwand gegen die gebräuchliche Definition für die neue erledigt. Bei $\mathfrak{p}_\infty$ aber ist für $t = \frac{1}{z}$

$$f(z)\frac{dz}{dt} = -\frac{A_\varkappa}{t^{\varkappa+2}} - \frac{A_{\varkappa-1}}{t^{\varkappa+1}} - \cdots - \frac{A_1}{t^3} - \frac{B_0}{t^2} - \frac{B_1}{t} + \mathfrak{P}(t),$$

also liefert die neue Definition für $\mathfrak{p}_\infty$ gerade die Zahl als Residuum, die wir des Cauchyschen Residuensatzes wegen verlangen mußten.

Den Satz 3 über das Residuum beweist man am einfachsten wie folgt: Es seien t und t^* zwei durch (29) verbundene Uniformisierende derselben Stelle $\mathfrak{p}$. Bei $\mathfrak{p}$ sei

$$(31)\qquad \begin{cases} f(\mathfrak{z})\dfrac{dz}{dt} = \dfrac{A_\varkappa}{t^\varkappa} + \dfrac{A_{\varkappa-1}}{t^{\varkappa-1}} + \cdots + \dfrac{A_1}{t} + \mathfrak{P}_1(t) \\ \qquad = \varphi(t) + \dfrac{A_1}{t}. \end{cases}$$

Ebenso ist

$$f(\mathfrak{z})\frac{dz}{dt^*} = \frac{B_\varkappa}{t^{*\varkappa}} + \frac{B_{\varkappa-1}}{t^{*\varkappa-1}} + \cdots + \frac{B_1}{t^*} + \mathfrak{P}_2(t^*). \tag{32}$$

Aus (29) und (30) folgt nun

$$\frac{B_\varkappa}{t^{*\varkappa}} + \frac{B_{\varkappa-1}}{t^{*\varkappa-1}} + \cdots + \frac{B_1}{t^*} + \mathfrak{P}_2(t^*) \equiv \left\{\varphi(\mathfrak{P}^*(t^*)) + \frac{A_1}{\mathfrak{P}^*(t^*)}\right\}\mathfrak{P}^{*\prime}(t^*). \tag{33}$$

In $\varphi(\mathfrak{P}^*(t^*))\,\mathfrak{P}^{*\prime}(t^*)$ kommt aber t^{*-1} nicht vor. Dieses könnte nämlich nur von einem Glied der Gestalt $[\mathfrak{P}^*(t^*)]^{-\nu}\cdot\mathfrak{P}^{*\prime}(t^*)$ $(2 \leqq \nu \leqq \varkappa)$ herrühren. Da aber jedes solche Glied die Ableitung von

$$\frac{1}{1-\nu}[\mathfrak{P}^*(t^*)]^{-\nu+1} = \frac{\alpha_{\nu-1}}{t^{*\nu-1}} + \cdots + \frac{\alpha_1}{t^*} + \mathfrak{P}_3(t^*)$$

ist, so enthält es t^{*-1} nicht.

Weiter ist

$$\frac{A_1\mathfrak{P}^{*\prime}(t^*)}{\mathfrak{P}^*(t^*)} = \frac{A_1}{t^*}\cdot\frac{c_1 + 2c_2t^* + \cdots}{c_1 + c_2t^* + \cdots} = \frac{A_1}{t^*}(1 + t^*\overline{\mathfrak{P}}(t^*)).$$

In (33) hat also t^{*-1} links den Koeffizienten B_1, rechts A_1, d. h. es ist $A_1 = B_1$, und unser Satz ist bewiesen.

Entnehmen wir die zur Bildung der Differentiale nötigen Funktionen alle derselben Funktionsklasse, so sprechen wir von den „Differentialen der Klasse".

Im folgenden werden in fast allen Sätzen gemeinsam auftreten Funktionen aus der Klasse (K) und Differentiale der komplementären Klasse $(\breve{K})$. Es beweist wieder die Zweckmäßigkeit der Einführung der Differentiale, daß die meisten Sätze sich ohne sie nicht in schöner und befriedigender Gestalt aussprechen ließen. Die wichtige Tatsache des völligen Entsprechens der Funktionen aus (K) und Differentiale aus $(\breve{K})$ in den Sätzen werden wir kurz Dualität nennen.

Statt $f(\mathfrak{z})\frac{dz}{dt}$ ist es üblich, $f(\mathfrak{z})\,dz$ zu benutzen. Dabei ist aber unter dz stets zu verstehen $\frac{dz}{dt}dt$. Wir gebrauchen — je nach Bedarf — beides; Mißverständnisse sind kaum zu befürchten. Differentiale wie $\mathfrak{f}(\mathfrak{z})\,dz$ bezeichnen wir auch durch $dy, d\psi, df$ usw.; ist z. B. $dy = f(\mathfrak{z})\,dz$, so soll $\frac{dy}{dt}$ für $f(\mathfrak{z})\frac{dz}{dt}$ und $\frac{dy}{dz}$ für $f(\mathfrak{z})$ stehen.

Zweites Kapitel.

Arithmetischer Teil.

§ 7. Die Klassenbasis.

Wir beginnen mit dem abgesehen von der Formulierung sich mit Satz 1 deckenden

Satz 4. *Die Funktionen 1 und $s(\mathfrak{z})$ bilden eine Basis der Klasse der elliptischen Funktionen, d. h. jede elliptische Funktion läßt sich, und zwar nur auf eine Art, in der Gestalt*

$$f(\mathfrak{z}) = r(z)\cdot 1 + R(z)\cdot s(\mathfrak{z}) \tag{1}$$

mit rationalem $r(z)$ und $R(z)$ darstellen.

Daß die Darstellung nur auf eine Art möglich ist, folgt so: Gäbe es eine auf zwei Arten in der Gestalt (1) darstellbare Funktion, so gäbe es ein r und R derart, daß

$$r(z)\cdot 1 + R(z)\cdot s(\mathfrak{z}) = 0$$

wäre. Da aber 1 und $s(\mathfrak{z})$ nach § 4, Formel (15) rational unabhängig sind, ist das nicht möglich.

Es seien nun:

$$\begin{cases} \eta^{(1)} = r_1(z)\cdot 1 + R_1(z)\cdot s(\mathfrak{z}), \\ \eta^{(2)} = r_2(z)\cdot 1 + R_2(z)\cdot s(\mathfrak{z}) \end{cases} \tag{2}$$

zwei elliptische Funktionen. Kann man diese Gleichungen nach 1 und $s(\mathfrak{z})$ auflösen, d. h. 1 und $s(\mathfrak{z})$ linear mit rationalen Koeffizienten durch $\eta^{(1)}$ und $\eta^{(2)}$ darstellen, so läßt sich auch jede andere elliptische Funktion schreiben als:

$$f(\mathfrak{z}) = \varrho(z)\cdot\eta^{(1)} + \mathrm{P}(z)\cdot\eta^{(2)} \tag{3}$$

mit rationalem $\varrho(z)$ und $\mathrm{P}(z)$. Umgekehrt ist auch (3) eine elliptische Funktion bei beliebigem, rationalem ϱ und P. **Unter der Voraussetzung der Auflösbarkeit von (2) nach 1 und $s(\mathfrak{z})$ bilden also auch $\eta^{(1)}$ und $\eta^{(2)}$ eine Basis der Klasse der elliptischen Funktionen.**

Diese Auflösbarkeit besteht aber, wenn

$$(4)\qquad \begin{vmatrix} r_1(z) & R_1(z) \\ r_2(z) & R_2(z) \end{vmatrix}$$

nicht identisch verschwindet. Da aber

$$(5)\qquad \begin{cases} D(\eta^{(1)}, \eta^{(2)}) = \begin{vmatrix} r_1(z)\cdot 1 + R_1(z)\cdot s(\mathfrak{z}') & r_2(z)\cdot 1 + R_2(z)\cdot s(\mathfrak{z}') \\ r_1(z)\cdot 1 + R_1(z)\cdot s(\mathfrak{z}'') & r_2(z)\cdot 1 + R_2(z)\cdot s(\mathfrak{z}'') \end{vmatrix} \\ \qquad = \begin{vmatrix} r_1(z) & R_1(z) \\ r_2(z) & R_2(z) \end{vmatrix} \cdot \begin{vmatrix} 1 & s(\mathfrak{z}') \\ 1 & s(\mathfrak{z}'') \end{vmatrix} \end{cases}$$

ist und hier die letzte Determinante nicht verschwindet außer für die $\mathfrak{a}_\sigma$, so ist (4) dann und nur dann nicht identisch Null, wenn (5) nicht identisch Null ist, d. h. wenn $\eta^{(1)}$ und $\eta^{(2)}$ rational unabhängig sind.

Satz 5. *Jedes Paar $\eta^{(1)}, \eta^{(2)}$ rational unabhängiger elliptischer Funktionen ist eine Basis für die ganze Klasse*[1]).

Hieraus folgt weiter

Satz 6. *Drei beliebige elliptische Funktionen $\eta^{(1)}, \eta^{(2)}, \eta^{(3)}$ sind stets rational abhängig, d. h. es besteht stets eine Gleichung*

$$(6)\qquad \varrho_1(z)\cdot\eta^{(1)} + \varrho_2(z)\cdot\eta^{(2)} + \varrho_3(z)\cdot\eta^{(3)} \equiv 0$$

mit rationalen $\varrho_1, \varrho_2, \varrho_3$, die nicht alle identisch Null sind.

Denn sind $\eta^{(1)}, \eta^{(2)}$ rational unabhängig, so läßt sich $\eta^{(3)}$ in der Gestalt (3) darstellen; das ist aber eine Beziehung der Form (6); oder $\eta^{(1)}, \eta^{(2)}$ sind rational abhängig, dann gibt es ein $r(z)$ so, daß

$$\eta^{(1)} + r(z)\cdot\eta^{(2)} = 0$$

und dies hat wieder die Gestalt (6).

---

[1]) Man kann diesen Satz auch direkt beweisen, ohne auf die bekannte Basis $1, s(\mathfrak{z})$ zurückzugreifen. Es sei nämlich y irgendeine elliptische Funktion, $\eta^{(1)}, \eta^{(2)}$ zwei rational unabhängige elliptische Funktionen. Dann haben die beiden Gleichungen

$$y_1 = r_1\cdot\eta_1^{(1)} + r_2\cdot\eta_1^{(2)}$$

$$y_2 = r_1\cdot\eta_2^{(1)} + r_2\cdot\eta_2^{(2)}$$

die Lösungen:

$$r_1 = \frac{D(y, \eta^{(2)})}{D(\eta^{(1)}, \eta^{(2)})}, \qquad r_2 = \frac{D(\eta^{(1)}, y)}{D(\eta^{(1)}, \eta^{(2)})}.$$

Vertauscht man die beiden Gleichungen, d. h. das erste Blatt der Riemannschen Fläche mit dem zweiten Blatt, so ändert in r_1 und r_2 sowohl Zähler wie Nenner das Vorzeichen: r_1, r_2 nehmen also in übereinanderliegenden Punkten der Fläche gleiche Werte an, sind also eindeutige Funktionen. Da aus dem Verhalten der $y, \eta^{(1)}, \eta^{(2)}$ folgt, daß auch die drei Determinanten D bis auf Pole regulär sind, gilt dasselbe für die r_1, r_2. Diese sind also notwendig rational.

Durch dieselbe Umformung wie bei (5) folgt ferner aus

$$(7)\qquad \begin{aligned} y^{(1)} &= r_{11}\eta^{(1)} + r_{12}\eta^{(2)},\\ y^{(2)} &= r_{21}\eta^{(1)} + r_{22}\eta^{(2)}, \end{aligned}$$

unter Benutzung der in (5) eingeführten Bezeichnung,

Satz 7. *Sind $y^{(1)}, y^{(2)}$ und $\eta^{(1)}, \eta^{(2)}$ zwei Basissysteme für die Klasse und sind beide durch* (7) *verknüpft, so unterscheiden sich ihre Determinanten $D(y^{(1)}, y^{(2)})$ und $D(\eta^{(1)}, \eta^{(2)})$ um den rationalen Faktor*

$$(8)\qquad \Delta(z) = \begin{vmatrix} r_{11} & r_{12} \\ r_{21} & r_{22} \end{vmatrix},$$

d. h. es ist

$$(9)\qquad D(y^{(1)}, y^{(2)}) = \Delta(z)\cdot D(\eta^{(1)}, \eta^{(2)}).$$

§ 8. Die ganzen elliptischen Funktionen.

Unser Ziel ist es, aus der Gesamtheit der elliptischen Funktionen die auszuscheiden, welche überall Multipla eines vorgegebenen Divisors $\mathfrak{Q}$ sind, also alle an vorgeschriebenen Stellen mindestens von vorgeschriebener Ordnung verschwindenden oder dort (und nur dort) höchstens von vorgeschriebener Ordnung polar unstetigen elliptischen Funktionen anzugeben.

Diese Aufgabe zerlegen wir in zwei Teile: Zunächst suchen wir alle Funktionen, die im Endlichen überall Multipla von $\mathfrak{Q}$ sind, lassen aber im Punkte $\mathfrak{p}_\infty$ ganz beliebiges Verhalten zu. Aus allen diesen Funktionen suchen wir beim zweiten Schritt noch diejenigen heraus, welche bei $\mathfrak{p}_\infty$ das vorgeschriebene Verhalten zeigen.

In Analogie zu ähnlichen Bildungen der Zahlentheorie definieren wir:

Definition. Die Gesamtheit aller Funktionen der Klasse (K), welche im Endlichen Multipla des Divisors $\mathfrak{Q}$ sind, heißt das **„Ideal"** $J(\mathfrak{Q})$. Die Funktionen in $J(1)$, d. h. die im Endlichen polfreien Funktionen, heißen **„ganze"** Funktionen der Klasse.

Aus der Definition folgt sofort

Satz 8. *Gehören $y^{(1)}, y^{(2)}$ zu $J(\mathfrak{Q})$, so auch $y^{(1)} + y^{(2)}$ und $G(z)\cdot y^{(1)}$, unter $G(z)$ eine ganze rationale Funktion verstanden.*

Die Basisdarstellung der Funktionen der Klasse legt es nahe, eine ähnliche Darstellung auch für die Funktionen von $J(\mathfrak{Q})$ zu suchen. Es liegt nahe, zunächst von einer Klassenbasis $\eta^{(1)}, \eta^{(2)}$ auszugehen, deren Funktionen selbst zu $J(\mathfrak{Q})$ gehören. Daß sich eine solche Basis stets finden läßt, werden wir noch zeigen. Im allgemeinen werden wir bei rationalen r, R nicht ohne weiteres sagen können, ob nun auch die Funktion $r\cdot\eta^{(1)} + R\cdot\eta^{(2)}$ zu $J(\mathfrak{Q})$ gehört. Wohl aber ist dies der Fall, wenn r und R ganze rationale Funktionen sind.

Ganz allgemein ist sicher bei ganzen rationalen $g_\nu(z)$

$$g_1(z)\,y^{(1)} + g_2(z)\,y^{(2)} + \cdots + g_n(z)\,y^{(n)} \tag{10}$$

eine Funktion aus $J(\mathfrak{Q})$, wenn die $y^{(\nu)}$ ($\nu = 1, 2, 3, \ldots n$) zu $J(\mathfrak{Q})$ gehören. Deshalb versucht man, aus $J(\mathfrak{Q})$ ein solches System $y^{(1)}, y^{(2)}, \ldots y^{(n)}$ von Funktionen auszuwählen, daß jede andere Funktion aus $J(\mathfrak{Q})$ sich in der Gestalt (10) darstellen läßt.

Definition. Lassen sich alle Funktionen y in $J(\mathfrak{Q})$ mit Hilfe der speziellen zu $J(\mathfrak{Q})$ gehörigen Funktionen $y^{(1)}, y^{(2)}, \ldots y^{(n)}$ darstellen in der Gestalt

$$y = \sum_1^n g_\nu(z)\,y^{(\nu)} \tag{10}$$

mit ganzen rationalen $g_\nu(z)$, so nennt man die $y^{(\nu)}$ eine **Idealbasis** für $J(\mathfrak{Q})$.

Wir werden sogar zeigen, daß wir immer $n = 2$ wählen können, also mit 2 Funktionen $y^{(1)}, y^{(2)}$ auskommen.

Zunächst behandeln wir das Ideal $J(1)$. Dieses besteht aus allen elliptischen Funktionen, deren Ordnungszahl in keinem endlichen Punkt negativ ist, die also höchstens bei $\mathfrak{p}_\infty$ einen Pol haben. Jede Funktion y aus $J(1)$ läßt sich darstellen als

$$y = r(z)\cdot 1 + R(z)\cdot s(\mathfrak{z})\,.$$

Die Spur $2r(z)$ hat sicher überall im Endlichen nichtnegative Ordnungszahl, d. h. $r(z)$ ist eine ganze rationale Funktion. Also ist auch $y - r(z)\cdot 1 = R(z)\cdot s(\mathfrak{z})$ ganz. Da $s(\mathfrak{z})$ nur in den $\mathfrak{a}_\sigma$ verschwindet, so hat $R(z)$ im Endlichen höchstens in den $\mathfrak{a}_\sigma$ Pole. In dem Verzweigungspunkt $\mathfrak{a}_\sigma$ sei β die Ordnungszahl von $R(z)$, dieses in der schlichten Ebene betrachtet. Dann hat $R(z)$ dort auf der Fläche die Ordnungzahl 2β, und es ist

$$R(z)\cdot s(\mathfrak{z}) = t^{2\beta+1}\,\mathfrak{P}(t)\,, \qquad \mathfrak{P}(0) \neq 0\,,$$

$2\beta + 1 \geqq 0$ verlangt aber $\beta \geqq 0$. Also ist auch $R(z)$ eine ganze rationale Funktion. Damit haben wir

Satz 9. *Die Funktionen* 1 *und* $s(\mathfrak{z})$ *bilden eine Basis für das Ideal* $J(1)$.

Aus allen ganzen Funktionen wollen wir jetzt die Multipla des Divisors 1 aussondern, d. h. die ganzen Funktionen, die sich in $\mathfrak{p}_\infty$ regulär verhalten. Diese nennen wir „überall endliche Funktionen". Nach Satz 9 ist jede solche Funktion darstellbar als

$$y = g(z)\cdot 1 + G(z)\cdot s(\mathfrak{z})\,, \tag{11}$$

g, G ganz und rational. Bei $\mathfrak{p}_\infty$ ist nun $z = t^{-2}$ und

$$(12)\quad \begin{cases} s(\mathfrak{z}) = c\sqrt{(z-a_1)(z-a_2)(z-a_3)} \\ \qquad = t^{-3}c\sqrt{(1-a_1t^2)(1-a_2t^2)(1-a_3t^2)} = t^{-3}\mathfrak{P}(t^2), \\ g(z) = t^{2\beta}\mathfrak{P}_1(t^2), \quad G(z) = t^{2\gamma}\mathfrak{P}_2(t^2). \end{cases}$$

Folglich ist bei $\mathfrak{p}_\infty$

$$(13)\qquad y = t^{2\beta}\mathfrak{P}_1(t^2) + t^{2\gamma-3}\mathfrak{P}_2(t^2).$$

Da y überall endlich ist, muß sein

$$2\beta \geqq 0 \qquad 2\gamma \geqq 3$$

oder

$$(14)\qquad \beta \geqq 0 \qquad \gamma \geqq 2.$$

$g(z)$ und $G(z)$ sind daher überall endliche rationale Funktionen, also nach dem Liouvilleschen Satz Konstanten. $G(z)$ hat überdies ($\gamma \geqq 2$) bei $\mathfrak{p}_\infty$ eine Nullstelle, also ist $G(z) \equiv 0$, und wir haben

Satz 10. *Die Konstanten sind die einzigen überall endlichen elliptischen Funktionen.*

Statt der Multipla von $\mathfrak{Q} = 1$ hätten wir auch die Multipla von $\mathfrak{Q} = \mathfrak{p}_\infty^m$ angeben können. Diese gehören ja auch alle zu $J(1)$. Aus (13) hätte man dann gefolgert:

$$(15)\qquad 2\beta \geqq m, \qquad 2\gamma - 3 \geqq m.$$

Ist $m \geqq 0$, so wäre das in Satz 10 schon enthaltene Ergebnis: y muß identisch verschwinden. Ist $m < 0$, so unterscheiden wir zwei Fälle:

$$\text{I.}\quad m = -2k \quad (k \geqq 1) \qquad \text{II.}\quad m = -2k+1. \quad (k \geqq 1)$$

Im Falle I folgt aus (15):

$$(15_{\text{I}})\qquad \beta \geqq -k, \qquad \gamma \geqq -k+2.$$

D. h. $g(z)$ ist ein Polynom höchstens k^{ten} Grades, $G(z)$ aber höchstens $(k-2)^{\text{ten}}$ Grades (also für $k=1$ identisch Null, für $k=2$ aber konstant). Daraus folgt für y die Darstellung:

$$(16_{\text{I}})\qquad \begin{aligned} y &= c_0 + c_1 z + c_2 z^2 + \cdots + c_k z^k \\ &\quad + (C_0 + C_1 z + \cdots + C_{k-2} z^{k-2}) s(\mathfrak{z}). \end{aligned}$$

Umgekehrt: Wie ich auch die c_j und C_j wähle, stets ist y Multiplum von $\mathfrak{p}_\infty^{-2k}$. Jedes Multiplum von $\mathfrak{p}_\infty^{-2k}$ läßt sich daher linear und mit konstanten Koeffizienten aufbauen aus den $2k = -m$ Funktionen

$$(17_{\text{I}})\qquad \begin{cases} 1,\ z,\ z^2, \ldots z^k, \\ s(\mathfrak{z}),\ z s(\mathfrak{z}),\ z^2 s(\mathfrak{z}), \ldots z^{k-2} s(\mathfrak{z}), \end{cases} \qquad (k > 1)$$

$$(17'_{\text{I}})\qquad 1,\ z \text{ für } k = 1.$$

Im Fall II ist alles ebenso, an Stelle der Formeln (15_I), (16_I), (17_I) treten hier

$$(15_{II}) \qquad \beta \geqq -k+1, \qquad \gamma \geqq -k+2$$

$$(16_{II}) \qquad y = (c_0 + c_1 z + \cdots + c_{k-1} z^{k-1}) + (C_0 + C_1 z + \cdots + C_{k-2} z^{k-2}) s(\mathfrak{z}).$$

$$(17_{II}) \qquad \begin{cases} 1, z, z^2, \ldots z^{k-1}, \\ s(\mathfrak{z}), z s(\mathfrak{z}), z^2 s(\mathfrak{z}), \ldots z^{k-2} s(\mathfrak{z}), \end{cases} \qquad (k > 1)$$

$$(17'_{II}) \qquad 1 \text{ für } k = 1.$$

Satz 11. *Die Multipla von* $\mathfrak{p}_\infty^{-2k}$ *lassen sich linear mit konstanten Koeffizienten aus den Funktionen* (17_I), *bzw. für* $k = 1$ *aus* ($17'_I$) *aufbauen. Umgekehrt sind alle diese Funktionen Multipla von* $\mathfrak{p}_\infty^{-2k}$. *Genau dasselbe leisten für* $\mathfrak{p}_\infty^{-2k+1}$ *die Funktionen* (17_{II}) *bzw.* ($17'_{II}$).

Wir fügen hier an die

Definition. Die linear unabhängigen Funktionen $\eta^{(1)}, \eta^{(2)}, \ldots \eta^{(n)}$ heißen eine **Multiplabasis** für den Divisor $\mathfrak{Q}$, wenn sie selbst Multipla von $\mathfrak{Q}$ sind und alle Multipla von $\mathfrak{Q}$ sich mittels konstanter c_ν in der Gestalt

$$(18) \qquad y = \sum_\nu c_\nu \eta^{(\nu)}$$

darstellen lassen. Dabei heißen die Funktionen $\eta^{(\nu)}$ linear unabhängig, wenn zwischen ihnen keine Relation $\Sigma c_\nu \eta^{(\nu)} \equiv 0$ mit konstanten c_ν besteht.

Damit läßt sich Satz 8 aussprechen in der Form:

Satz 11*. *Die Funktionen* (17_I), ($17'_I$) *bilden eine Multiplabasis für* $\mathfrak{Q} = \mathfrak{p}_\infty^{-2k}$, *die Funktionen* ($17_{II}$), ($17'_{II}$) *ebenso für* $\mathfrak{Q} = \mathfrak{p}_\infty^{-2k+1}$.

Wir fügen noch einen Satz bei, den wir später ganz ohne jede Rechnung aus einem ganz allgemeinen Resultat werden ablesen können, den wir aber schon hier direkt beweisen wollen, um zu zeigen, daß sich bei den elliptischen Funktionen manches anders verhält wie bei den rationalen. Wir meinen den Satz: Es gibt keine elliptische Funktion, die bis auf einen einzigen einfachen Pol regulär ist.

Aus ($17'_{II}$) folgt, daß dieser Pol nicht bei $\mathfrak{p}_\infty$ liegen kann. Es habe also y einen einfachen Pol bei $\mathfrak{d}$ ($\mathfrak{d}$ endlich). Dann ist $(z-d)\cdot y$ eine ganze Funktion, deren Ordnungszahl bei $\mathfrak{p}_\infty$ nicht kleiner ist als -2. Nach ($17'_I$) ist also

$$(z-d)\,y = c + Cz,$$

$$y = \frac{c + Cz}{z - d}$$

Ist $\mathfrak{d}$ kein Verzweigungspunkt, so hat dieses y aber noch einen Pol bei $\mathfrak{d}'$, außer wenn noch bei $\mathfrak{d}'$ der Zähler verschwindet; ist $\mathfrak{d}$ ein $\mathfrak{a}_\sigma$, so hat y dort einen Doppelpol, außer wieder, wenn der Zähler bei $\mathfrak{d}$ verschwindet; es ist daher notwendig $c + Cd = 0$, d. h. aber

$$y = C,$$

w. z. b. w.

§ 9. Das Ideal $J(\mathfrak{Q})$.

Ganz dasselbe, was wir eben für den Divisor $\mathfrak{Q} = 1$ (bzw. $\mathfrak{Q} = \mathfrak{p}_\infty^m$) geleistet haben, haben wir jetzt auch für einen beliebigen Divisor $\mathfrak{Q}$ auszuführen, nämlich eine Ideal- und eine Multiplabasis aufzustellen.

Die Idealbasis für $J(\mathfrak{Q})$ werden wir zunächst in mehreren Schritten aufbauen und zudem ihre Eigenschaften aus dem Herleitungsverfahren ablesen. Die Aufstellung in geschlossener Form gelingt dann ohne weiteres. Dabei ist es ein großer Vorteil, daß wir über den Divisor $\mathfrak{Q}$ einige vereinfachende Voraussetzungen machen dürfen, ohne die Aufgabe zu spezialisieren.

Es sei

$$\mathfrak{Q} = \begin{cases} \mathfrak{p}_1'^{m_1'} \cdot \mathfrak{p}_2'^{m_2'} \cdot \ldots \cdot \mathfrak{p}_n'^{m_n'} \cdot \mathfrak{a}_1^{\alpha_1} \mathfrak{a}_2^{\alpha_2} \mathfrak{a}_3^{\alpha_3} \mathfrak{p}_\infty^m \\ \mathfrak{p}_1''^{m_1''} \cdot \mathfrak{p}_2''^{m_2''} \cdot \ldots \cdot \mathfrak{p}_n''^{m_n''} . \end{cases} \tag{19}$$

Dabei sind die $m_\varkappa', m_\varkappa'', \alpha_\varkappa, m$ irgendwelche positive oder negative ganze Zahlen oder Null, $\mathfrak{p}', \mathfrak{p}''$ nach unserer Verabredung immer die beiden zu demselben $z = p$ gehörigen Flächenpunkte.

Es sei nun $m_\varkappa$ die kleinere der beiden Zahlen $m_\varkappa', m_\varkappa''$:

$$\begin{cases} m_\varkappa = \min(m_\varkappa', m_\varkappa''), \\ m_\varkappa' = m_\varkappa + \mu_\varkappa', \\ m_\varkappa'' = m_\varkappa + \mu_\varkappa'', \\ \alpha_\varkappa = 2\beta_\varkappa + \gamma_\varkappa, \end{cases} \tag{20}$$

wobei $\gamma_\varkappa$ entweder 0 oder $+1$ sein muß. Dann ist

$$\mathfrak{Q} = \mathfrak{R} \cdot \mathfrak{Q}_1 \cdot \mathfrak{p}_\infty^m, \tag{21}$$

wenn

$$\mathfrak{R} = \begin{cases} \mathfrak{p}_1'^{m_1} \cdot \mathfrak{p}_2'^{m_2} \cdot \ldots \cdot \mathfrak{p}_n'^{m_n} \mathfrak{a}_1^{2\beta_1} \mathfrak{a}_2^{2\beta_2} \mathfrak{a}_3^{2\beta_3} \\ \mathfrak{p}_1''^{m_1} \cdot \mathfrak{p}_2''^{m_2} \cdot \ldots \cdot \mathfrak{p}_n''^{m_n} \end{cases} \tag{21'}$$

und

$$\mathfrak{Q}_1 = \begin{cases} \mathfrak{p}_1'^{\mu_1'} \cdot \mathfrak{p}_2'^{\mu_2'} \cdot \ldots \cdot \mathfrak{p}_n'^{\mu_n'} \cdot \mathfrak{a}_1^{\gamma_1} \mathfrak{a}_2^{\gamma_2} \mathfrak{a}_3^{\gamma_3} \\ \mathfrak{p}_1''^{\mu_1''} \cdot \mathfrak{p}_2''^{\mu_2''} \cdot \ldots \cdot \mathfrak{p}_n''^{\mu_n''} \end{cases} \tag{21''}$$

gesetzt wird.

In $\mathfrak{Q}_1$ ist immer eine der beiden Zahlen $\mu'_\varkappa$, $\mu''_\varkappa$ Null, die andere nicht negativ und die $\gamma_\varkappa$ sind entweder 0 oder 1.

Bildet man nun die rationale Funktion

$$R(z) = (z-p_1)^{m_1}(z-p_2)^{m_2}\dots(z-p_n)^{m_n}(z-a_1)^{\beta_1}(z-a_2)^{\beta_2}(z-a_3)^{\beta_3}, \tag{22}$$

so ist diese im Endlichen gerade genaues Multiplum von $\mathfrak{R}$.

Da für jeden Divisor $\mathfrak{R}$, der in entsprechenden Punkten beider Blätter der Riemannschen Fläche gleiche und in den Verzweigungspunkten gerade Ordnung hat, eine solche angebbare rationale Funktion im Endlichen genaues Multiplum ist, nennt man diese Divisoren $\mathfrak{R}$ **rationale Divisoren**. Daran soll die Bezeichnung $\mathfrak{R}$ erinnern.

Ist y überall, außer bei $\mathfrak{p}_\infty$ Multiplum von $\mathfrak{Q}$, so folgt daraus, daß $\frac{y}{R(z)}$ überall, ausgenommen höchstens bei $\mathfrak{p}_\infty$ Multiplum von $\mathfrak{Q}_1$ ist. Umgekehrt: Ist η überall, abgesehen von $\mathfrak{p}_\infty$, Multiplum von $\mathfrak{Q}_1$, so $R(z)\,\eta$ überall, außer etwa bei $\mathfrak{p}_\infty$, Multiplum von $\mathfrak{Q}$.

Können wir also eine Idealbasis $\eta^{(1)}$, $\eta^{(2)}$ für $J(\mathfrak{Q}_1)$ angeben, so ist

$$Y^{(1)} = R(z)\,\eta^{(1)}, \qquad Y^{(2)} = R(z)\,\eta^{(2)} \tag{23}$$

eine Idealbasis für $J(\mathfrak{Q})$.

Hilfssatz 1. *Jeden Divisor $\mathfrak{Q}$ kann man zerlegen in einen rationalen Divisor $\mathfrak{R}$ und einen speziellen Divisor $\mathfrak{Q}_1$ ohne negative Ordnungszahlen, der in übereinanderliegenden Punkten der Fläche mindestens einmal die Ordnungszahl 0 hat und in den Verzweigungspunkten nur die Ordnungszahlen 0 oder 1 besitzt:*

$$\mathfrak{Q} = \mathfrak{R}\cdot\mathfrak{Q}_1\cdot\mathfrak{p}_\infty^m. \tag{21}$$

Kennt man eine Idealbasis für $J(\mathfrak{Q}_1)$, so auch eine für $J(\mathfrak{Q})$.

Ist $\eta^{(1)}$, $\eta^{(2)}$ irgendeine Klassenbasis, so lassen sich sofort zwei rational unabhängige Funktionen aus $J(\mathfrak{Q}_1)$ angeben. Wenn nämlich $\eta^{(1)}$, $\eta^{(2)}$ im Endlichen die Pole[1]) $q_1, \dots, q_l$ haben und die Ordnung keines dieser Pole größer als ν ist, so sind

$$\begin{cases} H^{(1)} = [(z-q_1)(z-q_2)\dots(z-q_l)]^\nu\,\eta^{(1)}, \\ H^{(2)} = [(z-q_1)(z-q_2)\dots(z-q_l)]^\nu\,\eta^{(2)} \end{cases} \tag{24}$$

ganze Funktionen und wieder eine Klassenbasis nach Satz 5. Bildet man dann

$$P(z) = (z-p_1)^{\mu_1'+\mu_1''}\cdot(z-p_2)^{\mu_2'+\mu_2''}\cdot\ \dots\ \cdot(z-p_n)^{\mu_n'+\mu_n''} \cdot(z-a_1)^{\gamma_1}(z-a_2)^{\gamma_2}(z-a_3)^{\gamma_3},$$

[1]) Es können nur endlich viele Pole vorkommen, da sonst die Pole eine Häufungsstelle hätten, also $\eta^{(1)}$ oder $\eta^{(2)}$ eine wesentliche Singularität. Dasselbe gilt für die Nullstellen.

so ist

$$y^{(1)} = P(z)\,H^{(1)}, \qquad y^{(2)} = P(z)\,H^{(2)} \tag{25}$$

wieder eine Klassenbasis, und überdies sind $y^{(1)}, y^{(2)}$ beides Funktionen aus $J(\mathfrak{Q}_1)$.

Hilfssatz 2. *Es gibt eine Klassenbasis, die selbst $J(\mathfrak{Q}_1)$ angehört.*

Jede Funktion aus $J(\mathfrak{Q}_1)$ läßt sich mit der Basis (25) darstellen als

$$y = r_1(z)\cdot y^{(1)} + r_2(z)\cdot y^{(2)}; \tag{26}$$

aber, wenn die $y^{(1)}, y^{(2)}$ nicht schon eine Idealbasis bilden, so kann y zu $J(\mathfrak{Q}_1)$ gehören, ohne daß $r_1(z), r_2(z)$ ganze rationale Funktionen sind.

So wären z. B. $y^{(1)} = z$ und $y^{(2)} = (z+1)\cdot s(\mathfrak{z})$ Funktionen aus $J(1)$ und gleichzeitig Klassenbasis, aber die ebenfalls zu $J(1)$ gehörigen Funktionen 1, $s(\mathfrak{z})$ lassen sich nur mittels gebrochener Funktionen $r_1(z), r_2(z)$ durch die $y^{(1)}, y^{(2)}$ darstellen.

Wir wollen nun zeigen: Wenn man eine Klassenbasis $y^{(1)}, y^{(2)}$ kennt, deren Funktionen zu $J(\mathfrak{Q}_1)$ gehören, so kann man in endlich vielen Schritten aus den $y^{(1)}, y^{(2)}$ eine Idealbasis für $J(\mathfrak{Q}_1)$ herstellen.

Ist y irgendeine Funktion aus $J(\mathfrak{Q}_1)$, so folgt aus (26):

$$r_1(z) = \frac{D(y, y^{(2)})}{D(y^{(1)}, y^{(2)})}, \qquad r_2(z) = \frac{D(y^{(1)}, y)}{D(y^{(1)}, y^{(2)})}. \tag{27}$$

Sind für endliches $z = p$ in $\mathfrak{Q}_1$ vorgeschrieben die Ordnungszahlen μ', μ'', so ist sicher

$$D(y^{(1)}, y^{(2)}) = t^{\mu'+\mu''}\cdot \mathfrak{P}(t) \tag{28}$$

und ebenso für die beiden anderen Determinanten. Wüßte man nun, daß in (28) für jedes endliche p das $\mathfrak{P}(0) \neq 0$ wäre, so folgte notwendig, daß $r_1(z)$ und $r_2(z)$ ganze rationale Funktionen sind.

Ist nicht überall in (28) $\mathfrak{P}(0) \neq 0$, so kann man eine solche Aussage nicht machen. Wir werden daher versuchen, eine Klassenbasis $Y^{(1)}, Y^{(2)}$ zu finden, deren Funktionen wie $y^{(1)}, y^{(2)}$ zu $J(\mathfrak{Q}_1)$ gehören und für die in der Nennerdeterminante

$$D(Y^{(1)}, Y^{(2)}) = t^{\mu'+\mu''}\cdot \mathfrak{P}(t)$$

überall das $\mathfrak{P}(0) \neq 0$ ist.

In den Verzweigungspunkten ist das aber nicht erreichbar. Dort ist nämlich

$$\begin{aligned} D(y^{(1)}, y^{(2)}) &= \begin{vmatrix} {}^{\gamma}\mathfrak{P}_1(t) & t^{\gamma}\,\mathfrak{P}_2(t) \\ (-t)^{\gamma}\mathfrak{P}_1(-t) & (-t)^{\gamma}\,\mathfrak{P}_2(-t) \end{vmatrix} \\ &= (-1^{\gamma} t^{2\gamma}\{\mathfrak{P}_1(t)\,\mathfrak{P}_2(-t) - \mathfrak{P}_1(-t)\,\mathfrak{P}_2(t)\} \\ &= t^{2\gamma+1}\,\mathfrak{P}(t^2). \end{aligned}$$

Das $\mathfrak{P}(t)$ von (28), dem hier $t\mathfrak{P}(t^2)$ entspricht, hat also für die Verzweigungspunkte stets eine Nullstelle mindestens erster Ordnung.

Da aber dasselbe für die Zählerdeterminanten in (27) gilt, so genügt die Forderung, daß diese Nullstelle genau erster Ordnung ist, um wieder unseren Schluß auf das Verhalten von r_1 und r_2 machen zu können.

Wir definieren:

Definition. Eine Basis $Y^{(1)}$, $Y^{(2)}$, deren Funktionen zu $J(\mathfrak{Q}_1)$ gehören, heißt normal an den gewöhnlichen Stellen $\mathfrak{p}'$, $\mathfrak{p}''$ $(z = p)$ mit den Ordnungszahlen μ', μ'', wenn dort

$$D(Y^{(1)}, Y^{(2)}) = t^{\mu'+\mu''}\mathfrak{P}(t), \qquad \mathfrak{P}(0) \neq 0 \tag{29}$$

ist; sie heißt normal im Verzweigungspunkt $\mathfrak{a}_j$, Ordnungszahl γ, wenn dort

$$D(Y^{(1)}, Y^{(2)}) = t^{2\gamma+1}\mathfrak{P}(t^2), \qquad \mathfrak{P}(0) \neq 0 \tag{29*}$$

ist. Ganz ebenso wie für die speziellen Divisoren $\mathfrak{Q}_1$ lautet die Definition für allgemeine Divisoren.

Unser Ziel ist demnach die Aufstellung einer im Endlichen überall normalen Basis, einer „Normalbasis“. Eine solche ist Idealbasis, da aus (29), (29*) und (27) folgt, daß für jedes y in $J(\mathfrak{Q}_1)$ die r_1, r_2 ganz sein müssen.

Es sei $y^{(1)}$, $y^{(2)}$ wieder die Ausgangsbasis, $H^{(1)}$, $H^{(2)}$ irgend zwei andere rational unabhängige Funktionen aus $J(\mathfrak{Q}_1)$. Dann ist

$$\begin{cases} H^{(1)} = r_{11}y^{(1)} + r_{12}y^{(2)} \\ H^{(2)} = r_{21}y^{(1)} + r_{22}y^{(2)} \end{cases} \tag{30}$$

und nach Satz 7

$$D(H^{(1)}, H^{(2)}) = \begin{vmatrix} r_{11} & r_{12} \\ r_{21} & r_{22} \end{vmatrix} \cdot D(y^{(1)}, y^{(2)}).$$

Sind die $r_{i\varkappa}$ so beschaffen, daß

$$\begin{vmatrix} r_{11} & r_{12} \\ r_{21} & r_{22} \end{vmatrix} = (z - p)^m, \tag{30*}$$

so folgt daraus:

Die Basis der H ist überall da normal, wo die der y normal ist und umgekehrt, ausgenommen höchstens die Punkte $\mathfrak{p}'$, $\mathfrak{p}''$ $(z = p)$.

Wir wollen zunächst zeigen, daß man für jede Stelle, an der $y^{(1)}$, $y^{(2)}$ nicht normal sind, $H^{(1)}$, $H^{(2)}$ in $J(\mathfrak{Q}_1)$ so bestimmen kann, daß (30*) gilt und $H^{(1)}$, $H^{(2)}$ für diese Stelle normal sind. Durch Übergang von den y zu den H wird also die Zahl der Stellen, an denen die y nicht normal sind, um eins vermindert. Nun kann man auf die H wieder dasselbe Verfahren anwenden. Da aber als Stellen, an denen $y^{(1)}$, $y^{(2)}$ nicht normal ist, nur die Nullstellen von $D(y^{(1)}, y^{(2)})$ in Betracht kommen und diese in endlicher Zahl vorhanden sind und jede Nullstelle von $D(H^{(1)}, H^{(2)})$ überdies auch Nullstelle von $D(y^{(1)}, y^{(2)})$ ist[1]), so folgt, daß man in endlich vielen Schritten zum Ziel kommt.

Zur Aufstellung der H zu den y bedarf es im allgemeinen jedesmal zweier Teilschritte, die sich für gewöhnliche Punkte und Verzweigungspunkte etwas unterscheiden.

I. $z = p$ gewöhnliche Stelle, $y^{(1)}$, $y^{(2)}$ nicht normal für $z = p$.

Es sei

$$\text{(31)}\qquad \begin{cases} y_1^{(1)} = t^{\mu'+\varrho'}\mathfrak{P}_{11}(t), & y_1^{(2)} = t^{\mu'+\sigma'}\mathfrak{P}_{21}(t), \\ y_2^{(1)} = t^{\mu''+\varrho''}\mathfrak{P}_{12}(t), & y_2^{(2)} = t^{\mu''+\sigma''}\mathfrak{P}_{22}(t). \end{cases} \qquad \mathfrak{P}_{ik}(0) \neq 0$$

Dabei sind die ϱ', ϱ'', σ', σ'' alle nicht negativ, unter Umständen allerdings alle Null.

Wir setzen

$$\text{(32)}\qquad \min(\varrho', \varrho'') = \varrho, \qquad \min(\sigma', \sigma'') = \sigma.$$

Dann sind auch

$$\text{(33)}\qquad \begin{cases} y^{(1)*} = (z-p)^{-\varrho}\cdot y^{(1)} \\ y^{(2)*} = (z-p)^{-\sigma}\cdot y^{(2)} \end{cases}$$

Funktionen in $J(\mathfrak{Q}_1)$. Entweder sind die $y^{(1)*}$, $y^{(2)*}$ schon normal bei $z = p$, dann sind dies gerade unsere $H^{(1)}$, $H^{(2)}$ oder dies ist noch nicht der Fall. Dann folgt aus (32), daß von den Zahlen $\varrho' - \varrho$, $\varrho'' - \varrho$ eine Null ist, ebenso für $\sigma' - \sigma$, $\sigma'' - \sigma$. Es ist keine Einschränkung, wenn wir annehmen $\varrho' - \varrho = 0$, denn wir könnten dies ja stets durch Umnumerierung erreichen.

Wäre auch noch $\sigma'' - \sigma = 0$ und $\sigma' - \sigma \neq 0$, so wären die $y^{(1)*}$, $y^{(2)*}$ schon bei p normal, was wir ja ausgeschlossen hatten. Es ist also notwendig auch $\sigma' - \sigma = 0$, d. h.

$$\text{(34)}\qquad \begin{cases} y_1^{(1)*} = t^{\mu'}\mathfrak{P}_{11}(t), & y_1^{(2)*} = t^{\mu'}\mathfrak{P}_{21}(t), \\ y_2^{(1)*} = t^{\mu''+\varrho''-\varrho}\mathfrak{P}_{12}(t), & y_2^{(2)*} = t^{\mu''+\sigma''-\sigma}\mathfrak{P}_{22}(t) \end{cases}$$

und wir dürfen annehmen $\varrho'' - \varrho \leqq \sigma'' - \sigma$.

Wir entwickeln nun den Quotienten $\dfrac{y^{(2)*}}{y^{(1)*}}$ bei $\mathfrak{p}'$ nach Taylor und erhalten, wenn $\varkappa$ eine noch festzulegende Zahl ist:

$$\text{(35}_1\text{)}\qquad \frac{y_1^{(2)*}}{y_1^{(1)*}} = \left\{c_0 + c_1 t + \cdots + c_\varkappa t^\varkappa\right\} + t^{\varkappa+1}\mathfrak{P}_1(t) = \varrho_\varkappa(z) + t^{\varkappa+1}\mathfrak{P}_1(t).$$

[1]) m in (30*) ist also notwendig nicht positiv.

In der Umgebung von $\mathfrak{p}'$ hat die Funktion

$$\frac{-\varrho_\varkappa(z)\cdot y^{(1)*}+y^{(2)*}}{(z-p)^\varkappa} \tag{36}$$

die Entwicklung

$$t^{\mu'+1}\cdot\mathfrak{P}_1(t), \tag{36$_1$}$$

wobei $\mathfrak{P}_1(0)$ auch Null sein kann. Dies folgt aus (35_1) und (34) und gilt für beliebiges $\varkappa$. Wir zeigen nun: $\varkappa$ kann stets so bestimmt werden, daß (36) in der Umgebung von $\mathfrak{p}''$ die Entwicklung hat

$$t^{\mu''}\mathfrak{P}_2(t) \quad \text{mit} \quad \mathfrak{P}_2(0)\neq 0. \tag{36$_2$}$$

Ist $\varrho''-\varrho<\sigma''-\sigma$, so erhält man ($36_2$), wenn man $\varkappa=\varrho''-\varrho$ setzt. Man sieht das aus (34) und (36). Schwieriger ist der Fall $\varrho''-\varrho=\sigma''-\sigma$. Es kann hier vorkommen, daß die Entwicklung (35_1) von $\frac{y^{(2)*}}{y^{(1)*}}$ bei $\mathfrak{p}'$ mit der Entwicklung bei $\mathfrak{p}''$

$$\frac{y_2^{(2)*}}{y_2^{(1)*}}=\{C_0+C_1t+\cdots+C_\varkappa t^\varkappa\}+t^{\varkappa+1}\mathfrak{P}_3(t)=\mathsf{P}_\varkappa(z)+t^{\varkappa+1}\mathfrak{P}_3(t) \tag{35$_2$}$$

in den Anfangsgliedern übereinstimmt, d. h. daß etwa $C_0=c_0$, $C_1=c_1,\ldots$ ist. λ sei der kleinste Index, für den $C_\lambda\neq c_\lambda$ ist. Dann wählt man $\varkappa$ so, daß

$$\varkappa-(\varrho''-\varrho)=\lambda$$

ist. Dann kann man (35_2) auch schreiben, da $\varkappa>\lambda$ ist,

$$\frac{y_2^{(2)*}}{y_2^{(1)*}}=\varrho_\varkappa(z)+(\mathsf{P}_\varkappa(z)-\varrho_\varkappa(z))+t^{\varkappa+1}\mathfrak{P}_3(t)=\varrho_\varkappa(z)+t^\lambda\mathfrak{P}_2(t), \tag{35$_3$}$$

wobei $\mathfrak{P}_2(0)=C_\lambda-c_\lambda\neq 0$ ist. Einsetzen von (35_3) in (36) unter Berücksichtigung von (34) ergibt dann sofort (36_2).

Es ist wirklich stets möglich, $\varkappa$ so zu wählen, wie vorgeschrieben. Denn wäre es nicht der Fall, so wäre stets

$$\mathsf{P}_\varkappa(z)-\varrho_\varkappa(z)\equiv 0$$

oder

$$D(y^{(1)*},\,y^{(2)*})=y_1^{(1)*}\,y_2^{(1)*}\cdot\begin{vmatrix}1 & \varrho_\varkappa(z)+t^{\varkappa+1}\mathfrak{P}_1(t)\\ 1 & \varrho_\varkappa(z)+t^{\varkappa+1}\mathfrak{P}_2(t)\end{vmatrix}$$
$$=t^{\mu'+\mu''+\varrho''-\varrho+\varkappa+1}\mathfrak{P}(t)$$

für jedes $\varkappa$. D. h., die Entwicklung von $D(y^{(1)*},\,y^{(2)*})$ finge erst mit beliebig hohen Potenzen an oder D wäre identisch Null. Dies widerspricht aber der vorausgesetzten rationalen Unabhängigkeit der $y^{(1)*}$, $y^{(2)*}$.

Wir haben damit gezeigt: Man kann an jeder gewöhnlichen Stelle p, an der $y^{(1)}, y^{(2)}$ nicht normal sind, die ganzen Zahlen $\varrho, \sigma, \varkappa$ so bestimmen, daß

$$(37)\quad \begin{cases} H^{(1)} = \dfrac{y^{(1)}}{(z-p)^{\varrho}}, \\ H^{(2)} = \dfrac{-y^{(1)}\varrho_{\varkappa}(z)}{(z-p)^{\varrho+\varkappa}} + \dfrac{y^{(2)}}{(z-p)^{\sigma+\varkappa}} \end{cases}$$

die Determinante (vgl. (34), (36_1), (36_2))

$$D(H^{(1)}, H^{(2)}) = \begin{vmatrix} t^{\mu'}\mathfrak{P}_{11}(t) & t^{\mu'+1}\mathfrak{P}_1(t) \\ t^{\mu''+\varrho''-\varrho}\mathfrak{P}_{12}(t) & t^{\mu''}\mathfrak{P}_2(t) \end{vmatrix}$$
$$= t^{\mu'+\mu''}\mathfrak{P}(t), \quad \mathfrak{P}(0) \neq 0,$$

haben, also an der Stelle p normal sind und an den Stellen, an denen die $y_1^{(1)}, y_2^{(2)}$ normal waren, es bleiben; denn es ist

$$D(H^{(1)}, H^{(2)}) = (z-p)^{-(\varrho+\sigma+\varkappa)} \cdot D(y^{(1)}, y^{(2)}).$$

II. Verzweigungspunkt $z = a_j$; $y^{(1)}, y^{(2)}$ nicht normal für $z = a_j$.
Es sei

$$(31^*)\quad \begin{cases} y^{(1)} = t^{\gamma_j+\varrho}\mathfrak{P}(t), \\ y^{(2)} = t^{\gamma_j+\sigma}\mathfrak{P}(t). \end{cases}$$

Dann bilden wir zunächst[1])

$$(33^*)\quad \begin{cases} y^{(1)*} = (z-a_j)^{-\left[\frac{\varrho}{2}\right]} y^{(1)}, \\ y^{(2)*} = (z-a_j)^{-\left[\frac{\sigma}{2}\right]} y^{(2)}. \end{cases}$$

Diese beiden Funktionen gehören wieder zu $J(\mathfrak{Q}_1)$ und sind normal, wo es $y^{(1)}, y^{(2)}$ waren. Entweder sind $y^{(1)*}, y^{(2)*}$ schon bei a_j normal, dann sind sie unsere $H^{(1)}, H^{(2)}$, oder dies ist noch nicht der Fall. Dann muß einer der folgenden drei Fälle vorliegen:

$$\left.\begin{array}{lll} \text{(A)} & y^{(1)*} = t^{\gamma_j}\mathfrak{P}_1(t), & y^{(2)*} = t^{\gamma_j+1}\mathfrak{P}_2(t), \\ \text{oder} & y^{(1)*} = t^{\gamma_j+1}\mathfrak{P}_1(t), & y^{(2)*} = t^{\gamma_j}\mathfrak{P}_2(t), \\ \text{(B)} & y^{(1)*} = t^{\gamma_j}\mathfrak{P}_1(t), & y^{(2)*} = t^{\gamma_j}\mathfrak{P}_2(t), \\ \text{(C)} & y^{(1)*} = t^{\gamma_j+1}\mathfrak{P}_1(t), & y^{(2)*} = t^{\gamma_j+1}\mathfrak{P}_2(t). \end{array}\right\} \mathfrak{P}_j(0) \neq 0.$$

[1]) $[x]$ bedeutet stets die größte ganze Zahl, die x nicht übertrifft.

Im Fall (A) bilden die $y^{(1)*}$, $y^{(2)*}$ sicher eine bei a_j normale Basis, denn es ist

$$D(y^{(1)*}, y^{(2)*}) = \begin{vmatrix} t^{\gamma_j}\mathfrak{P}_1(t) & t^{\gamma_j+1}\mathfrak{P}_2(t) \\ (-t)^{\gamma_j}\mathfrak{P}_1(-t) & (-t)^{\gamma_j+1}\mathfrak{P}_2(-t) \end{vmatrix}$$

$$= (-1)^{\gamma_j} t^{2\gamma_j+1} \begin{vmatrix} a_0 + a_1 t + \cdots & b_0 + b_1 t + \cdots \\ a_0 - a_1 t + \cdots & -b_0 + b_1 t - \cdots \end{vmatrix}$$

$$= (-1)^{\gamma_j} t^{2\gamma_j+1} \{ -2a_0 b_0 + t^2 \mathfrak{P}(t^2) \}.$$

und $a_0 \neq 0$, $b_0 \neq 0$. Im Fall (B) bildet man

$$\frac{y^{(2)*}}{y^{(1)*}} = c_0 + c_1 t + c_2 t^2 + \cdots = \mathfrak{P}^*(t).$$

Es sei $\varrho_\varkappa(z)$ der größte Abschnitt dieser Potenzreihe, der *nur gerade Potenzen* von t enthält, $t^{2\varkappa+1}$ also die erste wirklich vorhandene ungerade Potenz:

$$(35^*) \quad \begin{cases} \dfrac{y^{(2)*}}{y^{(1)*}} = c_0 + c_2 t^2 + \cdots + c_{2\varkappa} t^{2\varkappa} + c_{2\varkappa+1} t^{2\varkappa+1} + \cdots \\ \quad = \varrho_\varkappa(z) + t^{2\varkappa+1}\mathfrak{P}(t), \qquad \mathfrak{P}(0) \neq 0. \end{cases}$$

$\varrho_\varkappa(z)$ ist eine ganze rationale Funktion von z, das $\varkappa$ eindeutig bestimmt. Enthielte nämlich $\mathfrak{P}^*(t)$ nur gerade Potenzen von t, so wäre

$$D(y^{(1)*}, y^{(2)*}) = y^{(1)*}(+t) \cdot y^{(1)*}(-t) \cdot \begin{vmatrix} 1 & \mathfrak{P}^*(t) \\ 1 & \mathfrak{P}^*(-t) \end{vmatrix}$$

identisch Null, die $y^{(1)*}$, $y^{(2)*}$ also gegen die Voraussetzung rational abhängig.

Wir bilden dann

$$(37^*) \quad \begin{cases} H^{(1)} = y^{(1)*} = (z - a_j)^{-\left[\frac{\varrho}{2}\right]} y^{(1)} \\ H^{(2)} = \dfrac{-\varrho_\varkappa(z)\, y^{(1)*} + y^{(2)*}}{(z - a_j)^\varkappa} \\ \quad = -\varrho_\varkappa(z)(z - a_j)^{-\varkappa-\left[\frac{\varrho}{2}\right]} y^{(1)} + (z - a_j)^{-\varkappa-\left[\frac{\sigma}{2}\right]} y^{(2)} \end{cases}$$

und haben bei a_j

$$H^{(1)} = t^{\gamma_j}\mathfrak{P}_1(t), \qquad \mathfrak{P}_1(0) \neq 0,$$

$$H^{(2)} = t^{\gamma_j+1}\mathfrak{P}_2(t), \qquad \mathfrak{P}_2(0) \neq 0,$$

also gerade wieder den Fall (A).

Genau so ist es im Fall (C), nur ist hier

$$H^{(2)} = \frac{-\varrho_\varkappa(z)\, y^{(1)*} + y^{(2)*}}{(z-a_j)^{\varkappa+1}}. \tag{37**}$$

Der Übergang von den y zu den H erfolgt in allen Fällen durch eine Substitution mit der Eigenschaft (30*), so daß die neue Basis $H^{(1)}$, $H^{(2)}$ an allen den Stellen normal bleibt, wo die Basis $y^{(1)}$, $y^{(2)}$ normal war und überdies noch bei $\mathfrak{a}_j$ normal ist.

Damit haben wir folgendes Ergebnis:

Satz 12 (Satz von der Idealbasis). *Sind $y^{(1)}$, $y^{(2)}$ irgend zwei rational unabhängige Funktionen aus $J(\mathfrak{Q}_1)$ — und solche lassen sich stets angeben —, so kann man daraus in höchstens doppelt so viel Schritten, als $D(y^{(1)}, y^{(2)})$ verschiedene Nullstellen besitzt, zwei andere, rational unabhängige Funktionen $\eta^{(1)}$, $\eta^{(2)}$ aus $J(\mathfrak{Q}_1)$ herstellen, die für jede endliche Stelle, einschließlich der Verzweigungspunkte, normal sind.* **Die $\eta^{(1)}$, $\eta^{(2)}$ bilden dann eine Idealbasis für $J(\mathfrak{Q}_1)$.**

§ 10. Eigenschaften der Idealbasis für $J(\mathfrak{Q})$.

Nach dem Hilfssatz I erhält man aus der Idealbasis $\eta^{(1)}$, $\eta^{(2)}$ für $J(\mathfrak{Q}_1)$ sofort eine solche für $J(\mathfrak{Q})$. Diese soll künftig mit $Y^{(1)}$, $Y^{(2)}$ bezeichnet werden. Sie ist im Endlichen überall normal, da dies für $\eta^{(1)}$, $\eta^{(2)}$ galt.

Demnach ist überall im Endlichen außer in den $\mathfrak{a}_j$:

$$D(Y^{(1)}, Y^{(2)}) = t^{m'+m''}\mathfrak{P}(t), \quad \mathfrak{P}(0) \neq 0, \tag{38}$$

während in den $\mathfrak{a}_j$ ist:

$$D(Y^{(1)}, Y^{(2)}) = t^{2\alpha_j+1}\cdot\mathfrak{P}(t^2), \quad \mathfrak{P}(0) \neq 0. \tag{38*}$$

Dabei sind m', m'' bzw. α_j die durch $\mathfrak{Q}$ vorgeschriebenen Ordnungszahlen in den zur Entwicklungsstelle gehörigen Punkten der Fläche.

Neben der Basis für $J(\mathfrak{Q})$ betrachten wir irgendeine Basis $\mathfrak{y}^{(1)}$, $\mathfrak{y}^{(2)}$ für $J(1)$, etwa $1, s(\mathfrak{z})$. Dann ist

$$D(\mathfrak{y}^{(1)}, \mathfrak{y}^{(2)}) = \overline{\mathfrak{P}}(t), \quad \overline{\mathfrak{P}}(0) \neq 0, \tag{39}$$

außer in den Verzweigungspunkten. Für diese ist

$$D(\mathfrak{y}^{(1)}, \mathfrak{y}^{(2)}) = t\,\overline{\mathfrak{P}}(t^2), \quad \overline{\mathfrak{P}}(0) \neq 0. \tag{39*}$$

Aus (38), (39) folgt

$$\frac{D(Y^{(1)}, Y^{(2)})}{D(\mathfrak{y}^{(1)}, \mathfrak{y}^{(2)})} = t^{m'+m''}\overline{\overline{\mathfrak{P}}}(t), \quad \overline{\overline{\mathfrak{P}}}(0) \neq 0, \tag{40}$$

für gewöhnliche z, für die Verzweigungspunkte aber aus (38*), (39*)

$$\frac{D(Y^{(1)}, Y^{(2)})}{D(\mathfrak{y}^{(1)}, \mathfrak{y}^{(2)})} = t^{2\alpha_j} \overline{\overline{\mathfrak{P}}}(t^2), \quad \overline{\overline{\mathfrak{P}}}(0) \neq 0. \tag{40*}$$

Da für $\mathfrak{a}_j$ das t^2 Ortsuniformisierende der schlichten Ebene ist, so ist der Quotient $\frac{D(Y^{(1)}, Y^{(2)})}{D(\mathfrak{y}^{(1)}, \mathfrak{y}^{(2)})}$ in der ganzen schlichten z-Ebene rationalen Verhaltens. Er ist aber auch eindeutig daselbst. Dies kann man ohne Berufung auf andere Sätze hier direkt sehen. Durchläuft nämlich z einen geschlossenen Weg in der z-Ebene, so durchlaufen die entsprechenden Punkte $\mathfrak{z}'$, $\mathfrak{z}''$ der Fläche entweder geschlossene Kurven oder aber $\mathfrak{z}'$ geht in $\mathfrak{z}''$, $\mathfrak{z}''$ aber in $\mathfrak{z}'$ über, d. h. $\mathfrak{z}'$ und $\mathfrak{z}''$ vertauschen sich untereinander. Im ersten Fall bleiben in unserem Quotienten Zähler und Nenner unverändert, im zweiten vertauschen sich in beiden Determinanten die Zeilen, d. h. der Quotient bleibt wieder unverändert.

Aus dem rationalen Verhalten und der Eindeutigkeit in der z-Ebene folgt, daß der Quotient der D eine rationale Funktion ist, die aus (40) und (40*) sofort abgelesen werden kann. Wir erhalten somit

Satz 13. *Ist* $Y^{(1)}, Y^{(2)}$ *eine Basis für* $J(\mathfrak{Q})$, $\mathfrak{y}^{(1)}, \mathfrak{y}^{(2)}$ *eine Basis für* $J(1)$ *und ist*

$$\mathfrak{Q} = \frac{\mathfrak{p}_1'^{m_1'}\, \mathfrak{p}_2'^{m_2'} \dots}{\mathfrak{p}_1''^{m_1''}\, \mathfrak{p}_2''^{m_2''} \dots} \cdot \mathfrak{a}_1^{\alpha_1}\, \mathfrak{a}_2^{\alpha_2}\, \mathfrak{a}_3^{\alpha_3}\, \mathfrak{p}_\infty^{m},$$

so ist, unter C *eine Konstante verstanden,*

$$D(Y^{(1)}, Y^{(2)}) = C\,\Pi\,(z - p_j)^{m_j' + m_j''} \cdot \Pi\,(z - a_j)^{\alpha_j} \cdot D(\mathfrak{y}^{(1)}, \mathfrak{y}^{(2)}). \tag{41}$$

Aus diesem Satz folgt sofort:

Satz 14. *Für alle Basissysteme* $Y^{(1)}, Y^{(2)}$ *von* $J(\mathfrak{Q})$ *ist* $D(Y^{(1)}, Y^{(2)})$ *bis auf einen konstanten Faktor dasselbe.*

Da demnach $D(Y^{(1)}, Y^{(2)})$, abgesehen von dem unwesentlichen konstanten Faktor, nur von $\mathfrak{Q}$, nicht aber von der gewählten Basis für $J(\mathfrak{Q})$ abhängt, so bezeichnen wir es künftig mit $D(\mathfrak{Q})$ und nennen es die **Diskriminante** von $J(\mathfrak{Q})$. Ebenso ist dann $D(\mathfrak{y}^{(1)}, \mathfrak{y}^{(2)}) = D(1)$ die Diskriminante des Ideals $J(1)$. Das bei der Gleichung (41) rechts auftretende Polynom nennt man **die Norm** von $\mathfrak{Q}$ und bezeichnet es mit $N(\mathfrak{Q})$. Dann hat man:

Satz 15 (Kroneckerscher Diskriminantensatz). *Für jeden Divisor* $\mathfrak{Q}$ *gilt:*

$$D(\mathfrak{Q}) = N(\mathfrak{Q}) \cdot D(1). \tag{42}$$

Wir wollen nun noch zeigen:

Satz 16. *Irgend zwei Funktionen* $H^{(1)}, H^{(2)}$ *aus* $J(\mathfrak{Q})$, *für die* $D(H^{(1)}, H^{(2)}) = c\,D(\mathfrak{Q})$ *ist,* $c = \text{const} \neq 0$, *bilden stets eine Basis für* $J(\mathfrak{Q})$.

In der Tat gibt es dann solche Polynome g_{ik}, daß die H durch die Idealbasis in der Form

$$\text{(43)} \qquad \begin{cases} H^{(1)} = g_{11} Y^{(1)} + g_{12} Y^{(2)} \\ H^{(2)} = g_{21} Y^{(1)} + g_{22} Y^{(2)}, \end{cases}$$

darstellbar sind. Die Determinante der g_{ik} sei Δ. Dann ist

$$D(H^{(1)}, H^{(2)}) = \Delta \cdot D(Y^{(1)}, Y^{(2)})$$

nach Satz 7. Dies ergibt zusammen mit

$$D(H^{(1)}, H^{(2)}) = c D(\mathfrak{Q})$$

$\Delta = c$. Aus $\Delta = c$ folgt aber umgekehrt, daß die Y ebenso durch die H dargestellt werden können, wie diese durch jene. Damit ist alles bewiesen.

Ferner können wir noch folgenden Satz aus den letzten Zeilen ablesen:

Satz 17. *Notwendig und hinreichend dafür, daß mit $Y^{(1)}, Y^{(2)}$ auch $H^{(1)}, H^{(2)}$ ein Basissystem für $J(\mathfrak{Q})$ bilden, ist: die Determinante*

$$\begin{vmatrix} g_{11} & g_{12} \\ g_{21} & g_{22} \end{vmatrix}$$

der Substitution (43) *ist konstant, aber nicht Null.*

Mit Hilfe von Satz 16 gelingt es, für die Divisoren $\mathfrak{Q}_1$ die Idealbasis sofort explizit anzugeben. Setzt man $\mathfrak{Q}_1 = \mathfrak{Q}_2 \mathfrak{a}_1^{\gamma_1} \mathfrak{a}_2^{\gamma_2} \mathfrak{a}_3^{\gamma_3}$, so ist $N(\mathfrak{Q}_1) = N(\mathfrak{Q}_2)(z - a_1)^{\gamma_1}(z - a_2)^{\gamma_2}(z - a_3)^{\gamma_3}$.

Wir setzen nun abkürzend:

$$\gamma_j' = \left[\frac{\gamma_j}{2}\right], \quad \gamma_j'' = \left[\frac{\gamma_j + 1}{2}\right].$$

Daraus folgt übrigens

$$\gamma_j' + \gamma_j'' = \gamma_j \quad \text{und} \quad \gamma_j'' \geqq \frac{\gamma_j}{2}.$$

Wir bilden jetzt die drei Polynome:

$$N(\mathfrak{Q}_2), \quad g_1(z) = \Pi (z - a_j)^{\gamma_j'}, \quad g_2(z) = \Pi (z - a_j)^{\gamma_j''}.$$

Ferner sei $g(z)$ das Newtonsche Interpolationspolynom, das die Funktion $\frac{g_1(z) s(\mathfrak{z})}{g_2(z)}$ an den im Divisor $\mathfrak{Q}_2$ vorkommenden Stellen $\mathfrak{p}_j', \mathfrak{p}_j''$ mindestens bis zur Ordnung μ_j' bzw. μ_j'' interpoliert[1]). Ein solches Polynom $g(z)$

[1]) Wir wollen sagen, ein Polynom interpoliere eine Funktion an einer Stelle zur Ordnung μ, wenn an dieser Stelle die μ^{ten} Ableitungen des Polynoms und der Funktion, aber keine früheren, verschieden sind.

existiert, da stets mindestens eine der Zahlen μ_j', μ_j'' verschwindet. Die mit diesen Polynomen $N(\mathfrak{Q}_2)$, $g_1(z)$, $g_2(z)$, $g(z)$ gebildeten Funktionen

$$(44)\qquad \begin{cases} \eta^{(1)} = N(\mathfrak{Q}_2)g_2(z) \\ \eta^{(2)} = -\,g_2(z)g(z) + g_1(z)s(\mathfrak{z}) \end{cases}$$

gehören nun sicher zu $J(\mathfrak{Q}_1)$. Sie bilden auch eine Basis für $J(\mathfrak{Q}_1)$. Wegen Satz 16 ist das richtig, wenn man zeigen kann, daß $D(\eta^{(1)}, \eta^{(2)}) = N(\mathfrak{Q}_1)D(1)$ ist. Nun ist aber

$$D(\eta^{(1)}, \eta^{(2)}) = \begin{vmatrix} N(\mathfrak{Q}_2)g_2(z) & -g_2(z)g(z) + g_1(z)s(\mathfrak{z}) \\ N(\mathfrak{Q}_2)g_2(z) & -g_2(z)g(z) - g_1(z)s(\mathfrak{z}) \end{vmatrix}$$

$$= N(\mathfrak{Q}_2)g_1(z)g_2(z)\begin{vmatrix} 1 & s(\mathfrak{z}) \\ 1 & -s(\mathfrak{z}) \end{vmatrix}$$

$$= N(\mathfrak{Q}_2)g_1(z)g_2(z)D(1).$$

Wegen $\gamma_j' + \gamma_j'' = \gamma_j$ sind aber die ersten drei Faktoren gerade $N(\mathfrak{Q}_1)$. Der Beweis ist also geführt.

Satz 18. *Der sukzessive Aufbau einer Idealbasis ist, falls eine Basis für $J(1)$ bekannt ist, ersetzbar durch die Angabe einer expliziten Formel für eine Basis. Die Aufstellung der Basis erfordert nur die Lösung einer Interpolationsaufgabe.*

§ 11. Die Multipla von $\mathfrak{Q}$.

Bei der Bestimmung der sämtlichen Multipla eines Divisors $\mathfrak{Q}$ können wir uns auf den Spezialfall beschränken, daß der Punkt $\mathfrak{p}_\infty$ in $\mathfrak{Q}$ gar nicht oder nur mit der Ordnungszahl 1 vorkommt. Ist nämlich die Ordnungszahl m von $\mathfrak{p}_\infty$ im Divisor $\mathfrak{Q}$ entweder $2r$ oder $2r+1$, so bilden wir den Divisor (p beliebig endlich)

$$(45)\qquad \mathfrak{R} = \frac{\mathfrak{p}'^{r}}{\mathfrak{p}''^{r}} \cdot \mathfrak{p}_\infty^{-2r}.$$

$(z-p)^r$ ist genaues Multiplum von $\mathfrak{R}$. Sucht man nun alle Multipla des Divisors $\mathfrak{R}\cdot\mathfrak{Q}$, so erhält man aus diesen alle Multipla von $\mathfrak{Q}$ durch Division mit $(z-p)^r$. Im Divisor $\mathfrak{R}\cdot\mathfrak{Q}$ kommt aber nur $\mathfrak{p}_\infty^0$ oder $\mathfrak{p}_\infty^1$ vor.

Hilfssatz 3. *Bei der Aufstellung der Multipla von $\mathfrak{Q}$ kann man annehmen, daß $\mathfrak{p}_\infty$ in $\mathfrak{Q}$ gar nicht oder nur mit der Ordnungszahl* 1 *auftritt.*

Was wir hier mit dem speziellen rationalen Divisor (45) geschlossen haben, läßt sich ebenso für jeden beliebigen, vollständigen rationalen Divisor schließen. Dabei heißt ein rationaler Divisor vollständig, wenn die Summe aller in ihm vorkommenden Ordnungszahlen Null ist. Durch einen solchen Divisor ist bekanntlich eine rationale Funktion bis auf einen konstanten Faktor eindeutig bestimmt. Es ergibt sich dann wie oben:

Satz 19. *Ist $\mathfrak{R}$ ein vollständiger rationaler Divisor, $\mathfrak{Q}$ ein beliebiger Divisor, so ist die Anzahl der linear unabhängigen Multipla von $\mathfrak{Q}$ ebenso groß, wie die der linear unabhängigen Multipla von $\mathfrak{R}\cdot\mathfrak{Q}$. Die Multiplabasis beider Divisoren besteht daher aus gleich vielen Funktionen.*

Machen wir von dem Umstand Gebrauch, daß auch das Produkt und der Quotient zweier elliptischer Funktionen wieder eine elliptische Funktion ist — damit benutzen wir eine Körpereigenschaft —, so erhalten wir ganz ebenso:

Satz 20. *Ist $\mathfrak{D}$ ein vollständiger Divisor einer elliptischen Funktion (gibt er also* **alle** *Nullstellen und Pole der Funktion an), $\mathfrak{Q}$ ein beliebiger Divisor, so ist die Anzahl der linear unabhängigen Multipla von $\mathfrak{Q}$ ebenso groß wie die von $\mathfrak{D}\cdot\mathfrak{Q}$. Die Multiplabasis beider Divisoren besteht daher aus gleich vielen Funktionen.*

Wegen des Hilfssatzes beschäftigen wir uns im folgenden nur mit den Multipla von Divisoren, die $\mathfrak{p}_\infty$ gar nicht oder nur als $\mathfrak{p}_\infty^1$ enthalten.

Es sei nun $Y^{(1)}, Y^{(2)}$ eine Basis für $J(\mathfrak{Q})$. Bei $\mathfrak{p}_\infty$ sei

$$(46)\qquad \begin{cases} Y^{(1)} = t^{\varrho_1}\,\mathfrak{P}_1(t) \\ Y^{(2)} = t^{\varrho_2}\,\mathfrak{P}_2(t), \end{cases}$$

ferner ist dort nach (41), (42):

$$(47)\quad D(Y^{(1)}, Y^{(2)}) = c\,D(\mathfrak{Q}) = c\,N(\mathfrak{Q})\cdot D(1) = t^{-\{2\,\Sigma(m'+m'')+2\,\Sigma\alpha_j+3\}}\cdot\mathfrak{P}(t)$$

mit $\mathfrak{P}(0) \neq 0$.

Es ist nun sicher

$$(47')\qquad \varrho_1 + \varrho_2 \leqq -2\{\Sigma(m'+m'') + \Sigma\alpha_j\} - 3.$$

Definition[1]**.** Ist gerade

$$(47'')\qquad \varrho_1 + \varrho_2 = -2\{\Sigma(m'+m'') + \Sigma\alpha_j\} - 3 = -2q_e - 3,$$

so nennen wir die Y eine **Normalbasis** bei $\mathfrak{p}_\infty$.

Bilden die Y noch keine Normalbasis, so müssen wir zeigen, daß wir in endlich vielen Schritten zu einer neuen Basis

$$(48)\qquad \begin{cases} H^{(1)} = g_{11}(z)\,Y^{(1)} + g_{12}(z)\,Y^{(2)}, \\ H^{(2)} = g_{21}(z)\,Y^{(1)} + g_{22}(z)\,Y^{(2)} \end{cases}$$

übergehen können, die bei $\mathfrak{p}_\infty$ normal ist und die wieder Basis für $J(\mathfrak{Q})$ ist, d. h. bei der

$$\begin{vmatrix} g_{11} & g_{12} \\ g_{21} & g_{22} \end{vmatrix} = \text{const} \neq 0$$

ist.

[1]) Die Normalität war bisher nur für endliche Stellen definiert, q_e ist die Summe aller Ordnungszahlen von $\mathfrak{Q}$ an endlichen Stellen.

Sind die Zahlen ϱ_1, ϱ_2 nicht beide gerade oder ungerade, also etwa

$$\varrho_1 = 2r_1 + 1, \qquad \varrho_2 = 2r_2, \tag{49}$$

so bilden $Y^{(1)}, Y^{(2)}$ sicher eine Normalbasis. Bei $\mathfrak{p}_\infty$ ist nämlich dann

$$\begin{aligned} D(Y^{(1)}, Y^{(2)}) &= \begin{vmatrix} t^{\varrho_1}\mathfrak{P}_1(t) & t^{\varrho_2}\mathfrak{P}_2(t) \\ (-t)^{\varrho_1}\mathfrak{P}_1(-t) & (-t)^{\varrho_2}\mathfrak{P}_2(-t) \end{vmatrix} \\ &= t^{\varrho_1+\varrho_2}\cdot\{\mathfrak{P}_1(t)\,\mathfrak{P}_2(-t) + \mathfrak{P}_1(-t)\,\mathfrak{P}_2(t)\} \\ &= t^{\varrho_1+\varrho_2}\cdot\{(a_0 + a_1 t + \cdots)(b_0 - b_1 t + \cdots) \\ &\qquad + (a_0 - a_1 t + \cdots)(b_0 + b_1 t + \cdots)\} \\ &= t^{\varrho_1+\varrho_2}\{2a_0 b_0 + t^2\mathfrak{P}^*(t^2)\}. \end{aligned}$$

Da wir voraussetzen, $a_0 \neq 0$, $b_0 \neq 0$, so ist einerseits

$$D(Y^{(1)}, Y^{(2)}) = t^{\varrho_1+\varrho_2}\overline{\mathfrak{P}}(t^2), \qquad \overline{\mathfrak{P}}(0) \neq 0,$$

andererseits

$$D(Y^{(1)}, Y^{(2)}) = t^{-2q_e-3}\mathfrak{P}(t), \qquad \mathfrak{P}(0) \neq 0,$$

also

$$\varrho_1 + \varrho_2 = 2(r_1 + r_2) + 1 = -2q_e - 3. \tag{49'}$$

Sind aber ϱ_1, ϱ_2 beide gerade oder beide ungerade, d. h. ist

$$\varrho_1 - \varrho_2 = 2\varkappa$$

eine gerade Zahl und $\varrho_1 \geqq \varrho_2$, so bilde man an der Stelle $\mathfrak{p}_\infty$ die Taylor-Entwicklung von

$$\frac{Y^{(2)}}{Y^{(1)}} = \frac{c}{t^{2\varkappa}} + \cdots.$$

Den Hauptteil dieser Taylor-Entwicklung brechen wir vor der ersten ungeraden t-Potenz ab (falls in ihm eine solche vorhanden ist) und nennen diesen Abschnitt $\varrho(z)$. Wegen $z = \frac{1}{t^2}$ ist $\varrho(z)$ ein Polynom. Ferner ist

$$\frac{Y^{(2)}}{Y^{(1)}} = \varrho(z) + t^\lambda\mathfrak{P}_3(t), \tag{50}$$

wobei $\lambda > -2\varkappa$ ist.

Es ist nun sicher

$$H^{(1)} = Y^{(1)}, \qquad H^{(2)} = Y^{(2)} - \varrho(z)\cdot Y^{(1)}$$

wieder eine Idealbasis. Bei $\mathfrak{p}_\infty$ ist wegen (46) und (50)

$$\begin{aligned} H^{(1)} = Y^{(1)} &= t^{\varrho_1}\,\mathfrak{P}_1(t), \qquad \mathfrak{P}(0) \neq 0 \\ H^{(2)} &= t^{\varrho_1}\,\mathfrak{P}_1(t)\cdot t^\lambda\mathfrak{P}_3(t) \\ &= t^{\varrho_1+\lambda}\,\mathfrak{P}_2^*(t) = t^{\varrho_2^*}\,\mathfrak{P}_2^*(t) \\ \varrho_2^* &= \varrho_1 + \lambda > \varrho_1 - 2\varkappa = \varrho_2. \end{aligned}$$

Daraus folgt, daß wir eine neue Basis haben mit

$$\varrho_1 + \varrho_2^* > \varrho_1 + \varrho_2 .$$

Da andererseits die Summe der Ordnungszahlen der Basisfunktion bei $\mathfrak{p}_\infty$ nie größer wird als $-2q_e - 3$, so müssen wir in endlich vielen Wiederholungen des eben angegebenen Verfahrens auf die jedesmal erhaltene Basis zum Ziel kommen, also eine Normalbasis erhalten.

Hilfssatz 4. *In endlich vielen Schritten läßt sich jede Basis von $J(\mathfrak{Q})$ in eine bei $\mathfrak{p}_\infty$ normale Basis verwandeln. Die Ordnungszahl der einen Basisfunktion ist dann gerade, die der anderen ungerade. Die Summe beider Ordnungszahlen ist $-2q_e - 3$. Dabei ist q_e die Summe aller zu endlichen Stellen gehörigen Ordnungszahlen des Divisors $\mathfrak{Q}$.*

Ist $Y^{(1)}, Y^{(2)}$ eine Normalbasis für $\mathfrak{p}_\infty$, so ist bei geeigneter Numerierung (wegen (47″) ist genau ein ϱ_i ungerade) entweder

$$Y^{(1)} = t^{2r_1+1}\,\mathfrak{P}_1(t), \qquad Y^{(2)} = t^{2r_2}\,\mathfrak{P}_2(t), \qquad r_1 \geqq r_2,$$

oder

$$Y^{(1)} = t^{2r_1}\,\mathfrak{P}_1(t), \qquad Y^{(2)} = t^{2r_2+1}\,\mathfrak{P}_2(t), \qquad r_1 \geqq r_2 .$$

Wir fassen beide Fälle zusammen in

(51) $$Y^{(1)} = t^{2r_1+\delta_1}\cdot\mathfrak{P}_1(t), \qquad Y^{(2)} = t^{2r_2+\delta_2}\cdot\mathfrak{P}_2(t), \qquad r_1 \geqq r_2$$

$$\delta_1 + \delta_2 = 1, \qquad \delta_1\cdot\delta_2 = 0 .$$

Ein Polynom vom Grade λ hat bei $\mathfrak{p}_\infty$ die Darstellung

$$g(z) = t^{-2\lambda}\,\mathfrak{P}(t^2), \qquad \lambda \geqq 0 .$$

Jede Funktion y aus $J(\mathfrak{Q})$ läßt sich schreiben:

$$y = g_1(z)\,Y^{(1)} + g_2(z)\,Y^{(2)}$$

wo g_1, g_2 Polynome vom Grade λ_1 und λ_2 sind. Bei $\mathfrak{p}_\infty$ ist daher

$$y = t^{2(r_1-\lambda_1)+\delta_1}\,\overline{\mathfrak{P}}(t) + t^{2(r_2-\lambda_2)+\delta_2}\,\overline{\overline{\mathfrak{P}}}(t) .$$

K o m m t $\mathfrak{p}_\infty$ n i c h t in $\mathfrak{Q}$ v o r (Fall I), so erhält man alle Multipla von $\mathfrak{Q}$, wenn man λ_1, λ_2 so bestimmt, daß

$$r_1 - \lambda_1 \geqq 0, \qquad r_2 - \lambda_2 \geqq 0 .$$

Kommt $\mathfrak{p}_\infty^1$ in $\mathfrak{Q}$ vor (Fall II), so muß ebenso sein:

$$2(r_1 - \lambda_1) + \delta_1 \geqq 1, \qquad 2(r_2 - \lambda_2) + \delta_2 \geqq 1 .$$

Wir unterscheiden nun die Unterfälle:

a) $r_1 \geqq r_2 \geqq 0$, b) $r_1 \geqq 0 > r_2$, c) $0 > r_1 \geqq r_2$.

Wir erhalten dann

$$(52)\quad \begin{cases} & \text{Fall I.} & & \text{Fall II}^{1)}. \\ \text{a)} & 0 \leqq \lambda_1 \leqq r_1,\ 0 \leqq \lambda_2 \leqq r_2 & & 0 \leqq \lambda_1 \leqq r_1 + \delta_1 - 1,\ 0 \leqq \lambda_2 \leqq r_2 + \delta_2 - 1 \\ \text{b)} & 0 \leqq \lambda_1 \leqq r_1,\quad g_2 \equiv 0 & & 0 \leqq \lambda_1 \leqq r_1 + \delta_1 - 1,\quad g_2 \equiv 0 \\ \text{c)} & g_1 = g_2 \equiv 0 & & g_1 = g_2 \equiv 0. \end{cases}$$

Durch genau denselben Schluß, den wir in § 8 bei den Multipla von $\mathfrak{p}_\infty^m$ gemacht haben, folgt, daß sich im Fall I a alle Multipla linear homogen mit konstanten Koeffizienten zusammensetzen lassen aus den speziellen Multiplen:

$$(53)\qquad \begin{cases} Y^{(1)},\ z\,Y^{(1)},\ z^2 Y^{(1)},\ \ldots,\ z^{r_1} Y^{(1)}, \\ Y^{(2)},\ z\,Y^{(2)},\ z^2 Y^{(2)},\ \ldots,\ z^{r_2} Y^{(2)} \end{cases}$$

und analog in den übrigen Fällen.

Zwischen den Funktionen (53) besteht keine lineare Abhängigkeit, da eine solche die rationale Abhängigkeit von $Y^{(1)}$ und $Y^{(2)}$ bedeuten würde. Die Funktionen (53) bilden also eine Multiplabasis im Falle I a, entsprechend in allen anderen Fällen.

Die Anzahl der linear unabhängigen Funktionen in der Multiplabasis heiße von jetzt ab U.

Aus (52) bzw. (53) lesen wir dann sofort ab das

Zwischenergebnis: Die Anzahl U der linear unabhängigen Multipla von $\mathfrak{Q}$ hat folgende Werte:

		Fall I	Fall II
	a) $r_1 \geqq r_2 \geqq 0$	$(r_1 + 1) + (r_2 + 1)$	$r_1 + r_2 + \delta_1 + \delta_2 = r_1 + r_2 + 1$
(54)	b) $r_1 \geqq 0 > r_2$	$r_1 + 1$	$r_1 + \delta_1$
	c) $0 > r_1 \geqq r_2$	0	0

Dieses Ergebnis wird uns später von großem Nutzen sein.

Wir müssen hier, um den Anschluß an die allgemeine Theorie der Funktionenpaare zu gewinnen, einiges einschieben über die Bedeutung der 1 und der 3 in der aus (47″) und (49′) folgenden Formel

$$(55)\qquad 2(r_1 + r_2) + 1 = -2q_e - 3,$$

sowie über die komplementäre Klasse $(\breve{K})$.

[1]) Falls auf der rechten Seite einer der Ungleichungen -1 steht, ist das zugehörige g_1 bezw. g_2 identisch Null. Dies tritt ein im Fall IIa für $r_1 = \varrho_1 = 0$ und $r_2 = \delta_2 = 0$, im Fall IIb für $r_1 = \delta_1 = 0$.

§ 12. Über Funktionenpaare, insbesondere über die komplementäre Klasse.

In Kapitel 1, § 5, Formel (21) wurden jedem Funktionenpaar (y_1, y_2) durch Übergang zu den $(\overset{\sigma}{y}_1, \overset{\sigma}{y}_2)$ gewisse Zahlen $A_1^{(\sigma)}$, $A_2^{(\sigma)}$ zugeordnet, denen im elliptischen Fall (21*) die Zahlen $n+0$, $m+\frac{1}{2}$ (n, m ganz) entsprechen. Setzt man entsprechend den n, $m+\frac{1}{2}$, im allgemeinen Fall

$$A_1^{(\sigma)} = n + \alpha_1^{(\sigma)}, \qquad A_2^{(\sigma)} = m + \alpha_2^{(\sigma)}, \tag{56}$$

wobei wieder n und m ganz sind und für die Realteile von α_1, α_2 gilt

$$\begin{cases} 0 \leqq \Re(\alpha_1^{(\sigma)}) < 1, \\ 0 \leqq \Re(\alpha_2^{(\sigma)}) < 1, \end{cases} \tag{56'}$$

so sind dadurch die n, m und α_1, α_2 eindeutig bestimmt.

Man nennt diese $\alpha_1^{(\sigma)}$, $\alpha_2^{(\sigma)}$ die **reduzierten Exponenten** zum Verzweigungspunkt $\mathfrak{a}_\sigma$. Im Fall der elliptischen Funktionen ist

$$\alpha_1^{(\sigma)} = 0, \qquad \alpha_2^{(\sigma)} = \tfrac{1}{2}. \tag{56*}$$

In den $\mathfrak{a}_\sigma$ heißt ein Funktionenpaar (y_1, y_2) Multiplum[1]) von $\mathfrak{a}_\sigma'^{\gamma'}\, \mathfrak{a}_\sigma''^{\gamma''}$, wenn dort ist

$$\overset{\sigma}{y}_1 = t^{\alpha_1+\gamma'}\,\mathfrak{P}_1(t),$$
$$\overset{\sigma}{y}_2 = t^{\alpha_2+\gamma''}\,\mathfrak{P}_2(t);$$

in gewöhnlichen Punkten heißt es Multiplum[1]) von $\mathfrak{p}'^{\mu'}\,\mathfrak{p}''^{\mu''}$, wenn dort

$$y_1 = t^{\mu'}\,\mathfrak{P}_1(t),$$
$$y_2 = t^{\mu''}\,\mathfrak{P}_2(t)$$

ist.

Es seien

$$(Y_1^{(1)},\ Y_2^{(1)}) \quad \text{und} \quad (Y_1^{(2)},\ Y_2^{(2)})$$

zwei rational unabhängige Paare, die beide Multipla eines Divisors $\mathfrak{Q}$ sind. Daß es solche gibt, zeigt man genau, wie oben bei den elliptischen Funktionen. Es ist dann

$$D(Y^{(1)}, Y^{(2)}) = \begin{vmatrix} Y_1^{(1)} & Y_1^{(2)} \\ Y_2^{(1)} & Y_2^{(2)} \end{vmatrix}$$

eine in der nach Kapitel 1, § 5, Figur 3 zerschnittenen Ebene eindeutige Funktion rationalen Verhaltens. In den $\mathfrak{a}_\sigma$ ist

$$\begin{aligned} D(Y^{(1)}, Y^{(2)}) &= \text{const}\cdot D(\overset{\sigma}{Y}{}^{(1)}, \overset{\sigma}{Y}{}^{(2)}) \\ &= t^{\alpha_1^{(\sigma)}+\alpha_2^{(\sigma)}+k}\cdot \mathfrak{P}(t), \qquad (k \text{ ganz}). \end{aligned}$$

[1]) Der Begriff „Multiplum" ist demnach für Funktionenpaare in den $\mathfrak{a}_\sigma$ anders definiert wie auf der Fläche. Für die übrigen Punkte stimmen die Definitionen überein.

Daraus folgt, entsprechend wie bei den elliptischen Funktionen

$$(57') \qquad D(Y^{(1)}, Y^{(2)}) = R(z) \cdot \Pi (z - a_\sigma)^{\alpha_1^{(\sigma)} + \alpha_2^{(\sigma)}}$$

mit rationalem $R(z)$; das Produkt wird ausgedehnt über alle endlichen $\mathfrak{a}_\sigma$.

Die Prozesse des Normalmachens kann man hier genau so anwenden wie in § 9, man kommt dann dazu, daß wieder $R(z) = N(\mathfrak{Q})$ und

$$(57) \qquad D(\mathfrak{Q}) = N(\mathfrak{Q}) \cdot D(1)$$

ist, wobei jetzt

$$(58) \qquad D(1) = \Pi (z - a_\sigma)^{\alpha_1^{(\sigma)} + \alpha_2^{(\sigma)}}$$

ist. Bei $\mathfrak{p}_\infty$ ist daher

$$(59) \qquad D(\mathfrak{Q}) = t^{-q_e - \Sigma(\alpha_1^{(\sigma)} + \alpha_2^{(\sigma)})} \cdot \mathfrak{P}(t), \qquad \mathfrak{P}(0) \neq 0.$$

Dies ist aber genau die (47) entsprechende allgemeine Formel, unter Benutzung der Bezeichnung von (47″). Man muß nur berücksichtigen, daß man bei Paaren mit den Uniformisierenden der schlichten Kugel, nicht mit denen der Fläche arbeitet, um zu sehen, daß der 3 in (47), (55) hier

$$2 \sum_\sigma (\alpha_1^{(\sigma)} + \alpha_2^{(\sigma)}) = 2 \sum{}' \sum \alpha$$

entspricht. Der Akzent soll andeuten, daß wir hier nur über die Verzweigungspunkte im Endlichen summieren. Es ist auch wirklich für die elliptischen Funktionen

$$2 \Sigma' \Sigma \alpha = 2(0 + \tfrac{1}{2} + 0 + \tfrac{1}{2} + 0 + \tfrac{1}{2}) = 3.$$

Wird unter $(Y_1^{(1)}, Y_2^{(1)})$, $(Y_1^{(2)}, Y_2^{(2)})$ eine Basis für $J(\mathfrak{Q})$ verstanden, so gibt es ganze Zahlen $r_{i\varkappa}$ derart, daß bei $\mathfrak{p}_\infty$

$$(60) \qquad \overset{\infty}{Y}{}_\varkappa^{(j)} = t^{\alpha_\varkappa^{(\infty)} + r_{j\varkappa}} \mathfrak{P}(t), \qquad \mathfrak{P}(0) \neq 0,$$

ist.

Daraus folgt:

$$(61) \qquad D(\mathfrak{Q}) = \text{const} \cdot \begin{vmatrix} \overset{\infty}{Y}{}_1^{(1)} & \overset{\infty}{Y}{}_1^{(2)} \\ \overset{\infty}{Y}{}_2^{(1)} & \overset{\infty}{Y}{}_2^{(2)} \end{vmatrix} = t^{\alpha_1^{(\infty)} + \alpha_2^{(\infty)} + r_1 + r_2} \cdot \mathfrak{P}(t),$$

wenn $r_1 + r_2$ die kleinere der beiden Summen

$$r_{11} + r_{22}, \qquad r_{12} + r_{21}$$

bedeutet. Wegen (59) und (61) ist

$$r_1 + r_2 + \alpha_1^{(\infty)} + \alpha_2^{(\infty)} \leqq -q_e - \Sigma' \Sigma \alpha$$

und man nennt die Basis normal für $\mathfrak{p}_\infty$, wenn hier das Gleichheitszeichen herrscht. Ist dies der Fall, d. h. ist

$$r_1 + r_2 + \alpha_1^{(\infty)} + \alpha_2^{(\infty)} = -q_e - \Sigma' \Sigma \alpha,$$

so sieht man unter Benutzung von Kapitel 1, § 5, (21*), daß der 1 in (49′) und (55) im allgemeinen Fall entspricht $2(\alpha_1^{(\infty)} + \alpha_2^{(\infty)})$. Damit nimmt (55) die Gestalt an

$$2(r_1 + r_2) + 2(\alpha_1^{(\infty)} + \alpha_2^{(\infty)}) = -2q_e - 2\Sigma' \Sigma \alpha$$

oder

$$r_1 + r_2 = -q_e - \Sigma \Sigma \alpha, \tag{62}$$

wobei die letzte Summe jetzt über alle Verzweigungspunkte, einschließlich $\mathfrak{p}_\infty$, auszudehnen ist.

Satz 21. *Die Formel* (55) *lautet im allgemeinen Fall:*

$$r_1 + r_2 = -q_e - \Sigma \Sigma \alpha; \tag{62}$$

dabei sind die α die reduzierten Exponenten, also für die elliptischen Funktionen in jedem Verzweigungspunkt 0 und $\frac{1}{2}$, und q_e die Summe der Ordnungszahlen aller im Endlichen gelegenen Stellen des Divisors $\mathfrak{Q}$.

Wir haben früher gesehen (Kap. 1, § 5), daß aus jedem Paar rational unabhängiger Funktionen in (K) ebensolche in $(\breve{K})$ abgeleitet werden können.

Insbesondere folgt nach dem zweiten Beweis von Satz 5 daraus, daß solche Funktionen eine Basis für $(\breve{K})$ bilden. Aber es gilt noch mehr:

Sind die $Y^{(1)}, Y^{(2)}$ eine Idealbasis für $J(\mathfrak{Q})$, so bilden die mit ihnen gebildeten $\breve{Y}^{(1)}, \breve{Y}^{(2)}$ die Basis für ein gewisses Ideal in $(\breve{K})$.

Aus den Definitionsgleichungen für $\breve{Y}^{(1)}, \breve{Y}^{(2)}$:

$$\begin{aligned} \breve{Y}_1^{(1)} &= \frac{Y_2^{(2)}}{D(Y^{(1)}, Y^{(2)})}, & \breve{Y}_1^{(2)} &= \frac{-Y_2^{(1)}}{D(Y^{(1)}, Y^{(2)})}, \\ \breve{Y}_2^{(1)} &= \frac{-Y_1^{(2)}}{D(Y^{(1)}, Y^{(2)})}, & \breve{Y}_2^{(2)} &= \frac{Y_1^{(1)}}{D(Y^{(1)}, Y^{(2)})}, \end{aligned} \tag{63}$$

folgt sofort wegen (57′):

$$D(Y^{(\breve{1})}, Y^{(\breve{2})}) = [D(Y^{(1)}, Y^{(2)})]^{-1} = \frac{1}{R(z)} \Pi (z - a_\sigma)^{-\Sigma \alpha^{(\sigma)}}. \tag{64}$$

Der erste Faktor ist nichts anderes als die Norm des Divisors $\mathfrak{Q}^{-1}$. Die reduzierten Exponenten $\breve{\alpha}$ für die Klasse $(\breve{K})$ sind mit den Exponenten α von (K) durch

$$\breve{\alpha}^{(\sigma)} = \varepsilon^{(\sigma)} - \alpha^{(\sigma)} \tag{65}$$

$$\begin{pmatrix} \varepsilon^{(\sigma)} = 0, & \text{wenn} & \Re \alpha^{(\sigma)} = 0, \\ \varepsilon^{(\sigma)} = 1, & \text{wenn} & \Re \alpha^{(\sigma)} > 0 \end{pmatrix}$$

verbunden[1]). Für das letzte Produkt kann man daher schreiben

(64′) $$\dot{\Pi}(z-a_\sigma)^{-\Sigma\varepsilon^{(\sigma)}}\Pi(z-a_\sigma)^{\Sigma\breve{\alpha}^{(\sigma)}} = N(\mathfrak{Z}^{-1})\cdot D(\breve{1}).$$

Dabei ist $D(\breve{1})$ die Diskriminante des Ideals $J(1)$ in $(\breve{K})$[2]) und $\mathfrak{Z}$ der sog. **Verzweigungsdivisor** der Klasse. Falls alle Verzweigungspunkte im Endlichen liegen, definieren wir $\mathfrak{Z}$ durch

(66) $$\mathfrak{Z} = \Pi\,\mathfrak{a}_\sigma^{\varepsilon^{(\sigma)}},$$

falls bei $\mathfrak{p}_\infty$ noch ein Verzweigungspunkt liegt, so dürfen wir definieren[2])

(66′) $$\mathfrak{Z} = \mathfrak{p}_\infty^{\varepsilon^{(\infty)}}\Pi\,\mathfrak{a}_\sigma^{\varepsilon^{(\sigma)}}.$$

Da noch

$$N(\mathfrak{Q}^{-1})\cdot N(\mathfrak{Z}^{-1}) = N(\mathfrak{Q}^{-1}\mathfrak{Z}^{-1})$$

ist, so folgt

(67) $$D(\breve{Y}^{(1)},\breve{Y}^{(2)}) = N(\mathfrak{Q}^{-1}\mathfrak{Z}^{-1})\cdot D(\breve{1}).$$

Es gilt also allgemein der

Satz 22. *Sind $Y^{(1)}$, $Y^{(2)}$ eine Basis für $J(\mathfrak{Q})$, so ist*

(68) $$\begin{cases} D(\breve{Y}^{(1)},\breve{Y}^{(2)}) = N(\mathfrak{Q}^{-1}\mathfrak{Z}^{-1})\cdot D(\breve{1}) \\ \qquad\qquad = D(\breve{\mathfrak{Q}}). \end{cases}$$

---

[1]) Der letzte Absatz von § 5 sagt, daß

$$\overset{\sigma}{\breve{Y}}{}_1^{(1)} = \frac{\overset{\sigma}{Y}{}_2^{(2)}}{D(\overset{\sigma}{Y}^{(1)},\overset{\sigma}{Y}^{(2)})}$$

usw. ist. D. h. aber, da

$$D(\overset{\sigma}{Y}^{(1)},\overset{\sigma}{Y}^{(2)}) = t^{\alpha_1^{(\sigma)}+\alpha_2^{(\sigma)}+k}\cdot\mathfrak{P}(t),\qquad \mathfrak{P}(0)\neq 0,\quad k \text{ ganz},$$

ist

$$\overset{\sigma}{\breve{Y}}{}_1^{(1)} = \frac{t^{\alpha_2^{(\sigma)}+m}\mathfrak{P}_{22}(t)}{t^{\alpha_1^{(\sigma)}+\alpha_2^{(\sigma)}+k}\mathfrak{P}(t)} = t^{-\alpha_1^{(\sigma)}+m-k}\breve{\mathfrak{P}}_{11}(t).$$

Aus $m-k-\alpha_1^{(\sigma)}$ erhalten wir nun den reduzierten Exponenten durch Vermehrung um eine solche ganze Zahl $k-m+\varepsilon_1^{(\sigma)}$, daß

$$1 > \Re(\varepsilon_1^{(\sigma)}-\alpha_1^{(\sigma)}) \geqq 0.$$

Das führt aber zu den angegebenen Beziehungen.

[2]) Im elliptischen Fall ist

(66″) $$\mathfrak{Z} = \mathfrak{a}_1\mathfrak{a}_2\mathfrak{a}_3\mathfrak{p}_\infty,$$

denn $\alpha_1^{(\sigma)}=0$ liefert $\varepsilon_1^{(\sigma)}=0$ und $\alpha_2^{(\sigma)}=\frac{1}{2}$ ebenso $\varepsilon_2^{(\sigma)}=1$. Aus $(K)\equiv(\breve{K})$ folgt daher

$$D(\breve{1}) = D(1) = s(\mathfrak{z}).$$

Dabei ist $\mathfrak{Z}$ der Verzweigungsdivisor und $\breve{\mathfrak{Q}} = \mathfrak{Q}^{-1}\mathfrak{Z}^{-1}$. Im elliptischen Fall speziell ist $\mathfrak{Z} = \mathfrak{a}_1\mathfrak{a}_2\mathfrak{a}_3\mathfrak{p}_\infty$ und $D(\breve{1}) = D(1)$.

Wenn wir noch zeigen, daß $\breve{Y}^{(1)}$, $\breve{Y}^{(2)}$ beide im Endlichen Multipla von $\breve{\mathfrak{Q}}$ sind, dann gibt Satz 16 zusammen mit Satz 22 sofort:

Satz 23 (Komplementensatz). *$\breve{Y}^{(1)}$, $\breve{Y}^{(2)}$ bilden eine Basis für $J(\breve{\mathfrak{Q}})$, falls $Y^{(1)}$, $Y^{(2)}$ eine Basis von $J(\mathfrak{Q})$ sind.*

Es seien etwa in $\mathfrak{p}'$, $\mathfrak{p}''$ $(p \neq a_\sigma)$ die vorgeschriebenen Ordnungszahlen μ', μ'', also:

$$Y_2^{(2)} = t^{\mu''}\,\mathfrak{P}_{2\varkappa}(t),$$

und

$$D(Y^{(1)}, Y^{(2)}) = t^{\mu'+\mu''}\,\mathfrak{P}(t), \qquad \mathfrak{P}(0) \neq 0.$$

Daraus folgt

$$\breve{Y}_1^{(1)} = t^{-\mu'}\,\breve{\mathfrak{P}}_{11}(t).$$

Ganz ebenso hätten wir gefunden

$$\breve{Y}_2^{(1)} = t^{-\mu''}\,\breve{\mathfrak{P}}_{12}(t), \qquad \breve{Y}_1^{(2)} = t^{-\mu'}\,\breve{\mathfrak{P}}_{21}(t), \qquad \breve{Y}_2^{(2)} = t^{-\mu''}\,\breve{\mathfrak{P}}_{22}(t).$$

In einem Verzweigungspunkt ist, wenn dort die Ordnungszahl γ vorgeschrieben ist,

$$Y_2^{(2)} = (-t)^{\gamma}\,\mathfrak{P}_2(-t)$$

$$D(Y^{(1)}, Y^{(2)}) = t^{2\gamma+1}\,\mathfrak{P}(t), \qquad \mathfrak{P}(0) \neq 0,$$

also

$$\breve{Y}_1^{(1)} = t^{-\gamma-1}\,\breve{\mathfrak{P}}_1(t)$$

und entsprechend findet man

$$\breve{Y}_2^{(1)} = \breve{Y}_1^{(1)}(-t)$$

$$\breve{Y}_1^{(2)} = t^{-\gamma-1}\,\breve{\mathfrak{P}}_2(t), \quad \breve{Y}_2^{(2)} = \breve{Y}_1^{(2)}(-t).$$

Dadurch ist gezeigt, daß $\breve{Y}^{(1)}$, $\breve{Y}^{(2)}$ tatsächlich im Endlichen Multipla von $\breve{\mathfrak{Q}}$ sind. Satz 23 ist damit bewiesen.

Genau so findet man, daß bei $\mathfrak{p}_\infty$

$$\breve{Y}^{(1)} = t^{-2\gamma_1}\,\breve{\mathfrak{P}}_1(t), \quad \breve{Y}^{(2)} = t^{-2\gamma_2}\,\breve{\mathfrak{P}}_2(t).$$

Bilden wir mit irgendeiner Funktion $\breve{Y}$ aus $(\breve{K})$ das Differential

$$\breve{Y}\cdot dx,$$

so sind die Ordnungszahlen dieses Differentials mit denen der Funktion $\breve{Y}$ identisch, außer an den Stellen $\mathfrak{a}_\sigma$ und $\mathfrak{p}_\infty$.

Da bei $\mathfrak{a}_\sigma$

$$\frac{dx}{d\tau} = 2\tau,$$

bei $\mathfrak{p}_\infty$ aber

$$\frac{dx}{d\tau} = -2\tau^{-3}$$

ist, so folgt:

Ist $\breve{Y}$ ein Multiplum von $\breve{\mathfrak{Q}}$, so hat $\breve{Y}dx$ überall die durch

$$\breve{\mathfrak{Q}} \cdot \mathfrak{a}_1 \mathfrak{a}_2 \mathfrak{a}_3 \cdot \mathfrak{p}^{-3}$$

angegebenen Ordnungszahlen. Diesen Divisor kann man aber auch schreiben:

$$\breve{\mathfrak{Q}} \cdot \mathfrak{Z} \cdot \mathfrak{p}_\infty^{-4} = \breve{\mathfrak{Q}} \cdot \frac{\mathfrak{Z}}{\mathfrak{N}^2}, \tag{69}$$

wenn man $\mathfrak{p}_\infty^2 = \mathfrak{N}$ setzt.

Diese Festsetzung für $\mathfrak{N}$ wird wieder nur verständlich von den Funktionenpaaren aus. Dort gibt es nämlich in jedem Blatt einen Punkt $\mathfrak{p}_\infty$, und man setzt

$$\mathfrak{N} = \mathfrak{p}'_\infty \mathfrak{p}''_\infty .$$

Durch Vereinigung der Blätter wird hieraus $\mathfrak{p}_\infty^2$.

Man nennt $\mathfrak{W} = \mathfrak{Z} \cdot \mathfrak{N}^{-2}$ den **Differentialteiler** der Klasse und hat damit

Satz 24. *Ist $\breve{Y}$ Multiplum von $\breve{\mathfrak{Q}}$, so ist $\breve{Y}dx$ Multiplum von $\breve{\mathfrak{Q}} \cdot \mathfrak{W}$, unter $\mathfrak{W}$ den Differentialteiler verstanden.*

Bei allgemeinen Klassen ist der Inhalt des Satzes 24 die Definition für den Begriff „Multiplum" bei Differentialen.

Speziell folgt bei Anwendung des Satzes 24 auf Satz 22, wenn wir die Ideale für Differentiale genau entsprechend definieren, wie für Funktionen:

Die Differentiale $\breve{Y}^{(1)}dx$, $\breve{Y}^{(2)}dx$ sind im Endlichen Multipla von $\mathfrak{Q}^{-1}\mathfrak{Z}^{-1}\mathfrak{Z}\mathfrak{N}^{-2} = \mathfrak{Q}^{-1}\mathfrak{N}^{-2}$, oder, was dasselbe ist, da in $\mathfrak{N}$ kein endlicher Punkt vorkommt, im Endlichen Multipla von $\mathfrak{Q}^{-1}$. D. h., es gilt (unter Benutzung von Satz 22)

Satz 25. *Sind $Y^{(1)}$, $Y^{(2)}$ eine Basis von $J(\mathfrak{Q})$, so sind $\breve{Y}^{(1)}dx$, $\breve{Y}^{(2)}dx$ eine Basis für die Differentiale von $J(\mathfrak{Q}^{-1})$ in $(\breve{K})$.*

§ 13. Die Anzahltheoreme.

Es sei $Y^{(1)}$, $Y^{(2)}$ eine Basis für $J(\mathfrak{Q})$ und $\breve{Y}^{(1)}dx$, $\breve{Y}^{(2)}dx$ eine Basis für die Differentiale von $J(\mathfrak{Q}^{-1})$ in $(\breve{K})$. Wir haben früher in dem „Zwischenergebnis" (54) die genaue Anzahl U der linear unabhängigen Funktionen aufgestellt, die überall Multipla von $\mathfrak{Q}$ sind. Wir wollen jetzt, parallel dazu, die Anzahl $\breve{V}$ der linear unabhängigen Differentiale aus $(\breve{K})$ aufstellen, die überall Multipla von $\mathfrak{Q}^{-1}$ sind.

Wegen Satz 24 kommt das darauf hinaus, die Anzahl der linear unabhängigen Funktionen aus $(\breve{K})$ zu suchen, die überall Multipla von $\mathfrak{Q}^{-1}\mathfrak{W}^{-1} = \mathfrak{Q}^{-1}\mathfrak{Z}^{-1}\mathfrak{N}^2$ sind. Diese gehören sämtlich zu $J(\mathfrak{Q}^{-1}\mathfrak{Z}^{-1})$ und haben bei $\mathfrak{p}_\infty$ eine dreifache oder zweifache Nullstelle, je nachdem $\mathfrak{p}_\infty$ in $\mathfrak{Q}$ nicht oder mit der Ordnungszahl 1 vorkommt (auf diesen Fall konnten wir uns ja beschränken).

Wir zählen wieder genau so ab, wie bei (54), nur müssen wir berücksichtigen, daß jetzt drei- bzw. zweifache Nullstellen bei $\mathfrak{p}_\infty$ verlangt werden. Da bei $\mathfrak{p}_\infty$

$$\breve{Y}^{(1)} = t^{-2r_1-\delta_1}\mathfrak{P}(t), \qquad \breve{Y}^{(2)} = t^{-2r_2-\delta_2}\mathfrak{P}(t)$$

ist, so ist sofort ersichtlich, daß $\breve{Y}^{(1)}$, $\breve{Y}^{(2)}$ bei $\mathfrak{p}_\infty$ normal sind, wenn es $Y^{(1)}$, $Y^{(2)}$ waren. Daraus folgt, daß $\breve{V}$ die Werte hat:

$(\breve{54})$

	Fall I ($\mathfrak{Q}$ enthält $\mathfrak{p}_\infty$ nicht)	Fall II ($\mathfrak{Q}$ enthält $\mathfrak{p}_\infty^1$)
a) $r_1 \geqq r_2 \geqq 0$	0	0
b) $r_1 \geqq 0 > r_2$	$-r_2-1$	$-r_2-\delta_2$
c) $0 > r_1 \geqq r_2$	$-r_1-1-r_2-1$	$-r_1-\delta_1-r_2-\delta_2$ $= -r_1-r_2-1$

Vergleichen wir das mit (54), so folgt:
Im Fall I ist stets

$$U - \breve{V} = r_1 + r_2 + 2 \tag{70}$$

und im Fall II ist stets

$$U - \breve{V} = r_1 + r_2 + 1. \tag{70'}$$

Nun ist aber wegen (62) hiernach im Fall I

$$U - \breve{V} = -q_e - \Sigma\Sigma\alpha + 2$$

und im Fall II

$$\begin{aligned} U - \breve{V} &= -q_e - \Sigma\Sigma\alpha + 1 \\ &= -(q_e + 1) - \Sigma\Sigma\alpha + 2. \end{aligned}$$

Da aber $\mathfrak{Q}$ im Fall I das $\mathfrak{p}_\infty$ nicht enthält, ist hier q_e gleich der Gesamtordnung q des Divisors $\mathfrak{Q}$. Im Fall II dagegen ist $q_e + 1$ die Gesamtordnung q (wegen des $\mathfrak{p}_\infty^1$ in $\mathfrak{Q}$). Daher kann man Fall I und II zusammenfassen in der einen Formel:

$$\boxed{U - \breve{V} = -q - \Sigma\Sigma\alpha + 2} \tag{71}$$

Diese Formel bildet im wesentlichen das „erste Anzahltheorem". Hätten wir uns nicht mit einer zweiblätterigen Riemannschen Fläche (bzw. mit Funktionenpaaren) beschäftigt, sondern mit einer n-blätterigen Riemannschen Fläche (Funktionensystemen von n Funktionen), so wäre in dieser Gleichung an Stelle der Zahl 2 die Zahl n getreten. Man definiert nun:

Definition. Ist eine Klasse (K) von Funktionensystemen aus je n Funktionen gegeben, so nennt man[1])

(72) $$p = \sum \sum \alpha - n + 1$$

das (arithmetische) Geschlecht der Klasse.

Für die elliptischen Funktionen ist $\sum \sum \alpha = 4 \cdot \frac{1}{2} = 2$, also $p = 1$.

Mit Hilfe der Zahl p kann man das Anzahltheorem auch schreiben:

(71′) $$U - \breve{V} = -q - p + 1.$$

Satz 26 (Erstes Anzahltheorem oder Riemann-Rochscher Satz). *Die Anzahl U der linear unabhängigen Funktionen von (K), die Multipla eines Divisors $\mathfrak{Q}$ von der Gesamtordnung q sind, und die Anzahl $\breve{V}$ der linear unabhängigen Differentiale von $(\breve{K})$, die Multipla von $\mathfrak{Q}^{-1}$ sind*[2]), *stehen in der Beziehung*

(71′) $$U - \breve{V} = -q - p + 1.$$

Eine erste Folgerung ist, wenn wir $\mathfrak{Q} = \mathfrak{Q}^{-1} = 1$ nehmen und Satz 10 anwenden:

$$1 - \breve{V} = 0 - p + 1 = 0,$$

oder

Satz 27. *Es gibt, von einem konstanten Faktor abgesehen, nur* e i n *überall endliches elliptisches Differential.*

Es ist nun eine Normalbasis für $J(1)$

$$Y^{(1)} = 1 \qquad Y^{(2)} = s(\mathfrak{z})$$

$$r_1 = \delta_1 = 0, \qquad r_2 = -2, \quad \delta_2 = 1,$$

und daher die komplementäre Basis für $J(\mathfrak{W}^{-1})$

$$\breve{Y}^{(1)} = \frac{1}{2} \qquad \breve{Y}^{(2)} = \frac{1}{2s(\mathfrak{x})}.$$

Während aus (54) und der ersten Basis folgt, daß alle Multipla von $\mathfrak{Q} = 1$ die Form $c \cdot 1$ haben, folgt aus der letzten Abzählung und der zweiten Basis, daß die Multipla von $\mathfrak{W}^{-1}$, die bei $\mathfrak{p}_\infty$ eine dreifache Nullstelle haben, die Form $\frac{C}{2s(\mathfrak{x})} = \frac{c}{s(\mathfrak{x})}$ besitzen. Daher müssen die überall endlichen Differentiale alle die Gestalt $\frac{c\,dx}{s(\mathfrak{x})}$ besitzen:

---

[1]) Zu jedem $\mathfrak{a}_\sigma$ gehören jetzt n reduzierte Exponenten $\alpha_1^{(\sigma)} \ldots \alpha_n^{(\sigma)}$.

[2]) Wegen Satz 19 darf hier auch $\mathfrak{Q}^{-1}\mathfrak{R}$ stehen, vgl. Satz 29 u. 30.

Satz 27*. *Die überall endlichen elliptischen Differentiale haben alle die Gestalt*

$$\frac{c\,dx}{s(\mathfrak{x})}. \tag{73}$$

Setzen wir $q = -1$, betrachten also einen Divisor von der Gesamtordnung -1, so ist

$$U - \breve{V} = 1 - p + 1 = 1,$$

ein solcher Divisor hat also mindestens ein Multiplum.

Ist ferner $\mathfrak{Q} = \mathfrak{p}_0$, so ist $U = 0$, denn es gibt keine überall endliche, bei $\mathfrak{p}_0$ verschwindende Funktion, es ist ferner $q = 1$, $\breve{V}$ die Anzahl der linear unabhängigen einpoligen Differentiale. Das Anzahltheorem gibt:

$$0 - \breve{V} = -1 - p + 1 = -1$$

oder $\breve{V} = 1$. Darunter ist aber schon das $\frac{dx}{s(\mathfrak{x})}$ enthalten, also gibt es kein wirklich einpoliges Differential.

Ebenso würde aus $\mathfrak{Q} = \mathfrak{p}_0^{-1}$, und dem Umstand, daß $\frac{dx}{s(\mathfrak{x})}$ keine Nullstelle hat, direkt folgen, daß die Anzahl der linear unabhängigen einpoligen Funktionen $U = 1$ ist. Unter diesen sind aber die überall endlichen enthalten. So folgt:

Satz 28 (Lückensatz). *Es gibt keine höchstens einpoligen elliptischen Funktionen und keine höchstens einpoligen elliptischen Differentiale, außer den überall endlichen Funktionen und Differentialen.*

Komplementäre Klassen haben im allgemeinen verschiedenes arithmetisches Geschlecht, denn aus

$$\Sigma\Sigma\alpha + \Sigma\Sigma\breve{\alpha} = \Sigma\Sigma\varepsilon = \mathfrak{z}$$

($\mathfrak{z}$ = Ordnung von $\mathfrak{Z}$, entsprechend $\mathfrak{w}$) folgt

$$p + \breve{p} = \mathfrak{z} - 2(n-1) = \mathfrak{w} + 2. \tag{74}$$

Da in unserem Fall $\mathfrak{w} = 0$ ist und $p = 1$, so auch $\breve{p} = 1$, wie es wegen des Zusammenfallens der Klassen sein muß. Es folgt aber daraus: ist $p = \breve{p}$, so ist insbesondere

$$2p - 2 = \mathfrak{w},$$

was sich in unserem Fall ja bestätigt.

Es sei nun $\mathfrak{Q}$ ein beliebiger Divisor und

$$\mathfrak{Q}^* = \mathfrak{Q}^{-1}\mathfrak{W}^{-1}.$$

Dann ist die Anzahl $\breve{U}^*$ der Funktionen in $(\breve{K})$, die Multipla von $\mathfrak{Q}^*$ sind, gerade gleich der Anzahl $\breve{V}$ der Differentiale, die Multipla von $\mathfrak{Q}^{-1}$ sind. Dies folgt aus Satz 24. Deshalb kann man das erste Anzahltheorem auch schreiben:

$$U - \breve{U}^* = -q - p + 1.$$

Da aber für die Ordnungen q und q^* von $\mathfrak{Q}$ und $\mathfrak{Q}^*$ gilt

$$q + q^* = -\mathfrak{w} = -p - \breve{p} + 2,$$

so ist

$$q + p - 1 = -(q^* + \breve{p} - 1)$$

oder

$$2U + q + p - 1 = 2\breve{U}^* + q^* + \breve{p} - 1.$$

Damit haben wir

Satz 29 (Zweites Anzahltheorem). *Ist $\mathfrak{Q}$ ein beliebiger Divisor, $\mathfrak{Q}\mathfrak{Q}^* = \mathfrak{W}^{-1}$, U und $\breve{U}^*$ die Anzahl der linear unabhängigen Multipla von $\mathfrak{Q}$ und $\mathfrak{Q}^*$ in (K) und $(\breve{K})$, so gilt*

$$2U + q + p = 2U^* + q^* + \breve{p}. \tag{75}$$

Statt $\mathfrak{Q} \cdot \mathfrak{Q}^* = \mathfrak{W}^{-1}$ darf wegen Satz 19 auch stehen $\mathfrak{Q} \cdot \mathfrak{Q}^* = \mathfrak{W}^{-1} \cdot \mathfrak{R}$, unter $\mathfrak{R}$ einen vollständigen rationalen Divisor verstanden[1]. *Ist speziell, wie bei den elliptischen Funktionen $p = \breve{p}$, so vereinfacht sich die Formel zu*

$$2U + q = 2U^* + q^*. \tag{75'}$$

Es bedeute nun U die Anzahl der linear unabhängigen Multipla eines Divisors $\tilde{\mathfrak{Q}}$. Dann ist aber auch U gleich der Anzahl V der linear unabhängigen Differentiale in (K), die Multipla von $\mathfrak{Q} = \tilde{\mathfrak{Q}} \cdot \mathfrak{W}^{-1}$ sind und $^*\breve{V}$ ist die Anzahl der linear unabhängigen Differentiale in $(\breve{K})$, die Multipla von $\tilde{\mathfrak{Q}}^{-1} = \mathfrak{Q}^{-1} \cdot \mathfrak{W} = {}^*\mathfrak{Q}$ sind.

Das erste Anzahltheorem gibt daher bei Ersetzung von U durch das gleich große V:

$$V - {}^*\breve{V} = -p - q + 1$$

oder, mit derselben Umordnung wie eben:

$$2V + p + q = 2\,{}^*\breve{V} + \breve{p} + {}^*q$$

d. h. in unserem Fall $(p = \breve{p})$:

$$2V + q = 2\,{}^*\breve{V} + {}^*q.$$

[1]) Ist die Klasse überdies ein Körper wie bei den elliptischen Funktionen, so darf $\mathfrak{R}$ wegen Satz 20 auch der vollständige Divisor einer Funktion des Körpers sein.

Satz 30 (Drittes Anzahltheorem). *Sind* $\mathfrak{Q}$ *und* $^*\mathfrak{Q}$ *zwei Divisoren, für die*

$$\mathfrak{Q} \cdot {}^*\mathfrak{Q} = \mathfrak{W}$$

ist, oder allgemeiner[1])

$$\mathfrak{Q} \cdot {}^*\mathfrak{Q} = \mathfrak{R} \cdot \mathfrak{W},$$

so gilt für die Anzahl der linear unabhängigen Multipla von $\mathfrak{Q}$ *und* $^*\mathfrak{Q}$ *unter den Differentialen von* (K) *und* $(\breve{K})$ *die Beziehung:*

$$2V + p + q = 2{}^*\breve{V} + \breve{p} + q, \tag{76}$$

die sich im Fall $p = \breve{p}$, *also auch bei den elliptischen Funktionen, vereinfacht zu*

$$2V + q = 2{}^*\breve{V} + {}^*q. \tag{76'}$$

Am Schluß von § 1 wurde gezeigt, wie man die zu den einfachsten zweiblättrigen Riemannschen Flächen gehörigen Funktionen auf rationale Funktionen zurückführt. Wir zeigen jetzt, daß eine solche Reduktion bei den elliptischen Funktionen n i c h t möglich ist. Wäre sie möglich, so ließen sich insbesondere z und $s(\mathfrak{z})$ als rationale Funktionen einer Hilfsvariabeln w darstellen:

$$z = \varrho(w), \quad s(\mathfrak{z}) = P(w). \tag{77}$$

D. h. aber, daß zu jedem w e i n $\mathfrak{z}$ gehört, zu einem $\mathfrak{z}$ können aber mehrere w gehören. Aus (77) folgt nun, daß jede Ortsuniformisierende τ der w-Kugel mit der entsprechenden Ortsuniformisierenden t der Fläche von $s(\mathfrak{z})$ durch eine Beziehung der Gestalt $t = \tau^k \mathfrak{P}(\tau)$, $\mathfrak{P}(0) \neq 0$, $k \geqq 1$, verbunden ist. Mithin müßte das rationale Differential

$$\frac{\varrho'(w)}{P(w)} \cdot \frac{dw}{dt} = \frac{1}{s(\mathfrak{z})} \cdot \frac{dz}{dt} \cdot \frac{dt}{d\tau}$$

wegen Satz 27* ein überall endliches rationales Differential sein. Ein solches existiert aber nicht, damit ist unsere Behauptung bewiesen.

---

[1]) Vgl. Satz 26 und vor. Anmerkung.

Drittes Kapitel.

Die Elementarfunktionen.

§ 14. Die Vorbereitungssätze.

Die Anzahl der linear unabhängigen, überall endlichen Funktionen aus (K) soll stets mit τ bezeichnet werden, ebenso die Anzahl der linear unabhängigen, überall endlichen Differentiale aus $(\breve{K})$ mit $\breve{\sigma}$. Bei den elliptischen Funktionen ist nach Satz 10 und 27:

$$\tau = \breve{\sigma} = 1. \tag{1}$$

Nach dem ersten Anzahltheorem ist übrigens, wenn wir $\mathfrak{Q} = 1$, also $U = \tau$, $\breve{V} = \breve{\sigma}$, $q = 0$ setzen

$$\tau - \breve{\sigma} = -(p-1), \tag{2}$$

so daß wir von den beiden Zahlen τ, $\breve{\sigma}$ nur die eine zu kennen brauchen.

Wir beginnen mit zwei Sätzen, die im Körper der elliptischen Funktionen Teile von Satz 10 und Satz 27 des vorigen Kapitels sind, bei allgemeinen Klassen aber des Beweises bedürfen.

Satz 31 (Vorbereitungssatz der algebraischen Charakterisierung für Funktionen). *Man kann auf unendlich viele Arten τ Stellen $\mathfrak{n}_1, \mathfrak{n}_2, \ldots \mathfrak{n}_\tau$ so angeben, daß keine von $y \equiv 0$ verschiedene, überall endliche Funktion in (K) existiert, welche an allen Stellen $\mathfrak{n}_j$ gleichzeitig verschwindet.*

Satz 32 (Vorbereitungssatz der algebraischen Charakterisierung für Differentiale). *Man kann auf unendlich viele Arten $\breve{\sigma}$ Stellen $\mathfrak{m}_1, \mathfrak{m}_2, \ldots \mathfrak{m}_{\breve{\sigma}}$ so angeben, daß kein von $d\breve{Y} \equiv 0$ verschiedenes, überall endliches Differential in $(\breve{K})$ existiert, welches an allen Stellen $\mathfrak{m}_j$ gleichzeitig verschwindet.*

Diese Stellen $\mathfrak{n}_j$, $\mathfrak{m}_j$ werden stets irgendwie, aber ein für allemal fest gewählt. Die mit ihnen gebildeten Divisoren

$$\mathfrak{M} = \mathfrak{m}_1\, \mathfrak{m}_2 \ldots \mathfrak{m}_{\breve{\sigma}}; \qquad \mathfrak{N} = \mathfrak{n}_1\, \mathfrak{n}_2 \ldots \mathfrak{n}_\tau \tag{3}$$

nennt man die gewählten Charakterisierungsdivisoren. Für den elliptischen Körper ist insbesondere:

$$\begin{cases} \mathfrak{M} = \mathfrak{m} \ \text{(beliebig)} \\ \mathfrak{N} = \mathfrak{n} \ \text{(beliebig)}. \end{cases} \tag{3'}$$

Aus Satz 31 und 32 folgt:

Satz 33. *Man kann τ linear unabhängige, überall endliche Funktionen $\varphi^{(j)}(\mathfrak{z})$ so finden, daß*

$$\varphi^{(j)}(\mathfrak{n}_j) = 1, \quad \varphi^{(j)}(\mathfrak{n}_k) = 0 \qquad (k \neq j) \tag{4}$$

ist, ebenso $\breve{\sigma}$ linear unabhängige, überall endliche Differentiale $d\breve{\psi}^{(j)}(\mathfrak{x})$, deren Potenzreihenentwicklungen an den Stellen $\mathfrak{m}_k$ mit 1 oder 0 beginnen, je nachdem $j = k$ oder $j \neq k$ ist. Hierbei ist vorausgesetzt, daß die Uniformisierenden irgendwie festgelegt sind. Dies ist auf Seite 21 oben geschehen.

Wir nennen die $\varphi^{(j)}$, $d\breve{\psi}^{(j)}$ die **algebraisch normierten**, überall endlichen Funktionen und Differentiale. Für den elliptischen Körper reduzieren sich diese auf

$$\overset{\mathfrak{n}}{\varphi} = 1, \qquad d\overset{\mathfrak{m}}{\breve{\psi}} = \frac{C}{s(\mathfrak{x})}\,dx, \tag{4'}$$

wobei C i. A. (d. h. wenn $\mathfrak{m}$ kein Verzweigungspunkt ist) gleich $s(\mathfrak{m})$ ist. Wir haben aber Kapitel 1, § 1, (1) in die Definition von $s(\mathfrak{z})$ noch eine Konstante c aufgenommen. **Diese soll von nun ab so gewählt werden, daß gerade** $d\overset{\mathfrak{m}}{\breve{\psi}} = \frac{dx}{s(\mathfrak{x})}$ **ist.**

§ 15. Relationen für die Hauptteile der elliptischen Funktionen und Differentiale.

Mit einer beliebigen elliptischen Funktion $f(\mathfrak{z})$ (allgemein: Funktion aus (K)) und einem beliebigen elliptischen Differential $\breve{\Psi}(\mathfrak{z})dz$ (allgemein: Differential aus $(\breve{K})$) bilden wir das auf der ganzen Riemannschen Fläche definierte Differential

$$f(\mathfrak{z})\breve{\Psi}(\mathfrak{z})\frac{dz}{dt}dt. \tag{5}$$

Dieses ist selbst ein elliptisches Differential, da die elliptischen Funktionen einen Körper bilden. Da Entsprechendes in allgemeineren Klassen nicht der Fall sein muß, machen wir hiervon keinen Gebrauch. Sind f_1, f_2 die beiden zur Zahl z gehörigen Werte von $f(\mathfrak{z})$ (analog $\breve{\psi}_1, \breve{\psi}_2$) und ist T Uniformisierende von z auf der schlichten Kugel, so ist

$$(f_1\breve{\Psi}_1 + f_2\breve{\Psi}_2)\frac{dz}{dT}dT \tag{6}$$

ein rationales Differential, da man ganz genau so wie in § 3 von der Spur einer elliptischen Funktion so hier von der Klammer in (6) zeigt, daß sie eine rationale Funktion ist.

Wir vergleichen die Residuen von (5) und (6).

Wir bezeichnen mit $\varphi(\mathfrak{z})|_{t^\gamma}$ $\left(\text{bzw. } \varphi(\mathfrak{z})\frac{dz}{dt}\Big|_{t^\gamma}\right)$ künftig den Koeffizienten von t^γ in der Reihenentwicklung von $\varphi(\mathfrak{z})$ (bzw. $\varphi(\mathfrak{z})dz$) an der gerade betrachteten Stelle. Das Residuum ist demnach mit $\varphi(\mathfrak{z})\frac{dz}{dt}\Big|_{t^{-1}}$ zu bezeichnen.

Entspricht $z = p$ keinem Verzweigungspunkt, so ist $t = T$ und

$$(f_1\breve{\Psi}_1 + f_2\breve{\Psi}_2)\frac{dz}{dT} = \left(f\breve{\Psi}\frac{dz}{dt}\right)_{\mathfrak{p}'} + \left(f\breve{\Psi}\frac{dz}{dt}\right)_{\mathfrak{p}''};$$

also

$$(7)\qquad (f_1\breve{\Psi}_1 + f_2\breve{\Psi}_2)\frac{dz}{dT}\Big|_{T^{-1}} = \sum_{\mathfrak{p}',\mathfrak{p}''} f\breve{\Psi}\frac{dz}{dt}\Big|_{t^{-1}}.$$

Für einen Verzweigungspunkt gilt eine Entwicklung der Form

$$f(\mathfrak{z})\breve{\Psi}(\mathfrak{z}) = t^\alpha\mathfrak{P}(t) = \cdots + \frac{a}{2t^2} + \cdots.$$

Aus dieser folgt einerseits

$$f(\mathfrak{z})\breve{\Psi}(\mathfrak{z})\frac{dz}{dt} = 2t^{\alpha+1}\mathfrak{P}(t) = \cdots + \frac{a}{t} + \cdots,$$

andererseits

$$\begin{aligned} f_1\breve{\Psi}_1 + f_2\breve{\Psi}_2 &= t^\alpha\mathfrak{P}(t) + (-t)^\alpha\mathfrak{P}(-t) \\ &= \cdots + \frac{2a}{2t^2} + \cdots \\ &= \cdots + \frac{a}{T} + \cdots, \end{aligned}$$

also

$$(7')\qquad (f_1\breve{\Psi}_1 + f_2\breve{\Psi}_2)\frac{dz}{dT}\Big|_{T^{-1}} = f\breve{\Psi}\frac{dz}{dt}\Big|_{t^{-1}}.$$

Ist $\mathfrak{p}_\infty$ Verzweigungspunkt, so gilt für ihn (7′) mit einer leichten Abänderung des Beweises, sonst (7) ohne jede Änderung.

Aus (7), (7′) folgt:

Die Summe der Residuen des Differentials (5) ist ebenso groß wie die Summe aller Residuen des rationalen Differentials (6), also Null:

$$(8)\qquad \sum_{\mathfrak{z}} f(\mathfrak{z})\breve{\Psi}(\mathfrak{z})\frac{dz}{dt}\Big|_{t^{-1}} = 0.$$

Wir spezialisieren (8), indem wir für $\breve{\Psi}dz$ nacheinander die $\breve{\sigma}$ algebraisch charakterisierten, überall endlichen Differentiale $d\breve{\psi}$ einsetzen. Dann treten in der Reihenentwicklung von (5) nur in den Polen von $f(\mathfrak{z})$ negative Potenzen von t auf. Die Koeffizienten dieser negativen Potenzen, also auch die Residuen, sind linear und homogen in den Koeffizienten der Hauptteile von $f(\mathfrak{z})$. Wir erhalten so aus (8) $\breve{\sigma}$ homogene Relationen für die Koeffizienten der Hauptteile von $f(\mathfrak{z})$. Da jedes überall endliche Differential aus den $\breve{\sigma}$ speziellen zusammengesetzt werden kann, sind das alle derartigen Relationen.

Speziell für die elliptischen Funktionen ist dies die eine Relation:

$$\sum f(\mathfrak{z}) \frac{dz}{s(\mathfrak{z})}\bigg|_{t^{-1}} = 0. \tag{9}$$

Eine ganz entsprechende Relation (im allgemeinen Fall sind es τ Relationen) erhält man, wenn man nicht $\breve{\Psi} dz$ spezialisiert, sondern $f(\mathfrak{z})$, indem man für $f(\mathfrak{z})$ die normierte, überall endliche Funktion einsetzt. Dies ergibt:

$$\sum \breve{\Psi} dz\,|_{t^{-1}} = 0, \tag{10}$$

d. h. die Summe der Residuen des beliebigen elliptischen Differentials $\breve{\Psi} dz$ ist Null.

Dieser „Residuensatz" ist in allgemeinen Klassen nur dann vorhanden, wenn unter den überall endlichen Funktionen auch die Konstanten enthalten sind. Er ist dann nur eine der τ Relationen.

Satz 34 (Koeffizientensatz für die Hauptteile der Funktionen). *Die Koeffizienten der Hauptteile einer elliptischen Funktion genügen der Relation*

$$\sum_{\mathfrak{z}} f(\mathfrak{z}) \frac{dz}{s(\mathfrak{z})}\bigg|_{t^{-1}} = 0. \tag{9}$$

Satz 35 (Koeffizientensatz für die Hauptteile der Differentiale). *Die Summe der Residuen eines elliptischen Differentials ist stets Null:*

$$\sum_{\mathfrak{z}} \breve{\Psi}(\mathfrak{z})\, dz\,|_{t^{-1}} = 0. \tag{10}$$

Im Fall der elliptischen Funktionen sieht man ohne weiteres, daß keine der beiden Relationen (9), (10) in den Koeffizienten der Hauptteile identisch Null ist. Im allgemeinen Fall sind die angegebenen τ bzw. $\breve{\sigma}$ Relationen sicher dann nicht unabhängig, wenn $\breve{\Psi}(\mathfrak{z}) d z$ weniger als τ, bzw. $f(\mathfrak{z})$ weniger als $\breve{\sigma}$ Polstellen besitzt.

§ 16. Die Lückensätze.

Es sei $\mathfrak{Q}_m = \mathfrak{p}_1 \mathfrak{p}_2 \mathfrak{p}_3 \cdots \mathfrak{p}_m$ ein spezieller „ganzer" Divisor. Die Multipla von $\mathfrak{Q}_m$ sind überall endliche Funktionen, die Ordnung von $\mathfrak{Q}_m$ ist m. Nach dem Anzahltheorem ist daher, da $p = 1$ ist,

$$U - \breve{V} = -(m + p - 1) = -m.$$

Da es keine überall endlichen elliptischen Funktionen mit Nullstellen gibt, ist $U = 0$, also $\breve{V} = m$. Da auch jedes überall endliche Differential Multiplum von $\bar{\mathfrak{Q}}_m = \mathfrak{Q}_m^{-1}$ ist, so gibt es genau $m - \breve{\sigma} = m - 1$ wirklich unstetige, linear unabhängige Differentiale unter den Multipla von $\bar{\mathfrak{Q}}_m = \mathfrak{Q}_m^{-1}$. Für $m = 1$ folgt daraus

Satz 36 (Lückensatz für Differentiale). *Es gibt keine wirklich einpoligen elliptischen Differentiale.*

Wendet man das Anzahltheorem statt auf den Divisor $\mathfrak{Q}_m$ auf $\bar{\mathfrak{Q}}_m$ an, so ist

$$U - \breve{V} = m,$$

denn die Ordnung von $\bar{\mathfrak{Q}}_m$ ist $-m$. Hieraus folgt $U = m$, denn $\breve{V} = 0$, da ein überall endliches, elliptisches Differential keine Nullstelle besitzt. Da auch jede überall endliche Funktion Multiplum von $\bar{\mathfrak{Q}}_m = \mathfrak{Q}_m^{-1}$ ist, so gibt es genau $m - \tau = m - 1$ wirklich unstetige, linear unabhängige Funktionen unter den Multipla von $\bar{\mathfrak{Q}}_m = \mathfrak{Q}_m^{-1}$. Für $m = 1$ folgt daraus

Satz 37 (Lückensatz für Funktionen). *Es gibt keine wirklich einpoligen, elliptischen Funktionen.*

Für $m = 2$ ergibt sich unter Berücksichtigung der Lückensätze sowohl für Funktionen wie Differentiale: Das nach dem Anzahltheorem existierende wirklich unstetige Multiplum von $(\mathfrak{p}_1 \mathfrak{p}_2)^{-1}$ hat beide Punkte wirklich zu Polen, wenn sie verschieden sind. Ist dagegen $\mathfrak{p}_1 = \mathfrak{p}_2$, so liegt in $\mathfrak{p}_1$ ein Pol genau zweiter Ordnung.

§ 17. Die Elementarfunktionen.

Elementarfunktionen der Stelle $\mathfrak{d}$ von der Ordnung γ nennen wir Funktionen, die an der Stelle $\mathfrak{d}$ einen Pol der Ordnung γ mit dem Hauptteil $\frac{1}{t^\gamma}$ haben. Wegen des Koeffizientensatzes über die Hauptteile müssen wir außer diesem Pol noch wenigstens einen Pol erster Ordnung zulassen, dessen Koeffizient so gewählt werden muß, daß der Koeffizientensatz erfüllt ist.

Dieser „Hilfspol" liege bei $\mathfrak{m}$[1]). Dadurch ist die Funktion bestimmt bis auf eine additive überall endliche Funktion, wenn wir noch fordern,

[1]) Im allgemeinen Fall sind so viele Hilfspole nötig, als Relationen zu erfüllen sind, also $\breve{\sigma}$. Wir legen diese Hilfspole nach den Stellen, die zur Charakterisierung der überall endlichen Differentiale $d\bar{\psi}$ (vgl. Satz 32 und 33) dienten; da dann in jeder der $\breve{\sigma}$ Relationen nur der Koeffizient eines einzigen Hilfspols auftritt. Die Hilfspole bilden den „Charakterisierungsdivisor" $\mathfrak{M}$.

daß sie außer bei $\mathfrak{d}$ und $\mathfrak{m}$ regulär sein soll. Es seien nämlich $\mathfrak{E}$ und $\mathfrak{E}^*$ zwei solche Funktionen. Bei $\mathfrak{d}$ haben sie beide die Entwicklung

$$\frac{1}{t^\gamma} + \mathfrak{P}(t),$$

also ist

$$\mathfrak{E} - \mathfrak{E}^*$$

höchstens einpolig (Polstelle $\mathfrak{m}$) und daher überall endlich. Verlangen wir noch, daß $\mathfrak{E}$ an der Hilfsnullstelle[1]) $\mathfrak{n}$ verschwinden soll, so ist durch diese Forderung $\mathfrak{E}$ eindeutig festgelegt, falls es überhaupt existiert.

Wir bezeichnen diese Elementarfunktion der Ordnung γ der Stelle $\mathfrak{d}$ mit dem Hilfspol $\mathfrak{m}$ und der Hilfsnullstelle $\mathfrak{n}$ mit

$$\mathfrak{E}^{(\gamma)}_{\mathfrak{m},\mathfrak{n}}(\mathfrak{z}, \mathfrak{d}). \tag{11}$$

Die Stellen $\mathfrak{m}$, $\mathfrak{n}$ nennen wir „Charakterisierungsstellen".

Diese werden ein für allemal fest gewählt.

Die Existenz von $\mathfrak{E}^{(1)}(\mathfrak{z}, \mathfrak{d})$ folgt aus der Bemerkung über die Multipla von $(\mathfrak{p}_1\mathfrak{p}_2)^{-1}$ am Schluß von § 16. Wir zeigen nun, daß aus der Existenz aller $\mathfrak{E}^{(\nu)}(\mathfrak{z}, \mathfrak{d})$ für $\nu < \gamma$ die von $\mathfrak{E}^{(\gamma)}$ folgt. $\mathfrak{E}^{(\gamma)}$ ist Multiplum von $\mathfrak{Q} = \mathfrak{m}^{-1}\mathfrak{d}^{-\gamma}$. Die Ordnung dieses Divisors ist $\gamma + 1$, und hieraus folgt genau wie im § 16, daß er $\gamma + 1$ linear unabhängige Multipla hat. γ von diesen kennen wir, die überall endliche Funktion und die $\mathfrak{E}^{(\nu)}(\mathfrak{z}, \mathfrak{d})$ mit $\nu < \gamma$. Von dem einen vorhandenen, von diesen linear unabhängigen Multiplum $f_\gamma(\mathfrak{z})$ dürfen wir voraussetzen, daß es bei $\mathfrak{d}$ eine Entwicklung von der Form

$$f_\gamma(\mathfrak{z}) = \frac{c}{t^\gamma} + \mathfrak{P}(t)$$

hat, denn durch lineare Kombination mit den $\mathfrak{E}^{(\nu)}$ ist das stets erreichbar. Wäre $c = 0$, so wäre $f_\gamma(\mathfrak{z})$ höchstens einpolig, also überall endlich und von den übrigen nicht linear unabhängig. Also ist $c \neq 0$ und

$$\frac{1}{c} f_\gamma(\mathfrak{z}) - \frac{1}{c} f_\gamma(\mathfrak{n})$$

hat alle Eigenschaften von $\mathfrak{E}^{(\gamma)}(\mathfrak{z}, \mathfrak{d})$, ist also mit ihm identisch. Die Existenz von $\mathfrak{E}^{(\gamma)}(\mathfrak{z}, \mathfrak{d})$ ist damit, da es $\mathfrak{E}^{(1)}(\mathfrak{z}, \mathfrak{d})$ ja gibt, bewiesen. Für allgemeine Klassen gilt der Beweis mit der einzigen Änderung, daß die Bemerkung am Schluß von § 16 für $m = \tau + 1$ statt $m = 2$ gemacht wird und die Schlußformel

$$\frac{1}{c} f_\gamma(\mathfrak{z}) - \frac{1}{c} \sum_j f_\gamma(\mathfrak{n}_j)\, \varphi^{(j)}(\mathfrak{z})$$

lautet.

---

[1]) Im allgemeinen Fall sind hier τ Hilfsnullstellen nötig, für die man die in Satz 31 und 33 erwähnten Stellen benutzt, da dann die eindeutige Bestimmtheit von $\mathfrak{E}$ gewährleistet ist. Die Hilfsnullstellen bilden den Charakterisierungsdivisor $\mathfrak{N}$.

Die Definition und damit auch der Existenzbeweis der $\mathfrak{E}^{(\gamma)}_{\mathfrak{m},\mathfrak{n}}(\mathfrak{z}, \mathfrak{d})$ bedarf noch einer Ergänzung für die vier bisher nicht berücksichtigten Fälle, daß entweder $\mathfrak{d} = \mathfrak{m}$ oder $\mathfrak{d} = \mathfrak{n}$ wird, oder aber $\mathfrak{m} = \mathfrak{n}$ gewählt wird, wo auch noch $\mathfrak{d} = \mathfrak{m} = \mathfrak{n}$ sein kann.

Im ersten Fall verlangen wir einfach Übereinanderlegung des Pols mit dem Hauptteil $\frac{1}{t^\gamma}$ bei $\mathfrak{d}$ und des einfachen Pols bei $\mathfrak{m}$, d. h. bei $\mathfrak{d} = \mathfrak{m}$ soll der Hauptteil die Gestalt haben

$$\frac{1}{t^\gamma} + \frac{\alpha}{t}, \tag{12}$$

wobei α so zu wählen ist, daß der Koeffizientensatz erfüllt ist. Bei $\mathfrak{n}$ bleibt die Nullstelle.

Im zweiten Fall fordern wir bei $\mathfrak{d} = \mathfrak{n}$ das Verhalten

$$\frac{1}{t^\gamma} + t\mathfrak{P}(t), \tag{13}$$

es soll also dort das Glied mit t^0 fehlen.

Wir werden abkürzend die Charakterisierungsstellen stets dann Charakterisierungs**nullstelle** nennen, wenn dort das Glied mit t^0 in der Reihenentwicklung fehlt.

Diese Festsetzungen (12), (13) führen dazu, daß im dritten Fall bei $\mathfrak{m} = \mathfrak{n}$ das Verhalten

$$\frac{\alpha}{t} + t\mathfrak{P}(t) \tag{14}$$

und im vierten Fall bei $\mathfrak{d} = \mathfrak{m} = \mathfrak{n}$ das Verhalten

$$\frac{1}{t^\gamma} + \frac{\alpha}{t} + t\mathfrak{P}(t) \tag{15}$$

gefordert wird.

Im zweiten und dritten Fall erleidet der Existenzbeweis für die Elementarfunktionen keine Änderung, wenn wir unter $f_\gamma(\mathfrak{n})$ stets $f_\gamma(\mathfrak{z})|_{t^0}$ an der Stelle $\mathfrak{n}$ verstehen.

In den beiden übrigen Fällen ist der Existenzbeweis wörtlich derselbe wie eben, nur wird die Existenz von $\mathfrak{E}^{(\gamma)}(\mathfrak{z}, \mathfrak{d})$ auf die von $\mathfrak{E}^{(2)}(\mathfrak{z}, \mathfrak{d})$ zurückgeführt, statt auf die von $\mathfrak{E}^{(1)}(\mathfrak{z}, \mathfrak{d})$, denn letzteres existiert wegen des Lückensatzes nicht. Die Existenz von $\mathfrak{E}^{(2)}(\mathfrak{z}, \mathfrak{d})$ aber folgt aus der Schlußbemerkung von § 16 für $\mathfrak{p}_1 = \mathfrak{p}_2$. Zusammenfassend haben wir:

Definition. Hat eine elliptische Funktion (allgemein: Funktion in (K)) an der Stelle $\mathfrak{d}$ einen Pol mit dem Hauptteil $\frac{1}{t^\gamma}$, an der Stelle $\mathfrak{m}$ höchstens einen Pol erster Ordnung und an der Stelle $\mathfrak{n}$ eine Nullstelle, so nennt man sie Elementarfunktion der Ordnung γ zur Stelle $\mathfrak{d}$ mit dem Hilfspol bei $\mathfrak{m}$ und der Hilfsnullstelle bei $\mathfrak{n}$ und bezeichnet sie mit $\mathfrak{E}^{(\gamma)}_{\mathfrak{m},\mathfrak{n}}(\mathfrak{z}, \mathfrak{d})$. Fallen zwei oder mehr der Stellen $\mathfrak{d}$, $\mathfrak{m}$, $\mathfrak{n}$ zusammen, so wird dort das in den Formeln (12) bis (15) angegebene Verhalten gefordert.

Satz 38 (Unitätssatz). $\mathfrak{E}^{(\gamma)}(\mathfrak{z}, \mathfrak{d})$ *ist durch diese Definitionseigenschaften eindeutig bestimmt.*

Satz 39 (Existenzsatz). *Es gibt stets ein* $\mathfrak{E}^{(\gamma)}(\mathfrak{z}, \mathfrak{d})$ *von den angegebenen Eigenschaften außer im Fall* $\gamma = 1$, $\mathfrak{d} = \mathfrak{m}$.

§ 18. Die Partialbruchzerlegung der Funktionen.

Es sei $f(\mathfrak{z})$ irgendeine elliptische Funktion, die an den Stellen $\mathfrak{p}_j$ Pole mit den Hauptteilen

$$H_j(z) = \frac{c_{j,\gamma}}{t^\gamma} + \frac{c_{j,\gamma-1}}{t^{\gamma-1}} + \cdots + \frac{c_{j,1}}{t} \tag{16}$$

besitzt. Dabei ist γ die Ordnung des höchsten Poles von $f(\mathfrak{z})$. Bildet man dann die Summen

$$\left\{\begin{aligned} \varphi(\mathfrak{z}) &= \sum_j \left\{ c_{j,\gamma}\, \mathfrak{E}^{(\gamma)}_{\mathfrak{m},\mathfrak{n}}(\mathfrak{z}, \mathfrak{p}_j) + c_{j,\gamma-1}\, \mathfrak{E}^{(\gamma-1)}_{\mathfrak{m},\mathfrak{n}}(\mathfrak{z}, \mathfrak{p}_j) \right. \\ &\qquad \left. + \cdots + c_{j,1}\, \mathfrak{E}^{(1)}_{\mathfrak{m},\mathfrak{n}}(\mathfrak{z}, \mathfrak{p}_j) \right\} \\ &= \sum_j \sum_k c_{j,k}\, \mathfrak{E}^{(k)}_{\mathfrak{m},\mathfrak{n}}(\mathfrak{z}, \mathfrak{p}_j), \end{aligned}\right. \tag{17}$$

so besitzt $\varphi(\mathfrak{z})$ an den Stellen $\mathfrak{p}_j$ das gleiche Verhalten wie $f(\mathfrak{z})$, es ist also

$$f(\mathfrak{z}) - \varphi(\mathfrak{z})$$

einpolig, da nur noch $\mathfrak{m}$ Pol sein kann. D. h. diese Differenz **ist** überall endlich, also konstant:

$$f(\mathfrak{z}) - \varphi(\mathfrak{z}) = \text{const}.$$

Aus dem Fehlen des Koeffizienten von t^0 an der Charakterisierungsstelle $\mathfrak{n}$ in den $\mathfrak{E}$ folgt, daß diese Konstante den Wert hat

$$(f(\mathfrak{n} + t) - \varphi(\mathfrak{n} + t))\,|_{t^0} = f(\mathfrak{n} + t)\,|_{t^0}.$$

Danach haben wir

$$f(\mathfrak{z}) = \varphi(\mathfrak{z}) + f(\mathfrak{n} + t)\,|_{t^0} = f(\mathfrak{n} + t)\,|_{t^0} + \sum_j \sum_k c_{j,k}\, \mathfrak{E}^{(k)}_{\mathfrak{m},\mathfrak{n}}(\mathfrak{z}, \mathfrak{p}_j). \tag{18}$$

Für den Fall, daß $\mathfrak{n}$ kein Pol von $f(\mathfrak{z})$ ist, reduziert sich das auf

$$f(\mathfrak{z}) = \varphi(\mathfrak{z}) + f(\mathfrak{n}) = f(\mathfrak{n}) + \sum_j \sum_k c_{j,k}\, \mathfrak{E}^{(k)}_{\mathfrak{m},\mathfrak{n}}(\mathfrak{z}, \mathfrak{p}_j). \tag{18'}$$

Man kann sich (18) auch so entstanden denken: Durch sukzessives Abziehen geeigneter $\mathfrak{E}$ werden die Hauptteile von $f(\mathfrak{z})$ allmählich zerstört oder abgebaut.

Umgekehrt können wir uns statt $f(\mathfrak{z})$ die Hauptteile (16) gegeben denken. Wir bilden dann noch $\varphi(\mathfrak{z})$. Dieses hat im allgemeinen außer an den $\mathfrak{p}_j$ noch eine Polstelle bei $\mathfrak{m}$, bzw., wenn ein $\mathfrak{p}_j$ nach $\mathfrak{m}$ fällt, dort nicht den vorgeschriebenen Koeffizienten von t^{-1}. Genügen aber die $c_{j,k}$ den Bedingungen des Koeffizientensatzes, so verschwindet der Pol bei $\mathfrak{m}$ von selbst.

In der Tat ist dann, wenn α den Koeffizienten von t^{-1} bedeutet, da $\varphi(\mathfrak{z})$ als lineares Aggregat elliptischer Funktionen selbst auch eine elliptische Funktion ist:

$$0 = \sum_{\mathfrak{z}=\mathfrak{p}_j,\,\mathfrak{m}} \varphi(\mathfrak{z}) \frac{dz}{s(\mathfrak{z})}\Bigg|_{t^{-1}} = \sum_{\mathfrak{z}=\mathfrak{p}_j} \varphi(\mathfrak{z}) \frac{dz}{s(\mathfrak{z})}\Bigg|_{t^{-1}} + \alpha \frac{dz}{s(\mathfrak{m}+t)}\Bigg|_{t^0},$$

da aber nach Voraussetzung die vorletzte Summe verschwindet und $\frac{dz}{s(\mathfrak{z})}\Big|_{t^0}$ nirgends Null ist, so folgt, daß $\alpha = 0$ sein muß; wir kommen also wieder zu Formel (17). Man nennt die Darstellungen (18), (18′) die Partialbruchzerlegung der elliptischen Funktionen.

Satz 40. (Satz der Partialbruchzerlegung für Funktionen). *Ist $f(\mathfrak{z})$ eine elliptische Funktion mit den Polstellen $\mathfrak{p}_j$ und den Hauptteilen*

$$H_j = \sum_k c_{j,k} t^{-k}, \tag{16}$$

so ist

$$f(\mathfrak{z}) \equiv \sum_j \sum_k c_{j,k}\, \mathfrak{E}^{(k)}_{\mathfrak{m},\mathfrak{n}}(\mathfrak{z}, \mathfrak{p}_j) + f(\mathfrak{n}+t)\,|_{t^0}; \tag{18}$$

ist nicht $f(\mathfrak{z})$, sondern sind nur die Hauptteile H_j gegeben, und genügen deren Koeffizienten $c_{j,k}$ dem Koeffizientensatz, so ist die Funktion identisch mit

$$\sum_j \sum_k c_{j,k}\, \mathfrak{E}^{(k)}_{\mathfrak{m},\mathfrak{n}}(\mathfrak{z}, \mathfrak{p}_j) + \text{constans}, \tag{19}$$

wobei die additive Konstante (überall endliche Funktion) durch eine Zusatzforderung, etwa Verschwinden der Funktion an einer gegebenen Stelle, festzulegen ist.

§ 19. Die Elementardifferentiale und die Partialbruchzerlegung der Differentiale.

Definition: Hat ein elliptisches Differential (allgemein: Differential in (K)) an der Stelle $\mathfrak{d}$ einen Pol mit dem Hauptteil $\frac{1}{t^\nu}$, an der Stelle $\mathfrak{n}$ höchstens einen Pol erster Ordnung und an der Stelle $\mathfrak{m}$ eine Nullstelle, so nennt man es das Elementardifferential der Ordnung γ zur Stelle $\mathfrak{d}$ mit dem Hilfspol bei $\mathfrak{n}$ und der Hilfsnullstelle bei $\mathfrak{m}$ und bezeichnet es mit $d\breve{\mathfrak{F}}^{(\gamma)}_{\mathfrak{n},\mathfrak{m}}(\mathfrak{z}, \mathfrak{d})$. In den Fällen $\mathfrak{d} = \mathfrak{n}$, $\mathfrak{d} = \mathfrak{m}$, $\mathfrak{n} = \mathfrak{m}$, $\mathfrak{d} = \mathfrak{n} = \mathfrak{m}$ sollen die analogen Festsetzungen gelten, wie bei den Elementarfunktionen.

Genau so wie bei den Elementarfunktionen aus dem Nichtverschwinden der überall endlichen Funktionen Satz 38, folgt hier aus dem Nichtverschwinden der überall endlichen Differentiale

Satz 41 (Unitätssatz). *Die $d\breve{\mathfrak{F}}^{(\gamma)}$ sind durch die Definitionseigenschaften eindeutig bestimmt.*

Auch der Existenzbeweis ändert sich nicht, man muß nur das Wort Funktion überall durch Differential ersetzen. Aus dem Koeffizientensatz (Residuensatz) folgt übrigens, daß die $d\breve{\mathfrak{F}}^{(\gamma)}$ mit $\gamma \geqq 2$ keinen Hilfspol haben und die $d\breve{\mathfrak{F}}^{(1)}$ einen Hilfspol mit dem Residuum -1.

Satz 42 (Existenzsatz). *Es gibt stets ein $d\breve{\mathfrak{F}}^{(\gamma)}_{\mathfrak{n},\mathfrak{m}}(\mathfrak{z}, \mathfrak{d})$ von den angegebenen Eigenschaften außer im Fall $\gamma = 1$, $\mathfrak{d} = \mathfrak{n}$. Der Hilfspol kommt nur bei den $d\breve{\mathfrak{F}}^{(1)}$, und zwar mit dem Residuum -1 vor*[1]).

Ist nun $d\breve{f}$ irgendein elliptisches Differential (Differential von $(\breve{K})$) mit den Polstellen $\mathfrak{p}_j$ und den Hauptteilen

$$H_j = \sum_k c_{j,k} t^{-k}, \tag{20}$$

so ist notwendig wegen des Koeffizientensatzes (Residuensatzes)

$$\sum_j c_{j,1} = 0. \tag{21}$$

Bildet man nun

$$d\breve{\varphi} = \sum_j \sum_k c_{j,k} d\breve{\mathfrak{F}}^{(k)}_{\mathfrak{n},\mathfrak{m}}(\mathfrak{z}, \mathfrak{p}_j),$$

so ist dies wieder ein elliptisches Differential, das an den Stellen $\mathfrak{p}_j$ die gleichen Hauptteile hat wie $d\breve{f}$. Wieder ist $d\breve{f} - d\breve{\varphi}$ höchstens einpolig, also überall endlich. Dies kann man auch aus (21) und der letzten Aussage von Satz 42 durch Anschreiben des Residuums von $d\breve{f} - d\breve{\varphi}$ bei $\mathfrak{n}$ ablesen.

Es folgt so

$$d\breve{f} = \sum_j \sum_k c_{j,k} d\breve{\mathfrak{F}}^{(k)}_{\mathfrak{n},\mathfrak{m}}(\mathfrak{z}, \mathfrak{p}_j) + d\breve{f}(\mathfrak{m} + t)\,|_{t^0} \cdot d\overset{\mathfrak{m}}{\breve{\psi}}, \tag{22}$$

unter $d\overset{\mathfrak{m}}{\breve{\psi}}$ das für die Stelle $\mathfrak{m}$ algebraisch normierte, überall endliche Differential verstanden.

[1]) Diese letzte Aussage ist nicht allgemein, da in allgemeinen Klassen der Koeffizientensatz nicht die einfache Gestalt des Residuensatzes zu haben braucht.

Umgekehrt muß jedes Differential mit den Hauptteilen (20) von der Form

$$\sum_j \sum_k c_{j,k}\, d\breve{\mathfrak{F}}^{(k)}_{\mathfrak{n},\mathfrak{m}}(\mathfrak{z}, \mathfrak{p}_j) + \text{const.}\, d\overset{\mathfrak{m}}{\breve{\psi}} \tag{23}$$

sein, wenn (21) erfüllt ist.

Satz 43 (Satz von der Partialbruchzerlegung für Differentiale). *Ist $d\breve{f}$ ein elliptisches Differential mit den Polstellen $\mathfrak{p}_j$ und den Hauptteilen*

$$H_j = \sum c_{j,k}\, t^{-k}, \tag{20}$$

so ist

$$d\breve{f} = \sum \sum c_{j,k}\, d\breve{\mathfrak{F}}^{(k)}_{\mathfrak{n},\mathfrak{m}}(\mathfrak{z}, \mathfrak{p}_j) + d\breve{f}(\mathfrak{m} + t)\,|_{t^0} \cdot d\overset{\mathfrak{m}}{\breve{\psi}}; \tag{22}$$

ist nicht $d\breve{f}$ gegeben, sondern seine Hauptteile, und genügen diese dem Residuensatz, so ist das Differential identisch mit

$$\sum \sum c_{j,k}\, d\breve{\mathfrak{F}}^{(k)}_{\mathfrak{n},\mathfrak{m}}(\mathfrak{z}, \mathfrak{p}_j) + \text{const.}\, d\overset{\mathfrak{m}}{\breve{\psi}}(\mathfrak{z}), \tag{23}$$

wobei die Konstante durch eine Zusatzbedingung zu bestimmen ist.

§ 20. Aufstellung der $\mathfrak{E}$ und $d\breve{\mathfrak{F}}$.

An einem Beispiel soll noch gezeigt werden, wie die $\mathfrak{E}$ und $d\breve{\mathfrak{F}}$ wirklich aufgestellt werden können.

$\mathfrak{E}^{(1)}_{\mathfrak{m},\mathfrak{n}}(\mathfrak{z}, \mathfrak{d})$ ist genaues Multiplum des Divisors $\mathfrak{d}^{-1}\mathfrak{m}^{-1}\mathfrak{n}$. Dabei ist vorausgesetzt, daß die drei Stellen $\mathfrak{d}$, $\mathfrak{m}$, $\mathfrak{n}$ alle verschieden sind. Wir wollen weiter voraussetzen, daß alle drei Punkte im Endlichen liegen und kein Verzweigungspunkt unter ihnen ist. Diese ausgeschlossenen Fälle lassen sich analog behandeln, wie der hier betrachtete.

Sind $\mathfrak{d}''$, $\mathfrak{m}''$ die $\mathfrak{d}$ und $\mathfrak{m}$ im anderen Blatt der Riemannschen Fläche entsprechenden Punkte, so ist $(z - d)(z - m)\,\mathfrak{E}^{(1)}(\mathfrak{z}, \mathfrak{d})$ genaues Multiplum von $\mathfrak{d}''\mathfrak{m}''\mathfrak{n}\mathfrak{p}_\infty^{-4}$ [1]), ist also eine ganze Funktion und daher in der Gestalt

$$r(z) + R(z)\,s(\mathfrak{z}) \tag{24}$$

mit ganzem rationalen $r(z)$ und $R(z)$ darstellbar (Satz 9).

Nach Satz 11 ist $R(z)$ konstant,

$$R(z) = C \tag{25}$$

---

[1]) Liegt bei $\mathfrak{p}_\infty$ kein Verzweigungspunkt, so heißt der Divisor $\mathfrak{d}''\mathfrak{m}''\mathfrak{n}\,\mathfrak{p}'^{-2}_\infty\,\mathfrak{p}''^{-2}_\infty$. Für die Herleitung der Gestalt von $\mathfrak{E}^{(1)}$ bedeutet dies keine wesentliche Änderung.

und $r(z)$ genau vom zweiten Grad. Berücksichtigt man $s(\mathfrak{d}'') = -s(\mathfrak{d})$, $s(\mathfrak{m}'') = -s(\mathfrak{m})$, so ergeben die Stellen $\mathfrak{d}''$, $\mathfrak{m}''$, $\mathfrak{n}$ die Gleichungen

$$(26) \qquad \begin{cases} r(d) - Cs(\mathfrak{d}) = 0 \\ r(m) - Cs(\mathfrak{m}) = 0 \\ r(n) + Cs(\mathfrak{n}) = 0, \end{cases}$$

während aus dem vorgeschriebenen Verhalten von $\mathfrak{E}^{(1)}$ bei $\mathfrak{d}$ folgt:

$$(27) \qquad r(d) + Cs(\mathfrak{d}) = d - m.$$

Die erste Gleichung (26) mit (27) ergibt

$$(28) \qquad C = \frac{d-m}{2s(\mathfrak{d})}.$$

Berechnet man aus (26) und (28) $r(d)$, $r(m)$, $r(n)$, so kann man $r(z)$ nach der Newtonschen oder einer anderen Interpolationsformel wirklich aufstellen. Nach einigen Umformungen folgt so

$$(29) \qquad \begin{cases} r(z) = \dfrac{1}{2s(\mathfrak{d})} \Big\{ (z-m)s(\mathfrak{d}) - (z-d)s(\mathfrak{m}) - (z-m)(z-d)\dfrac{s(\mathfrak{n})+s(\mathfrak{d})}{n-d} \\ \qquad\qquad + (z-m)(z-n)\dfrac{s(\mathfrak{n})+s(\mathfrak{m})}{n-m} \Big\}. \end{cases}$$

(24), (25), (28), (29) zusammen ergeben daher:

$$(30) \qquad \begin{cases} \mathfrak{E}^{(1)}_{\mathfrak{m},\mathfrak{n}}(\mathfrak{z}, \mathfrak{d}) \\ = \dfrac{1}{2s(\mathfrak{d})} \Big\{ \dfrac{s(\mathfrak{z})+s(\mathfrak{d})}{z-d} - \dfrac{s(\mathfrak{z})+s(\mathfrak{m})}{z-m} - \dfrac{s(\mathfrak{n})+s(\mathfrak{d})}{n-d} + \dfrac{s(\mathfrak{n})+s(\mathfrak{m})}{n-m} \Big\}. \end{cases}$$

Nach derselben Methode kann man $d\mathfrak{F}^{(1)}$ auffinden. Man muß nur beachten, daß die Funktion $\dfrac{d\mathfrak{F}^{(1)}_{\mathfrak{n},\mathfrak{m}}(\mathfrak{z}, \mathfrak{d})}{dz}$ Multiplum von

$$\mathfrak{d}^{-1}\,\mathfrak{n}^{-1}\,\mathfrak{m}\,\mathfrak{a}_1^{-1}\,\mathfrak{a}_2^{-1}\,\mathfrak{a}_3^{-1}\,\mathfrak{p}_\infty^3$$

ist. Daher ist $(z-d)(z-n)(z-a_1)(z-a_2)(z-a_3)\dfrac{d\mathfrak{F}^{(1)}(\mathfrak{z}, \mathfrak{d})}{dz}$ eine ganze Funktion mit angebbarem Divisor. Diese behandelt man wie oben $(z-d)(z-m)\mathfrak{E}^{(1)}$. Einfacher kommt man zum Ziel, wenn man von der Körpereigenschaft der elliptischen Funktionen Gebrauch macht. Betrachtet man nämlich $s(\mathfrak{z})\dfrac{d\mathfrak{F}^{(1)}}{dz}$, so ist diese Funktion Multiplum von $\mathfrak{d}^{-1}\mathfrak{n}^{-1}\mathfrak{m}$. Damit ist die Aufstellung von $d\mathfrak{F}^{(1)}$ zurückgeführt auf die von

$\mathfrak{E}^{(1)}$ unter Vertauschung von $\mathfrak{n}$ und $\mathfrak{m}$. Das Residuum an der Stelle $\mathfrak{d}$ ergibt das Analogon von (27). Wir erhalten so:

$$
(31)\quad \begin{cases} d\mathfrak{F}^{(1)}_{\mathfrak{n},\mathfrak{m}}(\mathfrak{z},\mathfrak{d}) = \dfrac{dz}{2s(\mathfrak{z})}\left\{\dfrac{s(\mathfrak{z})+s(\mathfrak{d})}{z-d} - \dfrac{s(\mathfrak{z})+s(\mathfrak{n})}{z-n} - \dfrac{s(\mathfrak{m})+s(\mathfrak{d})}{m-d}\right. \\ \qquad\qquad\qquad\qquad\qquad\qquad\qquad\qquad\qquad\qquad \left. + \dfrac{s(\mathfrak{m})+s(\mathfrak{n})}{m-n}\right\}. \end{cases}
$$

Besonders wichtig sind die Funktionen und Differentiale für die Charakterisierungsstellen $\mathfrak{m} = \mathfrak{p}_\infty$, $\mathfrak{n} = \mathfrak{p}_\infty$. Wir stellen sie hier für die erste Stufe zusammen, die Richtigkeit verifiziert man am einfachsten durch Entwicklung nach der Ortsuniformisierenden an den einzelnen Stellen, umständlicher durch Aufstellung nach der eben dargelegten Methode.

$$
(32)\quad \begin{cases} \mathfrak{E}^{(1)}_{\mathfrak{p}_\infty\mathfrak{p}_\infty}(\mathfrak{z},\mathfrak{d}) = \dfrac{1}{2s(\mathfrak{d})}\,\dfrac{s(\mathfrak{z})+s(\mathfrak{d})}{z-d} & d\mathfrak{F}^{(1)}_{\mathfrak{p}_\infty\mathfrak{p}_\infty}(\mathfrak{z},\mathfrak{d}) = \dfrac{dz}{2s(\mathfrak{z})}\,\dfrac{s(\mathfrak{z})+s(\mathfrak{d})}{z-d} \\ \mathfrak{E}^{(1)}_{\mathfrak{p}_\infty\mathfrak{p}_\infty}(\mathfrak{z},\mathfrak{a}_j) = \dfrac{1}{\bar{s}(\mathfrak{a}_j)}\,\dfrac{s(\mathfrak{z})}{z-a_j} & d\mathfrak{F}^{(1)}_{\mathfrak{p}_\infty\mathfrak{p}_\infty}(\mathfrak{z},\mathfrak{a}_j) = \dfrac{dz}{2(z-a_j)} \\ \mathfrak{E}^{(1)}_{\mathfrak{p}_\infty\mathfrak{p}_\infty}(\mathfrak{z},\mathfrak{p}_\infty) = \text{existiert nicht.} & d\mathfrak{F}^{(1)}_{\mathfrak{p}_\infty\mathfrak{p}_\infty}(\mathfrak{z},\mathfrak{p}_\infty) = \text{existiert nicht.} \end{cases}
$$

Dabei ist $\bar{s}(\mathfrak{a}_j) = s(\mathfrak{z})\,|_{t^1}$ für die Stelle $\mathfrak{a}_j$.

Viertes Kapitel.

Elementarfunktionen und Elementardifferentiale von zwei Veränderlichen.

§ 21. Definition und grundlegende Sätze.

Eine der überraschendsten Tatsachen der Funktionentheorie ist die Zurückführbarkeit der Theorie der Funktionen einer Variabeln auf die Untersuchung gewisser spezieller Funktionen und Differentiale von zwei Veränderlichen. Dies zeigt sich schon in den Elementen der Funktionentheorie, da unter bekannten Voraussetzungen über die analytische Funktion $f(z)$ und die Kurve C die beiden Cauchyschen Integraldarstellungen gelten

$$(1)\quad \begin{cases} f(z) = \dfrac{1}{2\pi i}\displaystyle\int_C \frac{f(x)\,dx}{x-z}; \\[2ex] f^{(h)}(z) = \dfrac{h!}{2\pi i}\displaystyle\int_C \frac{f(x)\,dx}{(x-z)^{h+1}}. \end{cases}$$

Der wichtigste Bestandteil in diesen sind offenbar die Ausdrücke

$$(2)\qquad \frac{dx}{x-z}, \qquad \frac{dx}{(x-z)^{h+1}},$$

die beide in z rationale Funktionen, in x rationale Differentiale sind. Auf Riemannschen Flächen versagen die Darstellungen (1). Die einfachsten Beispiele lassen den Grund erkennen: Auf einer Riemannschen Fläche werden bei festem z die Differentiale (2) als rationale Differentiale in allen übereinanderliegenden, zu z gehörigen Punkten der Fläche polar unstetig. Diese Polstellen können alle oder teilweise in dem von C begrenzten Stück der Fläche liegen. Die Gültigkeit der Darstellungen (1) in der Ebene beruht aber gerade darauf, daß die Differentiale (2) innerhalb C nur die eine Polstelle z haben. Mit andern Worten: Die Darstellungen (1) müssen auf Riemannschen Flächen versagen, da die Bildungen (2) rationale Differentiale sind. Diese Beobachtung legt nahe, die Bildungen (2) durch andere zu ersetzen, die auf der Riemannschen Fläche sich analog verhalten wie (2) auf der schlichten Kugel. Diese Verallgemeinerung gelingt in der Tat für die Riemannschen Flächen algebraischer Funktionen, ja sogar noch allgemeiner für Klassen Riemannscher Funktionensysteme. Wir werden diese Verallgemeinerungen von (2) Elementardifferentiale von zwei Veränderlichen nennen. Mit ihnen könnte man die zu (1) analogen Darstellungen bilden, diese werden aber bei uns nicht auftreten, da man bei Beschränkung von $f(z)$ auf die zugrunde gelegte Klasse, die Verwendung der Analoga von (1) ersetzen kann durch das Operieren mit dem Residuensatz für rationale Differentiale. Dieser Ersatz eines transzendenten Hilfsmittels durch ein algebraisches ist für uns von prinzipieller Wichtigkeit.

Die duale Beziehung zwischen Funktionen und Differentialen, die schon in den vorhergehenden Kapiteln im gegenseitigen Entsprechen der Sätze überall hervortrat, läßt vermuten, daß es zur Darstellung der Funktionen mittels der Differentiale (2) ein Analogon gibt, eine Darstellung der Differentiale von einer Veränderlichen mittels spezieller Funktionen von zwei Veränderlichen. Dieses Analogon existiert in der Tat, sogar für Differentiale auf Riemannschen Flächen und in Riemannschen Klassen. Dies ist der Grund, warum wir neben den Elementardifferentialen auch Elementarfunktionen von zwei Veränderlichen einführen.

Da durch das Zusammenfallen der Klasse der elliptischen Funktionen mit ihrer komplementären Klasse Besonderheiten entstehen, die die Verallgemeinerung auf allgemeine Klassen nicht sofort erkennen lassen, geben wir die Definitionen gleich für allgemeine Klassen. Die Veränderliche heißt $\mathfrak{z}$, wenn die Funktion, das Differential, um das es sich handelt, zur Klasse (K) gehört, dagegen $\mathfrak{x}$, wenn es zur komplementären Klasse $(\breve{K})$ gehört.

Definitionen. $E^{(h)}_{\mathfrak{m},\mathfrak{n}}(\mathfrak{z}, \mathfrak{x})$ ist Elementarfunktion h^{ter} Ordnung der zwei Veränderlichen $\mathfrak{z}$ und $\mathfrak{x}$, wenn es

I. bei festem, von $\mathfrak{m}$, $\mathfrak{n}$, $\mathfrak{a}_j$, $\mathfrak{p}_\infty$ verschiedenem $\mathfrak{x}$ in Abhängigkeit vom „Argument“ $\mathfrak{z}$ Funktion von (K) mit den Eigenschaften einer Elementarfunktion ist, d. h. in der Umgebung der einzelnen Stellen folgende Entwicklungen hat

$$(3)\quad \begin{cases} \dfrac{1}{t^h} + \mathfrak{P}(t) & \text{bei } \mathfrak{x}, \\ t^{-1} \cdot \mathfrak{P}(t) & \text{bei den } \mathfrak{m}^{1)}, \\ t \cdot \mathfrak{P}(t) & \text{bei den } \mathfrak{n}^{1)}, \\ \mathfrak{P}(t) & \text{sonst;} \end{cases}$$

$d\breve{F}^{(h)}_{\mathfrak{n},\mathfrak{m}}(\mathfrak{x}, \mathfrak{z})$ ist Elementardifferential h^{ter} Ordnung der zwei Veränderlichen $\mathfrak{x}$ und $\mathfrak{z}$, wenn es

I. bei festem, von $\mathfrak{m}$, $\mathfrak{n}$, $\mathfrak{a}_j$, $\mathfrak{p}_\infty$ verschiedenem $\mathfrak{z}$ in Abhängigkeit vom „Argument“ $\mathfrak{x}$ Differential von $(\breve{K})$ mit den Eigenschaften eines Elementardifferentials ist, d. h. in der Umgebung der einzelnen Stellen folgende Entwicklungen hat

$$(\breve{3})\quad \begin{cases} \dfrac{1}{\tau^h} + \mathfrak{P}(\tau) & \text{bei } \mathfrak{z}, \\ \tau^{-1} \cdot \mathfrak{P}(\tau) & \text{bei den } \mathfrak{n}^{1)}, \\ \tau \cdot \mathfrak{P}(\tau) & \text{bei den } \mathfrak{m}^{1)}, \\ \mathfrak{P}(\tau) & \text{sonst;} \end{cases}$$

[1]) Bei der Klasse der elliptischen Funktionen gibt es bekanntlich nur ein $\mathfrak{m}$ und nur ein $\mathfrak{n}$.

II. bei festem $\mathfrak{z}$ in der Abhängigkeit vom „Parameter" $\mathfrak{x}$ Funktion in $(\breve{K})$ ist.

Beim Zusammenfallen einiger von den Punkten $\mathfrak{x}$, $\mathfrak{m}$, $\mathfrak{n}$, $\mathfrak{a}_j$, $\mathfrak{p}_\infty$ gelten an Stelle von (3) die analogen Festsetzungen wie bei den $\mathfrak{E}$.

II. bei festem $\mathfrak{x}$ in der Abhängigkeit vom „Parameter" $\mathfrak{z}$ Funktion in (K) ist.

Beim Zusammenfallen einiger von den Punkten $\mathfrak{z}$, $\mathfrak{n}$, $\mathfrak{m}$, $\mathfrak{a}_j$, $\mathfrak{p}_\infty$ gelten an Stelle von $(\breve{3})$ die analogen Festsetzungen wie bei den $d\breve{\mathfrak{F}}$.

Aus der Definition folgt sofort

Satz 44 (Unitätssatz). *Die* $E^{(h)}_{\mathfrak{m},\mathfrak{n}}$ *und* $d\breve{F}^{(h)}_{\mathfrak{n},\mathfrak{m}}$ *sind durch ihre Definitionseigenschaften eindeutig festgelegt.*

Gäbe es nämlich zwei verschiedene Elementardifferentiale der Ordnung h, $d\breve{F}^{(h)}$ und $d\breve{F}^{(h)*}$, so wäre bei festem $\mathfrak{z}$ die Differenz

$$d\breve{F}^{(h)} - d\breve{F}^{(h)*}$$

höchstens bei $\mathfrak{n}$ von der ersten Ordnung unstetig, also wegen des Lückensatzes ein überall endliches elliptisches Differential:

$$d\breve{F}^{(h)} - d\breve{F}^{(h)*} = C\, d\overset{\mathfrak{m}}{\breve{\psi}}(\mathfrak{x}) = C \frac{dx}{s(\mathfrak{x})}. \tag{4}$$

Dabei ist C nur von $\mathfrak{z}$ abhängig, nicht aber von $\mathfrak{x}$. Es hat aber in der Umgebung von $\mathfrak{m}$ die linke Seite von (4) eine Entwicklung von der Form $\tau \cdot \mathfrak{P}(\tau)$, die rechte Seite aber eine solche von der Form $C(\mathfrak{z}) \cdot \overline{\mathfrak{P}}(\tau)$ mit $\overline{\mathfrak{P}}(0) \neq 0$. Dies ist ein Widerspruch, außer wenn $C \equiv 0$. Dann ist aber

$$d\breve{F}^{(h)} \equiv d\breve{F}^{(h)*}.$$

Ganz ebenso verläuft der Beweis für die Unität der $E^{(h)}$, nur tritt an die Stelle des überall endlichen Differentials die überall endliche Funktion.

Die Existenz von $E^{(1)}$ und $d\breve{F}^{(1)}$ zeigen wir durch Aufstellung, die Existenz der $E^{(h)}$ und $d\breve{F}^{(h)}$ folgt später von selbst aus der von $E^{(1)}$, $d\breve{F}^{(1)}$.

Falls $E^{(1)}$ existiert, ist[1] $(z - x) \cdot E^{(1)}$ für festes $\mathfrak{x}$ Multiplum des Divisors $\mathfrak{n}\mathfrak{m}^{-1}\mathfrak{p}_\infty^{-2}$. Die Multiplabasis für diesen Divisor besteht aber nach dem ersten Anzahltheorem und dem Lückensatz für Differentiale notwendig aus genau zwei Funktionen $\xi^{(1)}$, $\xi^{(2)}$, nämlich für endliches $\mathfrak{m}$ und endliches $\mathfrak{n}$:

$$\xi^{(1)} = \mathfrak{E}^{(1)}_{\mathfrak{m},\mathfrak{n}}(\mathfrak{z}, \mathfrak{p}_\infty), \qquad \xi^{(2)} = \mathfrak{E}^{(2)}_{\mathfrak{m},\mathfrak{n}}(\mathfrak{z}, \mathfrak{p}_\infty), \tag{5_1}$$

für $\mathfrak{m} = \mathfrak{p}_\infty$, $\mathfrak{n}$ endlich:

$$\xi^{(1)} = \mathfrak{E}^{(2)}_{\mathfrak{p}_\infty,\mathfrak{n}}(\mathfrak{z}, \mathfrak{p}_\infty), \qquad \xi^{(2)} = \mathfrak{E}^{(3)}_{\mathfrak{p}_\infty,\mathfrak{n}}(\mathfrak{z}, \mathfrak{p}_\infty), \tag{5_2}$$

[1]) Wir setzen zunächst voraus $\mathfrak{n} \neq \mathfrak{m}$.

und für $\mathfrak{m}$ endlich, $\mathfrak{n} = \mathfrak{p}_\infty$:

$$(5_3) \qquad \xi^{(1)} = 1 \qquad \xi^{(2)} = \mathfrak{E}^{(1)}_{\mathfrak{m}, \mathfrak{p}_\infty}(\mathfrak{z}, \mathfrak{p}_\infty).$$

Die angegebenen $\xi^{(1)}, \xi^{(2)}$ sind übrigens zugleich in allen drei Fällen eine bei $\mathfrak{p}_\infty$ normale Idealbasis[1]) für $J(\mathfrak{n}\mathfrak{m}^{-1})$.

Mit der Multiplabasis läßt sich für jedes $\mathfrak{x}$ das $E^{(1)}$ darstellen in der Form:

$$(6) \qquad (z - x) E^{(1)} = \breve{c}_1(\mathfrak{x}) \cdot \xi^{(1)}(\mathfrak{z}) + \breve{c}_2(\mathfrak{x}) \cdot \xi^{(2)}(\mathfrak{z}),$$

wobei $\breve{c}_1, \breve{c}_2$ hinsichtlich $\mathfrak{z}$ konstant, also Funktionen von $\mathfrak{x}$ sind.

$\breve{c}_1$ und $\breve{c}_2$ sind zu bestimmen. Ist x gegeben, so gehören zu ihm i. A. zwei Flächenpunkte $\mathfrak{x}', \mathfrak{x}''$. Wir betrachten nebeneinander $E^{(1)}(\mathfrak{z}, \mathfrak{x}')$, $E^{(1)}(\mathfrak{z}, \mathfrak{x}'')$. Aus der ersten Gleichung (3) folgt für $\mathfrak{z}$ in der Umgebung von $\mathfrak{x}'$

$$(z - x) E^{(1)}(\mathfrak{z}, \mathfrak{x}') = 1 + t\mathfrak{P}(t),$$

ebenso aus der letzten Gleichung (3) für $\mathfrak{z}$ in der Umgebung von $\mathfrak{x}''$

$$(z - x) E^{(1)}(\mathfrak{z}, \mathfrak{x}') = 0 + t\mathfrak{P}(t).$$

Setzen wir wie früher $\xi^{(j)}(\mathfrak{x}') = \xi^{(j)}_1$, $\xi^{(j)}(\mathfrak{x}'') = \xi^{(j)}_2$, so ergeben die letzten Gleichungen zusammen mit (6)

$$(7_1) \qquad \begin{cases} \breve{c}_1(\mathfrak{x}')\xi^{(1)}_1 + \breve{c}_2(\mathfrak{x}')\xi^{(2)}_1 = 1 \\ \breve{c}_1(\mathfrak{x}')\xi^{(1)}_2 + \breve{c}_2(\mathfrak{x}')\xi^{(2)}_2 = 0. \end{cases}$$

Ganz ebenso liefert $(z - x) E^{(1)}(\mathfrak{z}, \mathfrak{x}'')$ die Gleichungen

$$(7_2) \qquad \begin{cases} \breve{c}_1(\mathfrak{x}'')\xi^{(1)}_1 + \breve{c}_2(\mathfrak{x}'')\xi^{(2)}_1 = 0 \\ \breve{c}_1(\mathfrak{x}'')\xi^{(1)}_2 + \breve{c}_2(\mathfrak{x}'')\xi^{(2)}_2 = 1. \end{cases}$$

Können wir $\breve{c}_1(\mathfrak{x}), \breve{c}_2(\mathfrak{x})$ so bestimmen, daß sie höchstens in den Verzweigungspunkten und den Charakterisierungspunkten unstetig sind und diese Gleichungen (7) erfüllen, so ist der Existenzbeweis geführt. Durch Auflösen von (7_1) und (7_2) und Vergleich mit Formel $(\widetilde{24})$, Kapitel 1 folgt aber, daß $\breve{c}_1, \breve{c}_2$ mit der zu $\xi^{(1)}, \xi^{(2)}$ komplementären Klassenbasis $\breve{\xi}^{(1)}, \breve{\xi}^{(2)}$ übereinstimmen müssen:

$$(8) \qquad \breve{c}_1 = \breve{\xi}^{(1)}, \quad \breve{c}_2 = \breve{\xi}^{(2)}.$$

---

[1]) Aus den bekannten genauen Ordnungszahlen von $z^\nu \xi^{(1)}, z^\nu \xi^{(2)} (\nu \geqq 0)$ folgt sofort, daß sich die $\mathfrak{E}^\gamma(\mathfrak{z}, \mathfrak{p}_\infty)$ in der Form $g_1(z)\xi^{(1)} + g_2(z)\xi^{(2)}$ mit ganzen rationalen g_1, g_2 darstellen lassen. Da jede Funktion des Ideals nach Satz 40 linear durch diese $\mathfrak{E}^{(\gamma)}$ darstellbar ist, sind $\xi^{(1)}, \xi^{(2)}$ wirklich Idealbasis.

Da $\mathfrak{x}^{(1)}, \mathfrak{x}^{(2)}$ eine Idealbasis für den Divisor $\mathfrak{m}^{-1}\mathfrak{n}$ bilden, besitzen nach dem Komplementensatz (Satz 23) die Funktionen (8) auch die geforderten Stetigkeitseigenschaften. Demnach ist

$$(9) \qquad E^{(1)}_{\mathfrak{m},\mathfrak{n}}(\mathfrak{z}, \mathfrak{x}) = \frac{\mathfrak{x}^{(1)}(\mathfrak{z})\,\breve{\mathfrak{x}}^{(1)}(\mathfrak{x}) + \mathfrak{x}^{(2)}(\mathfrak{z})\,\breve{\mathfrak{x}}^{(2)}(\mathfrak{x})}{z - x}.$$

Auch in dem bisher ausgeschlossenen Fall $\mathfrak{m} = \mathfrak{n} = \mathfrak{p}_\infty$ bleibt (9) richtig, wenn man

$$(5_4) \qquad \mathfrak{x}^{(1)} = 1, \qquad \mathfrak{x}^{(2)} = \mathfrak{E}^{(3)}_{\mathfrak{p}_\infty, \mathfrak{p}_\infty}(\mathfrak{z}, \mathfrak{p}_\infty) = -\tfrac{1}{2}s(\mathfrak{z})$$

setzt.

Ganz analog hätten wir auch zur Bildung von $d\breve{F}^{(1)}$ vorgehen können. Ist zunächst wieder $\mathfrak{m} \neq \mathfrak{n}$ und haben $\mathfrak{x}^{(1)}, \mathfrak{x}^{(2)}$ dieselbe Bedeutung wie eben, so gehören die Differentiale $\breve{\mathfrak{x}}^{(1)}(\mathfrak{x})dx$, $\breve{\mathfrak{x}}^{(2)}(\mathfrak{x})dx$ nach dem Komplementensatz zum Ideal $J(\mathfrak{n}^{-1}\mathfrak{m})$. Zu demselben Ideal gehört aber auch bei festem z das Differential $(x - z)d\breve{F}^{(1)}(\mathfrak{x}, \mathfrak{z})$, denn es ist Multiplum von $\mathfrak{n}^{-1}\mathfrak{m}\mathfrak{p}_\infty^{-2}$. Aus demselben Grund, der oben für $\mathfrak{x}^{(1)}, \mathfrak{x}^{(2)}$ galt, bilden die $\breve{\mathfrak{x}}^{(1)}dx$, $\breve{\mathfrak{x}}^{(2)}dx$ eine Multiplabasis für diesen Divisor. Wir erhalten so

$$(x - z)d\breve{F}^{(1)}(\mathfrak{x}, \mathfrak{z}) = c_1(\mathfrak{z})\,\breve{\mathfrak{x}}^{(1)}(\mathfrak{x})dx + c_2(\mathfrak{z})\,\breve{\mathfrak{x}}^{(2)}(\mathfrak{x})dx$$

und analog wie oben sieht man, daß

$$c_1(\mathfrak{z}) = \mathfrak{x}^{(1)}(\mathfrak{z}), \qquad c_2(\mathfrak{z}) = \mathfrak{x}^{(2)}(\mathfrak{z}).$$

Daraus folgt

$$(\breve{9}) \qquad d\breve{F}^{(1)}(\mathfrak{x}, \mathfrak{z}) = \frac{\mathfrak{x}^{(1)}(\mathfrak{z})\,\breve{\mathfrak{x}}^{(1)}(\mathfrak{x}) + \mathfrak{x}^{(2)}(\mathfrak{z})\,\breve{\mathfrak{x}}^{(2)}(\mathfrak{x})}{x - z}\,dx$$

und ganz genau dasselbe gilt wieder für $\mathfrak{m} = \mathfrak{n} = \mathfrak{p}_\infty$.

Satz 45. *Es sei $\mathfrak{x}^{(1)}, \mathfrak{x}^{(2)}$ eine bei $\mathfrak{p}_\infty$ normale Basis für $J(\mathfrak{m}^{-1}\mathfrak{n})$, $\breve{\mathfrak{x}}^{(1)}, \breve{\mathfrak{x}}^{(2)}$ die komplementäre Basis. Dann ist*

$$(9) \qquad E^{(1)}(\mathfrak{z}, \mathfrak{x}) = \frac{\mathfrak{x}^{(1)}(\mathfrak{z})\,\breve{\mathfrak{x}}^{(1)}(\mathfrak{x}) + \mathfrak{x}^{(2)}(\mathfrak{z})\,\breve{\mathfrak{x}}^{(2)}(\mathfrak{x})}{z - x},$$

$$(\breve{9}) \qquad d\breve{F}^{(1)}(\mathfrak{x}, \mathfrak{z}) = \frac{\breve{\mathfrak{x}}^{(1)}(\mathfrak{x})\,\mathfrak{x}^{(1)}(\mathfrak{z}) + \breve{\mathfrak{x}}^{(2)}(\mathfrak{x})\,\mathfrak{x}^{(2)}(\mathfrak{z})}{x - z}\,dx.$$

Aus (9) und $(\breve{9})$ folgt übrigens sofort

Satz 46 (Vertauschungstheorem I_1[1]). *Es besteht die Identität:*

$$(10) \qquad E^{(1)}(\mathfrak{z}, \mathfrak{x})\frac{dx}{d\tau} = -\frac{d\breve{F}^{(1)}(\mathfrak{x}, \mathfrak{z})}{d\tau}.$$

[1]) Abgekürzt V. Th. I_1. Der Zusatz I_1 bedeutet „erster Art, erster Stufe“, zur Unterscheidung von anderen Vertauschungstheoremen, die später abgeleitet werden.

§ 22. Die Entwicklungssätze.

Unser nächstes Ziel ist die Herleitung der Potenzreihenentwicklungen für $E^{(1)}(\mathfrak{z}, \mathfrak{x})dx$ und $d\breve{F}^{(1)}(\mathfrak{x}, \mathfrak{z})$. Beide kann man sowohl als Differentiale in $\mathfrak{x}$ in der Umgebung einer Stelle $\mathfrak{x}_0$ oder als Funktionen in $\mathfrak{z}$ in der Umgebung einer Stelle $\mathfrak{z}_0$ entwickeln. Wegen des Vertauschungstheorems I_1 (10) genügt es, etwa $E^{(1)}(\mathfrak{z}, \mathfrak{x})dx$ in der Umgebung von $\mathfrak{x}_0$, $d\breve{F}^{(1)}(\mathfrak{x}, \mathfrak{z})$ in der Umgebung von $\mathfrak{z}_0$ zu entwickeln, wobei natürlich die verschiedenen möglichen Lagen von $\mathfrak{x}_0$ bzw. $\mathfrak{z}_0$ („gewöhnlicher" Punkt, Verzweigungsstelle im Endlichen, bei $\mathfrak{p}_\infty$, Charakterisierungsstelle $\mathfrak{m}$ und $\mathfrak{n}$) in Betracht zu ziehen sind.

Wir gehen im folgenden stets von der Entwicklung von $\xi^{(1)}(\mathfrak{z})$, $\xi^{(2)}(\mathfrak{z})$ bei $\mathfrak{z}_0$ und $\breve{\xi}^{(1)}(\mathfrak{x})dx$, $\breve{\xi}^{(2)}(\mathfrak{x})dx$ bei $\mathfrak{x}_0$ aus:

$$(11)\qquad \xi^{(1)}(\mathfrak{z}) = \sum_{\alpha}^{\infty} a'_\nu t^\nu, \qquad \xi^{(2)}(\mathfrak{z}) = \sum_{\alpha}^{\infty} a''_\nu t^\nu$$

$$(12)\qquad \breve{\xi}^{(1)}(\mathfrak{x})\frac{dx}{d\tau} = \sum_{\beta}^{\infty} b'_\nu \tau^\nu, \qquad \breve{\xi}^{(2)}(\mathfrak{x})\frac{dx}{d\tau} = \sum_{\beta}^{\infty} b''_\nu \tau^\nu.$$

Ferner benutzen wir ständig die beiden Identitäten, die durch Eintragen der Lösungen aus (7) erfließen:

$$(13)\qquad \begin{cases} \xi^{(1)}(\mathfrak{p})\,\breve{\xi}^{(1)}(\mathfrak{p}) + \xi^{(2)}(\mathfrak{p})\,\breve{\xi}^{(2)}(\mathfrak{p}) = 1 \\ \xi^{(1)}(\mathfrak{p})\,\breve{\xi}^{(1)}(\mathfrak{p}') + \xi^{(2)}(\mathfrak{p})\,\breve{\xi}^{(2)}(\mathfrak{p}') = 0, \end{cases}$$

wobei $\mathfrak{p}$ und $\mathfrak{p}'$ beliebige übereinanderliegende Punkte der Fläche von $s(\mathfrak{z})$ sind. Auch an der Bezeichnung $\mathfrak{p}, \mathfrak{p}', \mathfrak{z}, \mathfrak{z}'$ usw. für solche übereinanderliegende Punkte der Fläche halten wir im folgenden fest.

Da $\xi^{(1)}$, $\xi^{(2)}$ eine Multiplabasis für $\mathfrak{n}\mathfrak{m}^{-1}\mathfrak{p}_\infty^{-2}$ ist, falls nicht die Charakterisierungspunkte zusammenfallen (in diesem Falle ist es Basis der Multipla von $\mathfrak{m}^{-1}\mathfrak{p}_\infty^{-2}$ mit der „Nullstelle" $\mathfrak{m}$), so sind die unteren Grenzen α der Summation in (11) bekannt.

Nach dem Komplementensatz ist ebenso $\breve{\xi}^{(1)}dx$, $\breve{\xi}^{(2)}dx$ Multiplabasis für $\mathfrak{m}\mathfrak{n}^{-1}\mathfrak{p}_\infty^{-2}$. Falls $\mathfrak{n} = \mathfrak{m}$, gilt ähnliches wie vorher. Die unteren Grenzen β der Summation in (12) sind also bekannt.

Es ist nun in der Umgebung einer beliebigen Stelle $\mathfrak{x}_0$ (die nicht Verzweigungspunkt ist) wegen (9):

$$(14)\qquad \begin{cases} E^{(1)}(\mathfrak{z}, \mathfrak{x})\dfrac{dx}{d\tau} = \left(\xi^{(1)}(\mathfrak{z})\sum_{\beta}^{\infty} b'_\nu \tau^\nu + \xi^{(2)}(\mathfrak{z})\sum_{\beta}^{\infty} b''_\nu \tau^\nu\right)\cdot \sum_{0}^{\infty}\dfrac{\tau^\nu}{(z-x_0)^{\nu+1}} \\ \qquad = \sum_{\beta}^{\infty} A_\nu(\mathfrak{z})\,\tau^\nu. \end{cases}$$

Aus (14) folgt:

$$(15)\qquad A_\nu(\mathfrak{z}) = \frac{\xi^{(1)}(\mathfrak{z})\sum\limits_\beta^\nu {}^\varkappa b'_\varkappa (z-x_0)^\varkappa + \xi^{(2)}(\mathfrak{z})\sum\limits_\beta^\nu {}^\varkappa b''_\varkappa (z-x_0)^\varkappa}{(z-x_0)^{\nu+1}},$$

wie man durch Ausmultiplizieren in (14) und Erweitern mit $(z-x_0)_\beta$ sofort sieht.

Daraus folgt, daß $A_\nu(\mathfrak{z})$ Multiplum von $\mathfrak{n}\mathfrak{m}^{-1}\mathfrak{p}_\infty^0\,\mathfrak{x}_0^{-(\nu+1)}$ ist, denn wir werden sofort zeigen, daß bei $\mathfrak{x}_0'$ kein Pol liegt.

Es ist nämlich, wenn wir $z-x_0=t$ setzen, wegen (12)

$$\sum_\beta^\nu {}^\varkappa b'_\varkappa (z-x_0)^\varkappa = \breve{\xi}^{(1)}(\mathfrak{z})\frac{dz}{dt} - t^{\nu+1}\mathfrak{P}_1(t),$$

falls $\mathfrak{z}$ in der Umgebung von $\mathfrak{x}_0$ liegt. Bedeuten $\overline{b}_\varkappa$ die Koeffizienten der (12) analogen Entwicklungen in der Umgebung von $\mathfrak{x}_0'$, so gilt daselbst ähnlich

$$\sum_{\beta'}^\nu {}^\varkappa \overline{b}_\varkappa (z-x_0)^\varkappa = \breve{\xi}^{(1)}(\mathfrak{z}')\frac{dz}{dt} - t^{\nu+1}\mathfrak{P}_3(t).$$

Genau entsprechendes folgt für die zweite Summe bei $\mathfrak{x}_0$ und $\mathfrak{x}_0'$.

Daraus folgt aber wegen (13), da aus $z-x_0=t$ sich $\frac{dz}{dt}=1$ ergibt,

$$(16)\qquad A_\nu(\mathfrak{z}) = t^{-(\nu+1)} - \{\mathfrak{P}_1(t)\,\xi^{(1)} + \mathfrak{P}_2(t)\,\xi^{(2)}\} = t^{-(\nu+1)} + \mathfrak{P}(t)$$

falls $\mathfrak{z}$ bei $\mathfrak{x}_0$ liegt; ebenso für die Umgebung von $\mathfrak{x}_0'$:

$$(16')\qquad A_\nu(\mathfrak{z}) = t^{-(\nu+1)}\cdot 0 + \mathfrak{P}(t) = \mathfrak{P}(t).$$

Für $\mathfrak{x}_0=\mathfrak{m}$ folgt aus dem Divisor der $\xi^{(1)}$, $\xi^{(2)}$ und (16), daß bei $\mathfrak{m}$

$$A_\nu(\mathfrak{z}) = \frac{1}{t^{\nu+1}} + t^{-1}\mathfrak{P}(t)$$

ist, ist $\mathfrak{x}_0=\mathfrak{n}$, so ist bei $\mathfrak{n}$ ebenso

$$A_\nu(\mathfrak{z}) = \frac{1}{t^{\nu+1}} + t\,\mathfrak{P}(t).$$

(16), (16'), der bekannte Divisor von $A_\nu(\mathfrak{z})$ und im Fall $\mathfrak{x}_0=\mathfrak{m}$ und $\mathfrak{x}_0=\mathfrak{n}$, die beiden letzten Gleichungen besagen aber: Ist $\mathfrak{x}_0$ kein Verzweigungspunkt, so ist stets

$$A_\nu(\mathfrak{z}) = \mathfrak{E}^{(\nu+1)}_{\mathfrak{m},\mathfrak{n}}(\mathfrak{z},\mathfrak{x}_0).$$

Für $\nu=-1$, was nur für $\mathfrak{x}_0=\mathfrak{n}$ vorkommt, ergibt der Divisor und die Entwicklung bei $\mathfrak{n}$:

Bei $\mathfrak{x}_0=\mathfrak{n}$ ist $A_{-1}(\mathfrak{z})$ die algebraisch normierte, überall endliche Funktion $\overset{\mathfrak{n}}{\varphi}(\mathfrak{z})=1$.

Im Fall eines Verzweigungspunktes ändert sich (14) und (15). Es ist dann

$$(14')\quad \begin{cases} E^{(1)}(\mathfrak{z}, \mathfrak{x}) \dfrac{dx}{d\tau} = \left(\xi^{(1)}(\mathfrak{z}) \sum\limits_0^\infty b'_\nu \tau^\nu + \xi^{(2)}(\mathfrak{z}) \sum\limits_0^\infty b''_\nu \tau^\nu\right) \sum\limits_0^\infty \dfrac{\tau^{2\nu}}{(z - x_0)^{\nu+1}} \\ \qquad = \sum\limits_0^\infty A_\nu(\mathfrak{z}) \tau^\nu, \end{cases}$$

$$(15')\quad \begin{cases} A_\nu(\mathfrak{z}) = \dfrac{\xi^{(1)}(\mathfrak{z}) \sum\limits_0^{\frac{\nu}{2}} b'_{2\varkappa}(z - x_0)^\varkappa + \xi^{(2)}(\mathfrak{z}) \sum\limits_0^{\frac{\nu}{2}} b''_{2\varkappa}(z - x_0)^\varkappa}{(z - x_0)^{\frac{\nu+2}{2}}} \\ \text{für gerades } \nu, \\ A_\nu(\mathfrak{z}) = \dfrac{\xi^{(1)}(\mathfrak{z}) \sum\limits_0^{\frac{\nu-1}{2}} b'_{2\varkappa+1}(z - x_0)^\varkappa + \xi^{(2)}(\mathfrak{z}) \sum\limits_0^{\frac{\nu-1}{2}} b''_{2\varkappa+1}(z - x_0)^\varkappa}{(z - x_0)^{\frac{\nu+1}{2}}} \\ \text{für ungerades } \nu, \end{cases}$$

falls $\mathfrak{x}_0$ ein im Endlichen liegender Verzweigungspunkt ist.

Daraus folgt zunächst wieder: $A_\nu(\mathfrak{z})$ ist Multiplum von $\mathfrak{n}\,\mathfrak{m}^{-1}\mathfrak{p}_\infty^0\,\mathfrak{x}_0^{-(\nu+1)}$. Dies ist trivial für alle Stellen, außer für $\mathfrak{x}_0$. Bei $\mathfrak{x}_0$ aber ist, wenn wir $z - x_0 = t^2$ setzen:

$$\sum_0^{\frac{\nu}{2}} b'_{2\varkappa}(z - x_0)^\varkappa = \tfrac{1}{2}\{\breve{\xi}^{(1)}(\mathfrak{z}) + \breve{\xi}^{(1)}(\mathfrak{z}')\} \frac{dz}{dt} + t^{\nu+2}\,\mathfrak{P}(t),$$

$$t \cdot \sum_0^{\frac{\nu-1}{2}} b'_{2\varkappa+1}(z - x_0)^\varkappa = \pm \tfrac{1}{2}\{\breve{\xi}^{(1)}(\mathfrak{z}) - \breve{\xi}^{(1)}(\mathfrak{z}')\} \frac{dz}{dt} + t^{\nu+2}\,\mathfrak{P}(t),$$

entsprechend für die zweiten Summen in (15′). Dabei steht in der zweiten Zeile $+$, wenn t zu $\mathfrak{z}$ gehört, $-$, wenn t zu $\mathfrak{z}'$ gehört. Wir dürfen annehmen, t gehört zu $\mathfrak{z}$. Dann ist bei $\mathfrak{x}_0$ wegen (13) und $z - x_0 = t^2$:

$$(16'')\quad \begin{cases} A_\nu(\mathfrak{z}) = \tfrac{1}{2}\, t^{-(\nu+2)} \dfrac{dz}{dt} + \mathfrak{P}(t) = t^{-(\nu+1)} + \mathfrak{P}(t) \text{ für gerade } \nu, \\ A_\nu(\mathfrak{z}) = \tfrac{1}{2}\, t^{-(\nu+1)}\, t^{-1} \dfrac{dz}{dt} + \mathfrak{P}(t) = t^{-(\nu+1)} + \mathfrak{P}(t) \text{ für ungerade } \nu. \end{cases}$$

Also haben auch in diesem Fall die A_ν alle charakteristischen Eigenschaften der $\mathfrak{E}^{(\nu+1)}(\mathfrak{z}, \mathfrak{x}_0)$.

Ganz entsprechend wird bei $\mathfrak{x}_0 = \mathfrak{p}_\infty$:

$$(14'')\quad \begin{cases} E^{(1)}(\mathfrak{z},\mathfrak{x})\dfrac{dx}{d\tau} = -\left(\xi^{(1)}(\mathfrak{z})\sum\limits_{\beta}^{\infty} b'_\nu \tau^\nu + \xi^{(1)}(\mathfrak{z})\sum\limits_{\beta}^{\infty} b''_\nu \tau^\nu\right)\sum\limits_{0}^{\infty}{}^{\nu} z^\nu \tau^{2\nu+2} \\ = \sum A_\nu(\mathfrak{z})\tau^\nu, \end{cases}$$

wobei $\beta = -2$ ist, falls $\mathfrak{m}$ endlich ist, $\beta = -3$, falls $\mathfrak{m} = \mathfrak{p}_\infty$.

Aus (14″) folgt:

$$(15'')\quad \begin{cases} A_\nu(\mathfrak{z}) = -\left\{\xi^{(1)}(\mathfrak{z})\sum\limits_{-1}^{\frac{\nu-2}{2}} b'_{2\varkappa} z^{-\varkappa} + \xi^{(2)}(\mathfrak{z})\sum\limits_{-1}^{\frac{\nu-2}{2}} b''_{2\varkappa} z^{-\varkappa}\right\} z^{\frac{\nu-2}{2}} & \text{für gerade } \nu \\ A_\nu(\mathfrak{z}) = -\left\{\xi^{(1)}(\mathfrak{z})\sum^{\frac{\nu-1}{2}} b'_{2\varkappa-1} z^{-\varkappa} + \xi^{(2)}(\mathfrak{z})\sum^{\frac{\nu-1}{2}} b''_{2\varkappa-1} z^{-\varkappa}\right\} z^{\frac{\nu-1}{2}} & \text{für ungerade } \nu, \end{cases}$$

wobei in der zweiten Zeile die Summationen mit $\varkappa = 0$ beginnen, wenn $\mathfrak{m} \neq \mathfrak{p}_\infty$ ist, für $\mathfrak{m} = \mathfrak{p}_\infty$ aber mit $\varkappa = -1$.

Von (15″) aus geht es ganz analog weiter wie oben, es ist $A_\nu = \mathfrak{E}^{(\nu+1)}(\mathfrak{z},\mathfrak{p}_\infty)$. Ist $\mathfrak{m} = \mathfrak{n} = \mathfrak{p}_\infty$, so geht man am besten direkt von dem $E^{(1)}\dfrac{dx}{d\tau}$ aus; man findet $A_\nu = \mathfrak{E}^{(\nu+1)}_{\mathfrak{p}_\infty\mathfrak{p}_\infty}(\mathfrak{z},\mathfrak{p}_\infty)$ entsprechend den anderen Fällen.

Satz 47 (Entwicklungssatz für $E^{(1)}(\mathfrak{z},\mathfrak{x})\,dx$). *Entwickelt man $E^{(1)}_{\mathfrak{m},\mathfrak{n}}(\mathfrak{z},\mathfrak{x})\,dx$ in der Umgebung irgendeiner Stelle $\mathfrak{x}_0$, so sind die Entwicklungskoeffizienten gerade sämtliche mit $\mathfrak{m}$ und $\mathfrak{n}$ charakterisierten Elementarfunktionen von einer Variablen der Stelle $\mathfrak{x}_0$. Außerdem tritt bei $\mathfrak{x}_0 = \mathfrak{n}$ noch die algebraisch normierte, überall endliche Funktion als Entwicklungskoeffizient auf. Wir haben demnach* $(\mathfrak{m} \neq \mathfrak{n})$:

$$(17)\quad \begin{cases} E^{(1)}_{\mathfrak{m},\mathfrak{n}}(\mathfrak{z},\mathfrak{x})\dfrac{dx}{d\tau} = \sum\limits_{0}^{\infty}{}^{\nu}\mathfrak{E}^{(\nu+1)}_{\mathfrak{m},\mathfrak{n}}(\mathfrak{z},\mathfrak{x}_0)\tau^\nu, & (\mathfrak{x}_0 \neq \mathfrak{m},\ \mathfrak{x}_0 \neq \mathfrak{n}), \\ = \dfrac{\overset{\mathfrak{n}}{\varphi}(\mathfrak{z})}{\tau} + \sum\limits_{0}^{\infty}{}^{\nu}\mathfrak{E}^{(\nu+1)}_{\mathfrak{m},\mathfrak{n}}(\mathfrak{z},\mathfrak{n})\tau^\nu, & (\mathfrak{x}_0 = \mathfrak{n}), \\ = \sum\limits_{1}^{\infty}{}^{\nu}\mathfrak{E}^{(\nu+1)}_{\mathfrak{m},\mathfrak{n}}(\mathfrak{z},\mathfrak{m})\tau^\nu, & (\mathfrak{x}_0 = \mathfrak{m}). \end{cases}$$

Ist $\mathfrak{m} = \mathfrak{n} = \mathfrak{p}_\infty$, so gilt an dieser Stelle die Entwicklung:

$$(17')\quad E^{(1)}_{\mathfrak{p}_\infty\mathfrak{p}_\infty}(\mathfrak{z},\mathfrak{x})\frac{dx}{d\tau} = \frac{\overset{\infty}{\varphi}(\mathfrak{z})}{\tau} + \sum_{1}^{\infty}{}^{\nu}\mathfrak{E}^{(\nu+1)}_{\mathfrak{p}_\infty\mathfrak{p}_\infty}(\mathfrak{z},\mathfrak{p}_\infty)\tau^\nu.$$

Setzen wir nicht in (9) die Reihen (12), sondern in ($\breve{9}$) die Reihen (11) ein, so erhalten wir ganz analog:

Satz 48 (Entwicklungssatz für $d\breve{F}^{(1)}(\mathfrak{x}, \mathfrak{z})$). *Entwickelt man* $dF^{(1)}_{\mathfrak{n},\mathfrak{m}}(\mathfrak{x}, \mathfrak{z})$ *in der Umgebung irgendeiner Stelle* $\mathfrak{z}_0$, *so sind die Entwicklungskoeffizienten gerade sämtliche mit* $\mathfrak{n}$ *und* $\mathfrak{m}$ *charakterisierten Elementardifferentiale von einer Variabeln der Stelle* $\mathfrak{z}_0$. *Außerdem tritt bei* $\mathfrak{z}_0 = \mathfrak{m}$ *noch das algebraisch normierte, überall endliche Differential als Entwicklungskoeffizient auf. Wir haben demnach* ($\mathfrak{n} \neq \mathfrak{m}$):

$$(18)\quad \begin{cases} d\breve{F}^{(1)}_{\mathfrak{n},\mathfrak{m}}(\mathfrak{x}, \mathfrak{z}) = \sum\limits_{0}^{\infty}{}' d\breve{\mathfrak{F}}^{(\nu+1)}_{\mathfrak{n},\mathfrak{m}}(\mathfrak{x}, \mathfrak{z}_0)t^{\nu}, & (\mathfrak{z}_0 \neq \mathfrak{n},\ \mathfrak{z}_0 \neq \mathfrak{m}), \\ \qquad = \dfrac{d\overset{\mathfrak{m}}{\breve{\varphi}}(\mathfrak{x})}{t} + \sum\limits_{0}^{\infty}{}' d\breve{\mathfrak{F}}^{(\nu+1)}_{\mathfrak{n},\mathfrak{m}}(\mathfrak{x}, \mathfrak{m})t^{\nu}, & (\mathfrak{z}_0 = \mathfrak{m}), \\ \qquad = \sum\limits_{1}^{\infty}{}' d\breve{\mathfrak{F}}^{(\nu+1)}_{\mathfrak{n},\mathfrak{m}}(\mathfrak{x}, \mathfrak{n})t^{\nu}, & (\mathfrak{z}_0 = \mathfrak{n}). \end{cases}$$

Ist $\mathfrak{n} = \mathfrak{m} = \mathfrak{p}_\infty$, *so gilt an dieser Stelle die Entwicklung*

$$(18')\qquad d\breve{F}^{(1)}_{\mathfrak{p}_\infty\mathfrak{p}_\infty}(\mathfrak{x}, \mathfrak{z}) = \frac{d\overset{\infty}{\breve{\varphi}}(\mathfrak{x})}{t} + \sum_{1}^{\infty}{}' d\breve{\mathfrak{F}}^{(\nu+1)}_{\mathfrak{p}_\infty\mathfrak{p}_\infty}(\mathfrak{x}, \mathfrak{p}_\infty)t^{\nu}.$$

§ 23. Entwicklung von $E^{(1)}$ in beiden Veränderlichen.

Da wir über die Theorie der analytischen Funktionen zweier Variablen nichts voraussetzen wollen, versuchen wir im folgenden mit den einfachsten Hilfsmitteln auszukommen.

Die vier Reihen (11), (12) mögen bei einer bestimmten Wahl von $\mathfrak{z}_0$ und $\mathfrak{x}_0$ alle konvergieren für $|t| \leqq r$, $|\tau| \leqq r$. Ein solches r gibt es sicher. Dann konvergiert auch absolut und gleichmäßig für $|t| \leqq r$, $|\tau| \leqq r$ das Cauchysche Produkt der Reihen für $\xi^{(1)}(\mathfrak{z})$ und $\breve{\xi}^{(1)}(\mathfrak{x})\dfrac{dx}{d\tau}$, und ebenso das von $\xi^{(2)}(\mathfrak{z})$, $\breve{\xi}^{(2)}(\mathfrak{x})\dfrac{dx}{d\tau}$, und diese Produkte haben die Gestalt:

$$(19)\quad \begin{cases} \xi^{(1)}(\mathfrak{z}) \cdot \breve{\xi}^{(1)}(\mathfrak{x})\dfrac{dx}{d\tau} = t^{\lambda}\tau^{\vartheta}\sum\limits_{0}^{\infty}{}' p^{*}_{\nu}(t, \tau), \\ \xi^{(2)}(\mathfrak{z}) \cdot \breve{\xi}^{(2)}(\mathfrak{x})\dfrac{dx}{d\tau} = t^{\lambda}\tau^{\vartheta}\sum\limits_{0}^{\infty}{}' p^{**}_{\nu}(t, \tau), \end{cases}$$

wobei die p^{*}_{ν}, p^{**}_{ν} homogene Polynome ν^{ten} Grades in t und τ sind.

Es seien nun $\mathfrak{z}_0$ und $\mathfrak{x}_0$ keine Verzweigungsstellen.

Ist $\mathfrak{z}_0 \neq \mathfrak{x}_0$, so ist

$$\frac{1}{z - x} = \frac{1}{z_0 - x_0 - (\tau - t)} = \sum \frac{(\tau - t)^{\nu}}{(z_0 - x_0)^{\nu+1}},$$

also ($p_\nu = p_\nu^* + p_\nu^{**}$):

$$(20)\qquad \begin{cases} E^{(1)}(\mathfrak{z}, \mathfrak{x})\dfrac{dx}{d\tau} = \tau^\alpha t^\beta \sum\limits_0^\infty{}^\nu p_\nu(t, \tau) \sum\limits_0^\infty{}^\nu \dfrac{(t-\tau)^\nu}{(z_0 - x_0)^{\nu+1}} \\ \qquad = t^\alpha \tau^\beta \sum\limits_0^\infty{}^\nu P_\nu(t, \tau), \end{cases}$$

wobei $P_\nu(t, \tau)$ ebenfalls ein homogenes Polynom ν^{ten} Grades in t und τ ist, das wieder durch Cauchysche Multiplikation aus den darüberstehenden Reihen sich ergibt. Ist $\varrho < \min\left(r, \dfrac{|z_0 - x_0|}{2}\right)$, so konvergieren beide Faktorenreihen und damit ebenso die Produktreihe absolut und gleichmäßig für $|t| \leqq \varrho$, $|\tau| \leqq \varrho$.

Ist $\mathfrak{z}_0 = \mathfrak{x}_0$, so folgt aus (13) und $x - x_0 = \tau$, $z - z_0 = t$

$$(21)\qquad t^{\alpha+\beta} \sum p_\nu(t, t) = \frac{dz}{dt} = 1, \qquad \tau^{\alpha+\beta} \sum p_\nu(\tau, \tau) = \frac{dx}{d\tau} = 1.$$

Wegen des Komplementensatzes ist für $\mathfrak{z}_0 = \mathfrak{x}_0$ das $\alpha + \beta = 0$. Also ist $\alpha \geqq 0$ oder $\beta \geqq 0$. Die Reihen (21) sind Potenzreihen, d. h. $p_\nu(t, t) \equiv 0$ für $\nu > 0$, $p_0 \equiv 1$. Aus (21) folgt nun für $\beta \geqq 0$ bzw. $\alpha \geqq 0$:

$$(22)\qquad \begin{cases} E^{(1)}(\mathfrak{z}, \mathfrak{x})\dfrac{dx}{d\tau} = \dfrac{t^\alpha \tau^\beta \sum p_\nu(t, \tau)}{t - \tau} = \dfrac{1 + t^\alpha \sum \{\tau^\beta p_\nu(t, \tau) - t^\beta p_\nu(t, t)\}}{t - \tau} \\ \qquad = \dfrac{1}{t - \tau} + t^\alpha \sum\limits_0^\infty \dfrac{\tau^\beta p_\nu(t, \tau) - t^\beta p_\nu(t, t)}{t - \tau}. \end{cases}$$

$$(22')\qquad E^{(1)}(\mathfrak{z}, \mathfrak{x})\frac{dx}{d\tau} = \frac{1}{t - \tau} + \tau^\beta \sum \frac{t^\alpha p_\nu(t, \tau) - \tau^\alpha p_\nu(\tau, \tau)}{t - \tau}.$$

Die Reihenglieder in (22), (22′) sind wieder homogene Polynome. Da es ein M gibt, derart, daß die ν^{ten} Koeffizienten von (11), (12) absolut kleiner als $M r^{-\nu}$ sind, so ist

$$|\tau^\beta p_\nu(t, \tau) - t^\beta p_\nu(t, t| < |t - \tau|\, M^2 (\nu + 1)(\nu + \beta + 1)\, r^{-\nu} \varrho^{\nu+\beta},$$

d. h. (22), bzw. (22′), konvergiert absolut und gleichmäßig für $|t| \leqq \varrho, |\tau| \leqq \varrho$. Nun kommt aber für gewöhnliches $\mathfrak{z}_0$ und $\mathfrak{x}_0$ nur $\alpha = \beta = 0$, $\alpha = 1, \beta = -1$ (bei $\mathfrak{n}$), $\alpha = -1$, $\beta = +1$ (bei $\mathfrak{m}$) in Betracht. Wir finden also wegen $p_0(t, t) = 1$, $p_\nu(t, t) = 0$ $(\nu > 0)$:

Satz 49. *Sind $\mathfrak{z}_0$ und $\mathfrak{x}_0$ beide keine Verzweigungspunkte, so gilt, falls $\mathfrak{z}_0 \neq \mathfrak{x}_0$ ist:*

$$(23)\qquad E^{(1)}(\mathfrak{z}, \mathfrak{x})\frac{dx}{d\tau} = t^\alpha \tau^\beta \sum_0^\infty{}^\nu P_\nu(t, \tau).$$

Ist $\mathfrak{z}_0 = \mathfrak{x}_0$, so ist, wenn $\mathfrak{z}_0$ keine Charakterisierungsstelle ist:

$$(23')\qquad E^{(1)}(\mathfrak{z}, \mathfrak{x})\frac{dx}{d\tau} = \frac{1}{t - \tau} + \sum_0^\infty{}^\nu P_\nu(t, \tau),$$

ist $\mathfrak{z}_0 = \mathfrak{x}_0 = \mathfrak{m}$, *so erhalten wir:*

$$(23'') \qquad E^{(1)}(\mathfrak{z}, \mathfrak{x}) \frac{dx}{d\tau} = \frac{1}{t-\tau} - \frac{1}{t} + \frac{\tau}{t} \sum_0^\infty{}' P_\nu(t, \tau),$$

und für $\mathfrak{z}_0 = \mathfrak{x}_0 = \mathfrak{n}$:

$$(23''') \qquad E^{(1)}(\mathfrak{z}, \mathfrak{x}) \frac{dx}{d\tau} = \frac{1}{t-\tau} + \frac{1}{\tau} + \frac{t}{\tau} \sum_0^\infty{}' P_\nu(t, \tau).$$

Dabei bedeuten die $P_\nu(t, \tau)$ stets homogene Polynome ν^{ten} Grades in t und τ. Alle Reihen konvergieren absolut und gleichmäßig für $|t| \leqq \varrho$, $|t| \leqq \varrho$ und ein gewisses $\varrho > 0$.

Die analoge Überlegung können wir auch machen, wenn $\mathfrak{z}_0$ und $\mathfrak{x}_0$ beide endliche Verzweigungspunkte sind oder $\mathfrak{z}_0 = \mathfrak{x}_0 = \mathfrak{p}_\infty$ ist. Eine Schwierigkeit entsteht nur, wenn $\mathfrak{z}_0$ und $\mathfrak{x}_0$ nicht beide Verzweigungspunkte sind, oder wenn der eine der Punkte der Punkt $\mathfrak{p}_\infty$, der andere ein beliebiger endlicher Punkt ist. Es fehlt nämlich in diesem Fall die Entwicklung für $\frac{1}{z-x}$ nach homogenen Polynomen in t und τ, da die geometrische Reihe hier versagt.

Setzt man in diesen Fällen aber $\frac{1}{z-x} = t^\gamma \tau^\delta \sum q_\nu(t, \tau)$ an, so kann man die q_ν rekurrent berechnen. Wir wählen als Beispiel: $\mathfrak{z}_0 = \mathfrak{p}_\infty$, $\mathfrak{x}_0$ endlich. Hier ist

$$\frac{1}{z-x} = \frac{1}{\frac{1}{t^2} - (x_0 + \tau)} = \frac{t^2}{1 - x_0 t^2 - t^2 \tau} = t^2 \sum q_\nu(t, \tau),$$

d. h.

$$1 = (1 - x_0 t^2 - t^2 \tau) \cdot \sum q_\nu(t, \tau) = \sum_0^\infty (q_{\nu+3} - x_0 t^2 q_{\nu+1} - t^2 \tau q_\nu) + (q_2 - x_0 t^2 q_0) + q_1 + q_0.$$

Setzt man nun

$$q_0 = 1, \quad q_1 = 0, \quad q_2 - x_0 t^2 q_0 = 0, \quad q_{\nu+3} - x_0 t^2 q_{\nu+1} - t^2 \tau q_\nu = 0,$$

so folgen hieraus die q_ν und Abschätzungen für sie. Hieraus kann man dann zeigen, daß $\sum q_\nu(t, \tau)$ wirklich die Summe $(z - x)^{-1}$ hat, und alles geht wie vorher weiter.

§ 24. Der Ableitungssatz.

Aus den Formeln (23) bis (23''') kann man nun eine wichtige Folgerung ziehen. Wir bilden:

$$\frac{1}{h!} \frac{d^h E^{(1)}(\mathfrak{z}, \mathfrak{x})}{dx^h} \quad \text{und} \quad \frac{1}{h!} \frac{d^h}{dz^h} \left(\frac{d\breve{F}^{(1)}(\mathfrak{x}, \mathfrak{z})}{dx} \right).$$

Da weder $\mathfrak{z}_0$ noch $\mathfrak{x}_0$ Verzweigungspunkt ist, fallen die Differentiationen nach x und z mit denen nach τ und t zusammen. Daher ist

$$\begin{aligned} \frac{1}{h!}\frac{d^h E^{(1)}(\mathfrak{z},\mathfrak{x})}{dx^h} &= t^\alpha \tau^{\beta-h} \sum P_\nu^*(t,\tau), && (\mathfrak{z}_0 \neq \mathfrak{x}_0),\\ &= \frac{1}{(t-\tau)^{h+1}} + \sum P_\nu^*(t,\tau), && (\mathfrak{z}_0 = \mathfrak{x}_0 \neq \mathfrak{m}, \neq \mathfrak{n}),\\ &= \frac{1}{(t-\tau)^{h+1}} + \frac{1}{t}\sum P_\nu^*(t,\tau), && (\mathfrak{z}_0 = \mathfrak{x}_0 = \mathfrak{m} \neq \mathfrak{n}),\\ &= \frac{1}{(t-\tau)^{h+1}} - \frac{(-1)^h}{\tau^{h+1}} + \frac{t}{\tau^{h+1}}\sum P_\nu^*(t,\tau), && (\mathfrak{z}_0=\mathfrak{x}_0=\mathfrak{n}\neq\mathfrak{m}). \end{aligned}$$

Ist $\mathfrak{x}_0$ von $\mathfrak{n}$, $\mathfrak{a}_\sigma$, $\mathfrak{p}_\infty$ verschieden, so können wir $\mathfrak{x}$ nach $\mathfrak{x}_0$ legen, d. h. $\tau = 0$ setzen; die rechts stehenden Reihen zeigen dann (vgl. S. 85):

$$\frac{1}{h!}\frac{d^h E^{(1)}(\mathfrak{z},\mathfrak{x})}{dx^h} \text{ hat alle Definitionseigenschaften von } E^{(h+1)}(\mathfrak{z},\mathfrak{x}).$$

Daher gilt

Satz 50 (Ableitungssatz für Funktionen). *Die Elementarfunktion $E^{(h+1)}(\mathfrak{z},\mathfrak{x})$ kann durch Differentiation nach dem Parameter $\mathfrak{x}$ aus $E^{(1)}(\mathfrak{z},\mathfrak{x})$ erhalten werden:*

$$\frac{1}{h!}\frac{d^h E^{(1)}(\mathfrak{z},\mathfrak{x})}{dx^h} = E^{(h+1)}(\mathfrak{z},\mathfrak{x}). \tag{24}$$

Unter Benutzung von Vertauschungstheorem I_1 und (23) bis (23''') erhält man genau so den

Satz 51 (Ableitungssatz für Differentiale). *Das Elementardifferential $d\breve{F}^{(h+1)}(\mathfrak{x},\mathfrak{z})$ kann durch Differentiation nach dem Parameter $\mathfrak{z}$ aus $d\breve{F}^{(1)}(\mathfrak{x},\mathfrak{z})$ erhalten werden:*

$$\frac{1}{h!}\frac{d^h}{dz^h} d\breve{F}^{(1)}(\mathfrak{x},\mathfrak{z}) = d\breve{F}^{(h+1)}(\mathfrak{x},\mathfrak{z}). \tag{25}$$

Die Existenz der $E^{(h+1)}$, $d\breve{F}^{(h+1)}$ ist damit erwiesen.

§ 25. Anwendung von $E^{(1)}$ und $d\breve{F}^{(1)}$ zur Partialbruchzerlegung.

Es sei $f(\mathfrak{z})$ irgendeine elliptische Funktion. Wir bilden

$$\Sigma f(\xi)\, d\breve{F}^{(1)}(\xi,\mathfrak{z})\,|_{\tau^{-1}}, \tag{26}$$

wobei die Summe zu erstrecken ist über alle Stellen ξ, an denen überhaupt negative τ-Potenzen vorhanden sind. Es sind dies: die Stelle $\mathfrak{z}$, die Stelle $\mathfrak{n}$ und sämtliche Stellen, an denen $f(\mathfrak{z})$ unstetig wird; $\mathfrak{z}$ sei eine reguläre Stelle von $f(\mathfrak{z})$.

Dann ist an der Stelle $\mathfrak{z}$ nach ($\breve{3}$)

$$d\breve{F} = \left(\frac{1}{\tau} + \mathfrak{P}(\tau)\right) d\tau, \qquad f(\xi) = f(\mathfrak{z}) + f'(\mathfrak{z})\,\tau + \cdots,$$

also

(27, 1) $$f(\xi)\, d\breve{F}(\xi, \mathfrak{z})\,|_{\tau^{-1}} = f(\mathfrak{z}).$$

An der Stelle $\mathfrak{n}$ ist nach ($\breve{3}$) und dem Residuensatz (Koeffizientensatz für Differentiale)

$$d\breve{F} = \left(-\frac{1}{\tau} + \mathfrak{P}(\tau)\right) d\tau, \qquad f(\xi) = f(\mathfrak{n}) + \tau\, f'(\mathfrak{n}) + \cdots,$$

also

(27, 2) $$f(\xi)\; d\breve{F}(\xi, \mathfrak{z})\,|_{\tau^{-1}} = -f(\mathfrak{n}),$$

falls auch $\mathfrak{n}$ reguläre Stelle von $f(\mathfrak{z})$ ist.

An einer Stelle $\mathfrak{d}$, an der $f(\mathfrak{z})$ den Hauptteil

$$H(\mathfrak{z}) = \frac{a_\varkappa}{t^\varkappa} + \frac{a_{\varkappa-1}}{t^{\varkappa-1}} + \cdots + \frac{a_1}{t}$$

besitzt, folgt aus

$$d\breve{F}^{(1)}(\xi, \mathfrak{z}) = -E^{(1)}(\mathfrak{z}, \xi)\frac{d\xi}{d\tau}\, d\tau = -\sum \mathfrak{E}^{(\gamma+1)}(\mathfrak{z}, \mathfrak{d})\, \tau^\gamma\, d\tau$$

sofort

(27, 3) $$\begin{cases} f(\xi)\, d\breve{F}^{(1)}(\xi, \mathfrak{z})\,|_{\tau^{-1}} = -\big[a_\varkappa\, \mathfrak{E}^{(\varkappa)}(\mathfrak{z}, \mathfrak{d}) + a_{\varkappa-1}\, \mathfrak{E}^{(\varkappa-1)}(\mathfrak{z}, \mathfrak{d}) + \cdots \\ \qquad\qquad + a_1 \mathfrak{E}^{(1)}(\mathfrak{z}, \mathfrak{d})\big]. \end{cases}$$

Da (26) als Summe der Residuen eines elliptischen Differentials verschwindet, so folgt aus (27, 1) bis (27, 3):

$$f(\mathfrak{z}) - f(\mathfrak{n}) - \sum_{(\mathfrak{d})} \big[a_1 \mathfrak{E}^{(1)}(\mathfrak{z}, \mathfrak{d}) + a_2 \mathfrak{E}^{(2)}(\mathfrak{z}, \mathfrak{d}) + \cdots + a_\varkappa \mathfrak{E}^{(\varkappa)}(\mathfrak{z}, \mathfrak{d})\big] = 0,$$

oder

(28) $$f(\mathfrak{z}) = f(\mathfrak{n}) + \sum_{\mathfrak{d}} \sum_{\lambda} a_\lambda \mathfrak{E}^{(\lambda)}(\mathfrak{z}, \mathfrak{d}).$$

(26) gibt uns also die Partialbruchzerlegung der elliptischen Funktionen. Genau so hätte man, unter $\breve{g}(x)\,dx$ ein elliptisches Differential verstanden, zu bilden gehabt:

($\breve{26}$) $$\sum E^{(1)}(\zeta, \mathfrak{x})\frac{dx}{d\tau} \cdot \breve{g}(\zeta)\, d\zeta\,|_{t^{-1}} = 0.$$

Es ist an der Stelle $\mathfrak{x}$

($\breve{27}$, 1) $$\left\{\begin{aligned} & E^{(1)}(\zeta, \mathfrak{x})\frac{dx}{d\tau} \cdot \breve{g}(\zeta)\, d\zeta\,|_{t^{-1}} \\ & \qquad = (\breve{g}(\mathfrak{x}) + t\breve{g}'(\mathfrak{x}) + \cdots) \cdot \left(\frac{1}{t} + \mathfrak{P}(t)\right)\frac{dx}{d\tau}\bigg|_{t^{-1}} \\ & \qquad = \breve{g}(\mathfrak{x})\,\frac{dx}{d\tau}, \end{aligned}\right.$$

an der Stelle $\mathfrak{m}$ ebenso unter Benutzung des Koeffizientensatzes

$$(\breve{27}, 2) \qquad E^{(1)}(\zeta, \mathfrak{x}) \frac{dx}{d\tau} \cdot \breve{g}(\zeta)\, d\zeta\,|_{t^{-1}} = -\, \breve{g}(\mathfrak{m}) \frac{1}{s(\mathfrak{x})} \frac{dx}{d\tau}$$

und an den Stellen $\mathfrak{b}$, an denen $\breve{g}(\mathfrak{x})dx$ den Hauptteil

$$\breve{H}(\mathfrak{x}) = \frac{b_\varkappa}{\tau^\varkappa} + \frac{b_{\varkappa-1}}{\tau^{\varkappa-1}} + \cdots + \frac{b_1}{\tau}$$

hat,

$$(\breve{27}, 3) \quad E^{(1)}(\zeta, \mathfrak{x}) \frac{dx}{d\tau} \cdot \breve{g}(\zeta)\, d\zeta\,|_{t^{-1}} = -\left[b_\varkappa \frac{d\breve{\mathfrak{F}}^{(\varkappa)}(\mathfrak{x}, \mathfrak{b})}{d\tau} + \cdots + b_1 \frac{d\breve{\mathfrak{F}}^{(1)}(\mathfrak{x}, \mathfrak{b})}{d\tau} \right]$$

infolge der Identität

$$E^{(1)}(\zeta, \mathfrak{x}) \frac{dx}{d\tau} = -\frac{d\breve{F}^{(1)}(\mathfrak{x}, \zeta)}{d\tau} = -\sum_{(\gamma)} \frac{d\breve{\mathfrak{F}}^{(\gamma+1)}(\mathfrak{x}, \mathfrak{b})}{d\tau} t^\gamma .$$

So ergibt sich schließlich

$$(\breve{28}) \qquad \breve{g}(\mathfrak{x}) \frac{dx}{d\tau} = \breve{g}(\mathfrak{m}) \frac{d\overset{\mathfrak{m}}{\breve{\psi}}(\mathfrak{x})}{d\tau} + \sum_{(\mathfrak{b})} \sum_{(\lambda)} b_\lambda \frac{d\breve{\mathfrak{F}}^{(\lambda)}(\mathfrak{x}, \mathfrak{b})}{d\tau} .$$

Dabei ist

$$d\overset{\mathfrak{m}}{\breve{\psi}}(\mathfrak{x}) = \frac{dx}{s(\mathfrak{x})}$$

das für die Stelle $\mathfrak{m}$ algebraisch charakterisierte (normierte), überall endliche Differential.

Der Gebrauch der E und $d\breve{F}$ zur Darstellung der Funktionen der Klasse ist für spezielle Fälle seit langem bekannt, aber bisher nie systematisch ausgenutzt. Man vergleiche etwa bei Weierstraß (Werke IV, Vorlesungen über Abelsche Transzendenten, S. 96ff.) die Darstellung der algebraischen Funktionen durch die dort $H(x, y, x', y')$ genannte Funktion.

§ 26. Die Vertauschungstheoreme.

Es sei $\Phi(\mathfrak{z}, \mathfrak{x})$ für festes $\mathfrak{x}$ Funktion in (K), für festes $\mathfrak{z}$ Funktion in $(\breve{K})$ und besitze Pole mit bekannten Hauptteilen außer an festen Stellen höchstens an der beweglichen Stelle $\mathfrak{z} = \mathfrak{x}$.

Man kann diese Funktionen von zwei Veränderlichen homogen linear aufbauen aus den einfachsten Funktionen mit den von $\Phi(\mathfrak{z}, \mathfrak{x})$ geforderten Eigenschaften, den $E^{(h)}(\mathfrak{z}, \mathfrak{x})$, $\mathfrak{E}^{(h)}(\mathfrak{z}, \mathfrak{b})$ und der überall endlichen Funktion. Die Koeffizienten dieses linearen Ausdrucks sind Funktionen von $\mathfrak{x}$ allein. Eine solche Darstellung von Φ nennen wir seine Partialbruchzerlegung in (K). Die Möglichkeit der Partialbruchzerlegung folgt genau wie in § 25 durch Untersuchung der Residuensumme von $\Phi(\zeta, \mathfrak{x})\, d\breve{F}^{(1)}(\zeta, \mathfrak{z})$. Auch das Verfahren von § 18, S. 78, führt zum Ziel.

Genau so wie in (K) die $E^{(h)}(\mathfrak{z}, \mathfrak{x})$ und $\mathfrak{E}^{(h)}(\mathfrak{z}, \mathfrak{d})$, gibt es in $(\breve{K})$ Elementarfunktionen $\breve{E}^{(h)}(\mathfrak{x}, \mathfrak{z})$ und $\breve{\mathfrak{E}}^{(h)}(\mathfrak{x}, \mathfrak{d})$ von zwei und einer Veränderlichen. Da $\Phi(\mathfrak{z}, \mathfrak{x})$ auch Funktion in $(\breve{K})$ ist, besitzt es auch dort eine Partialbruchzerlegung, d. h. eine Darstellung durch die $\breve{E}^{(h)}$ und $\breve{\mathfrak{E}}^{(h)}$. Diese beiden Partialbruchzerlegungen von $\Phi(\mathfrak{z}, \mathfrak{x})$ in (K) und $(\breve{K})$ wollen wir vergleichen.

Neben die Funktionen treten stets gleichberechtigt die Differentiale. Daher treten zu unserer Aufgabe noch drei weitere Aufgaben, so daß wir parallel zu behandeln haben die Partialbruchzerlegungen in (K) und $(\breve{K})$ von

1. $\Phi(\mathfrak{z}, \mathfrak{x})$ (Funktion in (K) und $(\breve{K})$),
2. $\Phi(\mathfrak{z}, \mathfrak{x})\, dx$ (Funktion in (K) und Differential in $(\breve{K})$),
3. $\Phi(\mathfrak{z}, \mathfrak{x})\, dz$ (Differential in (K) und Funktion in $(\breve{K})$),
4. $\Phi(\mathfrak{z}, \mathfrak{x})\, dz\, dx$ (Differential in (K) und $(\breve{K})$).

Dabei sind die Partialbruchzerlegungen in (K) Darstellungen durch die $E^{(h)}(\mathfrak{z}, \mathfrak{x})$, $\mathfrak{E}^{(h)}(\mathfrak{z}, \mathfrak{d})$ für $\Phi(\mathfrak{z}, \mathfrak{x})$ und $\Phi(\mathfrak{z}, \mathfrak{x})\, dx$, durch die zu (K) gehörigen Elementardifferentiale $dF^{(h)}(\mathfrak{z}, \mathfrak{x})$, $d\mathfrak{F}^{(h)}(\mathfrak{z}, \mathfrak{d})$ für $\Phi(\mathfrak{z}, \mathfrak{x})\, dz$ und $\Phi(\mathfrak{z}, \mathfrak{x})\, dz\, dx$.

Ganz entsprechend sind die Partialbruchzerlegungen in $(\breve{K})$ Darstellungen durch die $\breve{E}^{(h)}(\mathfrak{x}, \mathfrak{z})$, $\breve{\mathfrak{E}}^{(h)}(\mathfrak{x}, \mathfrak{d})$ für $\Phi(\mathfrak{z}, \mathfrak{x})$ und $\Phi(\mathfrak{z}, \mathfrak{x})\, dz$, durch die $d\breve{F}^{(h)}(\mathfrak{x}, \mathfrak{z})$, $d\breve{\mathfrak{F}}^{(h)}(\mathfrak{x}, \mathfrak{d})$ für $\Phi(\mathfrak{z}, \mathfrak{x})\, dx$ und $\Phi(\mathfrak{z}, \mathfrak{x})\, dz\, dx$.

Da bisher keine Anwendungen für allgemeines $\Phi(\mathfrak{z}, \mathfrak{x})$ bekannt sind, beschränken wir uns auf die Herleitung der Zerlegungen für

$$\breve{E}^{(h+1)}(\mathfrak{x}, \mathfrak{z}), \qquad d\breve{F}^{(h+1)}(\mathfrak{x}, \mathfrak{z}), \qquad \breve{E}^{(h+1)}(\mathfrak{x}, \mathfrak{z})\, dz, \qquad d\breve{F}^{(h+1)}(\mathfrak{x}, \mathfrak{z})\, dz.$$

In $(\breve{K})$ sind alle diese vier Bildungen schon einfachste Elemente, hier ist also keine Zerlegung mehr zu leisten, es bleiben noch die Zerlegungen dieser vier Bildungen in (K) aufzusuchen. Wir bezeichnen die Identitäten, die diese Partialbruchzerlegungen darstellen, aus einem später anzugebenden Grunde als Vertauschungstheoreme, und zwar — in anderer Reihenfolge als oben — die aus der Zerlegung von $d\breve{F}^{(h+1)}(\mathfrak{x}, \mathfrak{z})$ folgenden als Vertauschungstheoreme erster Art, während aus der Zerlegung von $\breve{E}^{(h+1)}(\mathfrak{x}, \mathfrak{z})$ die Vertauschungstheoreme zweiter Art und aus der von $d\breve{F}^{(h+1)}(\mathfrak{x}, \mathfrak{z})\, dz$ die Vertauschungstheoreme dritter Art folgen.

Die Zerlegung von $\breve{E}^{(h+1)}(\mathfrak{x}, \mathfrak{z})\, dz$ ergibt nichts anderes als das Vertauschungstheorem erster Art für die komplementäre Klasse, d. h. dasselbe, was die Zerlegung von $dF^{(h+1)}(\mathfrak{z}, \mathfrak{x})$ in $(\breve{K})$ ergibt. Das wird aus der Endformel der Vertauschungstheoreme erster Art durch Vertauschung von $\mathfrak{z}$ und $\mathfrak{x}$ sofort folgen.

Die Vertauschungstheoreme der drei Arten unterscheidet man nach der Wahl von h wieder in Stufen. So wird das Vertauschungstheorem dritter Art zweiter Stufe, abgekürzt: V.-Th. III_2, hervorgehen aus der Zerlegung von $d\breve{F}^{(2)}(\mathfrak{x}, \mathfrak{z})\,dz$. Dieses V.-Th. III_2 wollen wir als das wichtigste allein ableiten. Für die übrigen Vertauschungstheoreme verläuft alles genau so, so daß wir uns auf die Angabe der Endformel beschränken können. Wir erinnern noch daran, daß wir das V.-Th. I_1 (Vertauschungstheorem erster Art erster Stufe) schon kennen, es lautet:

$$(\text{V.-Th. I}_1) \qquad E^{(1)}(\mathfrak{z}, \mathfrak{x})\,dx = -\,d\breve{F}^{(1)}(\mathfrak{x}, \mathfrak{z})$$

und wird bei der Ableitung der anderen Vertauschungstheoreme ständig gebraucht.

Die Partialbruchzerlegungen leiten wir nach der Methode von § 25 ab. Wir haben dann die Residuen folgender Differentiale in ξ zu untersuchen:

$$(29) \qquad \begin{cases} \text{für V.-Th. I}_{h+1} & d\breve{F}^{(h+1)}(\mathfrak{x}, \xi)\cdot d\breve{F}^{(1)}(\xi, \mathfrak{z}), \\ \text{für V.-Th. }\check{\mathrm{I}}_{h+1} & \breve{E}^{(h+1)}(\mathfrak{x}, \xi)\,d\xi\cdot \breve{E}^{(1)}(\xi, \mathfrak{z})\,dz, \\ \text{für V.-Th. II}_{h+1} & \breve{E}^{(h+1)}(\mathfrak{x}, \xi)\cdot d\breve{F}^{(1)}(\xi, \mathfrak{z}), \\ \text{für V.-Th. III}_{h+1} & d\breve{F}^{(h+1)}(\mathfrak{x}, \xi)\,d\xi\cdot \breve{E}^{(1)}(\xi, \mathfrak{z})\,dz. \end{cases}$$

Statt durch Untersuchung dieser Differentiale kommt man auch durch das Verfahren von Kapitel 3, §§ 18, 19 zum Ziel.

§ 27. Das Vertauschungstheorem III_2.

Das V.-Th. III_2 folgt aus

$$(30) \qquad \sum d\breve{F}^{(2)}(\mathfrak{x}, \xi)\,d\xi\cdot \breve{E}^{(1)}(\xi, \mathfrak{z})\,dz\,|_{\tau^{-1}} = 0.$$

Dabei bedeutet τ die Ortsuniformisierende von ξ.

Sowohl $d\breve{F}^{(2)}(\mathfrak{x}, \xi)\,d\xi$ wie $\breve{E}^{(1)}(\xi, \mathfrak{z})\,dz$ sind in ξ überall regulär, ausgenommen höchstens die Stellen $\mathfrak{z}, \mathfrak{x}, \mathfrak{m}, \mathfrak{n}, \mathfrak{a}_\sigma, \mathfrak{p}_\infty$. Dies folgt für $\breve{E}^{(1)}$ aus der Definition, für $d\breve{F}^{(2)}$ aus den Eigenschaften von $E^{(1)}(\mathfrak{z}, \xi)$ vermittels des Ableitungssatzes und V.-Th. I_1, denn es ist

$$d\breve{F}^{(2)}(\mathfrak{x}, \xi) = \frac{d}{d\xi}\,d\breve{F}^{(1)}(\mathfrak{x}, \xi) = -\,\frac{d}{d\xi}\,E^{(1)}(\xi, \mathfrak{x})\,dx.$$

Wir stellen das Residuum für die angegebenen Stellen der Reihe nach fest und nehmen vorläufig an, daß $\mathfrak{m}$ und $\mathfrak{n}$ verschieden sind und daß keines von beiden in einen Verzweigungspunkt fällt; $\mathfrak{z}$ und $\mathfrak{x}$ seien irgendwelche, von $\mathfrak{m}$ und $\mathfrak{n}$ und untereinander verschiedene Punkte. Dann ist

1. in der Umgebung von $\mathfrak{z}$, $\xi = z + \tau$,

$$\breve{E}^{(1)}(\xi, \mathfrak{z})\, dz = \left(\frac{1}{\tau} + \mathfrak{P}(\tau)\right) dz$$

wegen der Definitionseigenschaften von $\breve{E}^{(1)}$, und nach dem Ableitungssatz:

$$d\breve{F}^{(2)}(\mathfrak{x}, \xi)\frac{d\xi}{d\tau} = \frac{d}{d\xi}\, d\breve{F}^{(1)}(\mathfrak{x}, \xi)\cdot\frac{d\xi}{d\tau}.$$

Entwickelt man $d\breve{F}^{(1)}(\mathfrak{x}, \xi)$ nach Taylor, so erhält man unter Berücksichtigung des Ableitungssatzes:

$$\begin{aligned} d\breve{F}^{(2)}(\mathfrak{x}, \xi)\frac{d\xi}{d\tau} &= \frac{d}{d\tau}\sum_0^\infty{}_\gamma \frac{1}{\gamma!}\frac{d^\gamma}{dz^\gamma}\, d\breve{F}^{(1)}(\mathfrak{x}, \mathfrak{z})\cdot\tau^\gamma \\ &= \frac{d}{d\tau}\sum_0^\infty{}_\gamma\, d\breve{F}^{(\gamma+1)}(\mathfrak{x}, \mathfrak{z})\,\tau^\gamma \\ &= \sum_0^\infty{}_\gamma\, \gamma\, d\breve{F}^{(\gamma+1)}(\mathfrak{x}, \mathfrak{z})\,\tau^{\gamma-1}. \end{aligned}$$

Das Residuum an der Stelle $\mathfrak{z}$ ist daher

$$(31_1)\qquad d\breve{F}^{(2)}(\mathfrak{x}, \mathfrak{z})\, dz.$$

2. In der Umgebung von $\mathfrak{x}$, $\xi = x + \tau$ ist nach V.-Th. I_1 und dem Taylorschen Satz:

$$\begin{aligned} \breve{E}^{(1)}(\xi, \mathfrak{z})\, dz &= -\, dF^{(1)}(\mathfrak{z}, \xi) \\ &= -\sum_0^\infty{}_\gamma \frac{1}{\gamma!}\frac{d^\gamma}{dx^\gamma}\, dF^{(1)}(\mathfrak{z}, \mathfrak{x})\,\tau^\gamma \\ &= -\sum_0^\infty{}_\gamma\, dF^{(\gamma+1)}(\mathfrak{z}, \mathfrak{x})\,\tau^\gamma, \end{aligned}$$

ferner nach dem Ableitungssatz wie unter 1. und nach V.-Th. I_1

$$\begin{aligned} d\breve{F}^{(2)}(\mathfrak{x}, \xi)\cdot\frac{d\xi}{d\tau} &= \frac{d}{d\tau}\, d\breve{F}^{(1)}(\mathfrak{x}, \xi) \\ &= -\frac{d}{d\tau}\, E^{(1)}(\xi, \mathfrak{x})\, dx \\ &= -\frac{d}{d\tau}\left(\frac{1}{\tau} + \mathfrak{P}(\tau)\right) dx \\ &= \left(\frac{1}{\tau^2} - \mathfrak{P}'(\tau)\right) dx; \end{aligned}$$

das Residuum ist daher hier

$$(31_2)\qquad -\, dF^{(2)}(\mathfrak{z}, \mathfrak{x})\, dx.$$

3. An der Stelle $\mathfrak{m}$, $\xi = m + \tau$, ist nach V.-Th. I_1 und dem Entwicklungssatze für $dF^{(1)}$

$$\breve{E}^{(1)}(\xi, \mathfrak{z})\,dz = -\,dF^{(1)}(\mathfrak{z}, \xi)$$
$$= -\left\{\frac{1}{\tau}\,d\overset{\mathfrak{m}}{\psi}(\mathfrak{z}) + \sum_{0}^{\infty}{}^{\gamma}\,d\mathfrak{F}^{(\gamma+1)}(\mathfrak{z}, \mathfrak{m})\,\tau^{\gamma}\right\}$$

und ebenso nach dem Ableitungssatze und dem Entwicklungssatze:

$$d\breve{F}^{(2)}(\mathfrak{x}, \xi)\frac{d\xi}{d\tau} = \frac{d}{d\tau}\,d\breve{F}^{(1)}(\mathfrak{x}, \xi)$$
$$= \frac{d}{d\tau}\left\{\frac{1}{\tau}\,d\overset{\mathfrak{m}}{\breve{\psi}}(\mathfrak{x}) + \sum_{0}^{\infty}{}^{\gamma}\,d\breve{\mathfrak{F}}^{(\gamma+1)}(\mathfrak{x}, \mathfrak{m})\,\tau^{\gamma}\right\}$$
$$= -\frac{1}{\tau^2}\,d\overset{\mathfrak{m}}{\breve{\psi}}(\mathfrak{x}) + \sum_{0}^{\infty}{}^{\gamma}\,\gamma\,d\breve{\mathfrak{F}}^{(\gamma+1)}(\mathfrak{x}, \mathfrak{m})\,\tau^{\gamma-1}.$$

Das Residuum ist demnach:

$$(31_3) \qquad -\,d\overset{\mathfrak{m}}{\psi}(\mathfrak{z})\,d\breve{\mathfrak{F}}^{(2)}(\mathfrak{x}, \mathfrak{m}) + d\overset{\mathfrak{m}}{\breve{\psi}}(\mathfrak{x})\,d\mathfrak{F}^{(2)}(\mathfrak{z}, \mathfrak{m}).$$

4. An der Stelle $\mathfrak{n}$, $\xi = n + \tau$, ist genau entsprechend:

$$\breve{E}^{(1)}(\xi, \mathfrak{z})\,dz = -\sum_{1}^{\infty}{}^{\gamma}\,d\mathfrak{F}^{(\gamma+1)}(\mathfrak{z}, \mathfrak{n})\,\tau^{\gamma},$$
$$d\breve{F}^{(2)}(\mathfrak{x}, \xi)\frac{d\xi}{d\tau} = \frac{d}{d\tau}\sum_{1}^{\infty}{}^{\gamma}\,d\breve{\mathfrak{F}}^{(\gamma+1)}(\mathfrak{x}, \mathfrak{n})\,\tau^{\gamma}$$
$$= \sum_{1}^{\infty}{}^{\gamma}\,\gamma\,d\breve{\mathfrak{F}}^{(\gamma+1)}(\mathfrak{x}, \mathfrak{n})\,\tau^{\gamma-1};$$

hier treten somit keine negativen τ Potenzen, d. h. auch kein Residuum auf.

5. Die Stellen $\mathfrak{a}_\sigma$ können, falls nicht $\mathfrak{z}$ oder $\mathfrak{x}$ in sie fällt, kein Residuum liefern; denn der Entwicklungssatz gibt entsprechend wie bei 3. und 4.:

$$\breve{E}^{(1)}(\xi, \mathfrak{z})\,dz = -\sum_{0}^{\infty}{}^{\gamma}\,d\mathfrak{F}^{(\gamma+1)}(\mathfrak{z}, \mathfrak{a}_\sigma)\,\tau^{\gamma},$$

und ebenso wie bei 3. und 4. erhält man:

$$d\breve{F}^{(2)}(\mathfrak{x}, \xi)\frac{d\xi}{d\tau} = \frac{d}{d\tau}\sum_{0}^{\infty}{}^{\gamma}\,d\breve{\mathfrak{F}}^{(\gamma+1)}(\mathfrak{x}, \mathfrak{a}_\sigma)\,\tau^{\gamma}$$
$$= \sum_{1}^{\infty}{}^{\gamma}\,\gamma\,d\breve{\mathfrak{F}}^{(\gamma+1)}(\mathfrak{x}, \mathfrak{a}_\sigma)\,\tau^{\gamma-1}.$$

6. Für $\mathfrak{p}_\infty$ gilt alles wörtlich ebenso wie für $\mathfrak{a}_\sigma$.

Insgesamt erhalten wir also als Residuensumme aus (31_1) bis (31_3):

$$(32) \qquad d\breve{F}^{(2)}(\mathfrak{x}, \mathfrak{z})\,dz - dF^{(2)}(\mathfrak{z}, \mathfrak{x})\,dx$$
$$-\,d\overset{\mathfrak{m}}{\psi}(\mathfrak{z})\cdot d\breve{\mathfrak{F}}^{(2)}(\mathfrak{x}, \mathfrak{m}) + d\overset{\mathfrak{m}}{\breve{\psi}}(\mathfrak{x})\,d\mathfrak{F}^{(2)}(\mathfrak{z}, \mathfrak{m}) = 0.$$

Damit ist nun tatsächlich $d\breve{F}^{(2)}(\mathfrak{x},\mathfrak{z})\,dz$ durch $dF^{(2)}(\mathfrak{z},\mathfrak{x})\,dx$, $d\mathfrak{F}^{(2)}(\mathfrak{z},\mathfrak{m})$, $d\overset{\mathfrak{m}}{\psi}(\mathfrak{z})$ dargestellt. Schreibt man die obige Identität in der Form

$$(\text{V.-Th. } \mathrm{III}_2)\quad dF^{(2)}(\mathfrak{z},\mathfrak{x})\,dx + d\overset{\mathfrak{m}}{\psi}(\mathfrak{z})\,d\breve{\mathfrak{F}}^{(2)}(\mathfrak{x},\mathfrak{m}) = d\breve{F}^{(2)}(\mathfrak{x},\mathfrak{z})\,dz + d\overset{\mathfrak{m}}{\breve{\psi}}(\mathfrak{x})\,d\mathfrak{F}^{(2)}(\mathfrak{z},\mathfrak{m}),$$

so ist sie symmetrisch in den Differentialen aus $(\breve{K})$ und (K), vertauscht man also die beiden Klassen, so geht die Identität in sich selbst über.

Genau solche symmetrische Beziehungen zwischen Differentialen aus (K) und $(\breve{K})$ oder Funktionen aus (K) und $(\breve{K})$ hätten die Zerlegungen für $\breve{E}^{(h+1)}(\mathfrak{x},\mathfrak{z})$ und $d\breve{F}^{(h+1)}(\mathfrak{x},\mathfrak{z})$ für beliebiges h geliefert.

Wegen der Invarianz dieser Identitäten gegen die Vertauschung von (K) und $(\breve{K})$ nennen wir sie Vertauschungstheoreme. Bei den Vertauschungstheoremen erster Art ist diese Symmetrie allerdings nicht vorhanden, man belegt sie aber mit demselben Namen der Analogie halber.

Satz 52. *$dF^{(2)}(\mathfrak{z},\mathfrak{x})$ und $d\breve{F}^{(2)}(\mathfrak{x},\mathfrak{z})$ sind durch das Vertauschungstheorem dritter Art zweiter Stufe*

$$(\text{V.-Th. } \mathrm{III}_2)\quad dF^{(2)}(\mathfrak{z},\mathfrak{x})\,dx + d\overset{\mathfrak{m}}{\psi}(\mathfrak{z})\,d\breve{\mathfrak{F}}^{(2)}(\mathfrak{x},\mathfrak{m}) = d\breve{F}^{(2)}(\mathfrak{x},\mathfrak{z})\,dz + d\overset{\mathfrak{m}}{\breve{\psi}}(\mathfrak{x})\,d\mathfrak{F}^{(2)}(\mathfrak{z},\mathfrak{m})$$

verknüpft. Dieses Vertauschungstheorem ist nur ein spezielles aus der Reihe von unendlich vielen solcher Identitäten.

Das V.-Th. III_2 war bisher unter der Voraussetzung abgeleitet, daß $\mathfrak{m} \neq \mathfrak{n}$ und daß weder $\mathfrak{m}$ noch $\mathfrak{n}$ in einem Verzweigungspunkte liegen.

Es gilt aber auch im Falle $\mathfrak{m} = \mathfrak{n} = \mathfrak{p}_\infty$. Dieser ist deswegen besonders wichtig, weil das V.-Th. III_2 zunächst für diese Charakterisierungsstellen in der Literatur auftritt. In diesem Falle ist es am zweckmäßigsten, das V.-Th. III_2 direkt zu verifizieren, da es i. A. nicht möglich ist, wie im Falle des elliptischen Körpers alle Charakterisierungspunkte nach $\mathfrak{p}_\infty$ zu legen. Man könnte allerdings auch die den vorhergehenden entsprechenden Überlegungen durchführen, da der Entwicklungssatz im elliptischen Körper auch für $\mathfrak{m} = \mathfrak{n} = \mathfrak{p}_\infty$ gilt.

Da für $\mathfrak{m} = \mathfrak{n} = \mathfrak{p}_\infty$ gilt

$$d\breve{F}^{(1)}_{\mathfrak{p}_\infty \mathfrak{p}_\infty}(\mathfrak{x},\mathfrak{z}) = \frac{s(\mathfrak{x}) + s(\mathfrak{z})}{2s(\mathfrak{x})\,(x - z)}\,dx,$$

so folgt aus dem Ableitungssatze:

$$(33)\quad d\breve{F}^{(2)}_{\mathfrak{p}_\infty \mathfrak{p}_\infty}(\mathfrak{x},\mathfrak{z}) = \frac{d}{dz}\,d\breve{F}^{(1)}(\mathfrak{x},\mathfrak{z}) = \frac{s'(\mathfrak{z})\,(x - z) + s(\mathfrak{x}) + s(\mathfrak{z})}{2s(\mathfrak{x})\,(x - z)^2}\,dx.$$

Entsprechend ist (wenn man nämlich x und z vertauscht)

$$dF^{(2)}_{\mathfrak{p}_\infty \mathfrak{p}_\infty}(\mathfrak{z}, \mathfrak{x}) = \frac{s'(\mathfrak{x})\,(z-x) + s(\mathfrak{z}) + s(\mathfrak{x})}{2s(\mathfrak{z})\,(z-x)^2}\,dz, \tag{33}$$

folglich

$$dF^{(2)}_{\mathfrak{p}_\infty \mathfrak{p}_\infty}(\mathfrak{z}, \mathfrak{x})\,dx - d\breve{F}^{(2)}_{\mathfrak{p}_\infty \mathfrak{p}_\infty}(\mathfrak{x}, \mathfrak{z})\,dz$$
$$= \frac{(z-x)\,\big(s(\mathfrak{z})\,s'(\mathfrak{z}) + s(\mathfrak{x})\,s'(\mathfrak{x})\big) + s^2(\mathfrak{x}) - s^2(\mathfrak{z})}{2\,s(\mathfrak{z})\,s(\mathfrak{x})\,(z-x)^2}\,dz\,dx.$$

Ist nun

$$s^2(\mathfrak{z}) = A_0 + A_1 z + A_2 z^2 + A_3 z^3, \tag{34}$$

so folgt

$$dF^{(2)}_{\mathfrak{p}_\infty \mathfrak{p}_\infty}(\mathfrak{z}, \mathfrak{x})\,dx - d\breve{F}^{(2)}_{\mathfrak{p}_\infty \mathfrak{p}_\infty}(\mathfrak{x}, \mathfrak{z})\,dz$$
$$= \frac{(z-x)\big(A_1 + A_2(z+x) + \tfrac{3}{2}A_3(z^2+x^2)\big) + (x-z)\big(A_1 + A_2(x+z) + A_3(x^2+xz}{2\,s(\mathfrak{z})\,s(\mathfrak{x})\,(z-x)^2}$$
$$= \frac{1}{4}\cdot\frac{A_3(z-x)\,dx\,dz}{s(\mathfrak{z})\,s(\mathfrak{x})}.$$

Wegen der Charakterisierung von

$$d\overset{\infty}{\psi} = \frac{dz}{s(\mathfrak{z})}$$

folgt aus (34) $A_3 = 4$. Nun verifiziert man leicht durch Nachweis der Definitionseigenschaften, daß

$$d\mathfrak{F}^{(2)}_{\mathfrak{p}_\infty \mathfrak{p}_\infty}(\mathfrak{z}, \mathfrak{p}_\infty) = (z+c)\,d\overset{\infty}{\psi},$$

wenn, der Hilfsnullstelle wegen,

$$c = \frac{A_2}{2A_3} = \frac{1}{8}A_2$$

gesetzt wird. $d\breve{\mathfrak{F}}^{(2)}$ hat die analoge Gestalt.

Wir fahren in obiger Rechnung fort und zerlegen die rechte Seite in folgender Art (c hat immer den angegebenen Wert)

$$\left\{\begin{aligned} &dF^{(2)}_{\mathfrak{p}_\infty \mathfrak{p}_\infty}(\mathfrak{z}, \mathfrak{x})\,dx - d\breve{F}^{(2)}_{\mathfrak{p}_\infty \mathfrak{p}_\infty}(\mathfrak{x}, \mathfrak{z})\,dz = \\ &\quad = (z+c)\,\frac{dz}{s(\mathfrak{z})}\cdot\frac{dx}{s(\mathfrak{x})} - (x+c)\,\frac{dx}{s(\mathfrak{x})}\cdot\frac{dz}{s(\mathfrak{z})} \\ &\quad = d\overset{\infty}{\psi}(\mathfrak{x})\cdot d\mathfrak{F}^{(2)}(\mathfrak{z}, \mathfrak{p}_\infty) - d\overset{\infty}{\psi}(\mathfrak{z})\cdot d\breve{\mathfrak{F}}^{(2)}(\mathfrak{x}, \mathfrak{p}_\infty), \end{aligned}\right. \tag{35}$$

d. h. genau das V.-Th. III_2.

Unter allen Vertauschungstheoremen ist V.-Th. III_2 das wichtigste und — allerdings meist in integrierter Form und in der am Schluß von § 29 (Satz 53) anzugebenden kanonischen Gestalt — in der Literatur am häufigsten auftretende.

§ 28. Die allgemeinen Vertauschungstheoreme[1]).

Durch Untersuchung der Residuen der in § 26 angegebenen Differentiale (29) gelangt man zu den drei Reihen von Vertauschungstheoremen (abgesehen von V.-Th. I_1), die wir hier ohne Beweis angeben. Es ist hier vorausgesetzt, daß $\mathfrak{m}$, $\mathfrak{n}$ verschiedene gewöhnliche Stellen sind, also weder in $\mathfrak{p}_\infty$, noch in einem endlichen Verzweigungspunkt $\mathfrak{a}_\sigma$ liegen.

Vertauschungstheoreme erster Art:

(V.-Th. I_1)

$$E^{(1)}(\mathfrak{z}, \mathfrak{x})\, dx = -\, d\breve{F}^{(1)}(\mathfrak{x}, \mathfrak{z})$$

(V.-Th. I_{h+1})

$$\begin{aligned} E^{(h+1)}(\mathfrak{z}, \mathfrak{x})\, dx &+ (-1)^h d\breve{F}^{(h+1)}(\mathfrak{x}, \mathfrak{z}) \\ &- (-1)^h \overset{\mathfrak{n}}{\varphi}(\mathfrak{z})\, d\breve{\mathfrak{F}}^{(h+1)}(\mathfrak{x}, \mathfrak{n}) - d\overset{\mathfrak{m}}{\breve{\psi}}(\mathfrak{x})\, \mathfrak{E}^{(h+1)}(\mathfrak{z}, \mathfrak{m}) \\ &- \sum_{1}^{3}{}_{\sigma} \sum_{0}^{h-1}{}_{\nu} \binom{-\frac{1}{2}+\nu}{h} \mathfrak{E}^{(2\nu+1)}(\mathfrak{z}, \mathfrak{a}_\sigma) \cdot d\breve{\mathfrak{F}}^{(2h-2\nu)}(\mathfrak{x}, \mathfrak{a}_\sigma) \equiv 0 . \end{aligned}$$

Diese Vertauschungstheoreme verknüpfen die Elementarfunktionen aus (K) mit den Elementardifferentialen aus $(\breve{K})$.

Ganz die entsprechenden Beziehungen bestehen natürlich zwischen den Elementardifferentialen aus (K) und den Elementarfunktionen aus $(\breve{K})$; wir nennen diese Beziehungen (V.-Th. $\breve{\mathrm{I}}_{h+1}$), sie lauten:

(V.-Th. $\breve{\mathrm{I}}_1$)

$$\breve{E}^{(1)}(\mathfrak{x}, \mathfrak{z})\, dz = -\, dF^{(1)}(\mathfrak{z}, \mathfrak{x}),$$

(V.-Th. $\breve{\mathrm{I}}_{h+1}$)

$$\begin{aligned} \breve{E}^{(h+1)}(\mathfrak{x}, \mathfrak{z})\, dz &+ (-1)^h dF^{(h+1)}(\mathfrak{z}, \mathfrak{x}) - (-1)^h \overset{\mathfrak{n}}{\breve{\varphi}}(\mathfrak{x})\, d\mathfrak{F}^{(h+1)}(\mathfrak{z}, \mathfrak{n}) \\ &- d\overset{\mathfrak{m}}{\psi}(\mathfrak{z}) \cdot \breve{\mathfrak{E}}^{(h+1)}(\mathfrak{x}, \mathfrak{m}) \\ &- \sum_{1}^{3}{}_{\sigma} \sum_{0}^{h-1}{}_{\nu} \binom{-\frac{1}{2}+\nu}{h} \breve{\mathfrak{E}}^{(2\nu+1)}(\mathfrak{x}, \mathfrak{a}_\sigma) \cdot d\mathfrak{F}^{(2h-2\nu)}(\mathfrak{z}, \mathfrak{a}_\sigma) \equiv 0 . \end{aligned}$$

[1]) Dieser und der folgende Paragraph kann nach Kenntnisnahme des letzten Satzes von § 29 überschlagen werden.

Es sind dies die Vertauschungstheoreme, die aus der Zerlegung von $\breve{E}^{(h+1)}(\mathfrak{z}, \mathfrak{x})dz$ entspringen würden, die aber einfacher schon durch die Vertauschung der Klassen aus V.-Th. I_{h+1} abgelesen werden können.

Vertauschungstheoreme zweiter Art:

(V.-Th. II_1)
$$E^{(1)}(\mathfrak{z}, \mathfrak{x}) + \breve{E}^{(1)}(\mathfrak{x}, \mathfrak{z}) - \overset{\mathfrak{n}}{\varphi}(\mathfrak{z})\,\breve{\mathfrak{E}}^{(1)}(\mathfrak{x}, \mathfrak{n}) - \overset{\mathfrak{n}}{\breve{\varphi}}(\mathfrak{x})\mathfrak{E}^{(1)}(\mathfrak{z}, \mathfrak{n}) - \tfrac{1}{2}\sum_{1}^{3}{}^{\sigma}\,\mathfrak{E}^{(1)}(\mathfrak{z}, \mathfrak{a}_\sigma)\cdot\breve{\mathfrak{E}}^{(1)}(\mathfrak{x}, \mathfrak{a}_\sigma) \equiv 0.$$

(V.-Th. II_{h+1})
$$E^{(h+1)}(\mathfrak{z}, \mathfrak{x}) + (-1)^h\,\breve{E}^{(h+1)}(\mathfrak{x}, \mathfrak{z}) - \overset{\mathfrak{n}}{\varphi}(\mathfrak{z})\cdot\breve{\mathfrak{E}}^{(h+1)}(\mathfrak{x}, \mathfrak{n}) - \overset{\mathfrak{n}}{\breve{\varphi}}(\mathfrak{x})\cdot\mathfrak{E}^{(h+1)}(\mathfrak{z}, \mathfrak{n}) - \tfrac{1}{2}\sum_{1}^{3}{}^{\sigma}\sum_{0}^{h}{}^{\nu}\binom{-\frac{1}{2}+\nu}{h}\mathfrak{E}^{(2\nu+1)}(\mathfrak{z}, \mathfrak{a}_\sigma)\cdot\breve{\mathfrak{E}}^{(2h-2\nu+1)}(\mathfrak{x}, \mathfrak{a}_\sigma) \equiv 0.$$

Diese Vertauschungstheoreme verknüpfen Elementarfunktionen aus (K) mit Elementarfunktionen aus $(\breve{K})$ und gehen bei Vertauschung von (K) und $(\breve{K})$ wieder in sich selbst über. Diese Symmetrie ist, wie in § 26 erwähnt, der Anlaß für die Bezeichnung „Vertauschungstheoreme".

Vertauschungstheoreme dritter Art:

(V.-Th. III_1)
$$dF^{(1)}(\mathfrak{z}, \mathfrak{x})dx + d\breve{F}^{(1)}(\mathfrak{x}, \mathfrak{z})dz - d\overset{\mathfrak{m}}{\psi}(\mathfrak{z})d\breve{\mathfrak{F}}^{(1)}(\mathfrak{x}, \mathfrak{m}) - d\overset{\mathfrak{m}}{\breve{\psi}}(\mathfrak{x})d\mathfrak{F}^{(1)}(\mathfrak{z}, \mathfrak{m}) + 2\{d\mathfrak{F}^{(3)}(\mathfrak{z}, \mathfrak{p}_\infty)d\breve{\mathfrak{F}}^{(1)}(\mathfrak{x}, \mathfrak{p}_\infty) + d\mathfrak{F}^{(2)}(\mathfrak{z}, \mathfrak{p}_\infty)d\breve{\mathfrak{F}}^{(2)}(\mathfrak{x}, \mathfrak{p}_\infty) + d\mathfrak{F}^{(1)}(\mathfrak{z}, \mathfrak{p}_\infty)d\breve{\mathfrak{F}}^{(3)}(\mathfrak{x}, \mathfrak{p}_\infty)\} \equiv 0.$$

(V.-Th. III_2)
$$dF^{(2)}(\mathfrak{z}, \mathfrak{x})dx - d\breve{F}^{(2)}(\mathfrak{x}, \mathfrak{z})dz + d\overset{\mathfrak{m}}{\psi}(\mathfrak{z})d\breve{\mathfrak{F}}^{(2)}(\mathfrak{x}, \mathfrak{m}) - d\overset{\mathfrak{m}}{\breve{\psi}}(\mathfrak{x})d\mathfrak{F}^{(2)}(\mathfrak{z}, \mathfrak{m}) \equiv 0.$$

(V.-Th. III_{h+1})
$$dF^{(h+1)}(\mathfrak{z}, \mathfrak{x}) + (-1)^h d\breve{F}^{(h+1)}(\mathfrak{x}, \mathfrak{z}) - (-1)^h\, d\overset{\mathfrak{m}}{\psi}(\mathfrak{z})d\breve{\mathfrak{F}}^{(h+1)}(\mathfrak{x}, \mathfrak{m}) - d\overset{\mathfrak{m}}{\breve{\psi}}(\mathfrak{x})d\mathfrak{F}^{(h+1)}(\mathfrak{z}, \mathfrak{m}) - 2\sum_{1}^{3}{}^{\sigma}\sum_{1}^{h-1}{}^{\nu}\binom{-\frac{1}{2}+\nu}{h} d\mathfrak{F}^{(2\nu)}(\mathfrak{z}, \mathfrak{a}_\sigma)d\breve{\mathfrak{F}}^{(2h-2\nu)}(\mathfrak{x}, \mathfrak{a}_\sigma) \equiv 0.$$

Diese Vertauschungstheoreme verknüpfen Elementardifferentiale aus (K) mit Elementardifferentialen aus $(\breve{K})$ und zeigen gegen (K) und $(\breve{K})$ dieselbe Symmetrie wie die Vertauschungstheoreme zweiter Art.

§ 29. Die Stämme und die algebraisch kanonischen Funktionen von zwei Veränderlichen[1]).

In den drei Reihen von Vertauschungstheoremen treten neben den Funktionen und Differentialen von zwei Veränderlichen noch gewisse Funktionen und Differentiale von einer Veränderlichen auf. Diese so ausgezeichneten Funktionen und Differentiale nennen wir Stammfunktionen und Stammdifferentiale. Alle derselben Klasse angehörigen Stammfunktionen bzw. Stammdifferentiale, die in demselben Vertauschungstheorem vorkommen, bilden einen Stamm. Die Stämme unterscheiden sich demnach wie die Vertauschungstheoreme nach Arten und Stufen. Da die V.-Th. I_{h+1} und $\breve{I}_{h+1}$ parallel laufen und in (K) V.-Th. I_{h+1} einen Stamm aus Funktionen, V.-Th. $\breve{I}_{h+1}$ einen Stamm aus Differentialen liefert, unterscheiden wir die erste Art noch in Art 1a und Art 1b.

Die Stämme bestehen aus folgenden Funktionen und Differentialen:

Stämme der Art 1a (aus V.-Th. I_{h+1}).

1. Stufe kein Stamm.

2. Stufe

$$\overset{\mathfrak{n}}{\varphi}(\mathfrak{z}),\ \mathfrak{E}^{(2)}(\mathfrak{z},\mathfrak{m}),\ \mathfrak{E}^{(1)}(\mathfrak{z},\mathfrak{a}_\sigma),\qquad \sigma=1,2,3.$$

3. Stufe

$$\overset{\mathfrak{n}}{\varphi}(\mathfrak{z}),\ \mathfrak{E}^{(3)}(\mathfrak{z},\mathfrak{m}),\ \mathfrak{E}^{(1)}(\mathfrak{z},\mathfrak{a}_\sigma),\ \mathfrak{E}^{(3)}(\mathfrak{z},\mathfrak{a}_\sigma),\qquad \sigma=1,2,3.$$

. . . .

$(h+1)^{\text{te}}$ Stufe

$$\overset{\mathfrak{n}}{\varphi}(\mathfrak{z}),\ \mathfrak{E}^{(h+1)}(\mathfrak{z},\mathfrak{m}),\ \mathfrak{E}^{(1)}(\mathfrak{z},\mathfrak{a}_\sigma),\ \mathfrak{E}^{(3)}(\mathfrak{z},\mathfrak{a}_\sigma),\ \ldots,\ \mathfrak{E}^{(2h-1)}(\mathfrak{z},\mathfrak{a}_\sigma),\quad \sigma=1,2,3.$$

Stämme der Art 2 (aus V.-Th. II_{h+1}).

1. Stufe

$$\overset{\mathfrak{n}}{\varphi}(\mathfrak{z}),\ \mathfrak{E}^{(1)}(\mathfrak{z},\mathfrak{n}),\ \mathfrak{E}^{(1)}(\mathfrak{z},\mathfrak{a}_\sigma),\qquad \sigma=1,2,3.$$

2. Stufe

$$\overset{\mathfrak{n}}{\varphi}(\mathfrak{z}),\ \mathfrak{E}^{(2)}(\mathfrak{z},\mathfrak{n}),\ \mathfrak{E}^{(1)}(\mathfrak{z},\mathfrak{a}_\sigma),\ \mathfrak{E}^{(3)}(\mathfrak{z},\mathfrak{a}_\sigma),\qquad \sigma=1,2,3.$$

. . . .

$(h+1)^{\text{te}}$ Stufe

$$\overset{\mathfrak{n}}{\varphi}(\mathfrak{z}),\ \mathfrak{E}^{(h+1)}(\mathfrak{z},\mathfrak{n}),\ \mathfrak{E}^{(1)}(\mathfrak{z},\mathfrak{a}_\sigma),\ \mathfrak{E}^{(3)}(\mathfrak{z},\mathfrak{a}_\sigma),\ \ldots,\ \mathfrak{E}^{(2h+1)}(\mathfrak{z},\mathfrak{a}_\sigma),\quad \sigma=1,2,3.$$

Stämme der Art 1b (aus V.-Th. $\breve{I}_{h+1}$).

1. Stufe kein Stamm.

2. Stufe

$$d\overset{\mathfrak{m}}{\psi}(\mathfrak{z}),\ d\mathfrak{F}^{(2)}(\mathfrak{z},\mathfrak{n}),\ d\mathfrak{F}^{(2)}(\mathfrak{z},\mathfrak{a}_\sigma),\qquad \sigma=1,2,3.$$

---

[1]) Vgl. die Anmerkung zu § 28.

3. Stufe

$d\overset{\mathfrak{m}}{\psi}(\mathfrak{z}),\ d\mathfrak{F}^{(3)}(\mathfrak{z},\mathfrak{n}),\ d\mathfrak{F}^{(2)}(\mathfrak{z},\mathfrak{a}_\sigma),\ d\mathfrak{F}^{(4)}(\mathfrak{z},\mathfrak{a}_\sigma),\qquad \sigma=1,2,3.$

. . . .

$(h+1)^{\text{te}}$ Stufe

$d\overset{\mathfrak{m}}{\psi}(\mathfrak{z}),\ d\mathfrak{F}^{(h+1)}(\mathfrak{z},\mathfrak{n}),\ d\mathfrak{F}^{(2)}(\mathfrak{z},\mathfrak{a}_\sigma),\ d\mathfrak{F}^{(4)}(\mathfrak{z},\mathfrak{a}_\sigma),\ldots,d\mathfrak{F}^{(2h)}(\mathfrak{z},\mathfrak{a}_\sigma),\ \sigma=1,2,3.$

Stämme der Art 3 (aus V.-Th. III_{h+1}).

1. Stufe

$d\overset{\mathfrak{m}}{\psi}(\mathfrak{z}),\ d\mathfrak{F}^{(1)}(\mathfrak{z},\mathfrak{m}),\ d\mathfrak{F}^{(1)}(\mathfrak{z},\mathfrak{p}_\infty),\ d\mathfrak{F}^{(2)}(\mathfrak{z},\mathfrak{p}_\infty),\ d\mathfrak{F}^{(3)}(\mathfrak{z},\mathfrak{p}_\infty).$

2. Stufe

$d\overset{\mathfrak{m}}{\psi}(\mathfrak{z}),\ d\mathfrak{F}^{(2)}(\mathfrak{z},\mathfrak{m}).$

3. Stufe

$d\overset{\mathfrak{m}}{\psi}(\mathfrak{z}),\ d\mathfrak{F}^{(3)}(\mathfrak{z},\mathfrak{m}),\ d\mathfrak{F}^{(2)}(\mathfrak{z},\mathfrak{a}_\sigma),\qquad \sigma=1,2,3.$

. . . .

$(h+1)^{\text{te}}$ Stufe

$d\overset{\mathfrak{m}}{\psi}(\mathfrak{z}),\ d\mathfrak{F}^{(h+1)}(\mathfrak{z},\mathfrak{m}),\ d\mathfrak{F}^{(2)}(\mathfrak{z},\mathfrak{a}_\sigma),\ d\mathfrak{F}^{(4)}(\mathfrak{z},\mathfrak{a}_\sigma),\ldots,d\mathfrak{F}^{(2h-2)}(\mathfrak{z},\mathfrak{a}_\sigma)\ \sigma=1,2,3.$

Alle Stämme bestehen, wie die vorstehende Aufzählung zeigt, aus drei Bestandteilen, nämlich:

1. aus einer überall endlichen Funktion, bzw. einem überall endlichen Differential;
2. aus einer zu einer Charakterisierungsstelle gehörigen Elementarfunktion, bzw. einem solchen Elementardifferential;
3. aus einer gewissen Anzahl zu den Verzweigungsstellen gehöriger Elementarfunktionen, bzw. -differentiale.

In allgemeinen Klassen steht unter 1. und 2. nicht eine Funktion oder ein Differential, sondern so viele, als Charakterisierungsstellen $\mathfrak{m}$ oder $\mathfrak{n}$ vorhanden sind.

Diese Dreiteilung der Stämme kann man benutzen, um an Stelle der $E^{(h+1)}$, $dF^{(h+1)}$ andere Funktionen und Differentiale einzuführen, die „algebraisch kanonischen Funktionen und Differentiale", die in $\mathfrak{z}$ (bzw. $\mathfrak{x}$, wenn wir von $\breve{E}^{(h+1)}$, $d\breve{F}^{(h+1)}$ ausgehen) dieselben Eigenschaften haben, wie die $E^{(h+1)}$, $dF^{(h+1)}$, abgesehen von der Charakterisierungsnullstelle, für die ein ganz bestimmtes Verhalten an der Stelle $\mathfrak{n}$ bzw. $\mathfrak{m}$ eintritt. Diese algebraisch kanonischen Funktionen und Differentiale sind:

Algebraisch kanonische Funktionen der Art 1a:

(36) $$E^{(h+1)}(\mathfrak{z}, \mathfrak{x};\ 1\text{a}) = E^{(h+1)}(\mathfrak{z}, \mathfrak{x}) + (-1)^{h+1} \overset{\mathfrak{n}}{\varphi}(\mathfrak{z}) \cdot \frac{d\breve{\mathfrak{F}}^{(h+1)}(\mathfrak{x}, \mathfrak{n})}{dx}.$$

Algebraisch kanonische Funktionen der Art 2:

(37) $$E^{(h+1)}(\mathfrak{z}, \mathfrak{x};\ 2) = E^{(h+1)}(\mathfrak{z}, \mathfrak{x}) + (-1)^{h+1} \overset{\mathfrak{n}}{\varphi}(\mathfrak{z}) \cdot \breve{\mathfrak{E}}^{(h+1)}(\mathfrak{x}, \mathfrak{n}).$$

Algebraisch kanonische Differentiale der Art 1b:

(38) $$dF^{(h+1)}(\mathfrak{z}, \mathfrak{x};\ 1\text{b}) = dF^{(h+1)}(\mathfrak{z}, \mathfrak{x}) + (-1)^{h+1} d\overset{\mathfrak{m}}{\psi}(\mathfrak{z}) \cdot \breve{\mathfrak{E}}^{(h+1)}(\mathfrak{x}, \mathfrak{m}).$$

Algebraisch kanonische Differentiale der Art 3:

(39) $$\begin{cases} dF^{(h+1)}(\mathfrak{z}, \mathfrak{x};\ 3)\, dx = dF^{(h+1)}(\mathfrak{z}, \mathfrak{x})\, dx \\ \qquad\qquad + (-1)^{h+1} d\overset{\mathfrak{m}}{\psi}(\mathfrak{z}) \cdot d\breve{\mathfrak{F}}^{(h+1)}(\mathfrak{x}, \mathfrak{m}). \end{cases}$$

Da sämtliche Zusatzglieder zu den $E^{(h+1)}$ bzw. $dF^{(h+1)}$ in diesen Ausdrücken in $\mathfrak{z}$ überall endliche Funktionen bzw. Differentiale sind, ist die oben ausgesprochene Behauptung über das Verhalten der ganzen Aggregate richtig.

Mit Hilfe dieser algebraisch kanonischen Funktionen und Differentiale schreibt man die drei Arten von Vertauschungstheoremen in folgender vereinfachten Gestalt:

(40) (V.-Th. I_{h+1}) $$E^{(h+1)}(\mathfrak{z}, \mathfrak{x}; 1\text{a})\, dx + (-1)^h d\breve{F}^{(h+1)}(\mathfrak{x}, \mathfrak{z}; 1\text{b}) = \sum_\sigma (\ldots),$$

(41) (V.-Th. II_{h+1}) $$E^{(h+1)}(\mathfrak{z}, \mathfrak{x}; 2) + (-1)^h \breve{E}^{(h+1)}(\mathfrak{x}, \mathfrak{z}; 2) = \sum_\sigma (\ldots),$$

(42) (V.-Th. III_{h+1}) $$dF^{(h+1)}(\mathfrak{z}, \mathfrak{x}; 3)\, dx + (-1)^h d\breve{F}^{(h+1)}(\mathfrak{x}, \mathfrak{z}; 3)\, dz = \sum_\sigma (\ldots).$$

Dabei bedeutet $\sum_\sigma (\ldots)$ jedesmal ein Aggregat aus Elementarfunktionen oder Elementardifferentialen einer Veränderlichen, die zu den Verzweigungsstellen gehören.

Speziell auf V.-Th. III_2 angewendet, erhält man

Satz 53. *Das V.-Th. III_2 kann durch Einführung der algebraisch kanonischen Differentiale* 3ter *Art,* 2ter *Stufe*

(43) $$dF^{(2)}(\mathfrak{z}, \mathfrak{x}; 3)\, dx = dF^{(2)}(\mathfrak{z}, \mathfrak{x})\, dx + d\overset{\mathfrak{m}}{\psi}(\mathfrak{z}) \cdot d\breve{\mathfrak{F}}^{(2)}(\mathfrak{x}, \mathfrak{m}),$$

die sich, abgesehen von der Stelle $\mathfrak{m}$, *in* $\mathfrak{z}$ *genau so verhalten, wie* $dF^{(2)}(\mathfrak{z}, \mathfrak{x})$, *auf die einfache Gestalt gebracht werden*

(44) $$dF^{(2)}(\mathfrak{z}, \mathfrak{x};\ 3)\, dx \equiv d\breve{F}^{(2)}(\mathfrak{x}, \mathfrak{z};\ 3)\, dz$$

(*V.-Th. III_2 in kanonischer Gestalt*). *Die beiden Differentiale*

(45) $$d\overset{\mathfrak{m}}{\psi}(\mathfrak{z}), \quad d\breve{\mathfrak{F}}^{(2)}(\mathfrak{z}, \mathfrak{m})$$

bilden den Stamm 3ter *Art,* 2ter *Stufe.*

§ 30. Die Reduktionstheoreme.

Eine der wichtigsten Fragen bei der Untersuchung einer Klasse ist die nach den neuen Transzendenten, die durch Integration von Klassenfunktionen erzeugt werden können. So gibt die Integration rationaler Funktionen als einzige neue Transzendente den Logarithmus. Das bedeutet aber, daß man jedes rationale Differential auf die Form

$$\sum_\nu \frac{C_\nu}{z - c_\nu} dz + \frac{dr(z)}{dz} dz$$

bringen kann, wobei $r(z)$ rational ist. Anders ausgesprochen: Jedes rationale Differential ist linear darstellbar durch die Ableitung einer rationalen Funktion und die speziellen (rationalen) Differentiale $d\mathfrak{F}^{(1)}(\mathfrak{z}, \mathfrak{d})$.

Genau eine entsprechende Darstellung wollen wir nunmehr für die elliptischen Differentiale geben. Wir werden nämlich zeigen, daß sich jedes elliptische Differential aufbauen läßt aus den $d\mathfrak{F}^{(1)}(\mathfrak{z}, \mathfrak{d})$, dem überall endlichen Differential $d\overset{\mathfrak{m}}{\psi}(\mathfrak{z})$, dem Elementardifferential $d\mathfrak{F}^{(2)}(\mathfrak{z}, \mathfrak{m})$ und der Ableitung einer elliptischen Funktion y:

$$dY = \sum_\nu C_\nu d\mathfrak{F}^{(1)}(\mathfrak{z}, \mathfrak{d}_\nu) + A\, d\overset{\mathfrak{m}}{\psi}(\mathfrak{z}) + B\, d\mathfrak{F}^{(2)}(\mathfrak{z}, \mathfrak{m}) + \frac{dy}{dz} dz. \tag{46}$$

Die einzigen neuen Transzendenten, die man durch Integration elliptischer Differentiale erhält, werden demnach die Integrale

$$\int d\overset{\mathfrak{m}}{\psi}(\mathfrak{z}), \qquad \int d\mathfrak{F}^{(2)}(\mathfrak{z}, \mathfrak{m}), \qquad \int d\mathfrak{F}^{(1)}(\mathfrak{z}, \mathfrak{d}) \tag{47}$$

sein. Da durch die angegebene Beziehung die Betrachtung der allgemeinen Differentiale auf die Betrachtung nur weniger spezieller Differentiale zurückgeführt erscheint, nennen wir diese Beziehung ein Reduktionstheorem.

Das V.-Th. III_2 ist eine Identität in $\mathfrak{z}$ und $\mathfrak{x}$, d. h. in den Ortsuniformisierenden t und τ. Teilen wir diese Identität durch $\frac{dx}{d\tau} d\tau$ und schreiben sie

$$dF^{(2)}(\mathfrak{z}, \mathfrak{x}) = \frac{d\breve{F}^{(2)}(\mathfrak{x}, \mathfrak{z})}{dx} \cdot dz - \frac{d\breve{\mathfrak{F}}^{(2)}(\mathfrak{x}, \mathfrak{m})}{dx} \cdot d\overset{\mathfrak{m}}{\psi}(\mathfrak{z}) + \frac{d\overset{\mathfrak{m}}{\psi}(\mathfrak{x})}{dx} \cdot d\mathfrak{F}^{(2)}(\mathfrak{z}, \mathfrak{m}), \tag{48}$$

und entwickeln dann beide Seiten nach Potenzen von τ, so müssen die Koeffizienten gleicher τ-Potenzen beiderseits gleich sein, d. h. es ist

$$\left\{\begin{aligned} dF^{(2)}(\mathfrak{z}, \mathfrak{x})\Big|_{\tau^s} &= \frac{d\breve{F}^{(2)}(\mathfrak{x}, \mathfrak{z})}{dx} dz\Big|_{\tau^s} - \frac{d\breve{\mathfrak{F}}^{(2)}(\mathfrak{x}, \mathfrak{m})}{dx}\Big|_{\tau^s} \cdot d\overset{\mathfrak{m}}{\psi}(\mathfrak{z}) \\ &+ \frac{d\overset{\mathfrak{m}}{\psi}(\mathfrak{x})}{dx}\Big|_{\tau^s} \cdot d\mathfrak{F}^{(2)}(\mathfrak{z}, \mathfrak{m}). \end{aligned}\right. \tag{49}$$

Nach dem Entwicklungs- und Ableitungssatz ist für $x = d + \tau$, d. h. in der Umgebung der Stelle $\mathfrak{d}$, wenn nur $\mathfrak{d} \neq \mathfrak{m}$, $\mathfrak{d} \neq \mathfrak{a}_\sigma$ und $\mathfrak{d} \neq \mathfrak{p}_\infty$ ist,

$$dF^{(2)}(\mathfrak{z}, \mathfrak{x}) = \sum_1^\infty{}^{\gamma} \gamma \, d\mathfrak{F}^{(\gamma+1)}(\mathfrak{z}, \mathfrak{d}) \, \tau^{\gamma-1},$$

also

(50) $$dF^{(2)}(\mathfrak{z}, \mathfrak{x})\big|_{\tau^s} = (s+1) \, d\mathfrak{F}^{(s+2)}(\mathfrak{z}, \mathfrak{d}), \qquad s \geqq 0.$$

An der Stelle $\mathfrak{m}$ gilt dasselbe und außerdem noch

($50_{\mathfrak{m}}$) $$dF^{(2)}(\mathfrak{z}, \mathfrak{x})\big|_{\tau^{-2}} = - d\overset{\mathfrak{m}}{\psi}(\mathfrak{z}),$$

falls $\mathfrak{m}$ gewöhnliche Stelle ist.

Die Fälle $\mathfrak{d} = \mathfrak{a}_\sigma$, $\mathfrak{d} = \mathfrak{p}_\infty$ und $\mathfrak{m} = \mathfrak{n} = \mathfrak{p}_\infty$ werden wir später betrachten.

Auf der rechten Seite ist nach dem Ableitungssatz und dem Entwicklungssatz für $E^{(1)} \frac{dx}{d\tau}$ unter Benutzung des V.-Th. I_1

$$\frac{d\breve{F}^{(2)}(\mathfrak{x}, \mathfrak{z})}{dx} = \frac{d}{dz} \frac{d\breve{F}^{(1)}(\mathfrak{x}, \mathfrak{z})}{dx} = - \frac{d}{dz} E^{(1)}(\mathfrak{z}, \mathfrak{x})$$

$$= - \frac{d}{dz} \left\{ \sum_0^\infty{}^{\gamma} \mathfrak{E}^{(\gamma+1)}(\mathfrak{z}, \mathfrak{d}) \, \tau^\gamma \frac{d\tau}{dx} \right\}.$$

für alle $\mathfrak{d}$ außer $\mathfrak{d} = \mathfrak{n}$. Für $\mathfrak{d} = \mathfrak{n}$ (gewöhnliche Stelle) tritt rechts noch $\frac{\overset{\mathfrak{n}}{\varphi}(\mathfrak{z})}{\tau}$ hinzu, da aber im elliptischen Fall $\overset{\mathfrak{n}}{\varphi}(\mathfrak{z}) \equiv 1$ ist, so kommt bei der Differentiation nach z dieses Glied von selbst in Fortfall. Es ist demnach für

$\mathfrak{d} \neq \mathfrak{a}_\sigma$

(51) $$\frac{d\breve{F}^{(2)}(\mathfrak{x}, \mathfrak{z})}{dx}\bigg|_{\tau^s} = - \frac{d}{dz} \mathfrak{E}^{(s+1)}(\mathfrak{z}, \mathfrak{d}), \qquad s \geqq 0$$

$\mathfrak{d} = \mathfrak{a}_\sigma$

(51_σ) $$\frac{d\breve{F}^{(2)}(\mathfrak{x}, \mathfrak{z})}{dx}\bigg|_{\tau^s} = - \frac{1}{2} \frac{d}{dz} \mathfrak{E}^{(s+2)}(\mathfrak{z}, \mathfrak{a}_\sigma), \qquad s \geqq -1.$$

Es folgt also für endliches $\mathfrak{d} \neq \mathfrak{a}_\sigma$ und $s \geqq 0$ durch Einsetzen von (50), (51) in (49):

(52) $$\begin{cases} (s+1) \, d\mathfrak{F}^{(s+2)}(\mathfrak{z}, \mathfrak{d}) = - \dfrac{d}{dz} \mathfrak{E}^{(s+1)}(\mathfrak{z}, \mathfrak{d}) \, dz - \dfrac{d\breve{\mathfrak{F}}^{(2)}(\mathfrak{x}, \mathfrak{m})}{dx}\bigg|_{\tau^s} \cdot d\overset{\mathfrak{m}}{\psi}(\mathfrak{z}) \\ \qquad\qquad + \dfrac{d\overset{\mathfrak{m}}{\breve{\psi}}(\mathfrak{x})}{dx}\bigg|_{\tau^s} \cdot d\mathfrak{F}^{(2)}(\mathfrak{z}, \mathfrak{m}). \end{cases}$$

Für $\mathfrak{d} = \mathfrak{m}$ ergibt $s = 1$ dazu noch die Identität $-d\overset{\mathfrak{m}}{\psi}(\mathfrak{z}) = -d\overset{\mathfrak{m}}{\psi}(\mathfrak{z})$ wegen $(50_{\mathfrak{m}})$.

Im Falle $\mathfrak{d} = \mathfrak{a}_\sigma$ gibt die Anwendung des Ableitungssatzes wegen $\frac{d}{dx} = \frac{1}{2\tau} \cdot \frac{d}{d\tau}$

$$dF^{(2)}(\mathfrak{z}, \mathfrak{x}) = \sum_0^\infty \gamma \frac{\gamma}{2} d\mathfrak{F}^{(\gamma+1)}(\mathfrak{z}, \mathfrak{a}_\sigma)\, \tau^{\gamma-2},$$

also

$$(50_\sigma) \qquad dF^{(2)}(\mathfrak{z}, \mathfrak{x})\Big|_{\tau^s} = \frac{s+2}{2} \cdot d\mathfrak{F}^{(s+3)}(\mathfrak{z}, \mathfrak{a}_\sigma), \qquad s \geqq -1.$$

Der Vergleich der $(s-1)^{\text{ten}}$ Potenz von τ rechts und links in (49) gibt daher wegen (50_σ), (51_σ)

$$(52_\sigma) \begin{cases} \frac{s+1}{2} d\mathfrak{F}^{(s+2)}(\mathfrak{z}, \mathfrak{a}_\sigma) = -\frac{1}{2} \frac{d}{dz} \mathfrak{E}^{(s+1)}(\mathfrak{z}, \mathfrak{a}_\sigma)\, dz \\ \qquad - \frac{d\breve{\mathfrak{F}}^{(2)}(\mathfrak{x}, \mathfrak{m})}{dx}\Big|_{\tau^{s-1}} \cdot d\overset{\mathfrak{m}}{\psi}(\mathfrak{z}) + \frac{d\overset{\mathfrak{m}}{\breve{\psi}}(\mathfrak{x})}{dx}\Big|_{\tau^{s-1}} \cdot d\mathfrak{F}^{(2)}(\mathfrak{z}, \mathfrak{m}). \end{cases}$$

Ganz analog kommt für $\mathfrak{d} = \mathfrak{p}_\infty$, falls $\mathfrak{m}$ und $\mathfrak{n}$ endliche Stellen und voneinander verschieden sind, durch Vergleich der Koeffizienten für τ^{s+3}:

$$(52_\infty) \begin{cases} -\frac{s+1}{2} d\mathfrak{F}^{(s+2)}(\mathfrak{z}, \mathfrak{p}_\infty) = +\frac{1}{2} \frac{d}{dz} \mathfrak{E}^{(s+1)}(\mathfrak{z}, \mathfrak{p}_\infty)\, dz \\ \qquad - \frac{d\breve{\mathfrak{F}}^{(2)}(\mathfrak{x}, \mathfrak{m})}{dx}\Big|_{\tau^{s+3}} \cdot d\overset{\mathfrak{m}}{\psi}(\mathfrak{z}) \\ \qquad + \frac{d\overset{\mathfrak{m}}{\breve{\psi}}(\mathfrak{x})}{dx}\Big|_{\tau^{s+3}} \cdot d\mathfrak{F}^{(2)}(\mathfrak{z}, \mathfrak{m}). \end{cases}$$

Ist $\mathfrak{m} = \mathfrak{n} = \mathfrak{p}_\infty$, so gilt (52) und (52_σ) unverändert, dagegen ist (52_∞) besonders herzuleiten. Es ist dann

$$\begin{aligned} dF^{(2)}(\mathfrak{z}, \mathfrak{x}) &= \frac{d}{dx} dF^{(1)}(\mathfrak{z}, \mathfrak{x}) \\ &= -\frac{\tau^3}{2} \frac{d}{d\tau} \left\{ \frac{d\overset{\infty}{\psi}(\mathfrak{z})}{\tau} + \sum_1^\infty \gamma\, d\mathfrak{F}^{(\gamma+1)}(\mathfrak{z}, \mathfrak{p}_\infty)\, \tau^\gamma \right\} \\ &= -\frac{\tau^3}{2} \left\{ -\frac{d\overset{\infty}{\psi}(\mathfrak{z})}{\tau^2} + \sum_1^\infty \gamma\, \gamma\, d\mathfrak{F}^{(\gamma+1)}(\mathfrak{z}, \mathfrak{p}_\infty)\, \tau^{\gamma-1} \right\}, \end{aligned}$$

$$\begin{aligned} \frac{d\breve{F}^{(2)}(\mathfrak{x}, \mathfrak{z})}{dx} &= \frac{d}{dz} \frac{d\breve{F}^{(1)}(\mathfrak{x}, \mathfrak{z})}{dx} = -\frac{d}{dz} E^{(1)}(\mathfrak{z}, \mathfrak{x}) \frac{dx}{d\tau} \cdot \frac{d\tau}{dx} \\ &= +\frac{\tau^3}{2} \frac{d}{dz} \left\{ \frac{\overset{\infty}{\varphi}(\mathfrak{z})}{\tau} + \sum_1^\infty \gamma\, \mathfrak{E}^{(\gamma+1)}(\mathfrak{z}, \mathfrak{p}_\infty)\, \tau^\gamma \right\}, \end{aligned}$$

$$\frac{d\overset{\infty}{\psi}(\mathfrak{x})}{dx} = \frac{d\overset{\infty}{\psi}(\mathfrak{x})}{d\tau}\cdot\frac{d\tau}{dx} = -\frac{\tau^3}{2}(1+\tau\,\mathfrak{P}(\tau)),$$

$$\frac{d\mathfrak{F}^{(2)}(\mathfrak{x},\mathfrak{p}_\infty)}{dx} = \frac{d\mathfrak{F}^{(2)}(\mathfrak{x},\mathfrak{p}_\infty)}{d\tau}\cdot\frac{d\tau}{dx} = -\frac{\tau^3}{2}\left(\frac{1}{\tau^2}+\tau\,\mathfrak{P}(\tau)\right).$$

Folglich ist die niedrigste vorkommende τ-Potenz eben τ^1, und diese gibt die Identität:

$$-\frac{d\overset{\infty}{\psi}(\mathfrak{z})}{2} = -\frac{d\overset{\infty}{\psi}(\mathfrak{z})}{2},$$

während die nächsthöhere τ-Potenz wegen $\overset{\infty}{\varphi}(\mathfrak{z})\equiv 1$ die dritte ist. Aus dem Koeffizienten von τ^{s+3} folgt dann weiter

$$(52'_\infty)\quad\left\{\begin{aligned} -\frac{s+1}{2}\,d\mathfrak{F}^{(s+2)}(\mathfrak{z},\mathfrak{p}_\infty) &= \frac{1}{2}\frac{d}{dz}\mathfrak{E}^{(s+1)}(\mathfrak{z},\mathfrak{p}_\infty)dz \\ &\quad - \frac{d\mathfrak{F}^{(2)}(\mathfrak{x},\mathfrak{p}_\infty)}{dx}\bigg|_{\tau^{s+3}}\cdot d\overset{\infty}{\psi}(\mathfrak{z}) \\ &\quad + \frac{d\overset{\infty}{\psi}(\mathfrak{x})}{dx}\bigg|_{\tau^{s+3}}\cdot d\mathfrak{F}^{(2)}(\mathfrak{z},\mathfrak{p}_\infty).\end{aligned}\right.$$

In jedem Falle, ganz gleich, ob $\mathfrak{d}$ irgendwo im Endlichen oder bei $\mathfrak{a}_0$ oder $\mathfrak{p}_\infty$ liegt, ganz gleich, ob $\mathfrak{m}\neq\mathfrak{n}$ oder $\mathfrak{m}=\mathfrak{n}=\mathfrak{p}_\infty$, stets ist demnach für $s\geqq 0$

$$(53)\quad\left\{\begin{aligned}(s+1)\,d\mathfrak{F}^{(s+2)}(\mathfrak{z},\mathfrak{d}) &= -\frac{d}{dz}\mathfrak{E}^{(s+1)}(\mathfrak{z},\mathfrak{d})\,dz + c\,d\overset{\mathfrak{m}}{\psi}(\mathfrak{z}) \\ &\quad + C\,d\mathfrak{F}^{(2)}(\mathfrak{z},\mathfrak{m}),\end{aligned}\right.$$

wobei c und C von $\mathfrak{d}$, $\mathfrak{m}$ und s abhängige Konstanten sind.

Da aber jedes Differential sich durch die $d\mathfrak{F}^{(\gamma+1)}(\mathfrak{z},\mathfrak{d})$ mit $\gamma\geqq 0$ linear darstellen läßt, so folgt, daß jedes Differential sich darstellen läßt in der Gestalt

$$(54)\quad\left\{dY = \frac{dy}{dz}\,dz + A\,d\overset{\mathfrak{m}}{\psi}(\mathfrak{z}) + B\,d\mathfrak{F}^{(2)}(\mathfrak{z},\mathfrak{m}) + \sum^{\nu} C_\nu\,d\mathfrak{F}^{(1)}(\mathfrak{z},\mathfrak{d}_\nu)\right.$$

mit konstanten A, B, C_ν. y ist als lineares Aggregat von $\mathfrak{E}$ eine Klassenfunktion.

Satz 54 (Reduktionstheorem 3ter Art, 2ter Stufe). *Da sich jedes Elementardifferential $d\mathfrak{F}^{(s+2)}$ für $s\geqq 0$ in der Gestalt darstellen läßt:*

$$(55)\quad\left\{\begin{aligned}(s+1)\,d\mathfrak{F}^{(s+2)}(\mathfrak{z},\mathfrak{d}) &= -\frac{d}{dz}\mathfrak{E}^{(s-1)}(\mathfrak{z},\mathfrak{d})\,dz + c\,d\overset{\mathfrak{m}}{\psi}(\mathfrak{z}) \\ &\quad + C\,d\mathfrak{F}^{(2)}(\mathfrak{z},\mathfrak{m}) \\ &= -\frac{d}{dz}\mathfrak{E}^{(s+1)}(\mathfrak{z},\mathfrak{d})\,dz + \textit{Stamm Art 3, Stufe 2},\end{aligned}\right.$$

so läßt sich jedes elliptische Differential darstellen in der Gestalt

$$(56)\qquad dY = \frac{dy}{dz}\,dz + \textit{Stamm Art } 3,\ \textit{Stufe } 2 + \sum\nolimits^{\nu} C_\nu\, d\mathfrak{F}^{(1)}(\mathfrak{z}, \mathfrak{d}_\nu).$$

Bei der Integration eines elliptischen Differentials treten als neue Transzendente somit höchstens folgende Integrale auf:

$$(57)\qquad \int d\overset{\mathfrak{m}}{\psi}(\mathfrak{z}),\qquad \int d\mathfrak{F}^{(2)}(\mathfrak{z}, \mathfrak{m}),\quad \int d\mathfrak{F}^{(1)}(\mathfrak{z}, \mathfrak{d})$$

mit beliebigem $\mathfrak{d}$.

Man bezeichnet $d\overset{\mathfrak{m}}{\psi}(\mathfrak{z})$ *als Differential erster Gattung,* $d\mathfrak{F}^{(2)}(\mathfrak{z}, \mathfrak{m})$ *als Differential zweiter und die* $d\mathfrak{F}^{(1)}(\mathfrak{z}, \mathfrak{d})$ *als Differentiale dritter Gattung.*

Wegen des Residuensatzes kommt in $d\mathfrak{F}^{(2)}(\mathfrak{z}, \mathfrak{m})$ das t^{-1} nicht vor integriert heißt das: $\int d\mathfrak{F}^{(2)}$ wird nur polar unstetig, dagegen wird $\int d\overset{\mathfrak{m}}{\psi}(\mathfrak{z})$ nirgends unstetig (ist überall endlich), und $\int d\mathfrak{F}^{(1)}(\mathfrak{z}, \mathfrak{d})$ hat zwei logarithmische Unstetigkeiten bei $\mathfrak{d}$ und $\mathfrak{n}$. Die Klassifikation der Integrale in solche erster, zweiter und dritter Gattung nach dem Verhalten in den Unstetigkeitspunkten läßt sich jedoch für allgemeine Klassen nicht durchführen, da dort z. B. $d\mathfrak{F}^{(2)}$ i. A. auch Stellen mit nicht verschwindendem Residuum, $\int d\mathfrak{F}^{(2)}$ also im allgemeinen auch logarithmische Unstetigkeiten hat; sie ist aber stets möglich, wenn es nur e i n e Charakterisierungsstelle $\mathfrak{n}$ gibt und die überall endliche Funktion konstant ist. Dann gilt der Residuensatz, und es folgt, daß alle $d\mathfrak{F}^{(\gamma+1)}$ für $\gamma \geqq 1$ nirgends ein von Null verschiedenes Residuum haben. Da dieser Sonderfall bei den Klassen algebraischer Funktionen stets vorliegt, ist bei diesen die Klassifikation der Differentiale in solche erster, zweiter und dritter Art stets möglich.

Genau so, wie wir V.-Th. III_2 zur Reduktion verwendeten, hätten wir auch die anderen Vertauschungstheoreme verwenden können. So hätte z. B. V.-Th. III_{h+1} ergeben:

$$dY = \frac{d^h y}{dz^h}\,dz + \text{Stamm Art } 3,\ \text{Stufe } (h+1)$$
$$+ \sum_\nu \sum_1^{h-1}\nolimits^{\gamma} C_{\nu\gamma}\, d\mathfrak{F}^{(\gamma)}(\mathfrak{z}, \mathfrak{d}_\nu).$$

Aus den Reduktionstheoremen höherer Stufe würde demnach folgen, welche neuen Transzendenten bei mehrfacher Integration auftreten. Im allgemeinen ergeben sich dann aber auf dem gleichen Weg wie das Reduktionstheorem selbst, nämlich durch Vergleich entsprechender τ-Potenzen auf beiden Seiten einer Identität, auch noch Relationen zwischen den Gliedern des Stammes, sog. „Stammrelationen", von folgender Gestalt:

$$0 \equiv \frac{d^h y}{dz^h} dz + \text{Stamm} + \sum_\nu \sum_1^{h-1} C_{\nu\gamma} d\mathfrak{F}^{(\gamma)}(\mathfrak{z}, \mathfrak{d}_\nu).$$

D. h. aber, man braucht nicht einmal alle Stammdifferentiale (Stammfunktionen) bei der Integration zu betrachten, weil sich ein Teil durch die übrigen darstellen läßt.

Wir haben aber nicht die Absicht, auf diese anderen Reduktionstheoreme und die zugehörigen „Stammrelationen" hier noch weiter einzugehen.

§ 31. Die Reziprozitätstheoreme.

Das Reduktionstheorem III_2 ergab sich, wenn wir uns auf gewöhnliche endliche $\mathfrak{d}$ beschränken, ursprünglich in der Gestalt

$$(s+1) d\mathfrak{F}^{(s+2)}(\mathfrak{z}, \mathfrak{d}) = -\frac{d}{dz} \mathfrak{E}^{(s+1)}(\mathfrak{z}, \mathfrak{d}) dz - \left.\frac{d\breve{\mathfrak{F}}^{(2)}(\mathfrak{x}, \mathfrak{m})}{dx}\right|_{\mathfrak{r}^s} \cdot d\overset{\mathfrak{m}}{\breve{\psi}}(\mathfrak{z})$$

$$+ \left.\frac{d\overset{\mathfrak{m}}{\breve{\psi}}(\mathfrak{x})}{dx}\right|_{\mathfrak{r}^s} \cdot d\mathfrak{F}^{(2)}(\mathfrak{z}, \mathfrak{m}).$$

Diese Gleichung ist eine Identität in $\mathfrak{z}$. Beide Seiten können wir an irgendeiner Stelle nach Potenzen von t entwickeln. Durch Vergleich gleicher t-Potenzen folgen dann wechselseitige Beziehungen zwischen den Entwicklungskoeffizienten von $d\mathfrak{F}^{(s+2)}(\mathfrak{z}, \mathfrak{d})$ und $\mathfrak{E}^{(s+1)}(\mathfrak{z}, \mathfrak{d})$, z. B. für gewöhnliches $\mathfrak{d}^*$, $\mathfrak{z} = d^* + t$ (wegen $\frac{dz}{dt} = 1$)

$$(s+1) \left.\frac{d\mathfrak{F}^{(s+2)}(\mathfrak{z}, \mathfrak{d})}{dz}\right|_{t^r} = (r+1)\, \mathfrak{E}^{(s+1)}(\mathfrak{z}, \mathfrak{d})\Big|_{t^{r+1}}$$

$$- \left.\frac{d\breve{\mathfrak{F}}^{(2)}(\mathfrak{x}, \mathfrak{m})}{dx}\right|_{\mathfrak{r}^s} \cdot \left.\frac{d\overset{\mathfrak{m}}{\psi}(\mathfrak{z})}{dz}\right|_{t^r}$$

$$+ \left.\frac{d\overset{\mathfrak{m}}{\breve{\psi}}(\mathfrak{x})}{dx}\right|_{\mathfrak{r}^s} \cdot \left.\frac{d\mathfrak{F}^{(2)}(\mathfrak{z}, \mathfrak{m})}{dz}\right|_{t^r}.$$

Diese Relationen nennen wir R e z i p r o z i t ä t s t h e o r e m e. Nicht nur für gewöhnliche $\mathfrak{d}^*$ und nicht nur aus Reduktionstheorem III_2 ergeben sich solche Reziprozitätstheoreme, sondern für alle Stellen und aus allen, auch den hier nicht erwähnten Reduktionstheoremen.

Fünftes Kapitel.

Die elliptischen Integrale.

§ 32. Arithmetische Sätze über elliptische Integrale.

Neben den elliptischen Funktionen und Differentialen betrachten wir jetzt noch die elliptischen Integrale, d. h. die Integrale, deren Integranden elliptische Funktionen sind. Auf Riemannschen Flächen werden die Integrale genau wie auf der schlichten Kugel durch Grenzwerte von Summen definiert. Wie dort muß außer den Grenzen des Integrals ein sie verbindender Integrationsweg C gegeben sein. Die Abhängigkeit der Integrale vom Integrationsweg wird für die schlichte Kugel durch den Cauchyschen Integralsatz und den Residuensatz klargelegt, für die elliptischen Integrale auf der Riemannschen Fläche von $s(\mathfrak{z})$ werden wir sie (§§ 33, 34) genau untersuchen.

Es sei

$$J_C(\mathfrak{z}) = \int_{\mathfrak{z}_0, C}^{\mathfrak{z}} f(\mathfrak{z})\,dz \tag{1}$$

ein elliptisches Integral. Das elliptische Differential $f(\mathfrak{z})dz$ habe in der Umgebung einer Stelle $\mathfrak{z}_1$ die Entwicklung

$$f(\mathfrak{z})\frac{dz}{dt} = a_{-1}t^{-1} + \sum_{\nu \neq -1} a_\nu t^\nu. \tag{2}$$

Liegen dann die Punkte $\mathfrak{z}'$ und $\mathfrak{z}$ von C in der Umgebung von $\mathfrak{z}_1$ und entsprechen ihnen die Werte t' und t der Ortsuniformisierenden, so ist

$$\left\{\begin{aligned} J_C(\mathfrak{z}) &= J_C(\mathfrak{z}') + \int_{t'}^{t} f(\mathfrak{z})\frac{dz}{dt}\,dt \\ &= J_C(\mathfrak{z}') + \sum{}' \frac{a_\nu(t^{\nu+1} - t'^{\nu+1})}{\nu+1} + a_{-1}\log\frac{t}{t'}. \end{aligned}\right. \tag{3}$$

Bestimmend für das Verhalten von $J(\mathfrak{z})$ in der Umgebung von $\mathfrak{z}_1$ ist also nicht der Integrand $f(\mathfrak{z})$, sondern das Differential $f(\mathfrak{z})dz$. Es macht dies freilich nur für die Verzweigungspunkte und im Unendlichen einen Unterschied; dieser ist aber wichtig, denn $f(\mathfrak{z})$ kann in $\mathfrak{z}_1$ unstetig sein, während $f(\mathfrak{z})dz$ sich dort regulär verhält. Es wäre aus diesem Grunde überhaupt richtiger, vom Integral über ein Differential, nicht über eine Funktion zu sprechen.

Sämtliche für Differentiale hergeleiteten Sätze lassen sich wegen der in (3) enthaltenen Beziehung zwischen Differentialen und Integralen als Sätze über diese aussprechen. Wir führen nur die wichtigsten an.

Die Partialbruchzerlegung der Differentiale gibt

Satz 55. *Jedes elliptische Integral läßt sich linear mit konstanten Koeffizienten zusammensetzen aus den* **„Elementarintegralen"**

$$\int_{\mathfrak{z}_0}^{\mathfrak{z}} d\mathfrak{F}^{(h)}(\mathfrak{z}, \mathfrak{d}) \tag{4}$$

und dem **„überall endlichen Integral"**

$$u = \int_{\mathfrak{z}_0}^{\mathfrak{z}} d\overset{\mathfrak{m}}{\psi}(\mathfrak{z}) = \int_{\mathfrak{z}_0}^{\mathfrak{z}} \frac{dz}{s(\mathfrak{z})}. \tag{5}$$

Der Name „überall endliches Integral" ist übrigens nicht nur von „überall endliches Differential" übertragen, sondern weist auf die aus (3) folgende Tatsache hin, daß es nirgends unstetig wird. Darin ist aber eingeschlossen, daß es auf der Fläche von $s(\mathfrak{z})$ nicht eindeutig sein kann, denn sonst wäre es konstant, d. h. $d\overset{\mathfrak{m}}{\psi}(\mathfrak{z}) \equiv 0$, was nicht der Fall ist.

Der Koeffizientensatz für Differentiale (Residuensatz) kann für Integrale folgendermaßen ausgesprochen werden:

Satz 56. *Die Elementarintegrale*

$$\int_{\mathfrak{z}_0}^{\mathfrak{z}} d\mathfrak{F}^{(h)}(\mathfrak{z}, \mathfrak{d})$$

werden für $h \geqq 2$ nur bei $\mathfrak{d}$ und zwar nur polar unstetig, für $h = 1$ besitzen sie logarithmische Stellen mit der Entwicklung $\log t + \mathfrak{P}(t)$ *bei $\mathfrak{d}$ und* $-\log t + \mathfrak{P}(t)$ *bei $\mathfrak{n}$ und sind im übrigen regulär.*

Der Lückensatz besagt für Integrale:

Satz 57. *Ein elliptisches Integral hat entweder gar keine oder mindestens zwei logarithmische Stellen.*

Das Reduktionstheorem III_2 schließlich ergibt:

Satz 58. *Jedes elliptische Integral läßt sich linear mit konstanten Koeffizienten zusammensetzen aus einer elliptischen Funktion, dem überall endlichen Integral u, dem speziellen Elementarintegral*

$$\int_{\mathfrak{z}_0}^{\mathfrak{z}} d\mathfrak{F}^{(2)}(\mathfrak{z}, \mathfrak{m}) \tag{6}$$

und allen Elementarintegralen erster Stufe

$$\int_{\mathfrak{z}_0}^{\mathfrak{z}} d\mathfrak{F}^{(1)}(\mathfrak{z}, \mathfrak{d}). \tag{7}$$

Das überall endliche Integral nennt man auch Integral erster Gattung, alle bis auf Pole regulären Integrale Integrale zweiter Gattung, alle nur logarithmisch unstetig werdenden Integrale Integrale dritter Gattung.

Die hier angeführten Sätze sind wesentlich arithmetischer Natur, denn sie sind nur andere Gestalten der mit arithmetischen Hilfsmitteln für die Differentiale hergeleiteten Sätze. Neben diese Sätze treten noch andere Aussagen über Integrale, die bei den Differentialen kein Analogon haben. Man bezeichnet die in ihnen ausgesprochenen Eigenschaften der Integrale als transzendente. Mit diesen transzendenten Eigenschaften wird sich der Rest des Kapitels beschäftigen.

Historisch begann die Untersuchung des elliptischen Funktionenkörpers merkwürdigerweise mit den Integralen. Ebenso war es allgemein bei algebraischen Funktionen und Abelschen Integralen. Erst das Bedürfnis nach strengerer Fundamentierung der Lehre von den Integralen führte zur Untersuchung der Funktionen und Differentiale auf der Riemannschen Fläche, es dauerte aber lange, bis man in den Beweisen die arithmetischen Sätze ohne Heranziehung transzendenter Hilfsmittel behandelte.

§ 33. Die kanonische Zerschneidung der Riemannschen Fläche von $s(\mathfrak{z})$.

Wir haben bemerkt, daß auf der Riemannschen Fläche von $s(\mathfrak{z})$ das elliptische Integral erster Gattung keine eindeutige Funktion der oberen Grenze ist. Die Mehrdeutigkeit kann bei gegebenen Grenzen nur von der Willkürlichkeit des Integrationsweges herrühren. Sind J_C und J_{C^*} die Werte eines beliebigen elliptischen Integrals für die verschiedenen Integrationswege C und C^* zwischen denselben Grenzen $\mathfrak{z}_0$ und $\mathfrak{z}$, so ist $J_C - J_{C^*}$ der Wert dieses Integrals für den geschlossenen Weg, der durch Aneinanderlegen von C und C^* entsteht. Da $J_{C^*} = J_C + (J_{C^*} - J_C)$ ist, so genügt es, das Integral über den einen offenen Weg C und alle geschlossenen Wege zu kennen, um die Mehrdeutigkeit des Integrals in $\mathfrak{z}$ zu beherrschen.

Die geschlossenen Wege, längs deren integriert das Integral nicht verschwindet, sind demnach für die Untersuchung der Mehrdeutigkeit der Integrale von entscheidender Wichtigkeit. Wir nennen solche geschlossenen Wege Periodenwege und die zugehörigen Integralwerte die Perioden (auch Periodizitätsmoduln oder Integralperioden) des Integrals.

Solche Integralperioden treten schon bei den Integralen rationaler Differentiale auf. Das einfachste Beispiel ist dort der $\log z = \int_1^z \frac{dz}{z}$. Für diesen ist jede $z = 0$ umkreisende geschlossene Kurve Periodenweg.

Da die Untersuchung der Mehrdeutigkeit von $\log z$ vorbildlich für die Behandlung der elliptischen Integrale ist, geben wir hier ihren Gang kurz wieder.

Zunächst schneidet man die z-Ebene längs der negativ reellen Achse auf, d. h. läßt nur Integrationswege zu, die die negativ reelle Achse nicht überschreiten. Die aufgeschlitzte Ebene ist einfach zusammenhängend, und in ihr ist $\frac{dz}{z}$ regulär. Aus diesen beiden Tatsachen folgt mit Hilfe des Cauchyschen Integralsatzes, daß $\int_1^z \frac{dz}{z}$ in der aufgeschnittenen Ebene eine eindeutige Funktion der oberen Grenze ist. Der Sprung von $\log z$ längs des Schnittes ist konstant und nichts anderes als eine spezielle Periode (nämlich $2\pi i$). Der Wert des $\log z$ für einen beliebigen Integrationsweg C^* unterscheidet sich von dem durch Integration in der zerschnittenen Ebene gewonnenen nur um eine Periode. Diese ist ein ganzzahliges Vielfache des Sprunges am Schnitt, den ganzzahligen Faktor kann man aus den Überkreuzungen von C^* mit dem Schnitt ablesen.

Denselben Gedankengang verfolgen wir auch für die elliptischen Integrale. Wir beginnen mit der Zerschneidung der Riemannschen Fläche von $s(\mathfrak{z})$ und dem Nachweis des einfachen Zusammenhangs der zerschnittenen Fläche.

Die Gestalt der Riemannschen Fläche von $s(\mathfrak{z})$ kann bei der in § 1 angegebenen Konstruktion noch recht verschieden ausfallen. Da diese Fläche aber nur Hilfsmittel zur Untersuchung der elliptischen Funktionen und Integrale ist, genügt es, sich auf eine spezielle Gestalt der Fläche zu beschränken, um so mehr, als eine solche Beschränkung wesentliche Vereinfachungen ermöglicht. Wir setzen deshalb im folgenden stets voraus, daß der eine Verzweigungsschnitt der Fläche $\mathfrak{p}_\infty$ mit $\mathfrak{a}_2$, der andere $\mathfrak{a}_1$ mit $\mathfrak{a}_3$ verbindet, was durch geeignete Bezeichnung der Verzweigungspunkte stets erreichbar ist.

Die Riemannsche Fläche von $s(\mathfrak{z})$ zerschneiden wir durch zwei Rückkehrschnitte, d. h. Schnitte längs geschlossener doppelpunktfreier Kurven. Der erste Rückkehrschnitt (a) soll ganz im ersten Blatt der Fläche liegen und den Verzweigungsschnitt $\mathfrak{a}_1\mathfrak{a}_3$ umkreisen. Der zweite Rückkehrschnitt (b) soll (a) einmal überkreuzen und sonst keinen Punkt mit (a) gemeinsam haben (Fig. 4). Die Gestalt von (a) und (b) ist völlig gleichgültig. Es ist üblich, sie, wie in Fig. 4, als Ellipsen mit den Brennpunkten $\mathfrak{a}_1\mathfrak{a}_3$ bzw. $\mathfrak{a}_2\mathfrak{a}_3$ zu zeichnen. Die durch (a), (b) zerschnittene Riemannsche Fläche von $s(\mathfrak{z})$ wollen wir künftig Fläche T oder kurz T nennen.

Wir zeigen nun, daß man die Fläche T umkehrbar eindeutig und stetig, ja sogar konform auf einen schlichten, einfach zusammenhängenden Bereich T^* abbilden kann. Ist dies bewiesen, so folgt daraus, daß auch T selbst einfach zusammenhängend ist. Unter ständiger Benutzung der Eindeutigkeit und Stetigkeit der Abbildung kann man nämlich folgendermaßen schließen: Jedem zwei Randpunkte von T verbindenden Schnitt Q entspricht in T^* ein ebensolcher Schnitt Q^* und umgekehrt, jeder zwei Punkte $\mathfrak{d}_1$, $\mathfrak{d}_2$ von T verbindenden Kurve C eine die

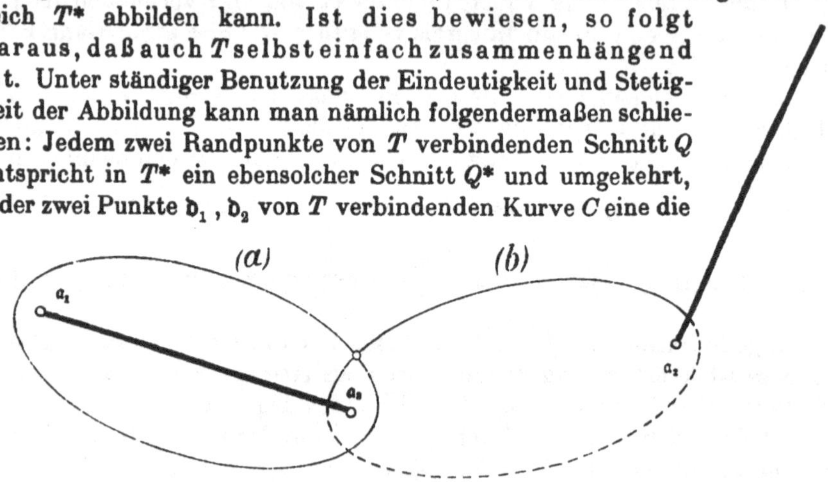

Fig. 4.

Bildpunkte $\mathfrak{d}_1^*$, $\mathfrak{d}_2^*$ in T^* verbindende Kurve C^*. Es sei in T irgendein Q gezogen, Q^* zerteilt T^* in zwei Teilgebiete T_1^*, T_2^*. Es seien $\mathfrak{d}_1^*$, $\mathfrak{d}_2^*$ je ein Punkt aus T_1^* und T_2^*, $\mathfrak{d}_1$, $\mathfrak{d}_2$ die ihnen auf T entsprechenden Punkte. Jedes C^* muß (wegen des Zerfallens von T^*) notwendig Q^* überschreiten, jedes C infolgedessen Q, d. h. aber T zerfällt durch jedes Q, ist also einfach zusammenhängend.

Der Nachweis der Abbildbarkeit von T auf ein T^* beruht darauf, daß man die Riemannsche Fläche von $\sqrt{z-a_2}$ eineindeutig auf die schlichte Ebene abbilden kann. Daraus folgt nämlich, daß die Riemannsche Fläche von $s(\mathfrak{z})$ eineindeutig auf die schlichte Ebene durch

$$(8) \qquad \xi = \sqrt{z-a_2}$$

abgebildet wird, wenn man die Verbindung beider Blätter längs des Verzweigungsschnittes $\mathfrak{a}_1\mathfrak{a}_3$ löst. Es liegt nahe, statt diese Verbindung zu lösen, den Schnitt (a) zu führen und dann durch (8) abzubilden. Wir setzen

$$(9) \qquad |z-a_2| = \varrho, \qquad \arg(z-a_2) = \varphi .$$

φ_0 sei der Wert, den φ annimmt, wenn z auf dem Verzweigungsschnitte $\mathfrak{a}_2\mathfrak{p}_\infty$ liegt. Den Punkten $\mathfrak{z}$ des oberen Blattes der Fläche von $s(\mathfrak{z})$, die nicht zwischen (a) und dem Verzweigungsschnitte $\mathfrak{a}_1\mathfrak{a}_3$ liegen, ordnen wir die Punkte

$$\xi = \sqrt{\varrho}\, e^{\frac{i\varphi}{2}}, \qquad \varphi_0 \leqq \varphi < \varphi_0 + 2\pi, \tag{10}$$

als Bildpunkte zu, den Punkten des unteren Blattes aber und den Punkten des oberen Blattes, die bei (10) ausgeschlossen waren, die Bildpunkte

$$\xi = -\sqrt{\varrho}\, e^{\frac{i\varphi}{2}} = \sqrt{\varrho}\, e^{i\frac{\varphi+2\pi}{2}}, \qquad \varphi_0 \leqq \varphi < \varphi_0 + 2\pi. \tag{10'}$$

Dies ist dann genau die Abbildung durch (8). Das obere Blatt der durch (a) zerschnittenen Fläche von $s(\mathfrak{z})$ wird durch (8) wegen (10) und (10′) abgebildet auf die außerhalb einer gewissen Kurve (a'), der Bildkurve von (a), gelegenen Punkte der Halbebene $\frac{\varphi_0}{2} \leqq \arg \xi < \frac{\varphi_0}{2} + \pi$ und die innerhalb der durch Spiegelung von (a') am Koordinatenanfang $\xi = 0$ entstehenden Kurve (a'') gelegenen Punkte, die alle der Halbebene $\frac{\varphi_0}{2} + \pi \leqq \arg \xi < \frac{\varphi_0}{2} + 2\pi$ angehören. Das untere Blatt dagegen wird ganz auf die Halbebene $\frac{\varphi_0}{2} + \pi \leqq \arg \xi < \frac{\varphi_0}{2} + 2\pi$ abgebildet. Die Bilder $\mathfrak{b}_1$, $\mathfrak{b}_3$ von $\mathfrak{a}_1$, $\mathfrak{a}_3$ und die des ganzen Verzweigungsschnittes $\mathfrak{a}_1\mathfrak{a}_3$ sind unabhängig davon, ob man von der Abbildung des oberen oder unteren Blattes der Fläche von $s(\mathfrak{z})$ ausgeht. Innerhalb (a'') ist die Abbildung offenbar nicht mehr umkehrbar eindeutig, wir können sie aber dazu machen, indem wir von der ξ-Ebene zu einer zweiblättrigen ξ-Fläche übergehen, mit den Verzweigungspunkten $\mathfrak{b}_1$, $\mathfrak{b}_3$ und dem Bild von $\mathfrak{a}_1\mathfrak{a}_3$ als Verzweigungsschnitt. Das Innere der nur durch (a) zerschnittenen Fläche von $s(\mathfrak{z})$ wird demnach durch (8) umkehrbar eindeutig und konform abgebildet auf eine zweiblätterige Fläche. Diese besteht aus allen außerhalb der Kurve (a') gelegenen Punkten einer Ebene und einem von der Kurve (a'') begrenzten, längs des Verzweigungsschnitts $\mathfrak{b}_1\mathfrak{b}_3$ mit der ersten Ebene zusammenhängenden Ebenenstück. (a') und (a'') sind beides vollständige Bilder von (a), und zwar erhält man das eine oder andere Bild je nach dem Ufer, auf dem man sich (a) nähert.

Dieser eben beschriebene zweiblätterige Bereich liegt aber ganz auf der Riemannschen Fläche von $\sqrt{(\xi - b_1)(\xi - b_3)}$. Letztere aber wird als Ganzes durch

$$\zeta = \sqrt{\frac{\xi - b_1}{\xi - b_3}} \tag{11}$$

auf die Vollebene eineindeutig abgebildet, unser zweiblätteriger Bereich also auf einen schlichten Bereich. (a') und (a'') entsprechen dabei zwei geschlossenen Kurven (a^*), (a^{**}).

Durch (8) und (11) zusammen wird die nur durch (a) zerschnittene Fläche eineindeutig abgebildet auf die Vollebene (Kugel) mit Ausschluß der innerhalb (a^*), (a^{**}) gelegenen Punkte. (a^*), (a^{**}) selbst entsprechen den beiden Ufern von (a). Da die Randpunkte zwei getrennte Kontinua bilden, ist, wie wir auch der Anschauung unmittelbar entnehmen können, dieser Bereich zweifach zusammenhängend. Jetzt bilden wir T, indem wir noch (b) ziehen. Dieses verbindet einen Punkt auf dem einen Ufer von (a) mit dem entsprechenden auf dem anderen Ufer. Das Bild (b^*) von (b) in der ζ-Ebene verbindet also einen Punkt von (a^*) mit einem von (a^{**}), d. h. aber, durch die Zerschneidung längs (b^*) wird das von (8) und (11) gelieferte schlichte Bild T^* der durch (a) zerschnittenen Fläche von $s(\mathfrak{z})$ einfach zusammenhängend.

Satz 59. *Zerschneidet man die Riemannsche Fläche von $s(\mathfrak{z})$ durch zwei Rückkehrschnitte* (a), (b), *von denen der erste ganz im ersten Blatt liegend $\mathfrak{a}_1$, $\mathfrak{a}_3$ umläuft, der zweite* (a) *einmal kreuzt und keinen weiteren Punkt mit* (a) *gemein hat, so ist die zerschnittene Fläche* (die Fläche T) *einfach zusammenhängend.*

Zusatz (ohne Beweis). *Man kann beweisen, daß jedes Paar von Rückkehrschnitten, von denen keiner für sich allein die Fläche zerstückelt und die beide sich in einem Punkt kreuzen und keinen weiteren gemeinsam haben, die Fläche von $s(\mathfrak{z})$ in eine einfach zusammenhängende Fläche zerschneidet. Man nennt jede solche Zerschneidung eine* **kanonische Zerschneidung.**

Das Ergebnis in Satz 5 ist ein Spezialfall der allgemeinen Tatsache, daß man die zu einem Körper algebraischer Funktionen gehörende Riemannsche Fläche stets durch eine gewisse Anzahl p von sich nur in einem Punkt kreuzenden Paaren von Rückkehrschnitten (a_j) und (b_j), $j = 1, 2, \ldots, p$, und gewisse weitere, die Rückkehrschnittpaare untereinander verbindende Schnitte in eine einfach zusammenhängende Fläche verwandeln kann. Diese Zahl p von Rückkehrschnittpaaren heißt das topologische Geschlecht der Fläche. Man kann beweisen, daß das topologische Geschlecht der Fläche mit dem früher (Kap. 2, § 12, Formel (7)) definierten arithmetischen Geschlecht der zugehörigen Klasse (die hier zugleich Körper ist) übereinstimmt. Wir unterdrücken diesen Beweis und die Darlegung der kanonischen Zerschneidbarkeit für Riemannsche Flächen algebraischer Funktionen, da wir hierdurch zu weit in die Topologie Riemannscher Flächen hineingeführt würden.

Eine dritte Definition des Geschlechtes bei Körpern algebraischer Funktionen ist: das Geschlecht ist die Anzahl der linear unabhängigen, überall endlichen Differentiale. Daß das so definierte Geschlecht mit dem arithmetischen übereinstimmt, folgt aus dem Riemann-Rochschen Satz oder I. Anzahltheorem (Satz 26), da die Anzahl der linear unabhängigen überall endlichen Funktionen bei Klassen (Körpern) algebraischer Funktionen gleich 1 ist. (Es sind nämlich dort nur die Konstanten überall endliche Funktionen.) Bei jeder Klasse, bei der die Zahl der linear unabhängigen überall endlichen Funktionen nicht 1 ist, muß die dritte Definition des Geschlechtes eine vom arithmetischen Geschlecht verschiedene Zahl liefern. Das Zusammenfallen auch nur von zweien der durch die drei verschiedenen Definitionen gegebenen Geschlechtszahlen ist also eine Besonderheit.

Wir betrachten jetzt die elliptischen Integrale unter Beschränkung des Weges auf das Innere von T. Setzen wir noch

$$v = \frac{1}{\zeta - \alpha}, \tag{12}$$

wo α so gewählt ist, daß sein Bildpunkt in der ζ-Ebene innerhalb (a^{**}) liegt ((a^{**}) hat stets innere Punkte), so wird durch (8), (11), (12) eine Funktion $z = \varphi(v)$ definiert, die T eineindeutig auf einen ganz im Endlichen liegenden einfach zusammenhängenden Bereich T^{**} schlicht abbildet. Es sei nun v_1 das Bild irgendeines $\mathfrak{z}_1$ in T. Dann ist $t = v - v_1$ eine Ortsuniformisierende von $\mathfrak{z}_1$. Da $\frac{dz}{dt} \equiv \frac{dz}{dv}$ ist, so folgt: Das elliptische Differential $f(\mathfrak{z})dz$ und das auf T^{**} definierte Differential $f(\varphi(v))\,\varphi'(v)dv$ haben in entsprechenden Punkten gleiche Ordnungszahlen und Residuen, und es ist (v_0 entspricht $\mathfrak{z}_0$)

$$\int\limits_{\mathfrak{z}_0,\,C}^{\mathfrak{z}} f(\mathfrak{z})dz = \int\limits_{v_0,\,C^{**}}^{v} f(\varphi(v))\,\varphi'(v)dv, \tag{13}$$

wobei C^{**} das Bild von C in T^{**} bedeutet. Ist $f(\mathfrak{z})dz$ längs C regulär, so $f(\varphi(v))\varphi'(v)dv$ längs C^{**} wegen der Übereinstimmung der Ordnungszahlen. Auf das Integral rechts wenden wir den Cauchyschen Residuensatz an und folgern daraus, daß es im allgemeinen noch vom Wege abhängt. Ist aber $f(\mathfrak{z})dz$ ein Differential erster oder zweiter Gattung, so folgt aus der Übereinstimmung der Residuen und dem Residuensatz: Das Integral in (13) rechts ist für jeden geschlossenen Weg in T^{**}, längs dessen das Differential $f(\varphi(v))\varphi'(v)dv$ regulär ist, Null, d. h. aber:

Satz 60. *Auf der durch* (a), (b) *zerschnittenen Riemannschen Fläche von* $s(\mathfrak{z})$ *sind sämtliche elliptischen Integrale erster und zweiter Gattung eindeutige Funktionen der oberen Grenze.*

Hat $f(\mathfrak{z})dz$ von Null verschiedene Residuen, so muß man T weiter zerschneiden, um das zugehörige Integral zu einer eindeutigen Funktion der oberen Grenze zu machen. Wir nehmen der Einfachheit halber an, daß (a), (b) stets so gewählt sind, daß auf ihnen keine Polstelle des Differentials $f(\mathfrak{z})dz$ liegt. Dies ist stets erreichbar, wir brauchen nur (a), (b) als Ellipsen anzunehmen mit den Brennpunkten $\mathfrak{a}_1\mathfrak{a}_3$ bzw. $\mathfrak{a}_2\mathfrak{a}_3$. Die Bedingung, daß auf (a) und (b) kein Pol des Differentials $f(\mathfrak{z})dz$ liegen soll, kommt dann darauf hinaus, daß wir bei der Wahl der großen Halbachsen der beiden Ellipsen endlich viele Werte ausschließen.

Sind $\mathfrak{d}_1, \mathfrak{d}_2, \ldots, \mathfrak{d}_N$ die Polstellen von $f(\mathfrak{z})dz$, in denen die Residuen nicht Null sind, und ist $\mathfrak{q}$ ein Randpunkt von T, so führt man von den $\mathfrak{d}_j$ Schnitte (c_j) nach $\mathfrak{q}$. Alle (c_j) sollen dabei ganz in T verlaufen und außer $\mathfrak{q}$ keinen Punkt gemeinsam haben[1]). Die so zerschnittene Fläche T heiße T'. Auch T' ist einfach zusammenhängend, wie man aus der Übertragung in die v-Ebene sieht. T' enthält ebenso wie sein Bild T'^{**} in der v-Ebene im Innern keinen Pol mit von Null verschiedenem Residuum. Man kann daher für $\int\limits_{\mathfrak{z}_0}^{\mathfrak{z}} f(\mathfrak{z})dz$ und T' denselben Schluß anwenden, der, früher auf T angewendet, zu Satz 60 führte, und erhält:

Satz 61. *Hat das Differential $f(\mathfrak{z})dz$ in den Punkten $\mathfrak{d}_1, \mathfrak{d}_2, \ldots, \mathfrak{d}_N$ nicht verschwindende Residuen, so zerschneidet man die nach Satz* 59 *zerschnittene Riemannsche Fläche von $s(\mathfrak{z})$ weiter durch Schnitte (c_j), die alle $\mathfrak{d}_j$ mit einem beliebig vorgeschriebenen Randpunkt $\mathfrak{q}$ verbinden, außer $\mathfrak{q}$ aber keinen Punkt gemeinsam haben. Die durch diese Zerschneidung entstehende Fläche T' ist wieder einfach zusammenhängend, und auf ihr ist $\int\limits_{\mathfrak{z}_0}^{\mathfrak{z}} f(\mathfrak{z})dz$ eine eindeutige Funktion der oberen Grenze.*

§ 34. Die Perioden der elliptischen Integrale.

Wir geben zunächst (a) eine beliebige Richtung (im folgenden ist sie stets so gewählt, daß (a) den Verzweigungsschnitt $\mathfrak{a}_1\mathfrak{a}_3$ im positiven Sinn umläuft) und (b) die Richtung, mit der es (a) von links nach rechts überschreitet. Ferner legen wir den Punkt $\mathfrak{q}$ aus Satz 61 fest. Da jeder Punkt von (a) (bzw. von (b)) auf zwei Arten als Randpunkt aufgefaßt werden kann (als Punkt auf dem rechten bzw. linken Ufer des Schnitts), entsprechen dem Kreuzungspunkt von (a) und (b) vier Randpunkte. Unter diesen wählen wir den, der auf dem rechten Ufer von (a) und dem linken Ufer von (b) liegt, als Punkt $\mathfrak{q}$.

Nach den beiden letzten Sätzen ist auf T bzw. T'

$$J(\mathfrak{z}) = \int\limits_{\mathfrak{z}_0}^{\mathfrak{z}} f(\mathfrak{z})dz \tag{14}$$

eine eindeutige Funktion der oberen Grenze.

---

[1]) Es kommt für uns später nur der Fall zweier Pole in Betracht. In diesem ist die Möglichkeit, Schnitte von den angegebenen Eigenschaften zu ziehen, evident, wenigstens wenn man (a) und (b) einfache Gestalten, etwa Ellipsenform, gibt.

In gegenüberliegenden Punkten der Schnitte (a), (b), (c_1), (c_2), ..., (c_N) nimmt $J(\mathfrak{z})$ i. A. verschiedene Werte an. Es sei $\mathfrak{p}$ ein Punkt auf einem dieser Schnitte. Wir schreiben dann $\mathfrak{p}^+$ für $\mathfrak{p}$, wenn wir $\mathfrak{p}$ auf dem rechten, $\mathfrak{p}^-$, wenn wir $\mathfrak{p}$ auf dem linken Ufer des Schnittes liegend denken. Der Sprung von $J(\mathfrak{z})$ im Punkte $\mathfrak{p}$ ist demnach $J(\mathfrak{p}^-) - J(\mathfrak{p}^+)$. Wir zeigen analog wie beim Logarithmus zunächst, daß dieser Sprung längs des ganzen Schnittes derselbe, also nur vom betreffenden Schnitt, nicht aber von $\mathfrak{p}$ abhängig ist. Dabei wird sich gleichzeitig ergeben, daß der Sprung nichts anderes ist, als eine Integralperiode. In der Tat ist

$$(15) \qquad J(\mathfrak{p}^-) - J(\mathfrak{p}^+) = \int_{\mathfrak{z}_0}^{\mathfrak{p}^-} f(\mathfrak{z})\,dz - \int_{\mathfrak{z}_0}^{\mathfrak{p}^+} f(\mathfrak{z})\,dz = \int_{\mathfrak{p}^+}^{\mathfrak{p}^-} f(\mathfrak{z})\,dz.$$

Dies folgt durch Vertauschen der Grenzen im zweiten Integral des mittleren Ausdrucks. Im letzten Integral geht der Integrationsweg über $\mathfrak{z}_0$. Da aber in der zerschnittenen Fläche die Integrale unabhängig vom Wege sind, kann man auch auf einem beliebigen anderen Weg zwischen $\mathfrak{p}^-$ und $\mathfrak{p}^+$ integrieren. Ist $\mathfrak{p}_1$ ein zweiter Punkt auf dem Schnitt, so ist entsprechend

$$\begin{aligned} J(\mathfrak{p}_1^-) - J(\mathfrak{p}_1^+) &= \int_{\mathfrak{z}_0}^{\mathfrak{p}_1^-} f(\mathfrak{z})\,dz - \int_{\mathfrak{z}_0}^{\mathfrak{p}_1^+} f(\mathfrak{z})\,dz \\ &= J(\mathfrak{p}^-) - J(\mathfrak{p}^+) + \int_{\mathfrak{p}^-}^{\mathfrak{p}_1^-} f(\mathfrak{z})\,dz - \int_{\mathfrak{p}^+}^{\mathfrak{p}_1^+} f(\mathfrak{z})\,dz. \end{aligned}$$

Für die beiden letzten Integrale sind die Integrationswege nur der Beschränkung unterworfen, daß sie keinen Schnitt überschreiten. Wir können also als Integrationsweg beide Male den Schnitt selbst zwischen $\mathfrak{p}$ und $\mathfrak{p}_1$ wählen. Dann stimmen aber die beiden Integrale in Integrand und Integrationsweg überein, sie sind also identisch. Daher ist

$$(16) \qquad J(\mathfrak{p}_1^-) - J(\mathfrak{p}_1^+) = J(\mathfrak{p}^-) - J(\mathfrak{p}^+)$$

und die erste Behauptung ist bewiesen. Die zweite folgt aus (15), denn der Weg von $\mathfrak{p}^+$ bis $\mathfrak{p}^-$ ist auf der unzerschnittenen Fläche geschlossen. Wir wollen diese Perioden noch für die einzelnen Schnitte angeben. Es möge $\mathfrak{p}$ zunächst auf (a) liegen; dann wählen wir den Integrationsweg von $\mathfrak{p}^+$ längs (a) in der Richtung von (a) bis zum Kreuzungspunkt von (a) und (b), dann längs (b) in positiver Richtung weiter, bis wir zum Kreuzungspunkt zurückkommen und von dort aus längs (a) nach $\mathfrak{p}^-$ zurück entgegengesetzt der Richtung von (a). Dieser Weg verläuft ganz innerhalb der zerschnittenen Fläche, ist also ein zulässiger Weg. Das Integral über den ersten und dasjenige über den letzten Wegteil zerstören sich gegenseitig, so daß längs (a) ist:

$$(17) \qquad J(\mathfrak{p}^-) - J(\mathfrak{p}^+) = \int_{(b)} f(\mathfrak{z})\,dz.$$

Ganz ebenso findet man, wenn $\mathfrak{p}$ auf dem Schnitte (b) liegt:

$$(18)\qquad J(\mathfrak{p}^-) - J(\mathfrak{p}^+) = -\int_{(a)} f(\mathfrak{z})\,dz.$$

Die Perioden längs (c_1), (c_2) schließlich sind nichts anderes als $2\pi i \cdot a_{-1}^{(\mathfrak{b}_j)}$, wenn $a_{-1}^{(\mathfrak{b}_j)}$ das Residuum in $\mathfrak{b}_j$ bedeutet.

Satz 62. *Entlang den Schnitten (a) und (b) erleidet das elliptische Integral*

$$(14)\qquad J(\mathfrak{z}) = \int_{\mathfrak{z}_0}^{\mathfrak{z}} f(\mathfrak{z})\,dz$$

konstante Sprünge, und zwar ist längs (a)

$$(17)\qquad J(\mathfrak{z}^-) - J(\mathfrak{z}^+) = \int_{(b)} f(\mathfrak{z})\,dz = \Omega_1,$$

und längs (b)

$$(18)\qquad J(\mathfrak{z}^+) - J(\mathfrak{z}^-) = \int_{(a)} f(\mathfrak{z})\,dz = \Omega_2.$$

Auch längs der Schnitte (c_1), (c_2), ..., (c_N) sind die Sprünge

$$(19)\qquad J(\mathfrak{z}^-) - J(\mathfrak{z}^+) = \Omega^{(j)} = 2\pi i \cdot a_{-1}^{(\mathfrak{b}_j)}$$

konstant. Hierbei ist $a_{-1}^{(\mathfrak{b}_j)}$ das Residuum des Pols, den das Differential $f(\mathfrak{z})\,dz$ in $\mathfrak{b}_j$ hat.

Der Wert von

$$J(\mathfrak{z}) = \int_{\mathfrak{z}_0}^{\mathfrak{z}} f(\mathfrak{z})\,dz$$

für einen beliebigen Weg Γ ist nun ausdrückbar durch dasselbe Integral, erstreckt über einen ganz in der zerschnittenen Fläche verlaufenden Weg, und die Ω_1, Ω_2, Ω', Ω'', ... Ist nämlich $\mathfrak{p}$ der erste Kreuzungspunkt von Γ mit irgendeinem der Schnitte, so ist, wenn die Kreuzung von links nach rechts erfolgt,

$$\int_{\mathfrak{z}_0,\,\Gamma}^{\mathfrak{z}} f(\mathfrak{z})\,dz = \int_{\mathfrak{z}_0}^{\mathfrak{p}^-} f(\mathfrak{z})\,dz + \int_{\mathfrak{p}^+}^{\mathfrak{z}} f(\mathfrak{z})\,dz = J(\mathfrak{p}^-) + \int_{\mathfrak{p}^+}^{\mathfrak{z}} f(\mathfrak{z})\,dz.$$

Durch Addition des Ausdrucks $0 = J(\mathfrak{p}^+) - J(\mathfrak{p}^+)$ entsteht hieraus

$$(20)\qquad \int_{\mathfrak{z}_0,\,\Gamma}^{\mathfrak{z}} f(\mathfrak{z})\,dz = J(\mathfrak{p}^-) - J(\mathfrak{p}^+) + \int_{\mathfrak{z}_0,\,\Gamma'}^{\mathfrak{z}} f(\mathfrak{z})\,dz,$$

wobei Γ' ein Weg ist, der von $\mathfrak{z}_0$ bis $\mathfrak{p}^+$ innerhalb der zerschnittenen Fläche läuft und im übrigen mit Γ zusammenfällt. Dieser neue Weg hat also eine Kreuzung weniger mit den Schnitten. Wäre das Kreuzen der Schnitte in umgekehrter Richtung erfolgt, so hätten wir eben im Vorhergehenden

$\mathfrak{p}^+$ und $\mathfrak{p}^-$ zu vertauschen. Vom Weg Γ' kann man jetzt zu einem Wege Γ'' übergehen, dem auch die zweite Kreuzung mit einem der Schnitte fehlt usw. Man findet so unter Berücksichtigung der in Satz 62 angegebenen Werte für $J(\mathfrak{p}^-) - J(\mathfrak{p}^+)$:

Satz 63. *Überschreitet der Integrationsweg* Γ *in*

$$\int_{\mathfrak{z}_0, \Gamma}^{\mathfrak{z}} f(\mathfrak{z})\,dz$$

den Schnitt (a) n_1*-mal von links nach rechts,*
n_2*-mal von rechts nach links,*
den Schnitt (b) m_1*-mal von rechts nach links,*
m_2*-mal von links nach rechts, endlich jeden*
der Schnitte (c_j) k_{1j}*-mal von links nach rechts und*
k_{2j}*-mal von rechts nach links, so ist*

$$(21)\quad \begin{cases} \int_{\mathfrak{z}_0, \Gamma}^{\mathfrak{z}} f(\mathfrak{z})\,dz = \int_{\mathfrak{z}_0, \Gamma^*}^{\mathfrak{z}} f(\mathfrak{z})\,dz + (n_1 - n_2)\,\Omega_1 + (m_1 - m_2)\,\Omega_2 \\ \qquad + \sum_j (k_{1j} - k_{2j})\,\Omega^{(j)}, \end{cases}$$

wenn Γ^* *irgendeinen ganz in der zerschnittenen Fläche verlaufenden Weg von* $\mathfrak{z}_0$ *nach* $\mathfrak{z}$ *bedeutet. D. h. aber, die allgemeinste Periode des Integrals läßt sich linear homogen mit ganzzahligen Koeffizienten ausdrücken durch die speziellen Perioden* Ω_1, Ω_2 *und* $\Omega^{(j)}$.

Wir werden im folgenden stets folgende Bezeichnungen gebrauchen:

$$(22)\quad \begin{cases} u = \int d\overset{\mathfrak{m}}{\psi}(\mathfrak{z}), \\ \omega_1 = \int_{(b)} d\overset{\mathfrak{m}}{\psi}(\mathfrak{z}), \quad \omega_2 = \int_{(a)} d\overset{\mathfrak{m}}{\psi}(\mathfrak{z}), \end{cases}$$

$$(23)\quad \eta_1 = -\int_{(b)} d\mathfrak{F}^{(2)}(\mathfrak{z}, \mathfrak{m}), \quad \eta_2 = -\int_{(a)} d\mathfrak{F}^{(2)}(\mathfrak{z}, \mathfrak{m}).$$

Da beide Differentiale $d\overset{\mathfrak{m}}{\psi}(\mathfrak{z})$ und $d\mathfrak{F}^{(2)}(\mathfrak{z}, \mathfrak{m})$ nirgends von Null verschiedene Residuen besitzen, ist für die Integrale $\int d\overset{\mathfrak{m}}{\psi}(\mathfrak{z})$ und $\int d\mathfrak{F}^{(2)}(\mathfrak{z}, \mathfrak{m})$ die Fläche nur durch (a) und (b) zu zerschneiden. Wir beweisen nun

Satz 64. *Die Perioden* ω_1 *und* ω_2 *des überall endlichen Integrals*

$$(22)\quad u = \int d\overset{\mathfrak{m}}{\psi}(\mathfrak{z})$$

sind beide von Null verschieden. Von den beiden Perioden η_1, η_2 *des Integrals*

$$(23)\quad -\int d\mathfrak{F}^{(2)}(\mathfrak{z}, \mathfrak{m})$$

ist mindestens eine nicht Null, und überdies ist

$$\begin{vmatrix} \omega_1 & \omega_2 \\ \eta_1 & \eta_2 \end{vmatrix} \neq 0. \tag{24}$$

Wäre nämlich $\omega_1 = \omega_2 = 0$, so wäre u eine auf der unzerschnittenen Fläche eindeutige, stetige, überall endliche Funktion. Eine solche muß aber notwendig eine Konstante sein; u ist aber nicht konstant, d. h. die Annahme $\omega_1 = \omega_2 = 0$ führt zu einem Widerspruch. Ist $\omega_1 \neq 0$, $\omega_2 = 0$, so wäre $e^{\frac{2\pi i}{\omega_1} u}$ eine auf der unzerschnittenen Fläche eindeutige, stetige, überall endliche und nicht konstante Funktion; wir kommen so auf denselben Widerspruch. Entsprechend schließt man für $\omega_1 = 0$, $\omega_2 \neq 0$. Wäre $\eta_1 = \eta_2 = 0$, so wäre

$$\int d\mathfrak{F}^{(2)}(\mathfrak{z}, \mathfrak{m})$$

eine auf der unzerschnittenen Fläche eindeutige, genau einpolige Funktion. Eine solche existiert aber nicht. Genau so würde

$$\int d\mathfrak{F}^{(2)}(\mathfrak{z}, \mathfrak{m}) + \frac{\eta_1}{\omega_1} \int^{\mathfrak{m}} d\psi(\mathfrak{z})$$

eine solche Funktion sein, falls (24) nicht erfüllt wäre.

Für später sind noch die Werte des Integrals erster Gattung wichtig, wenn beide Grenzen Verzweigungspunkte sind. Dazu genügt es, die Werte der drei Integrale

$$\int_{\mathfrak{a}_2}^{\mathfrak{a}_3} \frac{dz}{s(\mathfrak{z})}, \quad \int_{\mathfrak{a}_1}^{\mathfrak{a}_3} \frac{dz}{s(\mathfrak{z})}, \quad \int_{\mathfrak{p}_\infty}^{\mathfrak{a}_2} \frac{dz}{s(\mathfrak{z})},$$

für spezielle Integrationswege zu kennen, denn daraus lassen sich die Werte für beliebige Integrationswege und die hier nicht angeschriebenen Integrale berechnen.

Um diese drei Integrale zu berechnen, betrachten wir das Integral erster Gattung für folgende drei geradlinige Periodenwege:

C_1: Von $\mathfrak{a}_2$ nach $\mathfrak{a}_3$ im unteren Blatt und von $\mathfrak{a}_3$ nach $\mathfrak{a}_2$ zurück im oberen Blatte.

C_2: Von $\mathfrak{a}_1$ nach $\mathfrak{a}_3$ im ersten Blatt rechts vom Verzweigungsschnitt und von $\mathfrak{a}_3$ nach $\mathfrak{a}_1$ zurück links vom Verzweigungsschnitt.

C_3: Von $\mathfrak{p}_\infty$ nach $\mathfrak{a}_2$ im ersten Blatte links vom Verzweigungsschnitt und von $\mathfrak{a}_2$ nach $\mathfrak{p}_\infty$ zurück rechts vom Verzweigungsschnitt.

Die in Satz 63 vorkommenden Zahlen $n_1 - n_2$ und $m_1 - m_2$ haben für die einzelnen Wege folgende Werte:

$$\begin{array}{lll} \text{für } C_1: & n_1 - n_2 = 1 & m_1 - m_2 = 0 \\ \text{für } C_2: & n_1 - n_2 = 0 & m_1 - m_2 = 1 \\ \text{für } C_3: & n_1 - n_2 = 0 & m_1 - m_2 = 1. \end{array}$$

Also ist:

$$\int\limits_{C_1} \frac{dz}{s(\mathfrak{z})} = \omega_1, \quad \int\limits_{C_2} \frac{dz}{s(\mathfrak{z})} = \omega_2, \quad \int\limits_{C_3} \frac{dz}{s(\mathfrak{z})} = \omega_2;$$

denn innerhalb der zerschnittenen Fläche verschwindet das Integral über einen geschlossenen Weg nach Satz 60. Jeden der drei Wege $C_j (j = 1, 2, 3)$ zerlegen wir nun in die beiden Teilstrecken C_j', C_j'' aus denen er besteht. Dabei verläuft C_j' ganz innerhalb der Fläche T. Nun unterscheiden sich aber in entsprechenden (d. h. zum gleichen Werte z gehörigen) Punkten von C_j', C_j'' die Entwicklungen des Differentials $\frac{dz}{s(\mathfrak{z})}$ nur durch das Vorzeichen. Außerdem ist aber die Richtung der Wege verschieden. Es ist daher

$$\int\limits_{C_j'} \frac{dz}{s(\mathfrak{z})} = \int\limits_{C_j''} \frac{dz}{s(\mathfrak{z})}$$

und daraus folgt: Verläuft der Integrationsweg ganz innerhalb der zerschnittenen Fläche, so ist

$$\int\limits_{\mathfrak{a}_2}^{\mathfrak{a}_3} \frac{dz}{s(\mathfrak{z})} = \frac{\omega_1}{2}, \quad \int\limits_{\mathfrak{a}_1}^{\mathfrak{a}_3} \frac{dz}{s(\mathfrak{z})} = \frac{\omega_2}{2}, \quad \int\limits_{\mathfrak{p}_\infty}^{\mathfrak{a}_2} \frac{dz}{s(\mathfrak{z})} = \frac{\omega_2}{2}. \tag{25}$$

Hieraus folgt weiter

$$\left\{\begin{aligned} \int\limits_{\mathfrak{p}_\infty}^{\mathfrak{a}_3} \frac{dz}{s(\mathfrak{z})} &= \int\limits_{\mathfrak{p}_\infty}^{\mathfrak{a}_2} \frac{dz}{s(\mathfrak{z})} + \int\limits_{\mathfrak{a}_2}^{\mathfrak{a}_3} \frac{dz}{s(\mathfrak{z})} = \frac{\omega_1 + \omega_2}{2} \\ \int\limits_{\mathfrak{p}_\infty}^{\mathfrak{a}_1} \frac{dz}{s(\mathfrak{z})} &= \int\limits_{\mathfrak{p}_\infty}^{\mathfrak{a}_2} \frac{dz}{s(\mathfrak{z})} + \int\limits_{\mathfrak{a}_2}^{\mathfrak{a}_3} \frac{dz}{s(\mathfrak{z})} + \int\limits_{\mathfrak{a}_3}^{\mathfrak{a}_1} \frac{dz}{s(\mathfrak{z})} = \frac{\omega_1}{2} \end{aligned}\right. \tag{25'}$$

$$\int\limits_{\mathfrak{a}_1}^{\mathfrak{a}_2} \frac{dz}{s(\mathfrak{z})} = \int\limits_{\mathfrak{a}_1}^{\mathfrak{a}_3} \frac{dz}{s(\mathfrak{z})} + \int\limits_{\mathfrak{a}_3}^{\mathfrak{a}_2} \frac{dz}{s(\mathfrak{z})} = \frac{-\omega_1 + \omega_2}{2}. \tag{25''}$$

Satz 65. *Setzt man*

$$\omega_1 + \omega_2 = \omega_3, \tag{26}$$

so ist

$$\int\limits_{\mathfrak{p}_\infty}^{\mathfrak{a}_1} \frac{dz}{s(\mathfrak{z})} = \frac{\omega_1}{2}, \quad \int\limits_{\mathfrak{p}_\infty}^{\mathfrak{a}_2} \frac{dz}{s(\mathfrak{z})} = \frac{\omega_2}{2}, \quad \int\limits_{\mathfrak{p}_\infty}^{\mathfrak{a}_3} \frac{dz}{s(\mathfrak{z})} = \frac{\omega_3}{2}, \tag{27}$$

wobei die Integrationswege ganz innerhalb der zerschnittenen Fläche verlaufen. Aus (27) *folgt sofort:*

$$(28)\qquad \int\limits_{\mathfrak{a}_1}^{\mathfrak{a}_2}\frac{dz}{s(\mathfrak{z})}=\frac{-\omega_1+\omega_2}{2},\quad \int\limits_{\mathfrak{a}_1}^{\mathfrak{a}_3}\frac{dz}{s(\mathfrak{z})}=\frac{\omega_2}{2},\quad \int\limits_{\mathfrak{a}_2}^{\mathfrak{a}_3}\frac{dz}{s(\mathfrak{z})}=\frac{\omega_1}{2}.$$

Eine unmittelbare Folge von Satz 58 ist

Satz 66. *Die Perioden eines beliebigen elliptischen Integrals lassen sich linear und homogen mit vom Integrationsweg unabhängigen Koeffizienten darstellen durch die zum gleichen Periodenweg gehörigen Perioden der in Satz 58 aufgezählten Integrale. Die Koeffizienten sind dieselben, die in Satz 58 auftreten.*

Wir haben bisher nur Differentiale von einer Variabeln integriert. Neue wichtige Ergebnisse, insbesondere einen über Satz 66 weit hinausgehenden Satz erhalten wir durch Anwendung der Integration auf Differentiale von zwei Variabeln, besonders unter Benutzung der Vertauschungstheoreme. Diesen Untersuchungen wenden wir uns jetzt zu.

§ 35. Die Integrale erster Stufe von zwei Veränderlichen.

Wir betrachten im folgenden nur die speziellen Integrale von zwei Veränderlichen

$$\int\limits_{\mathfrak{z}_0}^{\mathfrak{z}} dF^{(h+1)}(\mathfrak{z},\mathfrak{x}),\quad \int\limits_{\mathfrak{z}_0}^{\mathfrak{z}} E^{(h+1)}(\mathfrak{z},\mathfrak{x})\,dz,\quad \int\limits_{\mathfrak{z}_0}^{\mathfrak{z}} \breve{E}^{(h+1)}(\mathfrak{x},\mathfrak{z})\,dz,\quad \int\limits_{\mathfrak{z}_0}^{\mathfrak{z}} \frac{d\breve{F}^{(h+1)}(\mathfrak{x},\mathfrak{z})}{dx}\,dz$$

($h = 0, 1, 2, \ldots$). Wir werden diese Integrale auf die Integrale erster Stufe ($h = 0$) zurückführen, mit deren Untersuchung wir deshalb beginnen. Die vier Integrale erster Stufe reduzieren sich auf zwei, da wegen des V.-Th. I_1 die Gleichungen bestehen

$$(29)\qquad \int\limits_{\mathfrak{z}_0}^{\mathfrak{z}} dF^{(1)}(\mathfrak{z},\mathfrak{x}) = -\int\limits_{\mathfrak{z}_0}^{\mathfrak{z}} \breve{E}^{(1)}(\mathfrak{x},\mathfrak{z})\,dz$$

$$(29')\qquad \int\limits_{\mathfrak{z}_0}^{\mathfrak{z}} E^{(1)}(\mathfrak{z},\mathfrak{x})\,dz = -\int\limits_{\mathfrak{z}_0}^{\mathfrak{z}} \frac{d\breve{F}^{(1)}(\mathfrak{x},\mathfrak{z})}{dx}\,dz.$$

Beide Integrale (29) und (29′) sind auf ihre Abhängigkeit von der oberen Grenze $\mathfrak{z}$ und dem Parameter $\mathfrak{x}$ im kleinen und im großen zu untersuchen. Wir beginnen mit der Betrachtung von (29).

Bei der Untersuchung der Abhängigkeit des Integrals (29) von $\mathfrak{z}$ im kleinen haben wir folgende Fälle zu unterscheiden:

$\mathfrak{z}$ kann liegen in der Umgebung
1. einer gewöhnlichen Stelle $\mathfrak{d}$,
2. einer Charakterisierungsstelle,
   a) der Stelle $\mathfrak{n}$,
   b) der Stelle $\mathfrak{m}$,
3. eines Verzweigungspunktes,
   a) eines $\mathfrak{a}_\sigma$,
   b) der Stelle $\mathfrak{p}_\infty$,
4. der Stelle $\mathfrak{x}$. Diese soll wegen der Definitionseigenschaften von $dF^{(1)}$ vorerst weder in eine Charakterisierungsstelle, noch in einen Verzweigungspunkt fallen.

Zur Untersuchung des Integrals für diese verschiedenen Lagen von $\mathfrak{z}$ wenden wir stets das V.-Th. I_1 und den Entwicklungssatz für $\breve{E}^{(1)}(\mathfrak{x}, \mathfrak{z})\,dz$ an. Wir dürfen stets annehmen, daß $\mathfrak{z}_0$ und $\mathfrak{z}$ in der Umgebung derselben Stelle liegen. Ist dies nämlich nicht der Fall, so wählen wir auf dem Integrationsweg einen Punkt $\mathfrak{z}_1$, der hinreichend nahe bei $\mathfrak{z}$ liegt. Dann ist in

$$\int_{\mathfrak{z}_0}^{\mathfrak{z}} dF^{(1)} = \int_{\mathfrak{z}_0}^{\mathfrak{z}_1} dF^{(1)} + \int_{\mathfrak{z}_1}^{\mathfrak{z}} dF^{(1)}$$

das erste Integral rechts konstant hinsichtlich $\mathfrak{z}$, und die Grenzen des zweiten liegen in der Umgebung der gleichen Stelle.

Ist in jedem Fall t der zu $\mathfrak{z}$, t_0 der zu $\mathfrak{z}_0$ gehörige Wert der Ortsuniformisierenden, so erhalten wir folgende Entwicklungen (vgl. Satz 47):

Fall 1.

$$\int_{\mathfrak{z}_0}^{\mathfrak{z}} dF^{(1)}(\mathfrak{z}, \mathfrak{x}) = -\sum_{0}^{\infty}{}_{\gamma} \frac{1}{\gamma+1}\, \breve{\mathfrak{E}}^{(\gamma+1)}(\mathfrak{x}, \mathfrak{d})(t^{\gamma+1} - t_0^{\gamma+1}),$$

Fall 2a.

$$\int_{\mathfrak{z}_0}^{\mathfrak{z}} dF^{(1)}(\mathfrak{z}, \mathfrak{x}) = -\log\frac{t}{t_0} - \sum_{0}^{\infty}{}_{\gamma} \frac{1}{\gamma+1}\, \breve{\mathfrak{E}}^{(\gamma+1)}(\mathfrak{x}, \mathfrak{n})(t^{\gamma+1} - t_0^{\gamma+1}),$$

Fall 2 b.

$$\int_{\mathfrak{z}_0}^{\mathfrak{z}} dF^{(1)}(\mathfrak{z}, \mathfrak{x}) = -\sum_{1}^{\infty}{}_{\gamma} \frac{1}{\gamma+1}\, \breve{\mathfrak{E}}^{(\gamma+1)}(\mathfrak{x}, \mathfrak{m})(t^{\gamma+1} - t_0^{\gamma+1}),$$

Fall 3a.

$$\int_{\mathfrak{z}_0}^{\mathfrak{z}} dF^{(1)}(\mathfrak{z}, \mathfrak{x}) = -\sum_{0}^{\infty}{}_{\gamma} \frac{1}{\gamma+1}\, \breve{\mathfrak{E}}^{(\gamma+1)}(\mathfrak{x}, \mathfrak{a}_\sigma)(t^{\gamma+1} - t_0^{\gamma+1}),$$

Fall 3b.

$$\int_{\mathfrak{z}_0}^{\mathfrak{z}} dF^{(1)}(\mathfrak{z}, \mathfrak{x}) = -\sum_{0}^{\infty}{}_{\gamma} \frac{1}{\gamma+1}\, \breve{\mathfrak{E}}^{(\gamma+1)}(\mathfrak{x}, \mathfrak{p}_\infty)(t^{\gamma+1} - t_0^{\gamma+1}),$$

Fall 4.

$$\frac{dF^{(1)}(\mathfrak{z}, \mathfrak{x})}{dt} = \frac{1}{t} + \mathfrak{P}(t)$$

$$\int_{\mathfrak{z}_0}^{\mathfrak{z}} dF^{(1)}(\mathfrak{z}, \mathfrak{x}) = \log\frac{t}{t_0} + \overline{\mathfrak{P}}(t) - \overline{\mathfrak{P}}(t_0).$$

Liegen speziell die Charakterisierungsstellen beide bei $\mathfrak{p}_\infty$, so verschmelzen die Fälle $2^a, 2^b, 3^b$ in einen, und die zugehörige Entwicklung lautet:

$$\int_{\mathfrak{z}_0}^{\mathfrak{z}} dF^{(1)}(\mathfrak{z}, \mathfrak{x}) = -\log\frac{t}{t_0} - \sum_1^\infty{}_\gamma \frac{1}{\gamma+1} \breve{\mathfrak{E}}^{(\gamma+1)}(\mathfrak{x}, \mathfrak{p}_\infty)\,(t^{\gamma+1} - t_0^{\gamma+1}).$$

Liegt $\mathfrak{x}$ in einer der bis jetzt ausgeschlossenen Stellen $\mathfrak{m}, \mathfrak{n}, \mathfrak{a}_\sigma, \mathfrak{p}_\infty$, so definiert man das Integral durch die rechte Seite von (29). Da hier der Integrand für $\mathfrak{x} = \mathfrak{n}$ identisch verschwindet, so gilt das gleiche für das Integral. $\mathfrak{x} = \mathfrak{m}$ ist für jedes $\mathfrak{z}$ Pol von $\breve{E}^{(1)}$, das Integral ist daher für $\mathfrak{x} = \mathfrak{m}$ nicht definiert. Ist $\mathfrak{x}$ ein Verzweigungspunkt, so gelten die früheren Formeln.

Satz 67. *Liegt $\mathfrak{x}$ nicht in einer Charakterisierungsstelle, so ist*

$$\int_{\mathfrak{z}_0}^{\mathfrak{z}} dF^{(1)}(\mathfrak{z}, \mathfrak{x}) \tag{29}$$

in der Abhängigkeit von der oberen Grenze überall regulär bis auf logarithmische Stellen mit den Koeffizienten ± 1 in $\mathfrak{x}$ und $\mathfrak{n}$. Ist $\mathfrak{x} = \mathfrak{m}$, so ist das Integral nicht definiert, ist $\mathfrak{x} = \mathfrak{n}$, so verschwindet es identisch in $\mathfrak{z}$.

Um das Integral (29) bei festem $\mathfrak{z}$ in seiner Abhängigkeit von $\mathfrak{x}$ zu untersuchen, haben wir folgende Fälle zu unterscheiden:

$\mathfrak{x}$ liegt in der Umgebung

1. einer gewöhnlichen Stelle $\mathfrak{b}$,
2. einer Charakterisierungsstelle,
   a) der Stelle $\mathfrak{n}$,
   b) der Stelle $\mathfrak{m}$,
3. eines Verzweigungspunktes,
   a) eines $\mathfrak{a}_\sigma$,
   b) der Stelle $\mathfrak{p}_\infty$,
4. einer Stelle $\mathfrak{z}^*$ des Integrationsweges.

Durch unmittelbare Anwendung des Entwicklungssatzes für $dF^{(1)}$ erhalten wir sofort das Verhalten in den drei ersten Fällen.

Fall 1.

$$\int_{\mathfrak{z}_0}^{\mathfrak{z}} dF^{(1)}(\mathfrak{z}, \mathfrak{x}) = \sum_0^\infty{}_\gamma \tau^\gamma \int_{\mathfrak{z}_0}^{\mathfrak{z}} d\mathfrak{F}^{(\gamma+1)}(\mathfrak{z}, \mathfrak{b}),$$

Fall 2a.

$$\int_{\mathfrak{z}_0}^{\mathfrak{z}} dF^{(1)}(\mathfrak{z}, \mathfrak{x}) = \sum_1^\infty{}_\gamma \tau^\gamma \int_{\mathfrak{z}_0}^{\mathfrak{z}} d\mathfrak{F}^{(\gamma+1)}(\mathfrak{z}, \mathfrak{n}),$$

Fall 2b.

$$\int_{\mathfrak{z}_0}^{\mathfrak{z}} dF^{(1)}(\mathfrak{z}, \mathfrak{x}) = \frac{1}{\tau} \int_{\mathfrak{z}_0}^{\mathfrak{z}} d\overset{\mathfrak{m}}{\psi}(\mathfrak{z}) + \sum_{0}^{\infty}{}_{\gamma}\, \tau^{\gamma} \int_{\mathfrak{z}_0}^{\mathfrak{z}} d\mathfrak{F}^{(\gamma+1)}(\mathfrak{z}, \mathfrak{m}),$$

Fall 3a.

$$\int_{\mathfrak{z}_0}^{\mathfrak{z}} dF^{(1)}(\mathfrak{z}, \mathfrak{x}) = \sum_{0}^{\infty}{}_{\gamma}\, \tau^{\gamma} \int_{\mathfrak{z}_0}^{\mathfrak{z}} d\mathfrak{F}^{(\gamma+1)}(\mathfrak{z}, \mathfrak{a}_{\sigma}),$$

Fall 3b.

$$\int_{\mathfrak{z}_0}^{\mathfrak{z}} dF^{(1)}(\mathfrak{z}, \mathfrak{x}) = \sum_{0}^{\infty}{}_{\gamma}\, \tau^{\gamma} \int_{\mathfrak{z}_0}^{\mathfrak{z}} d\mathfrak{F}^{(\gamma+1)}(\mathfrak{z}, \mathfrak{p}_{\infty}).$$

Ist $\mathfrak{m} = \mathfrak{n} = \mathfrak{p}_{\infty}$, so verschmelzen die Fälle 2^a, 2^b, 3^b, und die zugehörige Reihenentwicklung lautet:

$$\int_{\mathfrak{z}_0}^{\mathfrak{z}} dF^{(1)}(\mathfrak{z}, \mathfrak{x}) = \frac{1}{\tau} \int_{\mathfrak{z}_0}^{\mathfrak{z}} d\overset{\infty}{\psi}(\mathfrak{z}) + \sum_{1}^{\infty}{}_{\gamma}\, \tau^{\gamma} \int_{\mathfrak{z}_0}^{\mathfrak{z}} d\mathfrak{F}^{(\gamma+1)}(\mathfrak{z}, \mathfrak{p}_{\infty}).$$

Der Fall 4 bedarf einer eingehenderen Erörterung. In der Umgebung der betrachteten Stelle $\mathfrak{z}^*$ ist (vgl. Satz 49 und V.Th. I_1)

$$\frac{dF^{(1)}(\mathfrak{z}, \mathfrak{x})}{dt} = \frac{1}{t - \tau} + P(t, \tau), \tag{30}$$

wobei $P(t, \tau)$ eine nach homogenen Polynomen in t und τ fortschreitende Reihe ist. Es gibt überdies sicher ein $\varrho > 0$ derart, daß die Reihe $P(t, \tau)$ absolut und gleichmäßig in beiden Variabeln konvergiert, wenn $|t| \leqq \varrho$ und $|\tau| \leqq \varrho$ ist. Wir betrachten jetzt den größten $\mathfrak{z}^*$ enthaltenden Teilweg des Integrationsweges, der ganz im Kreis vom Radius ϱ um $\mathfrak{z}^*$ liegt. Seine Endpunkte seien $\mathfrak{z}_1$ und $\mathfrak{z}_2$, wobei $\mathfrak{z}_0 = \mathfrak{z}_1$ oder $\mathfrak{z}_2 = \mathfrak{z}$ oder beides zugleich vorkommen kann.

In jedem Fall ist

$$\int_{\mathfrak{z}_0}^{\mathfrak{z}} dF^{(1)}(\mathfrak{z}, \mathfrak{x}) = \int_{\mathfrak{z}_0}^{\mathfrak{z}_1} dF^{(1)}(\mathfrak{z}, \mathfrak{x}) + \int_{\mathfrak{z}_1}^{\mathfrak{z}_2} dF^{(1)}(\mathfrak{z}, \mathfrak{x}) + \int_{\mathfrak{z}_2}^{\mathfrak{z}} dF^{(1)}(\mathfrak{z}, \mathfrak{x}). \tag{31}$$

Im ersten und dritten Integral liegt Fall 1 vor, soweit diese Integrale nicht durch Zusammenfallen der Grenzen überhaupt verschwinden. Für das mittlere Integral ergibt sich aus (30), wenn t_1, t_2 die zu $\mathfrak{z}_1, \mathfrak{z}_2$ gehörigen Werte der Ortsuniformisierenden sind,

$$\int_{\mathfrak{z}_1}^{\mathfrak{z}_2} dF^{(1)}(\mathfrak{z}, \mathfrak{x}) = \log \frac{t_2 - \tau}{t_1 - \tau} + \mathfrak{P}(\tau).$$

Da das erste und dritte Integral in (31) rechts gewöhnliche Potenzreihen in τ sind, so folgt:

$$\int_{\mathfrak{z}_0}^{\mathfrak{z}} dF^{(1)}(\mathfrak{z}, \mathfrak{x}) = \log \frac{t_2 - \tau}{t_1 - \tau} + \overline{\mathfrak{P}}(\tau). \tag{32}$$

Läßt man $\mathfrak{x}$ an einen Punkt des Integrationsweges zwischen $\mathfrak{z}_1$ und $\mathfrak{z}_2$ heranrücken, so ändern sich beide Glieder auf der rechten Seite von (32) stetig und bleiben endlich, überschreitet man aber mit $\mathfrak{x}$ den Integrationsweg, so erleidet das logarithmische Glied den Sprung $\pm 2\pi i$ je nach der Richtung des Überschreitens. Zum Beweis bezeichnen wir $\mathfrak{x}$ mit $\mathfrak{x}^+$, wenn es auf dem Integrationsweg liegend, durch Annäherung von dessen rechter Seite her erhalten wurde, mit $\mathfrak{x}^-$ im entgegengesetzten Fall, mit τ^+ bzw. τ^- die zugehörige Ortsuniformisierende, so ist

$$\log \frac{t_2 - \tau^+}{t_1 - \tau^+} - \log \frac{t_2 - \tau^-}{t_1 - \tau^-}$$

zu berechnen. Setzen wir $\zeta = \dfrac{t_2 - \tau}{t_1 - \tau}$, so entspricht hier in der ζ-Ebene dem Weg von t_1 nach t_2 ein Schlitz von unendlich nach $\zeta = 0$. Daraus folgt aber $\log \zeta^+ - \log \zeta^- = -2\pi i$. Mit (32) ergibt das

$$\int_{\mathfrak{z}_0}^{\mathfrak{z}} dF^{(1)}(\mathfrak{z}, \mathfrak{x}^+) = \int_{\mathfrak{z}_0}^{\mathfrak{z}} dF^{(1)}(\mathfrak{z}, \mathfrak{x}^-) - 2\pi i. \tag{33}$$

Aus (31), (32) folgt ferner das Verhalten des Integrals, wenn $\mathfrak{x}$ in der Umgebung der Stellen $\mathfrak{z}_0$ und $\mathfrak{z}$ liegt. Zusammenfassend haben wir

Satz 68. *In seiner Abhängigkeit vom Parameter $\mathfrak{x}$ ist*

$$\int_{\mathfrak{z}_0}^{\mathfrak{z}} dF^{(1)}(\mathfrak{z}, \mathfrak{x}) \tag{29}$$

überall regulär, außer bei $\mathfrak{x} = \mathfrak{m}$, das Pol erster Ordnung ist, und $\mathfrak{x} = \mathfrak{z}$ und $\mathfrak{x} = \mathfrak{z}_0$, die logarithmische Stellen mit den Koeffizienten ± 1 sind. Bei $\mathfrak{x} = \mathfrak{n}$ hat (29) *eine Nullstelle erster Ordnung. Beim Überschreiten des Integrationsweges von links nach rechts erleidet* (29) *den Sprung $-2\pi i$.*

Um das Verhalten von (29) in seiner Abhängigkeit von $\mathfrak{x}$ im großen zu erhalten, brauchen wir nur die bei Fall 1—3 angeschriebenen Potenzreihen genauer zu betrachten. Die Koeffizienten sind elliptische Integrale, der Weg ist bestimmt vorgeschrieben. Daraus folgt, daß an jeder Stelle dem Integral (29) eine bestimmte Potenzreihenentwicklung zukommt. Dasselbe gilt daher für

$$\frac{d}{dx} \int_{\mathfrak{z}_0}^{\mathfrak{z}} dF^{(1)}(\mathfrak{z}, \mathfrak{x}). \tag{34}$$

Da aber die Sprünge von (29) längs des Integrationswegs konstant sind, sind die Differentialquotienten auf beiden Seiten des Integrationswegs identisch. (34) ändert sich also beim Überschreiten des Integrationsweges stetig, ist wegen Satz 68 bis auf Pole in $\mathfrak{m}$, $\mathfrak{z}_0$, $\mathfrak{z}$ und $\mathfrak{p}_\infty$ überall auf der Fläche eindeutig und regulär. D. h. aber, (34) ist in $\mathfrak{x}$ eine elliptische Funktion, (29) also in $\mathfrak{x}$ ein elliptisches Integral.

Satz 69. *Auf der nur durch den Integrationsweg $\mathfrak{z}_0\mathfrak{z}$ zerschnittenen Riemannschen Fläche von $s(\mathfrak{z})$ ist*

$$\int_{\mathfrak{z}_0}^{\mathfrak{z}} dF^{(1)}(\mathfrak{z}, \mathfrak{x}) \tag{29}$$

eine eindeutige Funktion von $\mathfrak{x}$, die längs des Schnittes überall den konstanten Sprung $2\pi i$ erleidet. Daraus folgt, daß das Integral (29) *auch in seiner Abhängigkeit von $\mathfrak{x}$ elliptisches Integral ist.*

Das Verhalten von (29) im großen bei festem $\mathfrak{x}$ und $\mathfrak{z}$, aber verschiedenen Integrationswegen läßt sich aus Satz 61—63 so unmittelbar ablesen, daß es wohl unnötig ist, es ausdrücklich anzugeben.

Das Integral (29′) könnte auf dieselbe Weise untersucht werden, wie hier für (29) durchgeführt: Da wir aber in § 37 ein einfaches Mittel kennenlernen werden, um das Verhalten von (29′) aus dem von (29) abzulesen, geben wir hier nur die den Sätzen 67—69 entsprechenden Sätze.

Satz 70. *Liegt $\mathfrak{x}$ nicht in einer Charakterisierungsstelle oder einem endlichen Verzweigungspunkt, so ist*

$$\int_{\mathfrak{z}_0}^{\mathfrak{z}} E^{(1)}(\mathfrak{z}, \mathfrak{x})\, dz = -\int_{\mathfrak{z}_0}^{\mathfrak{z}} \frac{d\breve{F}^{(1)}(\mathfrak{x}, \mathfrak{z})}{dx}\, dz \tag{29′}$$

in der Abhängigkeit von der oberen Grenze überall regulär bis auf logarithmische Stellen bei $\mathfrak{x}$, $\mathfrak{m}$ und $\mathfrak{p}_\infty$ und einen darüber gelagerten Pol zweiter Ordnung bei $\mathfrak{p}_\infty$. Ist $\mathfrak{x}$ gleich $\mathfrak{n}$ oder einem $\mathfrak{a}_\sigma$, so verliert (29′) *den Sinn. Für $\mathfrak{x} = \mathfrak{m}$ verschwindet das Integral identisch in $\mathfrak{z}$.*

Satz 71. *In seiner Abhängigkeit vom Parameter $\mathfrak{x}$ ist*

$$\int_{\mathfrak{z}_0}^{\mathfrak{z}} E^{(1)}(\mathfrak{z}, \mathfrak{x})\, dz = -\int_{\mathfrak{z}_0}^{\mathfrak{z}} \frac{d\breve{F}^{(1)}(\mathfrak{x}, \mathfrak{z})}{dx}\, dz \tag{29′}$$

überall regulär, außer an den Stellen $\mathfrak{n}$, $\mathfrak{a}_\sigma$, die Pole erster Ordnung sind, und an den Stellen $\mathfrak{z}$ und $\mathfrak{z}_0$, die logarithmische Stellen mit den Koeffizienten ± 1 sind. $\mathfrak{x} = \mathfrak{m}$ ist Nullstelle. Beim Überschreiten des Integrationsweges von links nach rechts erleidet (29′) *den Sprung $-2\pi i$.*

Satz 72. *Der Satz* 69 *gilt unverändert auch für das Integral* (29′).

§ 36. Die Integrale zweiter und höherer Stufe von zwei Veränderlichen.

Die im Anfang von § 35 aufgezählten Integrale mit $h > 0$ führen wir durch Anwendung des Ableitungssatzes auf die beiden in § 35 untersuchten Integrale zurück.

Zunächst ist

$$\int_{\mathfrak{z}_0}^{\mathfrak{z}} dF^{(h+1)}(\mathfrak{z}, \mathfrak{x}) = \frac{1}{h!}\int_{\mathfrak{z}_0}^{\mathfrak{z}} \frac{d^h}{d\mathfrak{x}^h}\frac{dF^{(1)}(\mathfrak{z}, \mathfrak{x})}{dz} dz = \frac{1}{h!}\frac{d^h}{d\mathfrak{x}^h}\int_{\mathfrak{z}_0}^{\mathfrak{z}} dF^{(1)}(\mathfrak{z}, \mathfrak{x}).$$

Setzen wir für das Integral rechts die bei der Herleitung von Satz 67 und 68 gefundenen Reihenentwicklungen ein und berücksichtigen wir Satz 69, so erhalten wir:

Satz 73. *Das Integral*

$$\int_{\mathfrak{z}_0}^{\mathfrak{z}} dF^{(h+1)}(\mathfrak{z}, \mathfrak{x}), \qquad (h > 0), \tag{35}$$

ist in der Abhängigkeit von $\mathfrak{x}$ *elliptische Funktion, die bis auf Pole* h^{ter} *Ordnung mit den Hauptteilen* $\pm\frac{1}{h}\frac{(-1)^{h-1}}{\tau^h}$ *in* $\mathfrak{z}$ *und* $\mathfrak{z}_0$ *und einen Pol* $(h+1)^{\text{ter}}$ *Ordnung in* $\mathfrak{m}$ *regulär ist. In der Abhängigkeit von der oberen Grenze* $\mathfrak{z}$ *ist* (35) *Integral zweiter Gattung und bis auf einen Pol* h^{ter} *Ordnung in* $\mathfrak{x}$ *mit dem Hauptteil* $-\frac{1}{h}\frac{1}{t^h}$ *regulär.*

Ganz ebenso ist

$$\int_{\mathfrak{z}_0}^{\mathfrak{z}} E^{(h+1)}(\mathfrak{z}, \mathfrak{x})dz = \frac{1}{h!}\frac{d^h}{d\mathfrak{x}^h}\int_{\mathfrak{z}_0}^{\mathfrak{z}} E^{(1)}(\mathfrak{z}, \mathfrak{x})dz,$$

und daraus folgt wegen Satz 70—72 als Analogon zu Satz 73

Satz 74. *Das Integral*

$$\int_{\mathfrak{z}_0}^{\mathfrak{z}} E^{(h+1)}(\mathfrak{z}, \mathfrak{x})dz \qquad (h > 0) \tag{36}$$

ist in der Abhängigkeit von $\mathfrak{x}$ *elliptische Funktion, die bis auf Pole* h^{ter} *Ordnung mit den Hauptteilen* $\pm\frac{1}{h}\frac{(-1)^{h-1}}{\tau^h}$ *in* $\mathfrak{z}$ *und* $\mathfrak{z}_0$, *einen Pol* $(h+1)^{\text{ter}}$ *Ordnung in* $\mathfrak{n}$ *und Pole* $(2h+1)^{\text{ter}}$ *Ordnung in den* $\mathfrak{a}_\sigma$ *regulär ist. In der Abhängigkeit von der oberen Grenze* $\mathfrak{z}$ *ist* (36) *ein elliptisches Integral, das bis auf einen Pol mit dem Hauptteil* $-\frac{1}{h t^h}$ *in* $\mathfrak{x}$, *logarithmische Stellen in* $\mathfrak{m}$ *und* $\mathfrak{p}_\infty$ *und einen über letztere gelagerten Pol zweiter Ordnung regulär ist. Führt man in der Fläche von* $s(\mathfrak{z})$ *außer* (*a*), (*b*) *noch Schnitte* (c_1), (c_2) *nach* $\mathfrak{m}$ *und* $\mathfrak{p}_\infty$, *so wird das Integral eindeutig.*

Aus dem Ableitungssatz folgt ferner ($h > 0$)

$$(37)\quad \begin{cases} \displaystyle\int_{\mathfrak{z}_0}^{\mathfrak{z}} \breve{E}^{(h+1)}(\mathfrak{x}, \mathfrak{z})\,dz = \frac{1}{h!}\int_{\mathfrak{z}_0}^{\mathfrak{z}} \frac{d^h}{dz^h}\breve{E}^{(1)}(\mathfrak{x}, \mathfrak{z})\,dz = \frac{1}{h!}\left[\frac{d^{h-1}}{dz^{h-1}}\breve{E}^{(1)}(\mathfrak{x}, \mathfrak{z})\right]_{\mathfrak{z}_0}^{\mathfrak{z}} \\ \displaystyle\qquad = \frac{1}{h}\left[\breve{E}^{(h)}(\mathfrak{x}, \mathfrak{z})\right]_{\mathfrak{z}_0}^{\mathfrak{z}} = \frac{1}{h}\left(\breve{E}^{(h)}(\mathfrak{x}, \mathfrak{z}) - \breve{E}^{(h)}(\mathfrak{x}, \mathfrak{z}_0)\right), \end{cases}$$

und ganz ebenso

$$(38)\quad \int_{\mathfrak{z}_0}^{\mathfrak{z}} \frac{d\breve{F}^{(h+1)}(\mathfrak{x}, \mathfrak{z})}{dx}\,dz = \frac{1}{h}\left(\frac{d\breve{F}^{(h)}(\mathfrak{x}, \mathfrak{z})}{dx} - \frac{d\breve{F}^{(h)}(\mathfrak{x}, \mathfrak{z}_0)}{dx}\right).$$

Satz 75. *In geschlossener Form auswerten lassen sich die Integrale*

$$(37)\quad \int_{\mathfrak{z}_0}^{\mathfrak{z}} \breve{E}^{(h+1)}(\mathfrak{x}, \mathfrak{z})\,dz = \frac{1}{h}\left[\breve{E}^{(h)}(\mathfrak{x}, \mathfrak{z}) - \breve{E}^{(h)}(\mathfrak{x}, \mathfrak{z}_0)\right] \qquad (h > 0)$$

und

$$(38)\quad \int_{\mathfrak{z}_0}^{\mathfrak{z}} \frac{d\breve{F}^{(h+1)}(\mathfrak{x}, \mathfrak{z})}{dx}\,dz = \frac{1}{h}\left(\frac{d\breve{F}^{(h)}(\mathfrak{x}, \mathfrak{z})}{dx} - \frac{d\breve{F}^{(h)}(\mathfrak{x}, \mathfrak{z}_0)}{dx}\right) \qquad (h > 0),$$

hieraus kann man ihre Eigenschaften sofort ablesen. Sie sind elliptische Funktionen sowohl von $\mathfrak{x}$ *wie von* $\mathfrak{z}$ *und* $\mathfrak{z}_0$.

Durch die Gleichungen (37) und (38) erhalten die rechtsstehenden Differenzen von Elementarfunktionen und Elementardifferentialen besondere Bedeutung. Wir wollen deshalb für solche Differenzen abkürzende Bezeichnungen einführen. Wir setzen künftig

$$(39)\quad \begin{cases} \varepsilon^{(h)}(\mathfrak{z}, \mathfrak{x}_1, \mathfrak{x}_2) = \dfrac{1}{h}\left(E^{(h)}(\mathfrak{z}, \mathfrak{x}_2) - E^{(h)}(\mathfrak{z}, \mathfrak{x}_1)\right), \\ d\omega^{(h)}(\mathfrak{z}, \mathfrak{x}_1, \mathfrak{x}_2) = \dfrac{1}{h}\left(dF^{(h)}(\mathfrak{z}, \mathfrak{x}_2) - dF^{(h)}(\mathfrak{z}, \mathfrak{x}_1)\right), \end{cases}$$

analog $\breve{\varepsilon}^{(h)}$ und $d\breve{\omega}^{(h)}$.

Hätten wir statt der $E^{(h+1)}$ und $dF^{(h+1)}$ die algebraisch kanonischen Funktionen und Differentiale integriert, so hätten sich die (37), (38) entsprechenden Integrale wieder auswerten lassen. Es entstünden (39) entsprechende Bildungen, die wir transzendent kanonische Funktionen und Differentiale nennen; spezielle Fälle davon treten in der Literatur auf, wie z. B. in dem später zu beweisenden „Satz von der Vertauschung von Argument und Parameter bei Integralen dritter Gattung“.

Definition. Unter den transzendent kanonischen Funktionen und Differentialen verstehen wir folgende Bildungen:

$$\text{(Art 1a)}\quad \varepsilon^{(h)}(\mathfrak{z}, \mathfrak{x}_1, \mathfrak{x}_2,\ 1\mathrm{a}) = \varepsilon^{(h)}(\mathfrak{z}, \mathfrak{x}_1, \mathfrak{x}_2) + (-1)^{h+1} \overset{\mathfrak{n}}{\varphi}(\mathfrak{z}) \int_{\mathfrak{x}_1}^{\mathfrak{x}_2} d\breve{\mathfrak{F}}^{(h+1)}(\mathfrak{x}, \mathfrak{n}),$$

$$\text{(Art 2)}\quad \varepsilon^{(h)}(\mathfrak{z}, \mathfrak{x}_1, \mathfrak{x}_2,\ 2) = \varepsilon^{(h)}(\mathfrak{z}, \mathfrak{x}_1, \mathfrak{x}_2) + (-1)^{h+1} \overset{\mathfrak{n}}{\varphi}(\mathfrak{z}) \int_{\mathfrak{x}_1}^{\mathfrak{x}_2} \breve{\mathfrak{E}}^{(h+1)}(\mathfrak{x}, \mathfrak{n})\, dx,$$

$$\text{(Art 1b)}\quad d\omega^{(h)}(\mathfrak{z}, \mathfrak{x}_1, \mathfrak{x}_2,\ 1\mathrm{b}) = d\omega^{(h)}(\mathfrak{z}, \mathfrak{x}_1, \mathfrak{x}_2) + (-1)^{h+1} d\overset{\mathfrak{m}}{\psi}(\mathfrak{z}) \int_{\mathfrak{x}_1}^{\mathfrak{x}_2} \breve{\mathfrak{E}}^{(h+1)}(\mathfrak{x}, \mathfrak{m})\, dx,$$

$$\text{(Art 3)}\quad d\omega^{(h)}(\mathfrak{z}, \mathfrak{x}_1, \mathfrak{x}_2,\ 3) = d\omega^{(h)}(\mathfrak{z}, \mathfrak{x}_1, \mathfrak{x}_2) + (-1)^{h+1} d\overset{\mathfrak{m}}{\psi}(\mathfrak{z}) \int_{\mathfrak{x}_1}^{\mathfrak{x}_2} d\breve{\mathfrak{F}}^{(h+1)}(\mathfrak{x}, \mathfrak{m}).$$

Dabei sind die $\varepsilon^{(h)}(\mathfrak{z}, \mathfrak{x}_1, \mathfrak{x}_2)$, $d\omega^{(h)}(\mathfrak{z}, \mathfrak{x}_1, \mathfrak{x}_2)$ durch (39) definiert.

§ 37. Die Methode der Vertauschungstheoreme.

Von den im arithmetischen Teil abgeleiteten Sätzen haben wir bisher die Vertauschungstheoreme außer V.-Th. I_1, das ja auch in seiner Herleitung eine besondere Stellung einnimmt, nicht benutzt. Die Vertauschungstheoreme haben nun die Gestalt (vgl. S. 105, 106)

$$
\begin{array}{ll}
\text{V.-Th. } \mathrm{I}_{h+1} & E^{(h+1)}(\mathfrak{z}, \mathfrak{x})\,dx + (-1)^h\, d\breve{F}^{(h+1)}(\mathfrak{x}, \mathfrak{z}) + \sum \ldots, \\
\text{V.-Th. } \breve{\mathrm{I}}_{h+1} & dF^{(h+1)}(\mathfrak{z}, \mathfrak{x}) + (-1)^h\, \breve{E}^{(h+1)}(\mathfrak{x}, \mathfrak{z})\,dz + \sum \ldots, \\
\text{V.-Th. } \mathrm{II}_{h+1} & E^{(h+1)}(\mathfrak{z}, \mathfrak{x}) + (-1)^h\, \breve{E}^{(h+1)}(\mathfrak{x}, \mathfrak{z}) + \sum \ldots, \\
\text{V.-Th. } \mathrm{III}_{h+1} & dF^{(h+1)}(\mathfrak{z}, \mathfrak{x})\,dx + (-1)^h\, d\breve{F}^{(h+1)}(\mathfrak{x}, \mathfrak{z})\,dz + \sum \ldots,
\end{array}
$$

Dabei bedeutet $\sum \ldots$ jedesmal einen in Stammfunktionen (bzw. Stammdifferentialen) aus (K) und solchen aus $(\breve{K})$ bilinearen Ausdruck. Integriert man die Vertauschungstheoreme nach $\mathfrak{z}$, so erhält man wegen Satz 75, falls $h > 0$ ist:

$$
(40)\quad \begin{cases}
dx \displaystyle\int_{\mathfrak{z}_0}^{\mathfrak{z}} E^{(h+1)}(\mathfrak{z}, \mathfrak{x})\,dz = (-1)^{h+1}\, d\breve{\omega}^{(h)}(\mathfrak{x}, \mathfrak{z}_0, \mathfrak{z}) + \sum{}^{*} \ldots. \\
\displaystyle\int_{\mathfrak{z}_0}^{\mathfrak{z}} dF^{(h+1)}(\mathfrak{z}, \mathfrak{x}) = (-1)^{h+1}\, \breve{\varepsilon}^{(h)}(\mathfrak{x}, \mathfrak{z}_0, \mathfrak{z}) + \sum{}^{*} \ldots. \\
\displaystyle\int_{\mathfrak{z}_0}^{\mathfrak{z}} E^{(h+1)}(\mathfrak{z}, \mathfrak{x})\,dz = (-1)^{h+1}\, \breve{\varepsilon}^{(h)}(\mathfrak{x}, \mathfrak{z}_0, \mathfrak{z}) + \sum{}^{*} \ldots, \\
dx \displaystyle\int_{\mathfrak{z}_0}^{\mathfrak{z}} dF^{(h+1)}(\mathfrak{z}, \mathfrak{x}) = (-1)^{h+1}\, d\breve{\omega}^{(h)}(\mathfrak{x}, \mathfrak{z}_0, \mathfrak{z}) + \sum{}^{*} \ldots
\end{cases}
$$

Dabei bedeutet $\sum^*$ jedesmal einen bilinearen Ausdruck aus Stammfunktionen (bzw. Stammdifferentialen) aus $(\breve{K})$ einerseits und Stammintegralen aus (K) andrerseits.

Ist $h = 0$, so liefern V.-Th. I_1 bzw. V.-Th. $\breve{\mathrm{I}}_1$ die beiden Gleichungen (29) und (29′), dagegen V.-Th. II_1 und V.-Th. III_1 die Gleichungen

$$(41)\quad \begin{cases} \displaystyle\int_{\mathfrak{z}_0}^{\mathfrak{z}} E^{(1)}(\mathfrak{z}, \mathfrak{x})\,dz = -\int_{\mathfrak{z}_0}^{\mathfrak{z}} \breve{E}^{(1)}(\mathfrak{x}, \mathfrak{z})\,dz + \sum^* \ldots, \\ \displaystyle dx\int_{\mathfrak{z}_0}^{\mathfrak{z}} dF^{(1)}(\mathfrak{z}, \mathfrak{x}) = -dx\int_{\mathfrak{z}_0}^{\mathfrak{z}} \frac{d\breve{F}^{(1)}(\mathfrak{x}, \mathfrak{z})}{dx}\,dz + \sum^* \ldots \end{cases}$$

Diese Gleichungen (41) aber bedeuten nichts anderes als Darstellungen des Integrals (29′) durch (29), bekannte Funktionen (Differentiale) einer Variabeln $\mathfrak{x}$ und bekannte Integrale der einen Variabeln $\mathfrak{z}$. Setzt man die Sätze 67—69 als bekannt voraus, so folgen durch Diskussion von (41) leicht die Sätze 70—72. Ganz ebenso gibt die zweite und vierte Gleichung (40) erneut Satz 74 und die erste und dritte Gleichung (40) Satz 75.

Satz 76. *Integriert man die Vertauschungstheoreme* $(h+1)^{\text{ter}}$ *Stufe, so erhält man, falls* $h > 0$ *ist, für*

$$(35),\ (36)\qquad \int_{\mathfrak{z}_0}^{\mathfrak{z}} dF^{(h+1)}(\mathfrak{z}, \mathfrak{x}) \quad \text{und} \quad \int_{\mathfrak{z}_0}^{\mathfrak{z}} E^{(h+1)}(\mathfrak{z}, \mathfrak{x})\,dz$$

je eine Darstellung durch $\breve{\varepsilon}^{(h)}(\mathfrak{x}, \mathfrak{z}_0, \mathfrak{z})$, *Funktionen aus* $(\breve{K})$ *und Integrale aus* (K) *und je eine durch* $d\breve{\omega}^{(h)}(\mathfrak{x}, \mathfrak{z}_0, \mathfrak{z})$, *Differentiale aus* $(\breve{K})$ *und Integrale aus* (K). *Aus diesen Darstellungen läßt sich dann wieder Satz* 74 *und* 75 *ableiten.*

Für $h = 0$ *ergibt V.-Th.* II_1 *und V.-Th.* III_1 *je eine Darstellung von*

$$(29')\qquad \int_{\mathfrak{z}_0}^{\mathfrak{z}} E^{(1)}(\mathfrak{z}, \mathfrak{x})\,dz = -\int_{\mathfrak{z}_0}^{\mathfrak{z}} \frac{d\breve{F}^{(1)}(\mathfrak{x}, \mathfrak{z})}{dx}\,dz$$

durch

$$(29)\qquad \int_{\mathfrak{z}_0}^{\mathfrak{z}} dF^{(1)}(\mathfrak{z}, \mathfrak{x}) = -\int_{\mathfrak{z}_0}^{\mathfrak{z}} \breve{E}^{(1)}(\mathfrak{x}, \mathfrak{z})\,dz,$$

Funktionen bzw. Differentiale aus $(\breve{K})$ *und Integrale aus* (K). *Mit diesen Darstellungen lassen sich die Sätze* 70—72 *aus den Sätzen* 67—69 *ableiten und umgekehrt.*

Läßt man in den Gleichungen (40) $\mathfrak{z}_0 = \mathfrak{z}$ werden, d. h. integriert man über einen geschlossenen Weg, so verschwindet das $\varepsilon^{(h)}$ bzw. $d\omega^{(h)}$, wie aus der Definitionsgleichung (39) folgt. Ist der geschlossene Weg ein Periodenweg für das Integral links, so folgt aus der Bedeutung von $\sum^* \ldots$ der

Satz 77. *Die Perioden des Integrals*

$$\int_{\mathfrak{z}_0}^{\mathfrak{z}} dF^{(h+1)}(\mathfrak{z}, \mathfrak{x}) \qquad (h > 0) \tag{35}$$

sind als homogene lineare Funktionen der zum gleichen Weg gehörigen Perioden der Stammintegrale sowohl der Art 1b *wie der Art* 3 *darstellbar mit Funktionen aus* $(\breve{K})$ *als Koeffizienten. Ebenso sind die Perioden von*

$$\int_{\mathfrak{z}_0}^{\mathfrak{z}} E^{(h+1)}(\mathfrak{z}, \mathfrak{x})\, dz \qquad (h > 0) \tag{36}$$

als lineare homogene Funktionen der Perioden der Stammintegrale sowohl der Art 1a *wie der Art* 2 *mit Funktionen aus* $(\breve{K})$ *als Koeffizienten darstellbar.*

Besonders fruchtbar wird die Anwendung der Vertauschungstheoreme, wenn wir sie sowohl nach $\mathfrak{z}$ als nach $\mathfrak{x}$, also zweimal, integrieren. Wir führen dies nur am V.-Th. III_2 durch. Aus

$$\int_{\mathfrak{x}_1}^{\mathfrak{x}_2}\int_{\mathfrak{z}_1}^{\mathfrak{z}_2} dF^{(2)}(\mathfrak{z}, \mathfrak{x}; 3)\, dx = \int_{\mathfrak{x}_1}^{\mathfrak{x}_2}\int_{\mathfrak{z}_1}^{\mathfrak{z}_2} d\breve{F}^{(2)}(\mathfrak{x}, \mathfrak{z}; 3)\, dz$$

folgt wegen Satz 75, wenn wir ihn auf die kanonischen Differentiale übertragen:

$$\int_{\mathfrak{x}_1}^{\mathfrak{x}_2}\int_{\mathfrak{z}_1}^{\mathfrak{z}_2} dF^{(2)}(\mathfrak{z}, \mathfrak{x};\ 3)\, dx = \int_{\mathfrak{x}_1}^{\mathfrak{x}_2} d\breve{\omega}^{(1)}(\mathfrak{x}, \mathfrak{z}_1, \mathfrak{z}_2; 3)\,.$$

Vertauscht man links die Integrationen, was sicher erlaubt ist, wenn sich die Wege nicht kreuzen, und wendet nochmals Satz 75 an, so erhält man den „Satz von der Vertauschung von Argument und Parameter“

$$\int_{\mathfrak{z}_1}^{\mathfrak{z}_2} d\omega^{(1)}(\mathfrak{z}, \mathfrak{x}_1, \mathfrak{x}_2;\ 3) = \int_{\mathfrak{x}_1}^{\mathfrak{x}_2} d\breve{\omega}^{(1)}(\mathfrak{x}, \mathfrak{z}_1, \mathfrak{z}_2; 3)\,. \tag{42}$$

In dieser Gestalt tritt V.-Th. III_2 meist in der Literatur auf. Für das Folgende brauchen wir noch den Fall, daß die Wege $\mathfrak{x}_1\mathfrak{x}_2$ und $\mathfrak{z}_1\mathfrak{z}_2$ sich einmal überkreuzen. Durch Vertauschen der Integrationsgrenzen können wir stets erreichen, daß $\mathfrak{x}_1\mathfrak{x}_2$ den Weg $\mathfrak{z}_1\mathfrak{z}_2$ von rechts nach links überkreuzt. Wir nehmen dies im folgenden an. Bezeichnen wir den Kreuzungspunkt mit $\mathfrak{p}^+$ oder $\mathfrak{p}^-$, je nachdem wir uns ihm von der rechten oder linken Seite von $\mathfrak{z}_1\mathfrak{z}_2$ nähern, so ist

$$\int_{\mathfrak{x}_1}^{\mathfrak{x}_2} d\breve{\omega}^{(1)}(\mathfrak{x}, \mathfrak{z}_1, \mathfrak{z}_2; 3) = \int_{\mathfrak{x}_1}^{\mathfrak{p}^+} d\breve{\omega}^{(1)}(\mathfrak{x}, \mathfrak{z}_1, \mathfrak{z}_2; 3) + \int_{\mathfrak{p}^-}^{\mathfrak{x}_2} d\breve{\omega}^{(1)}(\mathfrak{x}, \mathfrak{z}_1, \mathfrak{z}_2; 3)\,.$$

Auf jedes der Teilintegrale dürfen wir (42) anwenden und erhalten:

$$\int_{\mathfrak{x}_1}^{\mathfrak{x}_2} d\breve{\omega}^{(1)}(\mathfrak{x}, \mathfrak{z}_1, \mathfrak{z}_2; 3) = \int_{\mathfrak{z}_1}^{\mathfrak{z}_2} \{d\omega^{(1)}(\mathfrak{z}, \mathfrak{x}_1, \mathfrak{p}^+; 3) + d\omega(\mathfrak{z}, \mathfrak{p}^-, \mathfrak{x}_2; 3)\}\,.$$

Aus (39) und der Definition der transzendent kanonischen Differentiale folgt aber:

$$d\omega^{(1)}(\mathfrak{z}, \mathfrak{x}_1, \mathfrak{p}^+; \mathfrak{Z}) + d\omega^{(1)}(\mathfrak{z}, \mathfrak{p}^-, \mathfrak{x}_2; \mathfrak{Z}) = d\omega^{(1)}(\mathfrak{z}, \mathfrak{x}_1, \mathfrak{x}_2; \mathfrak{Z}) + dF^{(1)}(\mathfrak{z}, \mathfrak{p}^+) - dF^{(1)}(\mathfrak{z}, \mathfrak{p}^-)$$

oder

$$\int_{\mathfrak{x}_1}^{\mathfrak{x}_2} d\breve{\omega}^{(1)}(\mathfrak{x}, \mathfrak{z}_1, \mathfrak{z}_2; \mathfrak{Z}) = \int_{\mathfrak{z}_1}^{\mathfrak{z}_2} d\omega^{(1)}(\mathfrak{z}, \mathfrak{x}_1, \mathfrak{x}_2; \mathfrak{Z}) + \int_{\mathfrak{z}_1}^{\mathfrak{z}_2} dF^{(1)}(\mathfrak{z}, \mathfrak{p}^+) - \int_{\mathfrak{z}_1}^{\mathfrak{z}_2} dF^{(1)}(\mathfrak{z}, \mathfrak{p}^-).$$

Die Differenz der beiden letzten Integrale ist aber nichts anderes als der Sprung von $\int_{\mathfrak{z}_1}^{\mathfrak{z}_2} dF^{(1)}(\mathfrak{z}, \mathfrak{x})$ als Funktion von $\mathfrak{x}$ an der Stelle $\mathfrak{p}$. Nach Satz 69 (Formel (33)) ist dieser Sprung gleich $-2\pi i$. Also ist:

$$\int_{\mathfrak{z}_1}^{\mathfrak{z}_2} d\omega^{(1)}(\mathfrak{z}, \mathfrak{x}_1, \mathfrak{x}_2; \mathfrak{Z}) = \int_{\mathfrak{x}_1}^{\mathfrak{x}_2} d\breve{\omega}^{(1)}(\mathfrak{x}, \mathfrak{z}_1, \mathfrak{z}_2; \mathfrak{Z}) + 2\pi i. \tag{43}$$

Wenn aber $\mathfrak{x}_1\mathfrak{x}_2$ den Weg $\mathfrak{z}_1\mathfrak{z}_2$ von rechts nach links überkreuzt, so kreuzt $\mathfrak{z}_1\mathfrak{z}_2$ den Weg $\mathfrak{x}_1\mathfrak{x}_2$ von links nach rechts und umgekehrt. Daher können wir (42) und (43) zusammenfassen in

Satz 78. (Satz von der Vertauschung von Argument und Parameter bei Integralen dritter Gattung.) *Überkreuzen sich die Wege $\mathfrak{z}_1\mathfrak{z}_2$ und $\mathfrak{x}_1\mathfrak{x}_2$ nicht, so ergibt das zweimal integrierte V.-Th. III_2*

$$\int_{\mathfrak{z}_1}^{\mathfrak{z}_2} d\omega^{(1)}(\mathfrak{z}, \mathfrak{x}_1, \mathfrak{x}_2; \mathfrak{Z}) = \int_{\mathfrak{x}_1}^{\mathfrak{x}_2} d\breve{\omega}^{(1)}(\mathfrak{x}, \mathfrak{z}_1, \mathfrak{z}_2; \mathfrak{Z}), \tag{42}$$

überkreuzt aber $\mathfrak{z}_1\mathfrak{z}_2$ den Weg $\mathfrak{x}_1\mathfrak{x}_2$ einmal von links nach rechts, so ist

$$\int_{\mathfrak{z}_1}^{\mathfrak{z}_2} d\omega^{(1)}(\mathfrak{z}, \mathfrak{x}_1, \mathfrak{x}_2; \mathfrak{Z}) = \int_{\mathfrak{x}_1}^{\mathfrak{x}_2} d\breve{\omega}^{(1)}(\mathfrak{x}, \mathfrak{z}_1, \mathfrak{z}_2; \mathfrak{Z}) + 2\pi i. \tag{43}$$

§ 38. Periodenreduktion und Periodenrelation.

Verbindet man Satz 63 mit Satz 66, so folgt, daß man die Perioden aller elliptischen Integrale linear und homogen aufbauen kann aus den speziellen zu den Periodenwegen (*b*) und (*a*) gehörigen Perioden $\omega_1, \omega_2, \eta_1, \eta_2$ der Stammintegrale erster und zweiter Gattung und den zu denselben Wegen gehörigen Perioden $\Omega_1^{(\mathfrak{b},\mathfrak{n})}, \Omega_2^{(\mathfrak{b},\mathfrak{n})}$ der Elementarintegrale dritter Gattung

$$\int_{\mathfrak{z}_0}^{\mathfrak{z}} d\mathfrak{F}^{(1)}(\mathfrak{z}, \mathfrak{d}).$$

Wir werden nun zeigen, daß die $\Omega_j^{(\mathfrak{b},\mathfrak{n})}$ sich linear homogen mit bekannten Koeffizienten durch die ω_j, η_j ausdrücken lassen. Da damit die Perioden des allgemeinsten elliptischen Integrals zurückgeführt sind auf die Perioden der Stammintegrale erster und zweiter Gattung, so sprechen wir von Periodenreduktion. Weiter wird sich aber ergeben, daß auch die vier Perioden ω_j, η_j nicht voneinander unabhängig sind, sondern daß zwischen ihnen eine sogenannte „bilineare Periodenrelation" besteht, die im speziellen Fall der elliptischen Integrale schon von Legendre entdeckt wurde und nach ihm benannt ist. Für den allgemeinen Fall der Abelschen Integrale finden sich diese bilinearen Periodenrelationen bei Riemann und Weierstraß. Alle diese Relationen entspringen aus dem Satz von der Vertauschung von Argument und Parameter. Sie sind wesentlich arithmetischer Natur; dies wird allerdings durch das meist zum Beweise gebrauchte transzendente Hilfsmittel der Integration über den ganzen Rand der zerschnittenen Riemannschen Fläche verdeckt. Erst Weierstraß hat den tieferen Grund dieser Relationen erkannt.

Setzen wir in (42) für die $d\omega$ ihre Definition ein, so läßt es sich schreiben:

$$(44)\quad \begin{cases} \int\limits_{\mathfrak{z}_1}^{\mathfrak{z}_2} dF^{(1)}(\mathfrak{z}, \mathfrak{x}_2) - \int\limits_{\mathfrak{z}_1}^{\mathfrak{z}_2} dF^{(1)}(\mathfrak{z}, \mathfrak{x}_1) + \int\limits_{\mathfrak{z}_1}^{\mathfrak{z}_2} d\overset{\mathfrak{m}}{\psi}(\mathfrak{z}) \int\limits_{\mathfrak{x}_1}^{\mathfrak{x}_2} d\breve{\mathfrak{F}}^{(2)}(\mathfrak{x}, \mathfrak{m}) \\ \qquad = \int\limits_{\mathfrak{x}_1}^{\mathfrak{x}_2} (d\breve{F}^{(1)}(\mathfrak{x}, \mathfrak{z}_2) - d\breve{F}^{(1)}(\mathfrak{x}, \mathfrak{z}_1)) + \int\limits_{\mathfrak{x}_1}^{\mathfrak{x}_2} d\breve{\overset{\mathfrak{m}}{\psi}}(\mathfrak{x}) \int\limits_{\mathfrak{z}_1}^{\mathfrak{z}_2} d\mathfrak{F}^{(2)}(\mathfrak{z}, \mathfrak{m}). \end{cases}$$

Bei festem $\mathfrak{x}_2 \neq \mathfrak{m}$ ist nun $dF^{(1)}(\mathfrak{z}, \mathfrak{x}_2) \equiv d\mathfrak{F}^{(1)}(\mathfrak{z}, \mathfrak{x}_2)$, wie aus der Definition von $dF^{(1)}(\mathfrak{z}, \mathfrak{x})$ sofort folgt. Ebenso für $\mathfrak{x}_1$.

Ist nun der Weg $\mathfrak{z}_1\mathfrak{z}_2$ ein Periodenweg s, so ist $\mathfrak{z}_1 = \mathfrak{z}_2$, und aus (44) wird:

$$(45)\quad \begin{cases} \int\limits_s d\mathfrak{F}^{(1)}(\mathfrak{z}, \mathfrak{x}_2) = \int\limits_s d\mathfrak{F}^{(1)}(\mathfrak{z}, \mathfrak{x}_1) - \int\limits_s d\overset{\mathfrak{m}}{\psi}(\mathfrak{z}) \int\limits_{\mathfrak{x}_1}^{\mathfrak{x}_2} d\breve{\mathfrak{F}}^{(2)}(\mathfrak{x}, \mathfrak{m}) \\ \qquad + \int\limits_s d\mathfrak{F}^{(2)}(\mathfrak{z}, \mathfrak{m}) \int\limits_{\mathfrak{x}_1}^{\mathfrak{x}_2} d\breve{\overset{\mathfrak{m}}{\psi}}(\mathfrak{x}). \end{cases}$$

(45) reduziert die Perioden eines beliebigen Elementarintegrals dritter Gattung auf die eines speziellen vorgegebenen und die Perioden der beiden Stammintegrale.

Wählt man speziell $\mathfrak{x}_1 = \mathfrak{n}$, so ist $d\mathfrak{F}^{(1)}(\mathfrak{z}, \mathfrak{x}_1) \equiv 0$ zu setzen, weil es kein genau einpoliges Differential gibt, und daher wird (45), wenn wir statt $\mathfrak{x}_2$ noch $\mathfrak{b}$ schreiben, zu

$$(46)\quad \int\limits_s d\mathfrak{F}^{(1)}(\mathfrak{z}, \mathfrak{b}) = -\int\limits_s d\overset{\mathfrak{m}}{\psi}(\mathfrak{z}) \int\limits_{\mathfrak{n}}^{\mathfrak{b}} d\breve{\mathfrak{F}}^{(2)}(\mathfrak{x}, \mathfrak{m}) + \int\limits_s d\mathfrak{F}^{(2)}(\mathfrak{z}, \mathfrak{m}) \int\limits_{\mathfrak{n}}^{\mathfrak{b}} d\breve{\overset{\mathfrak{m}}{\psi}}(\mathfrak{x}).$$

Ist s einmal der Periodenweg (b), dann der Periodenweg (a), so gibt das

$$(47)\quad \begin{cases} \Omega_1^{(\mathfrak{b}, \mathfrak{n})} = -\omega_1 \int\limits_{\mathfrak{n}}^{\mathfrak{b}} d\breve{\mathfrak{F}}^{(2)}(\mathfrak{x}, \mathfrak{m}) - \eta_1 \int\limits_{\mathfrak{n}}^{\mathfrak{b}} d\breve{\overset{\mathfrak{m}}{\psi}}(\mathfrak{x}) \\ \Omega_2^{(\mathfrak{b}, \mathfrak{n})} = -\omega_2 \int\limits_{\mathfrak{n}}^{\mathfrak{b}} d\breve{\mathfrak{F}}^{(2)}(\mathfrak{x}, \mathfrak{m}) - \eta_2 \int\limits_{\mathfrak{n}}^{\mathfrak{b}} d\breve{\overset{\mathfrak{m}}{\psi}}(\mathfrak{x}). \end{cases}$$

Für $\mathfrak{d} = \mathfrak{m}$ gilt dies nicht ohne weiteres. Hier lautet der Entwicklungssatz in der Umgebung von $\mathfrak{m}$:

$$dF^{(1)}(\mathfrak{z}, \mathfrak{x}) = \frac{d\psi(\mathfrak{z})}{\tau} + d\mathfrak{F}^{(1)}(\mathfrak{z}, \mathfrak{m}) + \tau\, d\mathfrak{F}^{(2)}(\mathfrak{z}, \mathfrak{m}) + \cdots,$$

also ist

$$d\mathfrak{F}^{(1)}(\mathfrak{z}, \mathfrak{m}) = [dF^{(1)}(\mathfrak{z}, \mathfrak{x})]_{\tau^0}.$$

Setzt man in (44) $x_2 = m + \tau$, $\mathfrak{x}_1 = \mathfrak{n}$, so ergibt der Koeffizient von τ^0, wenn $\mathfrak{z}_1\mathfrak{z}_2$ wieder der Periodenweg s ist, als Analogon zu (46)

$$(46') \quad \int_s d\mathfrak{F}^{(1)}(\mathfrak{z}, \mathfrak{m}) = -\int_s d\overset{\mathfrak{m}}{\psi}(\mathfrak{z}) \Big[\int_{\mathfrak{n}}^{\mathfrak{m}+\tau} d\mathfrak{F}^{(2)}(\mathfrak{x}, \mathfrak{m})\Big]_{\tau^0} + \int_s d\mathfrak{F}^{(2)}(\mathfrak{z}, \mathfrak{m}) \Big[\int_{\mathfrak{n}}^{\mathfrak{m}+\tau} d\breve{\overset{\mathfrak{m}}{\psi}}(\mathfrak{x})\Big]_{\tau^0}.$$

In dem letzten Integral darf man sogar einfach $\tau = 0$ setzen. Aus (46′) folgen die Analoga zu (47).

Ist übrigens $\mathfrak{n} = \mathfrak{m}$, so ist in (46) und (47) das erste Integral zwischen $\mathfrak{n}$ und $\mathfrak{d}$ zu ersetzen durch $\Big[\int_{\mathfrak{n}+\tau}^{\mathfrak{d}} d\breve{\mathfrak{F}}^{(2)}(\mathfrak{x}, \mathfrak{m})\Big]_{\tau^0}$, dafür fällt (46′) von selbst fort.

Satz 79. *Die Perioden $\Omega_1^{(\mathfrak{d},\mathfrak{n})}$, $\Omega_2^{(\mathfrak{d},\mathfrak{n})}$ des Elementarintegrals dritter Gattung $\int_{\mathfrak{z}_0}^{\mathfrak{z}} d\mathfrak{F}^{(1)}(\mathfrak{z}, \mathfrak{d})$ sind lineare homogene Funktionen der Perioden der beiden Stammintegrale erster und zweiter Gattung. Die Koeffizienten dieser linearen Ausdrücke sind Stammintegrale, deren Grenzen die logarithmischen Stellen $\mathfrak{d}$ und $\mathfrak{n}$ des Elementarintegrals sind, oder aber Entwicklungskoeffizienten solcher Integrale.*

Noch eine Bemerkung! Die Formeln (47) scheinen die $\Omega_j^{(\mathfrak{d},\mathfrak{n})}$ noch nicht zu bestimmen, da der Integrationsweg nicht angegeben ist. Will man aber in (47) beidemal denselben Integrationsweg von $\mathfrak{n}$ nach $\mathfrak{d}$ nehmen, so darf dieser weder (a) noch (b) kreuzen, da sonst die Anwendung von (42) nicht erlaubt wäre. Der Weg verläuft also ganz in der durch (a), (b) zerschnittenen Riemannschen Fläche. Auf dieser sind die beiden Stammintegrale aber eindeutig, also ist in (47) ein beliebiger solcher Weg zu nehmen.

Ist nicht nur $\mathfrak{z}_1\mathfrak{z}_2$, sondern auch $\mathfrak{x}_1\mathfrak{x}_2$ Periodenweg, so dürfen sie sich, wollen wir (44), d. h. (42) anwenden, nicht kreuzen. Ist $\mathfrak{z}_1\mathfrak{z}_2$ der Weg (b), so ist $\mathfrak{x}_1\mathfrak{x}_2$ ein geschlossener Weg, der nie (b), höchstens (a) überschreitet. Aus Satz 63 folgt dann, daß die zu $\mathfrak{x}_1\mathfrak{x}_2$ gehörigen Perioden, abgesehen von einem festen ganzzahligen Faktor, nichts anderes sind als die zu $\mathfrak{z}_1\mathfrak{z}_2$ gehörigen. Auf diese Weise folgt wegen des Zusammenfallens von (K) und $(\breve{K})$: Wird $\mathfrak{z}_1\mathfrak{z}_2$ der Periodenweg (b) oder (a), $\mathfrak{x}_1\mathfrak{x}_2$ ebenfalls Periodenweg, so gibt (44) die Identität $-\eta_1\omega_1 + \eta_1\omega_1 = 0$ (bzw. $-\eta_2\omega_2 + \eta_2\omega_2 = 0$).

Etwas Neues erhalten wir, wenn wir statt von (42) von (43) ausgehen. Ist $\mathfrak{z}_1\mathfrak{z}_2$ der Periodenweg (b), ($\mathfrak{x}_1\mathfrak{x}_2$) der Weg ($a$), so ist die Richtungsbedingung bei der Überkreuzung erfüllt. (43) gibt umgerechnet

$$\int_{\mathfrak{z}_1}^{\mathfrak{z}_2}(dF^{(1)}(\mathfrak{z},\mathfrak{x}_2) - dF^{(1)}(\mathfrak{z},\mathfrak{x}_1)) + \int_{\mathfrak{z}_1}^{\mathfrak{z}_2} d\overset{\mathfrak{m}}{\psi}(\mathfrak{z}) \int_{\mathfrak{x}_1}^{\mathfrak{x}_2} d\breve{\mathfrak{F}}^{(2)}(\mathfrak{x},\mathfrak{m})$$
$$= \int_{\mathfrak{x}_1}^{\mathfrak{x}_2}(d\breve{F}^{(1)}(\mathfrak{x},\mathfrak{z}_2) - d\breve{F}^{(1)}(\mathfrak{x},\mathfrak{z}_1)) + \int_{\mathfrak{x}_1}^{\mathfrak{x}_2} d\overset{\mathfrak{m}}{\breve{\psi}}(\mathfrak{x}) \int_{\mathfrak{z}_1}^{\mathfrak{z}_2} d\mathfrak{F}^{(2)}(\mathfrak{z},\mathfrak{m}) + 2\pi i,$$

und daraus folgt für unsere Integrationswege wegen des Zusammenfallens von (K) mit ($\breve{K}$) und $\mathfrak{z}_1 = \mathfrak{z}_2$, $\mathfrak{x}_1 = \mathfrak{x}_2$:

$$\omega_1\eta_2 - \omega_2\eta_1 = -2\pi i. \tag{48}$$

Satz 80. *Zwischen den Perioden der Stammintegrale erster und zweiter Gattung besteht eine bilineare Beziehung, die sog. Legendresche Relation*

$$\omega_1\eta_2 - \omega_2\eta_1 = -2\pi i. \tag{48}$$

Während im Fall der Klasse der elliptischen Funktionen nur überkreuzende Periodenwege eine bilineare Relation ergeben, nicht überkreuzende aber Identitäten, ergeben schon im Fall der hyperelliptischen Funktionen, die auf einer zweiblätterigen Fläche mit sechs Verzweigungspunkten rationalen Verhaltens sind, auf nicht überkreuzenden Wegen wesentlich neue bilineare Relationen. Im übrigen lassen sich auch die Formeln (47) unter Benutzung der Legendreschen Relation als Bilinearrelationen schreiben durch Auflösen nach den links als Koeffizienten stehenden Integralen.

§ 39. Rückblick auf die fünf ersten Kapitel.

Wir haben in Kap. 1, § 4 dargelegt, daß sich vom Standpunkt der allgemeinen Theorie der Riemannschen Funktionensysteme die Sätze über elliptische Funktionen naturgemäß in drei Kategorien gliedern. Die erste umfaßt alle Sätze, die auf der primitivsten Eigenschaft der elliptischen Funktionen beruhen, eine Klasse zu bilden. Die Sätze der zweiten Kategorie benutzen die Tatsache, daß die elliptischen Funktionen einen Körper bilden, die der letzten aber gelten nur für elliptische Funktionen, sind also die speziellsten von allen.

Der Inhalt der Kap. 2—4 gehört in die erste Kategorie mit Ausnahme einiger weniger Sätze, die in die dritte gehören. Die wichtigsten davon sind Kap. 2, Satz 10, 27, 27*. In die zweite Kategorie (bzw. eine etwas allgemeinere) gehört die spezielle Gestalt, die der Koeffizientensatz für Differentiale annimmt, der hier ja zum Residuensatz wird, und die sich auf diesen Satz gründende Einteilung der Differentiale und Integrale in solche erster, zweiter und dritter Gattung. Von den Sätzen des Kap. 5 gehören die in §§ 32, 35, 36, 37 enthaltenen in die erste Kategorie, dagegen die in §§ 33, 34, 38, d. h. die Sätze über die kanonische Zerschneidung und die Perioden der Integrale, in die zweite Kategorie. Alle diese Sätze haben nämlich zur Voraussetzung, daß wir eine Riemannsche Fläche zugrunde legen können, auf der wir Funktionen, Differentiale und Integrale betrachten. Dies können wir aber bei einem Riemannschen Funktionensystem dann und nur dann, wenn die einzelnen Funktionen jedes Systems Zweige ein und derselben analytischen Funktion sind. Dazu müssen aber die in Kap. 1, § 5 (22) mit A_σ bezeichneten Substitutionen Vertauschungssubstitutionen sein. Man kann nun zeigen, daß die Funktionen der Klasse einen Körper bilden, wenn alle A_σ Vertauschungssubstitutionen sind und umgekehrt. Die Eigenschaft, einen Körper zu bilden oder zur gleichen Riemannschen Fläche zu gehören, ist also gleichwertig. Wir gehen auf den Beweis nicht ein.

Im folgenden benutzen wir stets die Körpereigenschaft. Da dann stets (K) und $(\breve{K})$ zusammenfällt, lassen wir von jetzt ab die Unterscheidung der Klassen fallen. Alle Sätze, die jetzt bewiesen werden, gehören demnach in die zweite und dritte Kategorie.

Sechstes Kapitel.

Funktionen zweiter und dritter Art.

§ 40. Grundlagen.

Die Integration führt im Gegensatz zur Differentiation auf Transzendente, die der vorgelegten Funktionsklasse nicht angehören. Bei den elliptischen Integralen konnten wir alle diese neuen Transzendenten zurückführen auf die drei speziellen Integrale

$$\int d\psi(\mathfrak{z}), \quad \int d\mathfrak{F}^{(2)}(\mathfrak{z}, \mathfrak{m}), \quad \int d\mathfrak{F}^{(1)}(\mathfrak{z}, \mathfrak{d}). \tag{1}$$

Oft ist es möglich, mit Hilfe der Integrale weitere Transzendente zu bilden, die sich durch ihre einfachen Eigenschaften zur Untersuchung der gegebenen Funktionsklasse nutzbar machen lassen. Der wichtigste Prozeß zur Erzeugung solcher Transzendenten ist die Bildung von Ausdrücken der Gestalt

$$e^{\int f(\mathfrak{z})\,dz}.$$

Wir wenden uns deshalb dem Studium solcher Ausdrücke zu.

Zunächst bieten sich folgende Bildungen:

$$e^{\int d\psi(\mathfrak{z})}, \quad e^{\int d\mathfrak{F}^{(2)}(\mathfrak{z}, \mathfrak{m})}, \quad e^{\int d\mathfrak{F}^{(1)}(\mathfrak{z}, \mathfrak{b})}. \tag{2}$$

Aus den Eigenschaften der Integrale in Verbindung mit den Eigenschaften der Exponentialfunktion findet man:

1. $e^{\int d\psi(\mathfrak{z})}$ ist eine auf der zerschnittenen Fläche eindeutige, überall endliche Funktion; beim Überschreiten der Schnitte (a) und (b) multipliziert sie sich mit dem Faktor e^{ω_1} bzw. e^{ω_2}. Mit anderen Worten: längs (a) und ebenso längs (b) ist das Verhältnis der Funktionswerte in entsprechenden Punkten beider Ufer konstant.

   Ganz Entsprechendes gilt für $e^{\gamma \int d\psi(\mathfrak{z})}$, wo γ eine beliebige Konstante ist.

2. $e^{\int d\mathfrak{F}^{(2)}(\mathfrak{z}, \mathfrak{m})}$ ist auf der zerschnittenen Fläche eindeutig und bis auf eine wesentliche Singularität bei $\mathfrak{m}$ regulär und verschwindet nirgends. Beim Überschreiten der Schnitte ändert sich diese Tran-

szendente um die Faktoren e^{η_1} bzw. e^{η_2}, verhält sich also ganz ähnlich wie die eben betrachtete Bildung.

Ganz Entsprechendes gilt für $e^{\int d\mathfrak{F}^{(2)}(\mathfrak{z},\mathfrak{d})}$ — hier liegt nur die wesentliche Singularität bei $\mathfrak{d}$ — und für $e^{\gamma\int d\mathfrak{F}^{(2)}(\mathfrak{z},\mathfrak{d})}$.

Aus dem Kap. 4 Formel 52 folgt, daß die Faktoren für $e^{\int d\mathfrak{F}^{(2)}(\mathfrak{z},\mathfrak{d})}$ folgende sind:

$$e^{c_1\eta_1+c_2\omega_1}, \quad e^{c_1\eta_2+c_2\omega_2}$$

$$\text{mit } c_1=\frac{1}{s(\mathfrak{d})}, \quad c_2=-\left.\frac{d\mathfrak{F}^{(2)}(\mathfrak{x},\mathfrak{m})}{dx}\right|_{\mathfrak{x}=\mathfrak{d}}.$$

3. $e^{\int d\mathfrak{F}^{(1)}(\mathfrak{z},\mathfrak{d})}$ ist auf der zerschnittenen Fläche eindeutig und bis auf einen Pol erster Ordnung bei $\mathfrak{n}$ regulär, besitzt überdies an der Stelle $\mathfrak{d}$ eine Nullstelle erster Ordnung und verschwindet sonst nirgends. Beim Überschreiten von (a) und (b) multipliziert es sich mit einem konstanten Faktor der Gestalt $e^{c_1\eta_1+c_2\omega_1}$ bzw. $e^{c_1\eta_2+c_2\omega_2}$ wobei $c_1=\int\limits_{\mathfrak{n}}^{\mathfrak{d}} d\psi(\mathfrak{z})$, $c_2=\int\limits_{\mathfrak{n}}^{\mathfrak{d}} d\mathfrak{F}^{(2)}(\mathfrak{z},\mathfrak{m})$ ist. (Vgl. S. 142, Formel (46)).

Für $e^{\gamma\int d\mathfrak{F}^{(1)}(\mathfrak{z},\mathfrak{d})}$ ist bei positivem ganzzahligen γ der Punkt $\mathfrak{n}$ ein Pol, $\mathfrak{d}$ eine Nullstelle der Ordnung γ, im übrigen gilt dasselbe wie vorher. Ist γ negativ ganz, so tauschen $\mathfrak{n}$ und $\mathfrak{d}$ die Rolle. Für nichtganzes γ geht die Eindeutigkeit auf der zerschnittenen Fläche verloren, die Punkte $\mathfrak{n}$ und $\mathfrak{d}$ sind dann Verzweigungspunkte. Von Pol- und Nullstelle in $\mathfrak{n}$ und $\mathfrak{d}$ kann man nur noch bei reellem, rationalem γ sprechen.

Das allgemeinste elliptische Integral läßt sich nun auf die Gestalt bringen

$$\int f(\mathfrak{z})dz = y(\mathfrak{z})+\gamma_1\int d\psi(\mathfrak{z})+\gamma_2\int d\mathfrak{F}^{(2)}(\mathfrak{z},\mathfrak{m})+\sum_{\mathfrak{d}}\gamma_{\mathfrak{d}}\int d\mathfrak{F}^{(1)}(\mathfrak{z},\mathfrak{d}),$$

wobei $y(\mathfrak{z})$ eine elliptische Funktion ist. Aus 1., 2., 3. läßt sich dann sofort das Verhalten von

$$w=e^{\int f(\mathfrak{z})dz}$$

ablesen: w hat längs (a) und (b) konstante Multiplikatoren, wesentliche Singularitäten in den Polen von $y(\mathfrak{z})$ und in $\mathfrak{m}$, d. h. an den Polen von $f(\mathfrak{z})dz$, die von höherer als der ersten Ordnung sind, Nullstellen und Pole oder Verzweigungsstellen an den Stellen $\mathfrak{d}$ und $\mathfrak{n}$.

Wir werden im folgenden nur den Fall zu betrachten haben, daß $y(\mathfrak{z})=0$, $\gamma_2=0$, aber alle $\gamma_{\mathfrak{d}}$ ganz sind; doch treten in der Literatur auch die allgemeineren Bildungen auf, so z. B. eine der unter 2. betrachteten Transzendenten verwandte Bildung bei Perron: Über ganze transzendente

Funktionen auf Riemannschen Flächen (Sitzungsberichte der Heidelberger Akad. der Wiss.; math.-naturw. Klasse, Abt. A, 1922, 2. Abhandlung).

Charakteristisch für alle diese neuen Bildungen ist von ihrem Verhalten im großen das Auftreten konstanter Multiplikatoren längs (a) und (b).

Definition. Alle auf der durch (a), (b) zerschnittenen Fläche bis auf Pole regulären Funktionen, die sich beim Überschreiten von (a) und (b) um konstante Faktoren ändern, heißen **multiplikative elliptische Funktionen,** und zwar **unverzweigte** multiplikative elliptische Funktionen oder **elliptische Funktionen zweiter Art,** falls sie auf der zerschnittenen Fläche eindeutig sind, sonst verzweigte multiplikative elliptische Funktionen.

Beispiele für solche multiplikativen Funktionen sind die unter 1. und 3. betrachteten Bildungen, nicht aber die unter 2. fallenden wegen ihrer wesentlichen Singularität.

§ 41. Die elliptischen Funktionen zweiter Art.

Es sei $f(\mathfrak{z})$ eine fest gegebene (unverzweigte) elliptische Funktion zweiter Art, μ_1, μ_2 ihre Multiplikatoren an (a) und (b). Es ist sicher weder μ_1 noch μ_2 Null, denn sonst wäre $f(\mathfrak{z})$ längs einer ganzen Kurve Null, d. h. es müßte identisch verschwinden.

Satz 81. *Die Multiplikatoren einer Funktion zweiter Art sind beide von Null verschieden.*

Es sei nun

$$\mathfrak{Q} = \mathfrak{p}_1 \mathfrak{p}_2 \cdots \mathfrak{p}_\varkappa \mathfrak{q}_1^{-1} \mathfrak{q}_2^{-1} \cdots \mathfrak{q}_\lambda^{-1}$$

der vollständige Divisor von $f(\mathfrak{z})$ [1]). Wir wollen zeigen, daß notwendig $\varkappa = \lambda$ sein muß. Zu diesem Zwecke bilden wir uns die multiplikative Funktion

$$w = e^{-\sum\limits_\mu \int d\mathfrak{F}^{(1)}(\mathfrak{z}, \mathfrak{p}_\mu) + \sum\limits_\nu \int d\mathfrak{F}^{(1)}(\mathfrak{z}, \mathfrak{q}_\nu)}.$$

Der Ausdruck $f(\mathfrak{z}) \cdot w$ stellt dann ebenfalls eine Funktion zweiter Art dar, die nirgends Nullstellen und nirgends Pole hat, außer höchstens bei $\mathfrak{n}$, wo die Ordnungszahl $\varkappa - \lambda$ ist:

$$\begin{aligned} f(\mathfrak{z})\, w &= t^{\varkappa-\lambda}\, \mathfrak{P}(t) \quad \text{bei } \mathfrak{n} \ (\mathfrak{P}(0) \neq 0), \\ &= \mathfrak{P}(t) \quad \text{sonst } (\mathfrak{P}(0) \neq 0). \end{aligned}$$

Daraus folgt:

$$\begin{aligned} \log(f(\mathfrak{z})\, w)) &= (\varkappa - \lambda) \log t + \mathfrak{P}(t) \quad \text{bei } \mathfrak{n}, \\ &= \mathfrak{P}(t) \quad \text{sonst}. \end{aligned}$$

---

[1]) Die $\mathfrak{p}_\mu$ brauchen nicht sämtlich verschieden zu sein, ebenso die $\mathfrak{q}_\nu$.

Ferner erleidet $\log(f(\mathfrak{z})\,w)$ längs (a) und (b) konstante Sprünge, ist also ein elliptisches Integral dritter Gattung und zwar mit nur einer logarithmischen Unstetigkeitsstelle. Ein solches gibt es aber gar nicht, daher muß notwendig $\varkappa = \lambda$, d. h. $\log(f(\mathfrak{z})\,w)$ ein überall endliches Integral sein:

$$\log(f(\mathfrak{z})\,w) = c \int d\overset{\mathfrak{m}}{\psi}(\mathfrak{z}).$$

Wir haben demnach

Satz 82. *Der vollständige Divisor einer jeden Funktion zweiter Art hat die Gesamtordnung Null, jede solche Funktion besitzt also bei der üblichen Zählung ebenso viele Nullstellen wie Pole.*

Ist insbesondere $\mu_1 = \mu_2 = 1$, so ist $f(\mathfrak{z})$ eine elliptische Funktion, und wir haben

Zusatz zu Satz 82. *Die Summe der Ordnungszahlen einer elliptischen Funktion ist stets Null.*

Ferner folgt aus unseren Überlegungen der

Satz 83. *Jede Funktion zweiter Art läßt sich darstellen in der Gestalt*

$$f(\mathfrak{z}) = e^{c\int d\overset{\mathfrak{m}}{\psi}(\mathfrak{z}) + \sum_{\nu=1}^{\varkappa} \int d\mathfrak{F}^{(1)}(\mathfrak{z},\mathfrak{p}_\nu) - \sum_{\nu=1}^{\varkappa} \int d\mathfrak{F}^{(1)}(\mathfrak{z},\mathfrak{q}_\nu)};$$

insbesondere gilt eine solche Darstellung für jede elliptische Funktion.

Ist $y(\mathfrak{z})$ eine elliptische Funktion, so ist

$$y(\mathfrak{z})\,f(\mathfrak{z})$$

eine Funktion zweiter Art mit denselben Multiplikatoren μ_1, μ_2 wie $f(\mathfrak{z})$, und hat man zwei Funktionen zweiter Art mit gleichen Multiplikatoren, so ist ihr Quotient eine elliptische Funktion. Darauf gründet sich die transzendente Klasseneinteilung der Funktionen zweiter Art:

Alle Funktionen zweiter Art mit den gleichen Multiplikatoren μ_1, μ_2 bilden eine Klasse[1]) multiplikativer Funktionen.

Neben diese Klasseneinteilung tritt eine arithmetische nach Divisoren. Mit $f(\mathfrak{z})$ ist auch $y(\mathfrak{z})f(\mathfrak{z})$ multiplikative Funktion. Ist nun der vollständige Divisor von $f(\mathfrak{z})$ wieder

$$\mathfrak{Q} = \mathfrak{p}_1\,\mathfrak{p}_2 \cdots \mathfrak{p}_\varkappa\,\mathfrak{q}_1^{-1}\,\mathfrak{q}_2^{-1} \cdots \mathfrak{q}_\varkappa^{-1}$$

und $\mathfrak{Q}^*$ der vollständige Divisor von $y(\mathfrak{z})$, so hat $y(\mathfrak{z})\,f(\mathfrak{z})$ den vollständigen Divisor $\mathfrak{Q}\cdot\mathfrak{Q}^*$. Aus dem ersten Anzahltheorem (Satz 26)

$$U - V = -p - q - 1$$

[1]) Die in Kap. I, § 5 aufgezählten ersten vier Klasseneigenschaften sind erfüllt; die fünfte kommt nicht in Betracht, da sie nur aussagt, daß nicht die ersten (bzw. zweiten) Funktionen der Paare für sich schon eine Klasse bilden dürften. Die fünfte Klasseneigenschaft ist also eine Irreduzibilitätsforderung.

folgt wegen $p = 1$ und $V \geqq 0$, daß zu jedem Divisor der Gesamtordnung $q = -1$ mindestens ein Multiplum gehört, denn dann ist

$$U \geqq U - V = 1.$$

Es gibt also eine elliptische Funktion $y(\mathfrak{z})$, welche Multiplum von

$$\mathfrak{p}_1^{-1}\,\mathfrak{p}_2^{-1}\cdots\mathfrak{p}_\varkappa^{-1}\,\mathfrak{n}^{-1}\,\mathfrak{q}_1\,\mathfrak{q}_2\cdots\mathfrak{q}_\varkappa = \mathfrak{Q}^{-1}\,\mathfrak{n}^{-1}$$

ist. Diese hat, da nach Zusatz zu Satz 82 die Summe der Ordnungszahlen im vollständigen Divisor von $y(\mathfrak{z})$ Null ist, noch eine Nullstelle $\mathfrak{p}^*$. Ist $\mathfrak{Q}^*$ der vollständige Divisor dieses speziellen $y(\mathfrak{z})$, so ist der vollständige Divisor von $y(\mathfrak{z})\,f(\mathfrak{z})$ gerade

$$\mathfrak{Q}^*\,\mathfrak{Q} = \mathfrak{p}^*\cdot\mathfrak{n}^{-1}.$$

Die arithmetische Klasseneinteilung setzt man folgendermaßen fest:

Alle Funktionen zweiter Art, deren Divisoren sich voneinander nur durch den vollständigen Divisor einer elliptischen Funktion unterscheiden, bilden eine Klasse multiplikativer Funktionen.

Aus den letzten Überlegungen folgt nun sofort

Satz 84. *Eine Klasse multiplikativer Funktionen wird arithmetisch durch einen Divisor der Gestalt* $\mathfrak{p}^*\,\mathfrak{n}^{-1}$ *gegeben; zu jedem solchen Divisor gehören auch wirklich Funktionen, nämlich:*

$$e^{\int d\mathfrak{F}^{(1)}(\mathfrak{z},\,\mathfrak{p}^*) + \gamma \int d\overset{\mathfrak{m}}{\psi}(\mathfrak{z})} \qquad (\gamma = \text{const})$$

und nur diese. Jede andere Funktion der Klasse entsteht aus dieser durch Multiplikation mit einer elliptischen Funktion.

Aus der Definition folgt, daß alle Funktionen, die bei der transzendenten Einteilung eine Klasse bilden, zur gleichen Klasse bei arithmetischer Einteilung gehören; das Umgekehrte ist jedoch nicht der Fall, denn wie die in Satz 84 angegebene Funktion zeigt, gehören nicht nur die Funktionen mit den Multiplikatoren μ_1, μ_2 in dieselbe arithmetische Klasse, sondern außerdem noch die Funktionen mit den Multiplikatoren $e^{\gamma\omega_1}\cdot\mu_1$, $e^{\gamma\omega_2}\cdot\mu_2$, wobei γ irgendeine Konstante ist. Soll eine vollständige Übereinstimmung der arithmetischen und der transzendenten Klasseneinteilung erreicht werden, so muß daher eine Zusatzbedingung über die Multiplikatoren μ_1, μ_2 hinzukommen, z. B. die, daß ihr absoluter Betrag stets die Einheit ist. Dies sind zwei Forderungen, die erfüllbar sind, da Real- und Imaginärteil von γ zu ihrer Erfüllung zur Verfügung stehen und $\frac{\omega_1}{\omega_2}$ nicht reell sein kann[1]).

---

[1]) Letzteres folgt aus den Eigenschaften der durch das Integral erster Gattung vermittelten konformen Abbildung der Riemannschen Fläche von $s(\mathfrak{z})$. Vgl. § 53.

Satz 85. *Fügt man noch eine Normierungsbestimmung über die Multiplikatoren μ_1, μ_2 hinzu, so decken sich arithmetische und transzendente Klasseneinteilung der multiplikativen elliptischen Funktionen genau.*

Die Klasse der elliptischen Funktionen ist bei der arithmetischen Einteilung die spezielle Klasse, für die $\mathfrak{p}^* = \mathfrak{n}$ ist[1]), bei der transzendenten Einteilung die mit $\mu_1 = \mu_2 = 1$. Sie bildet unter den Klassen multiplikativer Funktionen die sogenannte Hauptklasse.

Für die Klassen multiplikativer Funktionen wären nun die gleichen Untersuchungen (arithmetische Untersuchung der Funktionen und Differentiale, Anzahltheoreme, Elementarfunktionen und Elementardifferentiale, Vertauschungs- und Reduktionssätze, Integrale) durchzuführen, wie wir sie im Falle der Hauptklasse durchgeführt haben. Ebenso wie die unverzweigten multiplikativen Funktionen kann man auch die verzweigten behandeln. Wir verweisen hierfür auf R. König, Arithmetische Theorie der verzweigten multiplikativen Funktionen und Differentiale, Journal für die reine und angewandte Mathematik, Bd. 146 (1916).

§ 42. Die Funktion $P_{\mathfrak{n}}\binom{\mathfrak{d}}{\mathfrak{z}}$.

In der in Satz 84 auftretenden Funktion

$$P_{\mathfrak{n}}\binom{\mathfrak{d}}{\mathfrak{z}} = e^{\int d\mathfrak{F}^{(1)}(\mathfrak{z},\mathfrak{d}) + \gamma \int d\psi(\mathfrak{z})},$$

bei der die Integrationskonstante irgendwie festgelegt sein möge (etwa durch Fehlen des Glieds mit t^0 in der Entwicklung des Exponenten bei $\mathfrak{d}$), sei γ so gewählt, daß die Multiplikatoren beide den absoluten Betrag 1 besitzen. Die Funktion hat einen einfachen Pol bei $\mathfrak{n}$ und eine einfache Nullstelle bei $\mathfrak{d}$. Sie repräsentiert uns gleichzeitig die durch den Divisor $\mathfrak{d}\mathfrak{n}^{-1}$ gegebene Klasse multiplikativer Funktionen, denn jede Funktion der Klasse ist darstellbar in der Form

$$y(\mathfrak{z})\, P_{\mathfrak{n}}\binom{\mathfrak{d}}{\mathfrak{z}},$$

wobei $y(\mathfrak{z})$ eine elliptische Funktion ist.

Statt $P_{\mathfrak{n}}\binom{\mathfrak{d}}{\mathfrak{z}}$ hätten wir mit ganz analogen Eigenschaften

$$P\left(\begin{matrix}\mathfrak{d}\\ \mathfrak{z}\end{matrix}, \mathfrak{p}_\infty\right) = \frac{P_{\mathfrak{n}}\binom{\mathfrak{d}}{\mathfrak{z}}}{P_{\mathfrak{n}}\binom{\mathfrak{p}_\infty}{\mathfrak{z}}}.$$

Satz 83 sagt nun aus, daß — abgesehen von dem Faktor $e^{\int d\psi}$ — jede multiplikative elliptische Funktion, und also auch jede elliptische Funk-

[1]) Denn sonst wäre $e^{\int d\mathfrak{F}^{(1)}(\mathfrak{z},\mathfrak{p}^*) + \gamma \int d\psi}$ eine einpolige elliptische Funktion.

tion selbst, sich als Produkt von $P_\mathfrak{n}(\overset{\mathfrak{b}}{\mathfrak{z}})$, oder auch von $P(\overset{\mathfrak{b}}{\mathfrak{z}}, \mathfrak{p}_\infty)$ darstellen läßt.

Es sei nun

$$\mathfrak{G} = \frac{\mathfrak{p}_1 \mathfrak{p}_2 \cdots \mathfrak{p}_h}{\mathfrak{p}_\infty^h}$$

ein **vollständiger** ganzer Divisor. Dieser definiert das Ideal $J(\mathfrak{G})$ in der Hauptklasse. Ebenso definiert aber $P(\overset{\mathfrak{p}_j}{\mathfrak{z}}, \mathfrak{p}_\infty)$ das Ideal $J(\mathfrak{p}_j)$ in der multiplikativen Klasse $\mathfrak{p}_j \mathfrak{p}_\infty^{-1}$; jede Funktion dieses Ideals $J(\mathfrak{p}_j)$ ist darstellbar in der Gestalt

$$\eta(\mathfrak{z}) \cdot P(\overset{\mathfrak{p}_j}{\mathfrak{z}}, \mathfrak{p}_\infty),$$

wenn wir unter $\eta(\mathfrak{z})$ eine ganze elliptische Funktion verstehen. Andrerseits ist

$$H(\mathfrak{z}) = \prod_j P(\overset{\mathfrak{p}_j}{\mathfrak{z}}, \mathfrak{p}_\infty)$$

nicht nur genaues Multiplum von $\mathfrak{G}$, sondern überdies elliptische Funktion, d. h. es besitzt an beiden Schnitten die Multiplikatoren 1. Ist nämlich H^* **die** elliptische Funktion, die genaues Multiplum von $\mathfrak{G}$ ist, so hat $\frac{H^*}{H}$ notwendig die Gestalt $e^{\gamma\int d\psi(\mathfrak{z})}$ und Multiplikatoren vom absoluten Betrag 1. Da $\frac{\omega_1}{\omega_2}$ nicht reell sein kann, folgt aus dem letzten aber $\gamma = 0$, d. h. $H^* = H$. Jede Funktion aus $J(\mathfrak{G})$ hat folglich die Gestalt $\eta \cdot H$, wobei η wie oben ganze elliptische Funktion ist, und ist daher darstellbar als Produkt aus je einer Funktion aus $J(\mathfrak{p}_1), J(\mathfrak{p}_2), \ldots, J(\mathfrak{p}_h)$. Man kann sofort sehen, daß die Wahl dieser Faktoren noch in gewisser Hinsicht willkürlich ist, denn $\eta \cdot H$ kann z. B. dargestellt werden als Produkt **entweder** von

$$\eta \cdot P(\overset{\mathfrak{p}_1}{\mathfrak{z}}, \mathfrak{p}_\infty),\ P(\overset{\mathfrak{p}_2}{\mathfrak{z}}, \mathfrak{p}_\infty),\ \ldots,\ P(\overset{\mathfrak{p}_h}{\mathfrak{z}}, \mathfrak{p}_\infty)$$

oder von

$$P(\overset{\mathfrak{p}_1}{\mathfrak{z}}, \mathfrak{p}_\infty),\ \eta \cdot P(\overset{\mathfrak{p}_2}{\mathfrak{z}}, \mathfrak{p}_\infty),\ P(\overset{\mathfrak{p}_3}{\mathfrak{z}}, \mathfrak{p}_\infty),\ \ldots,\ P(\overset{\mathfrak{p}_h}{\mathfrak{z}}, \mathfrak{p}_\infty)$$

usw.

Die Zerlegung der Funktionen in $J(\mathfrak{G})$ in solche aus $J(\mathfrak{p}_1), J(\mathfrak{p}_2), \ldots, J(\mathfrak{p}_h)$ ist daher nicht eindeutig, wohl aber sind durch $\mathfrak{G}$ die Ideale $J(\mathfrak{p}_\nu)$, aus denen die Faktoren zu nehmen sind, bestimmt. Man sagt, um diesen Sachverhalt kurz auszudrücken:

Das Ideal $J(\mathfrak{G})$ **ist das Produkt der Ideale** $J(\mathfrak{p}_j)$; **diese Zerlegung des „Hauptideals" in „Primideale" ist eindeutig.**

Wir haben hier das genaue Analogon zur Idealtheorie in der höheren Arithmetik, dabei wird hier in der Funktionentheorie alles viel anschaulicher und faßbarer. Man vergleiche dazu: R. König, Arithmetisch-funktionentheoretische Parallelen, Jahresberichte der d. M. V. 23 (1914).

§ 43. Transzendente, erzeugt durch mehrmalige Integration.

Neue wichtige Transzendente ergeben sich, wenn man statt nur einmal zu integrieren, dies zweimal tut, bevor man in den Exponenten erhebt.

Es sei $J(\mathfrak{z})$ ein elliptisches Integral, $df(\mathfrak{z})$ ein elliptisches Differential. Dann hätte man also Bildungen der Gestalt

$$e^{\int J(\mathfrak{z})\,df(\mathfrak{z})}$$

zu untersuchen.

Hier ist die Mannigfaltigkeit der Bildungen, schon wegen der großen Willkürlichkeit von $df(\mathfrak{z})$ viel größer als bei einmaliger Integration — liefert uns hier doch kein Reduktionssatz die Möglichkeit, uns bei der Untersuchung auf wenige spezielle Bildungen zu beschränken!

Verlangt man jedoch, daß $\int J(\mathfrak{z})\,df(\mathfrak{z})$ nur an den gleichen Stellen singulär werden soll, wie $J(\mathfrak{z})$ selbst, so wird das für jedes $J(\mathfrak{z})$ nur dann erreicht, wenn wir $df(\mathfrak{z}) = d\overset{1}{\varphi}(\mathfrak{z})$ setzen.

Wegen des Reduktionssatzes können wir uns dann auf die drei speziellen Integrale beschränken:

1. $\int\left\{\int d\overset{\mathfrak{m}}{\varphi}(\mathfrak{z})\right\}d\overset{\mathfrak{m}}{\varphi}(\mathfrak{z})$,
2. $\int\left\{\int d\mathfrak{F}^{(2)}(\mathfrak{z},\mathfrak{m})\right\}d\overset{\mathfrak{m}}{\varphi}(\mathfrak{z})$,
3. $\int\left\{\int d\mathfrak{F}^{(1)}(\mathfrak{z},\mathfrak{d})\right\}d\overset{\mathfrak{m}}{\varphi}(\mathfrak{z})$.

Das erste Integral ist wieder auf der ganzen zerschnittenen Fläche endlich, das zweite hat auf der zerschnittenen Fläche eine einzige logarithmische Stelle bei $\mathfrak{m}$ mit der Entwicklung $-\log t + \mathfrak{P}(t)$, das dritte schließlich hat singuläre Stellen bei $\mathfrak{d}$ und $\mathfrak{n}$, in deren Umgebung es sich, wie eine einfache Rechnung zeigt, verhält wie $\mathfrak{P}_1(t)\log t + \mathfrak{P}_2(t)$.

Damit ist das Verhalten im kleinen erledigt; es bleibt das Verhalten im großen, d. h. das Verhalten längs (a) und (b) und die Frage der Eindeutigkeit auf der zerschnittenen Fläche zu behandeln.

Wegen der Willkürlichkeit der Integrationskonstanten des inneren Integrals ist das erste Integral bestimmt bis auf ein additives, überall endliches Integral, ebenso das zweite und dritte Integral.

Ist die Integrationskonstante einmal festgelegt, so ist das erste Integral auf der zerschnittenen Fläche eindeutig.

Wir setzen

$$J(\mathfrak{z}) = \int d\overset{\mathfrak{m}}{\psi}(\mathfrak{z})$$

und haben dann zu integrieren

$$w(\mathfrak{z}) = \int_{\mathfrak{z}_0}^{\mathfrak{z}} J(\mathfrak{z})\, d\overset{\mathfrak{m}}{\psi}(\mathfrak{z}).$$

Das unbestimmte Integral unterscheidet sich von diesem bestimmten ja nur um eine Konstante.

Es sei nun $\mathfrak{p}$ ein fester, $\mathfrak{z}$ ein beweglicher Punkt auf (a). Dann ist

$$\int_{\mathfrak{z}_0}^{\mathfrak{z}^+} J(\mathfrak{z})\, d\psi(\mathfrak{z}) = \int_{\mathfrak{z}_0}^{\mathfrak{p}^+} J(\mathfrak{z})\, d\psi(\mathfrak{z}) + \int_{\mathfrak{p}^+}^{\mathfrak{z}^+} J(\mathfrak{z})\, d\psi(\mathfrak{z}),$$

$$\int_{\mathfrak{z}_0}^{\mathfrak{z}^-} J(\mathfrak{z})\, d\psi(\mathfrak{z}) = \int_{\mathfrak{z}_0}^{\mathfrak{p}^-} J(\mathfrak{z})\, d\psi(\mathfrak{z}) + \int_{\mathfrak{p}^-}^{\mathfrak{z}^-} J(\mathfrak{z})\, d\psi(\mathfrak{z}).$$

Oder: der Sprung $w(\mathfrak{z}^-) - w(\mathfrak{z}^+)$ von $w(\mathfrak{z})$ längs (a) ist

$$\Big\{\int_{\mathfrak{z}_0}^{\mathfrak{p}^-} J(\mathfrak{z})\, d\psi(\mathfrak{z}) - \int_{\mathfrak{z}_0}^{\mathfrak{p}^+} J(\mathfrak{z})\, d\psi(\mathfrak{z})\Big\} + \Big\{\int_{\mathfrak{p}^-}^{\mathfrak{z}^-} J(\mathfrak{z})\, d\psi(\mathfrak{z}) - \int_{\mathfrak{p}^+}^{\mathfrak{z}^+} J(\mathfrak{z})\, d\psi(\mathfrak{z})\Big\}.$$

Die erste Klammer ist der Sprung an der Stelle $\mathfrak{p}$, also eine Konstante, die $A_{\mathfrak{p}}$ heißen möge, die zweite Klammer kann man auch schreiben:

$$\int_{\mathfrak{p}}^{\mathfrak{z}} \{J(\mathfrak{z}^-) - J(\mathfrak{z}^+)\}\, d\psi(\mathfrak{z}) = \int_{\mathfrak{p}}^{\mathfrak{z}} \omega_1\, d\psi(\mathfrak{z}) = \omega_1 \int_{\mathfrak{p}}^{\mathfrak{z}} d\psi(\mathfrak{z}).$$

Der Gesamtsprung längs (a) ist demnach

$$A_{\mathfrak{p}} + \omega_1 \int_{\mathfrak{p}}^{\mathfrak{z}} d\psi(\mathfrak{z})$$

und ebenso der Sprung $w(\mathfrak{z}^+) - w(\mathfrak{z}^-)$ längs (b), wenn wir jetzt für $\mathfrak{p}$ den Kreuzungspunkt von (a) und (b) nehmen:

$$B_{\mathfrak{p}} + \omega_2 \int_{\mathfrak{p}}^{\mathfrak{z}} d\psi(\mathfrak{z}).$$

Genau dieselbe Überlegung können wir für das zweite Integral machen; hier müssen wir, um die Eindeutigkeit auf der durch (a), (b) zerschnittenen Fläche zu erzielen, noch einen weiteren Schnitt (c) von $\mathfrak{m}$ nach dem Kreuzungspunkt von (a) und (b) hinzufügen; die Sprünge längs (a) und (b) haben dann die Gestalt

$$A'_{\mathfrak{p}} - \eta_1 \int_{\mathfrak{p}}^{\mathfrak{z}} d\psi(\mathfrak{z}),$$

$$B'_{\mathfrak{p}} - \eta_2 \int_{\mathfrak{p}}^{\mathfrak{z}} d\psi(\mathfrak{z}).$$

Ganz Ähnliches gilt für das dritte Integral, bei dem noch Schnitte von $\mathfrak{d}$ und $\mathfrak{n}$ nach dem Kreuzungspunkt von (a) und (b) zu führen sind, um die Eindeutigkeit auf der zerschnittenen Fläche zu erlangen. Wir erhalten so

Satz 86. *Das Integral*

$$\int\left(\int d\psi(\mathfrak{z})\right)d\psi(\mathfrak{z})$$

ist auf der zerschnittenen Fläche eindeutig und regulär und erfährt an den Schnitten (a) und (b) variable Sprünge, die in Abhängigkeit von der Sprungstelle überall endliche Integrale sind.

Das Integral

$$\int\left(\int d\mathfrak{F}^{(2)}(\mathfrak{z},\mathfrak{m})\right)d\psi(\mathfrak{z})$$

ist eindeutig und regulär auf der durch (a), (b) und einen Schnitt (c) von $\mathfrak{m}$ nach dem Kreuzungspunkt von (a) und (b) zerschnittenen Fläche, abgesehen von $\mathfrak{m}$; diese Stelle ist logarithmische Unstetigkeitsstelle. Längs (a) und (b) hat das Integral die variabeln Sprünge

$$A'_{\mathfrak{p}} - \eta_1\int_{\mathfrak{p}}^{\mathfrak{z}} d\psi(\mathfrak{z}) \quad \textit{und} \quad B'_{\mathfrak{p}} - \eta_2\int_{\mathfrak{p}}^{\mathfrak{z}} d\psi(\mathfrak{z}),$$

($A'_{\mathfrak{p}}$, $B'_{\mathfrak{p}}$ Konstante, $\mathfrak{p}$ der Kreuzungspunkt von (a) mit (b)), *längs (c) die Periode $-2\pi i$.*

Entsprechendes gilt für

$$\int\left(\int d\mathfrak{F}^{(1)}(\mathfrak{z},\mathfrak{d})\right)d\psi(\mathfrak{z}).$$

Aus dem Satz 86 folgt sofort noch:

Satz 87. *Die Funktionen*

$$e^{\int\left(\int d\psi(\mathfrak{z})\right)d\psi(\mathfrak{z})}, \quad e^{-\int\left(\int d\mathfrak{F}^{(2)}(\mathfrak{z},\mathfrak{m})\right)d\psi(\mathfrak{z})}$$

sind beide auf der nur durch (a) und (b) zerschnittenen Fläche regulär und besitzen an den Schnitten (a) und (b) die variablen Multiplikatoren

$$C_1 e^{\omega_1\int_{\mathfrak{p}}^{\mathfrak{z}} d\psi(\mathfrak{z})}, \quad C_2 e^{\omega_2\int_{\mathfrak{p}}^{\mathfrak{z}} d\psi(\mathfrak{z})}, \quad \text{bzw.} \quad C'_1 e^{\eta_1\int_{\mathfrak{p}}^{\mathfrak{z}} d\psi(\mathfrak{z})}, \quad C'_2 e^{\eta_2\int_{\mathfrak{p}}^{\mathfrak{z}} d\psi(\mathfrak{z})}.$$

Die erste der beiden Funktionen verschwindet nirgends, die zweite nur bei $\mathfrak{m}$ und dort in erster Ordnung

Es ist nun sofort möglich, eine Funktion zu bilden, die das Verhalten von $e^{-\int\left(d\mathfrak{F}^{(2)}(\mathfrak{z},\mathfrak{m})\right)d\psi(\mathfrak{z})}$ zeigt und nur die Nullstelle statt bei $\mathfrak{m}$ an der beliebigen Stelle $\mathfrak{d}$ hat. Man braucht dazu nur zu nehmen

$$\frac{P_{\mathfrak{n}}\binom{\mathfrak{d}}{\mathfrak{z}}}{P_{\mathfrak{n}}\binom{\mathfrak{m}}{\mathfrak{z}}} \cdot e^{-\int\left\{\int d\mathfrak{F}^{(2)}(\mathfrak{z},\mathfrak{m})\right\}d\psi(\mathfrak{z})}$$

oder die von dieser nicht wesentlich verschiedene Funktion

$$e^{-\int\left\{\int d\mathfrak{F}^{(2)}(\mathfrak{z},\,\mathfrak{m})\right\}d\psi(\mathfrak{z})+\int d\mathfrak{F}^{(1)}(\mathfrak{z},\,\mathfrak{d})-\int d\mathfrak{F}^{(1)}(\mathfrak{z},\,\mathfrak{m})}.$$

Satz 88. *Die Funktion*

$$e^{-\int\left\{\int d\mathfrak{F}^{(2)}(\mathfrak{z},\,\mathfrak{m})\right\}d\psi(\mathfrak{z})+\int d\mathfrak{F}^{(1)}(\mathfrak{z},\,\mathfrak{d})-\int d\mathfrak{F}^{(1)}(\mathfrak{z},\,\mathfrak{m})}$$

besitzt eine einfache Nullstelle bei $\mathfrak{d}$, *ist sonst überall von Null verschieden und regulär und hat längs* (a) *und* (b) *variable Multiplikatoren der Gestalt*

$$c_1 e^{+\eta_1\int d\psi(\mathfrak{z})}, \qquad c_2 e^{+\eta_2\int d\psi(\mathfrak{z})}.$$

Definition. Die in Satz 87 eingeführte Funktion

$$e^{-\int\left\{\int d\mathfrak{F}^{(2)}(\mathfrak{z},\,\mathfrak{m})\right\}d\psi(\mathfrak{z})}$$

bezeichnet man als σ-Funktion, wenn man die Integrationskonstanten so wählt, daß

$$\int d\mathfrak{F}^{(2)}(\mathfrak{z},\,\mathfrak{m}) = -\frac{1}{t}-\frac{s'(\mathfrak{m})}{2s(\mathfrak{m})}+t\,\mathfrak{P}(t)$$

bei $\mathfrak{m}$ ist, und daß an derselben Stelle

$$\int\left\{\int d\mathfrak{F}^{(2)}(\mathfrak{z},\,\mathfrak{m})\right\}d\psi(\mathfrak{z}) = -\lg t + t\,\mathfrak{P}(t)$$

ist.

Die beiden in Satz 87 eingeführten Funktionen fallen unter die folgende

Definition. Die Funktionen, die auf der durch (a), (b) zerschnittenen Fläche eindeutig und bis auf die Pole regulär sind, nennt man **elliptische Funktionen dritter Art,** wenn sie an (a) und (b) variable Multiplikatoren haben, deren Logarithmen Integrale erster Gattung sind.

§ 44. Die Weierstraßsche Primfunktion.

Dieselben Prozesse, die wir bei Differentialen einer Variabeln anwandten, um neue Transzendente zu erzeugen, können wir auch bei Differentialen von zwei Variabeln verwenden. Wir beschränken uns auf das Integral von $dF^{(1)}(\mathfrak{x},\,\mathfrak{z})$ und setzen:

$$\Omega(\mathfrak{z};\,\mathfrak{x}_0,\,\mathfrak{x}_1) = \int_{\mathfrak{x}_0}^{\mathfrak{x}_1} dF^{(1)}(\mathfrak{x},\,\mathfrak{z}). \tag{1}$$

Dieses Integral haben wir früher (§ 35) untersucht[1]) und können daher jetzt ohne weiteres auch die Eigenschaften der Funktion

$$\mathsf{E}(\mathfrak{z};\,\mathfrak{x}_0,\,\mathfrak{x}_1) = e^{\Omega(\mathfrak{z};\,\mathfrak{x}_0,\,\mathfrak{x}_1)} \tag{2}$$

angeben.

[1]) Es ist jetzt gegen früher $\mathfrak{x}$ und $\mathfrak{z}$ vertauscht!

Aus

$$\mathfrak{L}(\mathfrak{z}; \mathfrak{x}_0, \mathfrak{x}_1) = -\mathfrak{L}(\mathfrak{z}; \mathfrak{x}_1, \mathfrak{x}_0)$$

folgt sofort

$$\mathsf{E}(\mathfrak{z}; \mathfrak{x}_0, \mathfrak{x}_1) \cdot \mathsf{E}(\mathfrak{z}; \mathfrak{x}_1, \mathfrak{x}_0) = 1 .$$

Im übrigen stellen wir das Verhalten von $\mathfrak{L}$ und E als Funktion von $\mathfrak{z}$ tabellarisch zusammen. Dabei soll stets $\mathfrak{P}_1(t)$ eine Potenzreihe mit $\mathfrak{P}_1(0) \neq 0$ bedeuten, während für $\mathfrak{P}(t)$ eine solche Einschränkung nicht stattfinden soll.

Stelle, in deren Umgebung $\mathfrak{z}$ liegt	Ω	E
1. $\mathfrak{z}_0$ (gewöhnl. Stelle) oder $\mathfrak{a}_\sigma$ oder $\mathfrak{p}_\infty$	$\mathfrak{P}(t)$	$\mathfrak{P}_1(t)$
2. $\mathfrak{n}$	$t\,\mathfrak{P}(t)$	$1 + t\,\mathfrak{P}(t)$
3. $\mathfrak{m}$	$\frac{1}{t}\int\limits_{\mathfrak{x}_0}^{\mathfrak{x}_1} d\psi(\mathfrak{x}) + \mathfrak{P}(t)$	$e^{\frac{1}{t}\int_{\mathfrak{x}_0}^{\mathfrak{x}_1} d\psi(\mathfrak{x})} \cdot \mathfrak{P}_1(t)$
4. $\mathfrak{x}_1 \neq \mathfrak{m}$	$\log t + \mathfrak{P}(t)$	$t\,\mathfrak{P}_1(t)$
5. $\mathfrak{x}_0 \neq \mathfrak{m}$	$-\log t + \mathfrak{P}(t)$	$\frac{1}{t} \cdot \mathfrak{P}_1(t)$
4′. $\mathfrak{x}_1 = \mathfrak{m}$	$\log t + \frac{1}{t}\int\limits_{\mathfrak{x}_0}^{\mathfrak{m}} d\psi(\mathfrak{x}) + \mathfrak{P}_1(t)$	$t\,e^{\frac{1}{t}\int_{\mathfrak{x}_0}^{\mathfrak{m}} d\psi(\mathfrak{x})} \cdot \mathfrak{P}_1(t)$
5′. $\mathfrak{x}_0 = \mathfrak{m}$	$-\log t + \frac{1}{t}\int\limits_{\mathfrak{m}}^{\mathfrak{x}_1} d\psi(\mathfrak{x}) + \mathfrak{P}(t)$	$\frac{1}{t} \cdot e^{\frac{1}{t}\int_{\mathfrak{m}}^{\mathfrak{x}_1} d\psi(\mathfrak{x})} \cdot \mathfrak{P}_1(t)$

Daraus folgt

Satz 89. *Die Funktion*

$$\mathsf{E}(\mathfrak{z}; \mathfrak{x}_0, \mathfrak{x}_1) = e^{\int_{\mathfrak{x}_0}^{\mathfrak{x}_1} dF^{(1)}(\mathfrak{x}, \mathfrak{z})} \tag{3}$$

hat eine einfache Nullstelle bei $\mathfrak{z} = \mathfrak{x}_1$, einen einfachen Pol bei $\mathfrak{z} = \mathfrak{x}_0$ und eine wesentliche Singularität bei $\mathfrak{z} = \mathfrak{m}$ und ist im übrigen auf der durch (a), (b) zerschnittenen Fläche eindeutig und regulär.

Es ist

$$\frac{dF^{(1)}(\mathfrak{x}, \mathfrak{z})}{dx} = \frac{d\omega^{(1)}(\mathfrak{x}, \mathfrak{z}, \mathfrak{z}_0)}{dx}\bigg|_{\mathfrak{z}_0 = \mathfrak{n}} = \frac{d\omega^{(1)}(\mathfrak{x}, \mathfrak{z}, \mathfrak{n})}{dx},$$

d. h. nach V.-Th. III_2 in integrierter Form,

$$\frac{d\breve{F}^{(1)}(\mathfrak{x},\mathfrak{z})}{dx}=\frac{d\breve{\omega}^{(1)}(\mathfrak{x},\mathfrak{z},\mathfrak{n})}{dx}=\int\limits_{\mathfrak{n}}^{\mathfrak{z}}\left\{dF^{(2)}(\mathfrak{z},\mathfrak{x})-\frac{d\breve{\psi}(\mathfrak{x})}{dx}\cdot d\mathfrak{F}^{(2)}(\mathfrak{z},\mathfrak{m})\right\}$$

$$+\frac{d\breve{\mathfrak{F}}^{(2)}(\mathfrak{x},\mathfrak{m})}{dx}\cdot\int\limits_{\mathfrak{n}}^{\mathfrak{z}}d\psi(\mathfrak{z}).$$

Daraus folgt

$$\Omega=\int\limits_{\mathfrak{x}_0}^{\mathfrak{x}_1}\int\limits_{\mathfrak{n}}^{\mathfrak{z}}dF^{(2)}(\mathfrak{z},\mathfrak{x})\,dx-\int\limits_{\mathfrak{x}_0}^{\mathfrak{x}_1}d\breve{\psi}(\mathfrak{x})\int\limits_{\mathfrak{n}}^{\mathfrak{z}}d\mathfrak{F}^{(2)}(\mathfrak{z},\mathfrak{m})+\int\limits_{\mathfrak{x}_0}^{\mathfrak{x}_1}d\breve{\mathfrak{F}}^{(2)}(\mathfrak{x},\mathfrak{m})\int\limits_{\mathfrak{n}}^{\mathfrak{z}}d\psi(\mathfrak{z})$$

$$=\int\limits_{\mathfrak{n}}^{\mathfrak{z}}d\omega^{(1)}(\mathfrak{z},\mathfrak{x}_0,\mathfrak{x})-\int\limits_{\mathfrak{x}_0}^{\mathfrak{x}_1}d\psi(\mathfrak{x})\int\limits_{\mathfrak{n}}^{\mathfrak{z}}d\mathfrak{F}^{(2)}(\mathfrak{z},\mathfrak{m})+\int\limits_{\mathfrak{x}_0}^{\mathfrak{x}_1}d\mathfrak{F}^{(2)}(\mathfrak{x},\mathfrak{m})\int\limits_{\mathfrak{n}}^{\mathfrak{z}}d\psi(\mathfrak{z}).$$

Durchläuft $\mathfrak{z}$ einen Periodenweg s, z. B. von einem Punkt des einen Ufers von (a) zum gegenüberliegenden Punkt, so ändert sich $\Omega(\mathfrak{z},\mathfrak{x}_0,\mathfrak{x}_1)$ um

$$\int\limits_{s}d\omega^{(1)}(\mathfrak{z},\mathfrak{x}_0,\mathfrak{x}_1)-\int\limits_{\mathfrak{x}_0}^{\mathfrak{x}_1}d\psi(\mathfrak{x})\int\limits_{s}d\mathfrak{F}^{(2)}(\mathfrak{z},\mathfrak{m})+\int\limits_{\mathfrak{x}_0}^{\mathfrak{x}_1}d\mathfrak{F}^{(2)}(\mathfrak{x},\mathfrak{m})\int\limits_{s}d\psi(\mathfrak{z})$$

$$=\int\limits_{s}d\omega^{(1)}(\mathfrak{z},\mathfrak{x}_0,\mathfrak{x}_1,3)-\int\limits_{\mathfrak{x}_0}^{\mathfrak{x}_1}d\psi(\mathfrak{x})\int\limits_{s}d\mathfrak{F}^{(2)}(\mathfrak{z},\mathfrak{m}).$$

Nach dem Satze von Vertauschung von Argument und Parameter ist nun, da

$$\int\limits_{s}=\int\limits_{\mathfrak{z}_0}^{\mathfrak{z}_0}$$

geschrieben werden kann, wenn $\mathfrak{z}_0$ ein Punkt von s ist, die Periode von $\Omega(\mathfrak{z},\mathfrak{x}_0,\mathfrak{x}_1)$ als Funktion von $\mathfrak{z}$ gleich

$$\int\limits_{\mathfrak{x}_0}^{\mathfrak{x}_1}d\omega^{(1)}(\mathfrak{x},\mathfrak{z}_0,\mathfrak{z}_0;3)-\int\limits_{\mathfrak{x}_0}^{\mathfrak{x}_1}d\psi(\mathfrak{x})\int\limits_{s}d\mathfrak{F}^{(2)}(\mathfrak{z},\mathfrak{m})$$

$$=\int\limits_{\mathfrak{x}_0}^{\mathfrak{x}_1}d\psi(\mathfrak{x})\int\limits_{s}d\mathfrak{F}^{(2)}(\mathfrak{z},\mathfrak{m})-\int\limits_{\mathfrak{x}_0}^{\mathfrak{x}_1}d\psi(\mathfrak{x})\int\limits_{s}d\mathfrak{F}^{(2)}(\mathfrak{z},\mathfrak{m})=0,$$

falls sich die Wege $\mathfrak{x}_0\mathfrak{x}_1$ und s nicht kreuzen.

Kreuzen sich die Integrationswege, so tritt noch ein ganzes Vielfaches von $2\pi i$ bei der Vertauschung der Integrationen zur Periode hinzu. Auf jedem Fall folgt aber aus dem Ergebnis:

Satz 90. *Die Funktion* E *hat an den Schnitten* (a), (b) *die Multiplikatoren* 1, *ist also in* $\mathfrak{z}$ *auf der* **unzerschnittenen** *Fläche eindeutig.*

Die Funktion E hat ganz allgemein für den algebraischen Fall Weierstraß aufgestellt (vgl. Werke IV, Abelsche Transzendente, S. 343); wir nennen deshalb E die W e i e r s t r a ß s c h e t r a n s z e n d e n t e P r i m f u n k t i o n.

§ 45. Die Kleinsche und Prymsche Primfunktion.

Die Weierstraßsche Primfunktion wird im nächsten Kapitel das Haupthilfsmittel zum Beweis des Abelschen Theorems sein. Dasselbe kann man auch mit anderen Funktionen erreichen, die nach ihrem Verhalten zu den Funktionen dritter Art (Funktionen mit variabeln Multiplikatoren) gerechnet werden müssen und die mit dem Weierstraßschen E die Eigenschaft gemein haben, nur für ein einziges $\mathfrak{z}$ zu verschwinden. Solche „Primfunktionen" haben auf verschiedene Weise F. Klein[1]) und Prym[2]) aufgestellt. Wir wollen die Verfahren zur Aufstellung dieser Funktionen nur kurz skizzieren, da wir sie nicht verwenden werden, zuvor aber ihre charakteristischen Eigenschaften angeben und mit denen von $\mathsf{E}(\mathfrak{z}, \mathfrak{x}_0\mathfrak{x}_1)$ vergleichen.

Verhalten der Primfunktionen von

	Weierstraß	Klein	Prym
1.	eine Nullstelle bei $\mathfrak{x}_0$,	eine Nullstelle bei $\mathfrak{x}_0$,	eine Nullstelle bei $\mathfrak{x}_0$,
2.	sonst überall von Null verschieden,	sonst überall von Null verschieden,	sonst überall von Null verschieden,
3.	eindeutig auf der unzerschnittenen Fläche,	eindeutig auf der durch (a) und (b) zerschnittenen Fläche,	eindeutig auf der nur durch (b) zerschnittenen Fläche[3]),
4.	—	variable Multiplikationen längs (a) und (b),	variable Multiplikatoren nur längs (b)[3]),
5.	ein einfacher Pol bei $\mathfrak{x}_1$, eine wesentliche Singularität bei $\mathfrak{m}$.	überall regulär.	überall regulär.

Prym braucht zur Aufstellung seiner Primfunktion eine Hilfsfunktion $\Pi\begin{pmatrix}\mathfrak{x}_0\mathfrak{x}\\ \mathfrak{z}\end{pmatrix}$. Diese stellt er nicht wirklich auf, sondern entnimmt ihre Existenz einem allgemeinen Existenztheorem. Man kann aber diese Funktion $\Pi\begin{pmatrix}\mathfrak{x}_0\mathfrak{x}\\ \mathfrak{z}\end{pmatrix}$ wirklich aufstellen. Dies gelingt ebenso wie die Aufstellung der Kleinschen Primfunktion mit Hilfe des als Funktion der vier Grenzen zu betrachtenden Integrals

$$J(\mathfrak{z}_0, \mathfrak{z}, \mathfrak{x}_0, \mathfrak{x}) = \int_{\mathfrak{z}_0}^{\mathfrak{z}}\int_{\mathfrak{x}_0}^{\mathfrak{x}} dF^{(2)}(\mathfrak{z}, \mathfrak{x}; 3).$$

---

[1]) Vgl. F. Klein, Gesammelte mathematische Abhandlungen, Bd. III, S. 399. F. Klein gebraucht homogene Variable, daher spricht er von einer Primform usw.

[2]) Vgl. Prym und Rost, Theorie der Prymschen Funktionen erster Ordnung, Leipzig 1911, II. Teil, S. 124 ff.

[3]) Dieser Unterschied im Verhalten gegen die Kleinsche Primfunktion ist nicht wesentlich.

Wir wissen von früher (§ 36), daß wir eine Integration wirklich ausführen können, das Integral nimmt dann die im Satz von der Vertauschung von Argument und Parameter auftretenden Formen an.

Bildet man mit diesem Integral, dessen Abhängigkeit von den vier Variabeln genau zu beschreiben ist, den Limes:

$$L(\mathfrak{x}_0, \mathfrak{x}) = \frac{1}{2} \lim_{\substack{\mathfrak{z} \to \mathfrak{x} \\ \mathfrak{z}_0 \to \mathfrak{x}_0}} \left\{ J(\mathfrak{z}_0, \mathfrak{z}, \mathfrak{x}_0, \mathfrak{x}) - \log\left(\frac{z - x}{s(\mathfrak{x})}\right) - \log\left(\frac{z_0 - x_0}{s(\mathfrak{x}_0)}\right) \right\},$$

so ist $e^{-L(\mathfrak{x}_0, \mathfrak{x})}$ die Kleinsche Primfunktion.

Bildet man aber statt des Doppellimes den einfachen Limes

$$\Pi\begin{pmatrix} \mathfrak{x}_0 \mathfrak{x} \\ \mathfrak{z} \end{pmatrix} = \lim_{\mathfrak{z}_0 \to \mathfrak{x}_0} \left\{ J(\mathfrak{z}_0, \mathfrak{z}, \mathfrak{x}_0, \mathfrak{x}) - \log \frac{z_0 - x_0}{s(\mathfrak{z}_0)} \right\} - \frac{\eta_1}{\omega_1} \int_{\mathfrak{x}_0}^{\mathfrak{z}} d\overset{\mathfrak{m}}{\psi}(\mathfrak{z}) \int_{\mathfrak{x}_0}^{\mathfrak{x}} d\overset{\mathfrak{m}}{\psi}(\mathfrak{x}),$$

so ist dies genau eine Funktion mit den Eigenschaften der Prymschen Hilfsfunktion.

Wir werden mit dem Weierstraßschen E im nächsten Kapitel Produkte bilden und nachweisen oder verlangen, daß diese Produkte bei $\mathfrak{m}$ regulär (also nicht mehr wesentlich singulär) sind. Beim Gebrauch der Kleinschen oder Prymschen Primfunktion hat man analog nachzuweisen oder zu verlangen, daß die Quotienten gewisser Produkte von Primfunktionen an den Schnitten (a) und (b) (bzw. an (b) allein) gerade den Multiplikator 1 besitzen. Die Ergebnisse sind die gleichen wie die mit Hilfe des $\mathsf{E}(\mathfrak{z}, \mathfrak{x}_0, \mathfrak{x}_1)$ zu erhaltenden.

Siebentes Kapitel.

Das Abelsche Theorem.

§ 46. Nullstellen und Pole einer elliptischen Funktion.

Wir haben im vorigen Kapitel (Zusatz zu Satz 82) als Spezialfall eines Satzes über multiplikative elliptische Funktionen folgenden Satz erhalten, den wir hier zunächst direkt noch einmal beweisen wollen:

Satz 91. *Der vollständige Divisor jeder elliptischen Funktion hat die Gesamtordnung Null.*

Diesen Satz spricht man auch häufig in folgender Gestalt aus:

Satz 91 a. *Eine elliptische Funktion hat bei der üblichen Zählung ebensoviel Nullstellen wie Pole.*

Aus diesem Satz im Verein mit der Tatsache, daß auch die Konstanten elliptische Funktionen sind, folgt übrigens genau wie bei den rationalen Funktionen

Satz 91 b. *Eine elliptische Funktion nimmt jeden Wert gleich oft an, nämlich ebenso oft, wie sie polar unstetig wird. Die Anzahl der Pole ist eine für die Funktion charakteristische Zahl und soll der Grad der Funktion heißen.*

Am einfachsten beweist man Satz 91 wie folgt:

Es sei

$$y = r(z) + R(z)\, s(\mathfrak{z}),$$

also

$$y_1 = r(z) + R(z)\, s(z), \qquad y_2 = r(z) - R(z)\, s(z).$$

Dann ist

$$y_1 \cdot y_2 = r^2(z) - R^2(z)\,[s(z)]^2 = \mathsf{P}(z),$$

die sog. „Norm“ von y, eine rationale Funktion. Ist $\mathfrak{p}$ kein Verzweigungspunkt und in der Umgebung von $\mathfrak{p}$

$$y_1 = t^{\alpha_1}\mathfrak{P}_1(t), \qquad y_2 = t^{\alpha_2}\mathfrak{P}(t),$$

so ist dort

$$\mathsf{P}(z) = t^{\alpha_1+\alpha_2}\mathfrak{P}(t). \tag{1}$$

Für einen Verzweigungspunkt, ganz gleich, ob im Endlichen oder im Unendlichen, besteht zwischen den Ortsuniformisierenden t der Fläche und t^* der schlichten Ebene (bzw. Kugel) stets die Beziehung

$$t^* = t^2.$$

Daraus folgt aber, da in der Umgebung eines Verzweigungspunktes

$$y_1 = t^\alpha \cdot \mathfrak{P}(t), \qquad y_2 = (-t)^\alpha \cdot \mathfrak{P}(-t)$$

ist,

$$(1') \qquad \mathsf{P}(z) = t^{2\alpha}(-1)^\alpha \mathfrak{P}(t) \cdot \mathfrak{P}(-t) = t^{2\alpha} \cdot \mathfrak{P}^*(t^2) = (t^*)^\alpha \mathfrak{P}^*(t^*).$$

(1) und (1') zeigen, daß die rationale Funktion $\mathsf{P}(z)$ (die „Norm" von y) genau dieselbe Summe der Ordnungszahlen hat wie y. Für die rationalen Funktionen ist aber diese Summe bekanntlich Null, also sind Satz 91 und die folgenden bewiesen.

Eine unmittelbare Folge von Satz 91 ist:

Satz 92. *Der vollständige Divisor jedes elliptischen Differentials hat die Gesamtordnung Null.*

Man braucht zum Beweis nur zu bemerken, daß das spezielle elliptische Differential dz Multiplum von $\mathfrak{a}_1\mathfrak{a}_2\mathfrak{a}_3\mathfrak{p}_\infty^{-3}$, also eines Divisors der Gesamtordnung Null ist. Satz 92 kann man auch die Satz 91a entsprechende Gestalt geben.

Eine Frage, die nach Satz 91 naheliegt, ist: wieviele der n Nullstellen $\mathfrak{q}_1, \mathfrak{q}_2, \ldots, \mathfrak{q}_n$ und n Pole $\mathfrak{p}_1, \mathfrak{p}_2, \ldots, \mathfrak{p}_n$ einer elliptischen Funktion n^{ten} Grades kann man willkürlich vorschreiben? Daß man nicht alle vorschreiben kann, lehrt ein einfaches Beispiel: die elliptische Funktion y soll so bestimmt werden, daß sie Multiplum von $\mathfrak{q}_1\mathfrak{q}_2\mathfrak{p}_\infty^{-2}$ ist. Nach Satz 11, S. 43, Formel ($17'_{\mathrm{I}}$) hat y notwendig die Gestalt $A_0 + A_1 z$. Die Aufgabe ist also nur lösbar, wenn $\mathfrak{q}_1, \mathfrak{q}_2$ auf der Fläche von $s(\mathfrak{z})$ übereinanderliegen oder beide den gleichen Verzweigungspunkt bedeuten.

Die genaue Antwort auf unsere Frage gibt das erste Anzahltheorem. Da in diesem notwendig $V \geqq 0$ ist, so folgt wegen $p = 1$

$$U \geqq U - V = -q.$$

D. h. U ist sicher dann positiv, es gibt also Multipla des vorgeschriebenen Divisors, wenn dessen Gesamtordnung $q \leqq -1$ ist. Satz 92 gibt aber für diese q sofort $V = 0$, also

$$U = -q.$$

Für $q = -1$ heißt das, da über den vorgeschriebenen Divisor sonst gar keine Voraussetzungen gemacht sind, daß man alle n Pole und $n - 1$ Nullstellen willkürlich vorschreiben kann, und daß diese schon die Funktion (abgesehen von einem konstanten Faktor) eindeutig bestimmen. Mit anderen Worten:

Satz 93. *Von einer elliptischen Funktion n^{ter} Ordnung darf man alle n Pole und $n - 1$ Nullstellen willkürlich vorschreiben. Die noch fehlende n^{te} Nullstelle ist dadurch eindeutig bestimmt*[1]).

---

[1]) Da mit $f(\mathfrak{z})$ auch $\frac{1}{f(\mathfrak{z})}$ elliptische Funktion ist, darf man auch n Nullstellen und $n - 1$ Pole vorschreiben.

Aus Satz 93 geht hervor, daß zwischen den Polen und Nullstellen einer elliptischen Funktion genau e i n e Bedingungsgleichung besteht. Diese stellen wir jetzt auf.

Um das Wesentliche klarer hervortreten zu lassen, behandeln wir zunächst den einfachsten Fall und geben nachher an, was im allgemeinsten Fall anders wird. Wir nehmen nämlich vorläufig an, daß alle n Polstellen $\mathfrak{p}_1, \mathfrak{p}_2, \ldots, \mathfrak{p}_n$ verschieden sind und daß unter ihnen $\mathfrak{a}_1, \mathfrak{a}_2, \mathfrak{a}_3$ und $\mathfrak{m}$ nicht vorkommen, ferner, daß die gegebenen $n-1$ Nullstellen $\mathfrak{q}_\lambda$ verschieden sind.

Nach dem Satz von der Partialbruchzerlegung ist die durch die $\mathfrak{p}_\nu$, $\mathfrak{q}_\lambda$ gegebene Funktion darstellbar in der Gestalt

$$f(\mathfrak{z}) = C_0 + \sum_{1}^{n}{}_{\nu} C_\nu \mathfrak{E}^{(1)}(\mathfrak{z}, \mathfrak{p}_\nu). \tag{2}$$

Zur Bestimmung der $n+1$ Koeffizienten $C_\varkappa$ haben wir zunächst die $n-1$ Gleichungen

$$f(\mathfrak{q}_\lambda) = C_0 + \sum_{1}^{n}{}_{\nu} C_\nu \mathfrak{E}^{(1)}(\mathfrak{q}_\lambda, \mathfrak{p}_\nu) = 0. \tag{3}$$

Da die Stelle $\mathfrak{m}$ kein Pol sein soll, ist dort

$$f(\mathfrak{z})\Big|_{t^{-1}} = \sum_{1}^{n}{}_{\nu} C_\nu \mathfrak{E}^{(1)}(\mathfrak{z}, \mathfrak{p}_\nu)\Big|_{t^{-1}} = 0.$$

Wegen des Koeffizientensatzes für Funktionen ist bei $\mathfrak{m}$

$$\mathfrak{E}^{(1)}(\mathfrak{z}, \mathfrak{p}_\nu)\Big|_{t^{-1}} = -\frac{1}{s(\mathfrak{p}_\nu)},$$

so daß die letzte Gleichung übergeht in

$$\sum \frac{C_\nu}{s(\mathfrak{p}_\nu)} = 0. \tag{3'}$$

Fällt eines der $\mathfrak{p}_\nu$ nach $\mathfrak{p}_\infty$, so ist $\dfrac{1}{s(\mathfrak{p}_\infty)}$ zu ersetzen durch den ersten Entwicklungskoeffizienten von $d\psi(\mathfrak{z})$ bei $\mathfrak{p}_\infty$.

Die Gleichungen (3) und (3′) sind n lineare homogene Gleichungen für die $(n+1)$ Unbekannten $C_0, C_1, \ldots, C_n$. Da durch die $\mathfrak{p}_\nu$, $\mathfrak{q}_\lambda$ das $f(\mathfrak{z})$ bis auf einen konstanten Faktor eindeutig bestimmt ist, gibt es eine n-reihige Determinante der Koeffizientenmatrix, die nicht verschwindet.

Ist $\mathfrak{q}_n$ die noch fehlende Nullstelle von $f(\mathfrak{z})$, so gilt die Gleichung

$$f(\mathfrak{q}_n) = C_0 + \sum_{1}^{n}{}_{\nu} C_\nu \mathfrak{E}^{(1)}(\mathfrak{q}_n, \mathfrak{p}_\nu) = 0. \tag{3''}$$

Damit (3″) mit (3), (3′) vereinbar ist, muß die Determinante

$$(4)\qquad \Delta(\mathfrak{z}) = \begin{vmatrix} 1 & \mathfrak{E}^{(1)}(\mathfrak{q}_1, \mathfrak{p}_1) & \mathfrak{E}^{(1)}(\mathfrak{q}_1, \mathfrak{p}_2) & \dots & \mathfrak{E}^{(1)}(\mathfrak{q}_1, \mathfrak{p}_n) \\ 1 & \mathfrak{E}^{(1)}(\mathfrak{q}_2, \mathfrak{p}_1) & \mathfrak{E}^{(1)}(\mathfrak{q}_2, \mathfrak{p}_2) & \dots & \mathfrak{E}^{(1)}(\mathfrak{q}_2, \mathfrak{p}_n) \\ \dots & \dots & \dots & \dots & \dots \\ 1 & \mathfrak{E}^{(1)}(\mathfrak{q}_{n-1}, \mathfrak{p}_1) & \mathfrak{E}^{(1)}(\mathfrak{q}_{n-1}, \mathfrak{p}_2) & \dots & \mathfrak{E}^{(1)}(\mathfrak{q}_{n-1}, \mathfrak{p}_n) \\ 1 & \mathfrak{E}^{(1)}(\mathfrak{z}, \mathfrak{p}_1) & \mathfrak{E}^{(1)}(\mathfrak{z}, \mathfrak{p}_2) & \dots & \mathfrak{E}^{(1)}(\mathfrak{z}, \mathfrak{p}_n) \\ 0 & \frac{1}{s(\mathfrak{p}_1)} & \frac{1}{s(\mathfrak{p}_2)} & & \frac{1}{s(\mathfrak{p}_n)} \end{vmatrix}$$

für $\mathfrak{z} = \mathfrak{q}_n$ verschwinden. Da offenbar $\Delta(\mathfrak{q}_\lambda) = 0$ für $\lambda = 1, 2, \dots, n-1$ ist und $\Delta(\mathfrak{z})$ nach der vorletzten Zeile entwickelt die Gestalt (2) hat, so ist notwendig

$$(5)\qquad f(\mathfrak{z}) = \text{const.}\, \Delta(\mathfrak{z}).$$

Die Koeffizienten $C_0, C_1, \dots, C_n$ in (2) sind nun wegen (4) und (5) elliptische Funktionen jedes $\mathfrak{p}_\nu$ $(\nu = 1, 2, \dots, n)$ und jedes $\mathfrak{q}_\lambda$ $(\lambda = 1, 2, \dots, n-1)$. Für die $\mathfrak{q}_\lambda$ ist dies aus (4) sofort zu sehen. Für die $\mathfrak{p}_\nu$ folgt es daraus, daß nach dem Entwicklungssatz für $\mathfrak{x}$ in der Umgebung von $\mathfrak{p}_\nu$ ist:

$$\mathfrak{E}^{(1)}(\mathfrak{z}, \mathfrak{p}_\nu) = E^{(1)}(\mathfrak{z}, \mathfrak{x})\big|_{\mathfrak{x}^0} = E^{(1)}(\mathfrak{z}, \mathfrak{p}_\nu).$$

$E^{(1)}(\mathfrak{z}, \mathfrak{p}_\nu)$ aber ist nach der Definition elliptische Funktion auch von $\mathfrak{p}_\nu$. Kommt unter den $\mathfrak{p}_\nu$ auch $\mathfrak{p}_\infty$ vor, so soll dieses festgehalten werden.

Wegen Satz 91 hat $\Delta(\mathfrak{z})$ außer $\mathfrak{q}_1, \mathfrak{q}_2, \dots, \mathfrak{q}_{n-1}$ und dem unbekannten $\mathfrak{q}_n$ keine Nullstelle.

Mittels der Basisdarstellung läßt sich $\Delta(\mathfrak{z})$ auf die Gestalt bringen[1]):

$$\Delta(\mathfrak{z}) = \frac{g(z) + G(z)s(\mathfrak{z})}{(z - p_1)(z - p_2)\dots(z - p_n)},$$

wobei $g(z)$ und $G(z)$ ganze rationale Funktionen sind.

Wenn nicht $\mathfrak{q}_n = \mathfrak{p}_\infty$ ist, was man durch Einsetzen in (4) sofort feststellen kann, so verschwindet der Zähler

$$g(z) + G(z)s(\mathfrak{z})$$

in $\mathfrak{q}_1, \mathfrak{q}_2, \dots, \mathfrak{q}_n$ und in den über oder unter $\mathfrak{p}_1, \mathfrak{p}_2, \dots$ gelegenen Punkten $\mathfrak{p}_1', \mathfrak{p}_2', \dots$ der Riemannschen Fläche von $s(\mathfrak{z})$. Die Norm des Zählers ist also eine rationale Funktion mit den Nullstellen $q_1, q_2, \dots, q_n, p_1, p_2, \dots, p_n$, so daß

$$(6)\qquad \frac{g^2(z) - G^2(z)s^2(\mathfrak{z})}{(z - p_1)(z - p_2)\dots(z - p_n)(z - q_1)(z - q_2)\dots(z - q_{n-1})}$$

---

[1]) Wenn $\mathfrak{p}_\infty$ ein $\mathfrak{p}_\nu$ ist, so ist in den folgenden Formeln der entsprechende Faktor im Nenner überall fortzulassen.

nichts anderes ist als $C(z - q_n)$. Da mit den $\mathfrak{q}_\lambda$, $\mathfrak{p}_\nu$ und $\Delta(\mathfrak{z})$ alle in (6) auftretenden Größen bekannt sind, so ist damit auch q_n bekannt.

Die Koeffizienten der Polynome $g(z)$ und $G(z)$ sind lineare Funktionen der $C_\varkappa$, also elliptische Funktionen jedes $\mathfrak{p}_\nu$ und $\mathfrak{q}_\lambda$. Dasselbe folgt, da die elliptischen Funktionen einen Körper bilden, auch für q_n.

Zu q_n gehören aber i. A. zwei Punkte der Fläche. Da nun

$$g(q_n) + G(q_n) s(\mathfrak{q}_n) = 0$$

ist, so können wir, wenn nicht auch $G(q_n) = 0$ ist, $s(\mathfrak{q}_n)$ angeben. Durch q_n und $s(\mathfrak{q}_n)$ ist dann $\mathfrak{q}_n$ eindeutig bestimmt. Ist aber $G(q_n) = 0$, so ist auch $g(q_n) = 0$, d. h. es sind beide zu q_n gehörigen Flächenpunkte Nullstellen. q_n fällt also mit einer der Zahlen $q_1, q_2, \ldots, q_{n-1}$ zusammen, etwa mit q_1 und es ist $s(\mathfrak{q}_n) = - s(\mathfrak{q}_1)$. Im allgemeinen Fall ist

$$s(\mathfrak{q}_n) = - \frac{g(q_n)}{G(q_n)}$$

eine elliptische Funktion jedes anderen $\mathfrak{q}_\lambda$ und jedes $\mathfrak{p}_\nu$, da dies von q_n und den Koeffizienten von $g(z)$ und $G(z)$ gilt.

Wir haben damit einen speziellen Fall folgenden Satzes bewiesen:

Satz 94. *Ist die elliptische Funktion $f(\mathfrak{z})$ Multiplum des Divisors*

$$\mathfrak{q}_1 \mathfrak{q}_2 \ldots \mathfrak{q}_{n-1} \cdot \mathfrak{p}_1^{-1} \mathfrak{p}_2^{-1} \ldots \mathfrak{p}_n^{-1}, \tag{7}$$

so fällt die in diesem Divisor nicht vorkommende n^{te} Nullstelle $\mathfrak{q}_n$ entweder nach $\mathfrak{p}_\infty$, oder aber sowohl q_n wie $s(\mathfrak{q}_n)$ sind elliptische Funktionen jedes $\mathfrak{q}_\lambda$ ($\lambda = 1, 2, \ldots, n-1$) und jedes $\mathfrak{p}_\nu$ ($\nu = 1, 2, \ldots, n$). Dabei kann man q_n und $s(\mathfrak{q}_n)$ beide in endlich vielen Schritten wirklich berechnen.[1])

Im allgemeinen Fall sind die $\mathfrak{q}_\lambda$ und $\mathfrak{p}_\nu$ nicht alle verschieden. (7) besitzt wieder ein einziges Multiplum $f(\mathfrak{z})$. Wir bilden

$$\varphi(\mathfrak{z}) = (z - m)^{\mu} (z - a_1)^{\mu_1} (z - a_2)^{\mu_2} (z - a_3)^{\mu_3} f(\mathfrak{z})$$

und bestimmen die μ_j und μ so, daß die Ordnungszahl von $\varphi(\mathfrak{z})$ in den $\mathfrak{a}_j$ 0 oder 1, in $\mathfrak{m}$ 0 ist. Dann bildet man die Partialbruchzerlegung von $\varphi(\mathfrak{z})$, in der i. a. auch die $\mathfrak{E}^{(2)}$ usw. vorkommen. Für die Koeffizienten der Partialbruchzerlegung erhält man neben dem Analogon von (3') die Gleichungen $\varphi(\mathfrak{q}_\lambda) = \varphi'(\mathfrak{q}_\lambda) = \cdots = \varphi^{(\varrho-1)}(\mathfrak{q}_\lambda) = 0$ (ϱ die Ordnung von $\mathfrak{q}_\lambda$, $\lambda = 1, 2, \ldots$). Die Determinante dieses Gleichungssystems entspricht (4). Von hier ab schließt man wie oben weiter.

---

[1]) $\mathfrak{q}_n$ kann einem $\mathfrak{p}_\nu$ gleich werden. Dies tritt z. B. ein, wenn schon $\mathfrak{q}_1 \ldots \mathfrak{q}_{n-1} \cdot \mathfrak{p}_1^{-1} \ldots \mathfrak{p}_{n-1}^{-1}$ vollständiger Divisor einer elliptischen Funktion $g(\mathfrak{z})$ ist; sonst wäre nämlich $f(\mathfrak{z}) : g(\mathfrak{z})$ eine genau einpolige elliptische Funktion.

§ 47. Die Produktzerfällung der elliptischen Funktionen und das Abelsche Theorem für elliptische Integrale erster Gattung.

Es sei im folgenden stets gegeben ein Divisor der Gesamtordnung Null:

$$\mathfrak{Q} = \mathfrak{p}_1^{-1}\,\mathfrak{p}_2^{-1} \ldots \mathfrak{p}_n^{-1} \cdot \mathfrak{q}_1\,\mathfrak{q}_2 \ldots \mathfrak{q}_n. \tag{8}$$

Dabei können sowohl die $\mathfrak{p}$ wie die $\mathfrak{q}$ alle oder teilweise untereinander gleich sein.

Wir bilden mit den Punkten dieses Divisors und der Weierstraßschen Funktion E das Produkt

$$\mathsf{E}(\mathfrak{z};\, \mathfrak{p}_1, \mathfrak{q}_1) \cdot \mathsf{E}(\mathfrak{z};\, \mathfrak{p}_2, \mathfrak{q}_2) \cdot \cdots \cdot \mathsf{E}(\mathfrak{z};\, \mathfrak{p}_n, \mathfrak{q}_n). \tag{9}$$

Diese Funktion hat die Stellen $\mathfrak{q}$ zu Nullstellen in der richtigen Ordnung und ebenso die Stellen $\mathfrak{p}$ zu Polen und ist auf der unzerschnittenen Fläche eindeutig und, abgesehen von den Polstellen und einer wesentlichen Singularität bei $\mathfrak{m}$, regulär. Bei $\mathfrak{m}$ verhält sich das Produkt aber wie

$$e^{\frac{1}{t}\left\{\int_{\mathfrak{p}_1}^{\mathfrak{q}_1} d\psi(\mathfrak{x}) + \int_{\mathfrak{p}_2}^{\mathfrak{q}_2} d\psi(\mathfrak{x}) + \cdots + \int_{\mathfrak{p}_n}^{\mathfrak{q}_n} d\psi(\mathfrak{x})\right\}} \cdot \mathfrak{P}(t), \qquad \mathfrak{P}(0) \neq 0. \tag{10}$$

Ist $\mathfrak{p}_1 = \mathfrak{p}_2 = \cdots = \mathfrak{p}_{n_1} = \mathfrak{m}$, so ist statt $\mathfrak{P}(t)$ zu schreiben $t^{-n_1}\,\mathfrak{P}(t)$, st aber $\mathfrak{q}_1 = \mathfrak{q}_2 = \cdots = \mathfrak{q}_{m_1} = \mathfrak{m}$, so ist statt $\mathfrak{P}(t)$ zu schreiben $t^{+m_1}\,\mathfrak{P}(t)$. Wir wollen diese Spezialfälle im folgenden nirgends weiter erwähnen, da auch für sie unsere Überlegungen fast unverändert weiter gelten.

Ist nun

$$\int_{\mathfrak{p}_1}^{\mathfrak{q}_1} d\psi(\mathfrak{x}) + \int_{\mathfrak{p}_2}^{\mathfrak{q}_2} d\psi(\mathfrak{x}) + \cdots + \int_{\mathfrak{p}_n}^{\mathfrak{q}_n} d\psi(\mathfrak{x}) = 0, \tag{11}$$

so ist (9) auch bei $\mathfrak{m}$ definiert und eine Funktion, die überall auf der Fläche eindeutig und rationalen Verhaltens ist, also eine elliptische Funktion. Die Relation (11) ist also sicher eine hinreichende Bedingung dafür, daß (8) ein vollständiger Divisor einer elliptischen Funktion ist.

Wir können jetzt aber auch zeigen, daß (11) notwendig erfüllt ist, wenn (8) ein vollständiger Divisor einer elliptischen Funktion ist.

Es sei y die zum Divisor (8) gehörige Funktion, η die durch (9) dargestellte Funktion. Dann ist $\frac{y}{\eta}$ auf der ganzen unzerschnittenen Fläche von Null verschieden und, abgesehen von der Stelle $\mathfrak{m}$, sicher regulär. An der Stelle $\mathfrak{m}$ lautet die Entwicklung des Quotienten

$$\frac{y}{\eta} = \mathfrak{P}(t) \cdot e^{-\frac{1}{t}\sum_{1}^{n}\int_{\mathfrak{p}_\nu}^{\mathfrak{q}_\nu} d\psi(\mathfrak{x})}, \qquad \mathfrak{P}(0) \neq 0, \tag{12}$$

sonst überall

$$\frac{y}{\eta} = \mathfrak{P}(t); \qquad \mathfrak{P}(0) \neq 0. \tag{12'}$$

Daraus folgt aber, daß $\log \frac{y}{\eta}$ eine auf der durch (a), (b) zerschnittenen Fläche eindeutige und bis auf einen einfachen Pol bei $\mathfrak{m}$ reguläre Funktion ist. Da $\frac{y}{\eta}$ auf der unzerschnittenen Fläche eindeutig ist, ist der Sprung von $\log\left(\frac{y}{\eta}\right)$ an den Schnitten ein ganzzahliges Vielfaches von $2\pi i$. D. h. aber, es ist

$$\left(\frac{d \log y}{dz} - \frac{d \log \eta}{dz}\right) dz = C_1 d\mathfrak{F}^{(2)}(\mathfrak{z}, \mathfrak{m}) + C_2 d\psi(\mathfrak{z}) \tag{13}$$

und daher

$$\log\left(\frac{y}{\eta}\right) = C_1 \int d\mathfrak{F}^{(2)}(\mathfrak{z}, \mathfrak{m}) + C_2 \int d\psi(\mathfrak{z}). \tag{13'}$$

Wegen (13′) findet man als Sprünge an (a) und (b)

$$2m_1 \pi i = -C_1 \eta_1 + C_2 \omega_1,$$
$$2m_2 \pi i = -C_1 \eta_2 + C_2 \omega_2,$$

d. h. wegen der Legendreschen Relation

$$\begin{cases} C_1 = -m_1 \omega_2 + m_2 \omega_1, \\ C_2 = -m_1 \eta_2 + m_2 \eta_1. \end{cases} \tag{14}$$

Der Ausdruck

$$\frac{y}{\eta} \cdot e^{-C_1 \int d\mathfrak{F}^{(2)}(\mathfrak{z}, \mathfrak{m})} = \frac{y}{\eta} \cdot e^{(m_1\omega_2 - m_2\omega_1) \int d\mathfrak{F}^{(2)}(\mathfrak{z}, \mathfrak{m})} \tag{15}$$

ist eine auf der zerschnittenen Fläche eindeutige Funktion, die überdies an der Stelle $\mathfrak{m}$ die Entwicklung hat

$$\frac{y}{\eta} \cdot e^{(m_1\omega_2 - n_2\omega_1) \int d\mathfrak{F}^{(2)}(\mathfrak{z}, \mathfrak{m})} = \mathfrak{P}(t) \cdot e^{-\frac{1}{t}\left\{m_1\omega_2 - m_2\omega_1 + \sum_1^n \int_{\mathfrak{p}_\nu}^{\mathfrak{q}_\nu} d\psi(\mathfrak{x})\right\}}, \qquad \mathfrak{P}(0) \neq 0.$$

Aus (13) folgt aber, daß das Differential

$$\left(\frac{d \log y}{dz} - \frac{d \log \eta}{dz}\right) dz - C_1 d\mathfrak{F}^{(2)}(\mathfrak{z}, \mathfrak{m})$$

an der Stelle $\mathfrak{m}$ regulär ist, d. h., daß das gleiche von der Funktion $\frac{y}{\eta} \cdot e^{-C_1 \int d\mathfrak{F}^{(2)}(\mathfrak{z}, \mathfrak{m})}$ gilt. Daher ist notwendig

$$m_1 \omega_2 - m_2 \omega_1 + \sum_1^n \int d\psi \equiv 0.$$

Es ist aber $m_1\omega_2 - m_2\omega_1$ eine Periode von $\int d\psi$. Deshalb kann man die Integrationswege der $n-1$ ersten Integrale $\int\limits_{\mathfrak{p}_\nu}^{\mathfrak{q}_\nu} d\psi$ festhalten und den Integrationsweg des letzten Integrals $\int\limits_{\mathfrak{p}_n}^{\mathfrak{q}_n} d\psi$ so abändern, daß der Integralwert sich genau um diese Periode vermindert. Für diese abgeänderten Integrationswege aber ist jetzt:

$$\sum_1^n \int\limits_{\mathfrak{p}_\nu}^{\mathfrak{q}_\nu} d\psi \equiv 0. \tag{16}$$

Satz 95. *Ist $\mathfrak{Q}$ der vollständige Divisor einer elliptischen Funktion und ordnet man die Nullstellen $\mathfrak{q}_\nu$ und Pole $\mathfrak{p}_\nu$ $(\nu = 1, 2, \ldots, n)$ einander paarweise zu, so gibt es bei beliebig gewählten Integrationswegen $\mathfrak{p}_\nu \mathfrak{q}_\nu$ $(\nu = 1, \ldots, n-1)$ stets Integrationswege $\mathfrak{p}_n \mathfrak{q}_n$ derart, daß*

$$\sum_1^n \int\limits_{\mathfrak{p}_\nu}^{\mathfrak{q}_\nu} d\psi = 0 \tag{16}$$

ist.

Eine unmittelbare Folge von (16), zusammen mit (9) und (10), ist:

Satz 96. *Sind die Integrationswege wie in Satz 95 gewählt, so ist*

$$y = \prod_{\nu=1}^{n} \mathsf{E}(\mathfrak{z};\, \mathfrak{p}_\nu, \mathfrak{q}_\nu) \tag{17}$$

eine elliptische Funktion und genaues Multiplum von $\mathfrak{Q}$. (16) ist also notwendig und hinreichend dafür, daß (8) vollständiger Divisor einer elliptischen Funktion ist. Jedes Multiplum von $\mathfrak{Q}$ hat daher die Gestalt const $\cdot\, y$. Wir nennen (17) die Produktzerlegung der Funktion y.

Satz 96 zusammen mit den Sätzen 94 und 95 enthält nun schon den

Satz 97 (Abelsches Theorem für Integrale erster Gattung). *Sind r bestimmte elliptische Integrale erster Gattung mit den Grenzen $\mathfrak{x}_\nu$ und $\mathfrak{x}'_\nu$ und vorgeschriebenem Integrationsweg gegeben, so läßt sich ihre Summe auch darstellen als ein einziges elliptisches Integral erster Gattung mit gegebener unterer Grenze $\mathfrak{c}$. Die obere Grenze $\mathfrak{y}$ dieses Integrals ist eine eindeutig bestimmte elliptische Funktion der $\mathfrak{x}_\nu$, $\mathfrak{x}'_\nu$ und $\mathfrak{c}$; der Integrationsweg ist durch die $\mathfrak{x}_\nu$, $\mathfrak{x}'_\nu$ und durch $\mathfrak{c}$ bestimmt:*

$$\sum \int\limits_{\mathfrak{x}'_\nu}^{\mathfrak{x}_\nu} d\psi(\mathfrak{x}) = \int\limits_{\mathfrak{c}}^{\mathfrak{y}} d\psi(\mathfrak{x}). \tag{18}$$

Zum Beweise betrachten wir die elliptische Funktion mit den Nullstellen $\mathfrak{x}'_\nu$ und den Polen $\mathfrak{x}_\nu$ und $\mathfrak{c}$. Diese hat noch eine weitere

Nullstelle $\mathfrak{y}$ und die Integrationswege lassen sich nach (16) so wählen, daß

$$\sum \int_{\mathfrak{x}_\nu}^{\mathfrak{x}_\nu'} d\psi + \int_{\mathfrak{c}}^{\mathfrak{y}} d\psi = -\sum \int_{\mathfrak{x}_\nu'}^{\mathfrak{x}_\nu} d\psi + \int_{\mathfrak{c}}^{\mathfrak{y}} d\psi \equiv 0 .$$

Damit ist aber (18) schon bewiesen.

In dieser Gestalt (18) wird das Abelsche Theorem auch als „Additionstheorem für die Integrale erster Gattung“ bezeichnet.

Wichtig ist der Spezialfall $r = 1$. Es ergibt sich hier, daß man stets zu einem gegebenen Integral erster Gattung $\int_{\mathfrak{x}'}^{\mathfrak{x}} d\psi$ und einem gegebenen Punkt $\mathfrak{c}$ ein $\mathfrak{y}$ finden kann derart, daß

$$\int_{\mathfrak{x}'}^{\mathfrak{x}} d\psi = \int_{\mathfrak{c}}^{\mathfrak{y}} d\psi \tag{19}$$

ist; $\mathfrak{y}$ ist eine elliptische Funktion von $\mathfrak{x}$. Differentiiert man (19), so kommt, wenn wir die Gestalt von $d\psi$ gleich berücksichtigen,

$$\frac{dx}{s(\mathfrak{x})} = \frac{dy}{s(\mathfrak{y})} . \tag{20}$$

Auf (19) angewendet, sagt also das Abelsche Theorem aus, daß das Integral y der Differentialgleichung (20) eine algebraische Funktion von x ist. Die Untersuchung von (20) war der Ausgangspunkt für Leonhard Euler[1]).

Eine wichtige Folgerung aus dem Abelschen Theorem ist

Satz 98. *Das elliptische Integral erster Gattung* $\int_{\mathfrak{x}_0}^{\mathfrak{x}} d\psi$ *nimmt keinen Wert zweimal an.*

Wäre nämlich mit $\mathfrak{x}_1 \neq \mathfrak{x}_2$

$$\int_{\mathfrak{x}_0}^{\mathfrak{x}_1} d\psi = \int_{\mathfrak{x}_0}^{\mathfrak{x}_2} d\psi ,$$

so wäre auch

$$\int_{\mathfrak{x}_1}^{\mathfrak{x}_2} d\psi = 0 ,$$

d. h. es wäre

$$\mathsf{E}(\mathfrak{z}, \mathfrak{x}_1, \mathfrak{x}_2)$$

eine auf der Fläche eindeutige, einpolige Funktion ohne wesentliche Singularität, also eine einpolige elliptische Funktion. Diese gibt es aber nicht.

---

[1]) Wir führen die Integration der Differentialgleichung (20) durch am Schluß von § 52 des nächsten Kapitels [von (55) bis (56)].

§ 48. Das Abelsche Theorem für Integrale zweiter und dritter Gattung.

Nach Definition war

$$(21)\qquad \mathsf{E}(\mathfrak{z};\, \mathfrak{x}_0, \mathfrak{x}_1) = e^{\int\limits_{\mathfrak{x}_0}^{\mathfrak{x}_1} dF^{(1)}(\mathfrak{x}, \mathfrak{z})}$$

und an der Stelle $\mathfrak{m}$ war mit demselben Integrationsweg wie in (21)

$$\mathsf{E}(\mathfrak{z};\, \mathfrak{x}_0, \mathfrak{x}_1) = \mathfrak{P}(t) \cdot e^{\frac{1}{t}\int\limits_{\mathfrak{x}_0}^{\mathfrak{x}_1} d\psi(\mathfrak{x})}.$$

Ist wieder der Divisor (8) gegeben, so folgt aus (17)

$$(22)\qquad \log y = \sum_1^n{}_\nu \int\limits_{\mathfrak{p}_\nu}^{\mathfrak{q}_\nu} dF^{(1)}(\mathfrak{x}, \mathfrak{z})$$

und

$$(23)\qquad \log \frac{y(\mathfrak{z}_0)}{y(\mathfrak{z})} = \sum_1^n{}_\nu \int\limits_{\mathfrak{p}_\nu}^{\mathfrak{q}_\nu} d\omega^{(1)}(\mathfrak{x};\, \mathfrak{z}, \mathfrak{z}_0).$$

Dabei sind die Integrationswege so gewählt, daß

$$\sum_1^n{}_\nu \int\limits_{\mathfrak{p}_\nu}^{\mathfrak{q}_\nu} d\psi = 0$$

ist, da sonst (17) und damit (22) und (23) nicht richtig wäre. (23) enthält das Abelsche Theorem für Integrale dritter Gattung. Denn sind, wie in Satz 97, die $\mathfrak{x}, \mathfrak{x}'$ und $\mathfrak{c}$ gegeben, so bestimmt man $\mathfrak{y}$ so, daß (18) gilt. Damit ist aber die elliptische Funktion

$$f(\mathfrak{z}) = \prod_{\nu=1}^{n} \mathsf{E}(\mathfrak{z};\, \mathfrak{x}_\nu, \mathfrak{x}'_\nu) \cdot \mathsf{E}(\mathfrak{z};\, \mathfrak{c}, \mathfrak{y})$$

bekannt, und wegen (23) muß sein

$$\log \frac{f(\mathfrak{z}_0)}{f(\mathfrak{z})} = \sum_1^n{}_\nu \int\limits_{\mathfrak{x}_\nu}^{\mathfrak{x}'_\nu} d\omega^{(1)}(\mathfrak{x}, \mathfrak{z}, \mathfrak{z}_0) + \int\limits_{\mathfrak{c}}^{\mathfrak{y}} d\omega^{(1)}(\mathfrak{x}, \mathfrak{z}, \mathfrak{z}_0).$$

Hieraus folgt jedoch

$$(24)\qquad \sum_1^n{}_\nu \int\limits_{\mathfrak{x}'_\nu}^{\mathfrak{x}_\nu} d\omega^{(1)}(\mathfrak{x}, \mathfrak{z}, \mathfrak{z}_0) = \log \frac{f(\mathfrak{z})}{f(\mathfrak{z}_0)} + \int\limits_{\mathfrak{c}}^{\mathfrak{y}} d\omega^{(1)}(\mathfrak{x}, \mathfrak{z}, \mathfrak{z}_0).$$

Satz 99 (Abelsches Theorem für Integrale dritter Gattung). *Die Summe von beliebig vielen Integralen dritter Gattung über gleiche Differentiale läßt sich stets darstellen durch den Logarithmus einer elliptischen Funktion* *von den Unstetigkeitsstellen des Differentials und von den Grenzen der Integrale, vermehrt um ein elliptisches Integral dritter Gattung über dasselbe Differential und mit vorgeschriebener unterer Grenze. Die obere Grenze ist eine elliptische Funktion der Grenzen der zu summierenden Integrale.*

In (23) legen wir jetzt die Stelle $\mathfrak{z}_0$ nach $\mathfrak{n}$. Dann ist wegen des V.-Th. I_1 und der Eigenschaften von $E^{(1)}$

$$d\omega^{(1)}(\mathfrak{x}, \mathfrak{z}, \mathfrak{n}) = -\, d\,F^{(1)}(\mathfrak{x}, \mathfrak{z}).$$

Nun entwickeln wir (23) auf beiden Seiten in der Umgebung von $\mathfrak{z} = \mathfrak{m}$ $(z = m + t)$ und vergleichen die Koeffizienten von t^1 auf beiden Seiten. Links ergibt sich

$$\log \frac{y(\mathfrak{z})}{y(\mathfrak{n})}\bigg|_{t^1} = \left(\frac{y'}{y}\right)_{\mathfrak{z}=\mathfrak{m}},$$

und rechts wegen des Entwicklungssatzes

$$\sum_1^n {}_{\nu} \int_{\mathfrak{p}_\nu}^{\mathfrak{q}_\nu} dF^{(1)}(\mathfrak{x}, \mathfrak{z})\bigg|_{t^1} = \sum_1^n {}_{\nu} \int_{\mathfrak{p}_\nu}^{\mathfrak{q}_\nu} d\,\mathfrak{F}^{(2)}(\mathfrak{x}, \mathfrak{m}).$$

Wir erhalten demnach

$$\sum_1^n {}_{\nu} \int_{\mathfrak{p}_\nu}^{\mathfrak{q}_\nu} d\,\mathfrak{F}^{(2)}(\mathfrak{x}, \mathfrak{m}) = \frac{y'(\mathfrak{m})}{y(\mathfrak{m})}. \tag{25}$$

Da y und damit auch y' elliptische Funktion der $\mathfrak{p}_\nu$ und $\mathfrak{q}_\nu$ ist, so auch $\dfrac{y'(\mathfrak{m})}{y(\mathfrak{m})}$. Aus (25) oder durch Entwicklung von (24) nach Potenzen von t erhält man das Abelsche Theorem für Integrale zweiter Gattung

$$\sum_1^n {}_{\nu} \int_{\mathfrak{x}_\nu'}^{\mathfrak{x}_\nu} d\,\mathfrak{F}^{(2)}(\mathfrak{x}, \mathfrak{m}) = \frac{f'(\mathfrak{m})}{f(\mathfrak{m})} + \int_{\mathfrak{c}}^{\mathfrak{y}} d\,\mathfrak{F}^{(2)}(\mathfrak{x}, \mathfrak{m}). \tag{26}$$

Satz 100 (Abelsches Theorem für elliptische Integrale zweiter Gattung). *Die Summe von beliebig vielen Integralen zweiter Gattung läßt sich stets ausdrücken durch eine elliptische Funktion der Grenzen, vermehrt um ein Integral zweiter Gattung mit gegebener unterer Grenze. Die obere Grenze dieses Integrals ist eine elliptische Funktion der Grenzen der zu summierenden Integrale.*

Wegen des Reduktionstheorems folgt nun aus (18), (24), (26) das Abelsche Theorem für ein beliebiges elliptisches Integral in leicht anzugebender Gestalt.

Achtes Kapitel.

Konforme Abbildung durch elliptische Funktionen und birationale Transformationen.

§ 49. Konforme Abbildung durch elliptische Funktionen.

Ist $w = f(\mathfrak{z})$ eine n-polige Funktion, so nimmt sie jeden Wert genau n-mal an. Zu jedem Punkt $\mathfrak{z}$ gehört genau eine Zahl w, zu jeder Zahl w genau n Punkte $\mathfrak{z}$, wenn nicht mehrere demselben w entsprechende $\mathfrak{z}$ in einen Punkt $\mathfrak{z}_0$ zusammenfallen. Tritt dies ein, so ist $\mathfrak{z}_0$ entweder mehrfache Nullstelle von $f(\mathfrak{z}) - f(\mathfrak{z}_0)$ oder mehrfacher Pol von $f(\mathfrak{z})$. Es muß daher $\mathfrak{z}_0$ Nullstelle oder mindestens dreifacher Pol des Differentials $f'(\mathfrak{z})\,dz$ sein, damit $w_0 = f(\mathfrak{z}_0)$ ein solcher Ausnahmewert ist.

Die ein-n-deutige Beziehung zwischen den $\mathfrak{z}$ und w macht man zu einer eineindeutigen durch Einführung einer Riemannschen Fläche, der $\mathfrak{w}$-Fläche, für die Umkehrfunktion $z = \varphi(\mathfrak{w})$ von $w = f(\mathfrak{z})$. Entsprechen w_0 die Punkte $\mathfrak{z}_0'$, $\mathfrak{z}_0''$, ..., $\mathfrak{z}_0^{(n)}$, so kehrt man die Funktionselemente von $f(\mathfrak{z})$ an den Stellen $\mathfrak{z}_0^{(\nu)}$ um und erhält die n Elemente von $\varphi(\mathfrak{w})$ für $w = w_0$. Durch analytische Fortsetzung dieser Elemente ergibt sich dann die $\mathfrak{w}$-Fläche. Sie und die Fläche von $s(\mathfrak{z})$ sind durch $w = f(\mathfrak{z})$ und $z = \varphi(\mathfrak{w})$ eineindeutig und konform aufeinander abgebildet. Ist $y(\mathfrak{z})$ eine elliptische Funktion, so ist $y(\varphi(\mathfrak{w})) = \eta(\mathfrak{w})$ eine eindeutige Funktion auf der $\mathfrak{w}$-Fläche, die sogenannte Übertragung von $y(\mathfrak{z})$ auf die $\mathfrak{w}$-Fläche. Alle $\eta(\mathfrak{w})$ sind in w höchstens n-deutig.

Die angegebene Konstruktion der $\mathfrak{w}$-Fläche führt zu gewissen Schwierigkeiten, wenn die $\mathfrak{w}$-Fläche nicht die Riemannsche Fläche geringster Blätterzahl für $\varphi(\mathfrak{w})$ ist. Dies tritt ein, wenn $f(\mathfrak{z})$ in z rational ist. Nun ist die $\mathfrak{w}$-Fläche Riemannsche Fläche jedes $\eta(\mathfrak{w})$ und Riemannsche Fläche geringster Blätterzahl für die Übertragung $\Phi(\mathfrak{w})$ jeder elliptischen Funktion $F(\mathfrak{z})$, die in w genau n-deutig ist. Wir haben die erwähnten Schwierigkeiten umgangen, wenn wir zeigen, daß umgekehrt jede Riemannsche Fläche eines $\Phi(\mathfrak{w})$ auch $\mathfrak{w}$-Fläche ist, d. h. daß jedes $\eta(\mathfrak{w})$, also auch $\varphi(\mathfrak{w})$, auf ihr eindeutige Funktion des Ortes ist.

Unser Beweis wird geführt, indem wir zeigen, daß z und $s(\mathfrak{z})$ sich beide als rationale Funktionen von w und $\Phi(\mathfrak{w})$ darstellen lassen, denn dann hat, wegen der Basisdarstellung der elliptischen Funktionen, jede elliptische Funktion die Gestalt

$$\varphi(\mathfrak{z}) = r(z) + R(z)s(\mathfrak{z}) = \mathsf{P}(w, \Phi),$$

unter P eine rationale Funktion seiner beiden Argumente verstanden. $\mathsf{P}(w, \Phi)$ ist eindeutige Funktion von $\mathfrak{w}$, also φ selbst eindeutige Funktion auf der Riemannschen Fläche von $\Phi(\mathfrak{w})$.

w und $\Phi = F(\mathfrak{z})$ lassen sich nun in der Form

$$(1) \qquad \begin{cases} w = r_1(z) + R_1(z)s(\mathfrak{z}), \\ \Phi = r_2(z) + R_2(z)s(\mathfrak{z}) \end{cases}$$

schreiben. Die erste Gleichung (1) hat bei gegebenem w nur solche $\mathfrak{z}$ als Lösungen, deren z die Gleichung

$$(2) \qquad (w - r_1(z) - R_1(z)s(\mathfrak{z}))(w - r_1(z) + R_1(z)s(\mathfrak{z})) = 0$$

oder

$$(2') \qquad w^2 - 2r_1(z)w + r_1^2(z) - R_1^2(z)(s(\mathfrak{z}))^2 = 0$$

erfüllen, und (2) hat als Lösungen nur solche z, zu denen ein $\mathfrak{z}$ gehört, das die Gleichung für w erfüllt. Der erste Faktor in (2) verschwindet nämlich für alle $\mathfrak{z}$, die die erste Gleichung (1) erfüllen, der zweite aber für die zu dem gleichen z gehörigen Punkte $\mathfrak{z}$ des anderen Blattes der Riemannschen Fläche von $s(\mathfrak{z})$. Ferner folgt aus (1) die zu (2') analoge Gleichung

$$(3) \qquad \Phi^2 - 2r_2(z)\Phi + r_2^2(z) - R_2^2(z)(s(\mathfrak{z}))^2 = 0.$$

(2) bzw. (2') und (3) sind zwei algebraische Gleichungen für z. Diese ordnen wir nach Potenzen von z. Die Koeffizienten sind dann rationale Funktionen von w bzw. w und Φ. Das zum $\mathfrak{z}$ der Gleichungen (1) gehörige z ist nun notwendig gemeinsame Lösung von (2') und (3). Beide Gleichungen denken wir uns von mehrfachen Wurzeln befreit und suchen dann ihren größten gemeinsamen Teiler. Dieser enthält wegen der gemeinsamen Wurzel z sicher, ist also ein Polynom in z mit rationalen Funktionen von w und Φ als Koeffizienten. Dieses Polynom muß aber linear in z sein. Denn wäre es nicht der Fall, so gäbe es zwei oder mehr z, die (2') und (3) befriedigen. Zu jedem dieser z gehört mindestens ein $\mathfrak{z}$ derart, daß die erste Gleichung (1) erfüllt ist und aus dieser und (3) folgt, daß dasselbe $\mathfrak{z}$ auch die zweite Gleichung (1) erfüllt. Dies gilt aber, welchen Wert w auch immer hat. Es wären also von den n Werten von Φ, die zu jedem w gehören, stets mindestens zwei gleich, d. h. Φ wäre nicht eine n-wertige, sondern höchstens $(n-1)$-wertige Funktion von w

gegen die Voraussetzung. Ist der größte gemeinsame Teiler aber in z linear, so folgt:

$$(4_1) \qquad z = \mathsf{P}_1(w, \Phi),$$

und durch Einsetzen in (1)

$$(4_2) \qquad s(\mathfrak{z}) = \mathsf{P}_2(w, \Phi),$$

unter $\mathsf{P}_1, \mathsf{P}_2$ rationale Funktion ihrer Argumente verstanden.

Wir haben nun nur noch ein $\Phi = F(\mathfrak{z})$ anzugeben, das eine wirklich n-wertige Funktion von w ist. Es sei w_0 ein spezieller, nicht zu den Ausnahmewerten gehöriger Wert von w, $\mathfrak{z}_0', \mathfrak{z}_0'', \ldots, \mathfrak{z}_0^{(n)}$ die zugehörigen Punkte $\mathfrak{z}$. Wir wählen nun noch $n-1$ weitere Punkte $\mathfrak{p}_\nu$ so, daß

$$\mathfrak{D} = \mathfrak{z}_0' \mathfrak{z}_0'' \ldots \mathfrak{z}_0^{(n)} \cdot \mathfrak{m}^{-1} \mathfrak{p}_1^{-1} \mathfrak{p}_2^{-1} \ldots \mathfrak{p}_{n-1}^{-1}$$

nicht vollständiger Divisor einer elliptischen Funktion ist und setzen:

$$(5) \qquad \Phi = F(\mathfrak{z}) = C_0 + \sum_1^{n-1} C_\nu \mathfrak{E}^{(1)}_{\mathfrak{m}, n}(\mathfrak{z}, \mathfrak{p}_\nu),$$

wobei die $C_\varkappa$ Lösungen der Gleichungen

$$(5') \qquad F(\mathfrak{z}_0') = 1,\ F(\mathfrak{z}_0'') = 2, \ldots, F(\mathfrak{z}_0^{(k)}) = k, \ldots, F(\mathfrak{z}_0^{(n)}) = n$$

sein sollen. Wegen der Voraussetzung über $\mathfrak{D}$ haben die homogenen Gleichungen $F(\mathfrak{z}_0^{(k)}) = 0$ $(k = 1, 2, \ldots, n)$ nur die triviale Lösung, also sind die Gleichungen (5′) lösbar. Für w_0 hat Φ gerade n verschiedene Werte, ist also wirklich n-wertige Funktion von w.

Satz 101. *Ist $w = f(\mathfrak{z})$ eine n-polige elliptische Funktion, so sind die elliptischen Funktionen als Funktionen von w betrachtet höchstens n-wertig, und es gibt unter ihnen Funktionen $F(\mathfrak{z}) = \Phi(\mathfrak{w})$, die dann genau n-wertig sind. $w = f(\mathfrak{z})$ bildet die Riemannsche Fläche von $s(\mathfrak{z})$ auf die Riemannsche Fläche dieser $\Phi(\mathfrak{w})$ umkehrbar eindeutig konform ab. Alle elliptischen Funktionen sind in Abhängigkeit von w eindeutige Funktionen des Orts auf der Riemannschen Fläche der $\Phi(\mathfrak{w})$.*

Daß wir hier von der Riemannschen Fläche der $\Phi(\mathfrak{w})$ statt eines $\Phi(\mathfrak{w})$ sprechen, hat seinen Grund darin, daß auf der Fläche eines $\Phi(\mathfrak{w})$ alle elliptischen Funktionen, also auch alle anderen $\Phi(\mathfrak{w})$ eindeutig sind.

Die Konstruktion der Riemannschen Fläche der Φ geht ganz entsprechend vor sich wie in Kap. I, § 1 die Konstruktion der Fläche für $s(\mathfrak{z})$. Die Verzweigungpunkte der Fläche gehören zu solchen w, für die eines der zugehörigen $\mathfrak{z}$ Nullstelle von $\frac{dw}{dz} dz$ ist, wie wir oben sahen. Daraus folgt übrigens auch, daß es höchstens $2n$ solche w-Werte gibt, sie sollen $w_1, w_2, \ldots, w_k$ $(k \leqq 2n)$ heißen. n übereinanderliegende w-Ebenen schlitzt man durch sich nicht überkreuzende Schnitte l_j von den w_j nach dem unendlichfernen Punkt kongruent auf[1]) und gibt jedem l_j eine Richtung.

Es sei nun w_0 von den Ausnahmewerten w_j verschieden und $\mathfrak{z}_0', \mathfrak{z}_0'', \ldots, \mathfrak{z}_0^{(n)}$ die zu w_0 gehörigen $\mathfrak{z}$. Dann ordnen wir die Punkte w_0 der n zerschlitzten w-Ebenen in irgendeiner Reihenfolge den $\mathfrak{z}_0^{(\nu)}$ zu und nennen den $\mathfrak{z}_0^{(\nu)}$ entsprechenden w-Punkt $\mathfrak{w}_0^{(\nu)}$ $(\nu = 1, 2, \ldots, n)$. Um jedes $\mathfrak{z}_0^{(\nu)}$ grenzen wir eine Umgebung ab, in der kein Punkt irgendeines l_j liegt und ordnen den $\mathfrak{z}$ in der Umgebung von $\mathfrak{z}_0^{(\nu)}$ Punkte $\mathfrak{w}$ in der Umgebung von $\mathfrak{w}_0^{(\nu)}$ zu. Damit ist dann in jedem Blatt $\Phi(\mathfrak{w})$ in der Umgebung des zugehörigen $\mathfrak{w}_0^{(\nu)}$ erklärt, wir können es im ganzen Blatt bis an die l_j heran fortsetzen.

Sind $\mathfrak{w}'^{+}, \mathfrak{w}''^{+}, \ldots, \mathfrak{w}^{(n)+}$ irgendwelche n übereinanderliegende Punkte auf dem rechten Ufer von l_1, und $\mathfrak{w}'^{-}, \mathfrak{w}''^{-}, \ldots, \mathfrak{w}^{(n)-}$ die ihnen gegenüberliegenden auf dem linken Ufer, so müssen die $\Phi(\mathfrak{w}^{(\nu)+})$ mit den $\Phi(\mathfrak{w}^{(\nu)-})$ abgesehen von der Reihenfolge identisch sein. Verbindet man nun die Ufer von l_1, auf denen gleiche Funktionswerte liegen, miteinander und verfährt ebenso bei allen l_j, so erhält man die Riemannsche Fläche von $\Phi(\mathfrak{w})$.

Da durch die konforme Abbildung überdies einer Umgebung des Punktes $\mathfrak{z}$ eineindeutig eine solche des Bildpunktes $\mathfrak{w}$ entspricht und umgekehrt, da ferner jede solche Umgebung durch die zugehörige Ortsuniformisierende auf die schlichte Fläche eines Kreises eineindeutig abgebildet wird, so folgt, daß jede Ortsuniformisierende eines Punktes $\mathfrak{z}$ auch als Uniformisierende des Bildpunktes $\mathfrak{w}$ aufgefaßt werden kann und umgekehrt. Da die Ordnungszahl einer Funktion oder eines Differentials (ebenso wie das Residuum) von der Wahl der Uniformisierenden unabhängig ist, so folgt daraus, daß die Ordnungszahl einer Funktion $y(\mathfrak{z})$ im Punkt $\mathfrak{z}$ dieselbe ist, wie die im Punkt $\mathfrak{w}$, falls wir $y(\mathfrak{z})$ als Funktion von $\mathfrak{w}$ auffassen.

Erinnern wir uns der Formeln (1) und (4), so folgt aus letzteren, daß jede elliptische Funktion sich in der Gestalt

$$y(\mathfrak{z}) = \mathsf{P}(w, \Phi(\mathfrak{w})) \tag{6}$$

(P = rationale Funktion) schreiben läßt. Ist umgekehrt $\eta(\mathfrak{w})$ eindeutig und rationalen Verhaltens auf der Fläche von $\Phi(\mathfrak{w})$, so ist es als Funktion von $\mathfrak{z}$ elliptische Funktion, also

$$\eta(\mathfrak{w}) = R(z, s(\mathfrak{z})) \tag{7}$$

(R = rationale Funktion). Wir haben damit

---

[1] Vgl. Fig. 1, S. 17, in der nur an Stelle von a_1 usw. w_1 usw. zu setzen wäre.

Satz 102. *Wird die Riemannsche Fläche von $s(\mathfrak{z})$ auf die von $\Phi(\mathfrak{w})$ nach Satz* 101 *konform abgebildet, so läßt sich jede elliptische Funktion schreiben*

(6) $$y(\mathfrak{z}) = \mathsf{P}(w, \Phi(\mathfrak{w})) \qquad (\mathsf{P} = \text{rationale Funktion}),$$

und jede auf der Fläche von $\Phi(\mathfrak{w})$ eindeutige, sich rational verhaltende Funktion

(7) $$\eta(\mathfrak{w}) = R(z, s(\mathfrak{z})) \qquad (R = \text{rationale Funktion}).$$

Faßt man eine solche Funktion sowohl als Funktion von $\mathfrak{z}$ wie als Funktion von $\mathfrak{w}$ auf, so hat sie in entsprechenden Punkten $\mathfrak{z}$ und $\mathfrak{w}$ gleiche Ordnungszahl.

Satz 103. *Nach* (6) *und* (7) *ist speziell*

(8) $$\begin{cases} z = \mathsf{P}_1(w, \Phi(\mathfrak{w})), & s(\mathfrak{z}) = \mathsf{P}_2(w, \Phi(\mathfrak{w})), \\ w = R_1(z, s(\mathfrak{z})), & \Phi(\mathfrak{w}) = R_2(z, s(\mathfrak{z})), \end{cases}$$

(P_1, P_2, R_1, R_2 rationale Funktionen). *Wegen* (8) *nennt man den Übergang von der Fläche von $s(\mathfrak{z})$ zu der von $\Phi(\mathfrak{w})$ oder umgekehrt eine birationale Transformation.*

Die im Endlichen liegenden Verzweigungspunkte der Fläche von $\Phi(\mathfrak{w})$ waren die Nullstellen und gewisse Pole des Differentials $\frac{dw}{dz}dz$. Ist w zweipolig, so hat $\frac{dw}{dz}dz$ entweder zwei Doppelpole oder einen dreifachen Pol, also auch vier oder drei Nullstellen. Alle diese Nullstellen w_j sind einfach, da sonst die zweipolige Funktion $w - w_j$ eine dreifache Nullstelle hätte, was unmöglich ist.

Satz 104. *Bei der birationalen Transformation mit Hilfe einer zweipoligen Funktion w ist die Fläche von $\Phi(\mathfrak{w})$ zweiblätterig mit vier Verzweigungspunkten, von denen einer im Unendlichen liegt, falls die Pole von w zusammenfallen. Die elliptischen Funktionen von $\mathfrak{z}$ sind also auch in der Abhängigkeit von $\mathfrak{w}$ elliptische Funktionen.*

§ 50. Konforme Abbildung der Riemannschen Fläche von $s(\mathfrak{z})$ durch lineare Funktionen.

Aus dem letzten Satz geht hervor, daß die konforme Abbildung der Fläche von $s(\mathfrak{z})$ durch eine zweipolige Funktion für uns von besonderer Wichtigkeit ist; läßt sich doch aus dem Studium dieser Abbildungen erkennen, welche Klassen elliptischer Funktionen trotz verschiedener zugrunde liegender Riemannscher Flächen ineinander überführbar, also nicht wesentlich verschieden sind.

Wir beginnen die Untersuchung mit den einfachsten zweipoligen elliptischen Funktionen, den linearen Funktionen von z. Es sei

(9) $$w = \frac{az + b}{cz + d}, \qquad z = \frac{\alpha w + \beta}{\gamma w + \delta},$$

$$(9') \qquad D = \begin{vmatrix} \alpha & \beta \\ \gamma & \delta \end{vmatrix}.$$

Es sei $D \neq 0$, da sonst die Abbildung ausartet. Sind $\mathfrak{a}_j$ $(j = 1, 2, 3, 4)$[1]) die Verzweigungspunkte der Fläche von $s(\mathfrak{z})$, so kann man die Verzweigungspunkte $\mathfrak{b}$ der $\mathfrak{w}$-Fläche auf die oben angegebene Weise aus den Nullstellen und Polen von dw berechnen. Mit den $\mathfrak{b}_j$ hat man dann auch die zur $\mathfrak{w}$-Fläche gehörige Quadratwurzel $\sigma(\mathfrak{w})$, sobald noch der ($\mathfrak{m}$ analoge) Charakterisierungspunkt $\mathfrak{m}^*$ der Fläche gegeben ist.

Man spart diese Berechnung der $\mathfrak{b}_j$, die die Kenntnis der $\mathfrak{a}_j$, d. h. die Auflösung der Gleichung $(s(\mathfrak{z}))^2 = 0$, voraussetzt, durch folgende Überlegung:

Nach Satz 102 bleiben beim Übergang von der $\mathfrak{z}$-Fläche zur $\mathfrak{w}$-Fläche die Ordnungszahlen der Funktionen und Differentiale unverändert, also wird dabei aus dem überall endlichen Differential $d\overset{\mathfrak{m}}{\psi} = \frac{dz}{s(\mathfrak{z})}$ ein überall endliches Differential der $\mathfrak{w}$-Fläche, d. h. es ist:

$$(10) \qquad \frac{dz}{s(\mathfrak{z})} = C \frac{dw}{\sigma(\mathfrak{w})}\,^{2)}.$$

Die Konstante C hängt dabei von der Wahl des Charakterisierungspunktes $\mathfrak{m}^*$ ab. Aus (9), (9') folgt nun direkt, wenn wir noch

$$(11) \qquad (s(\mathfrak{z}))^2 = A_0 + 4A_1 z + 6A_2 z^2 + 4A_3 z^3 + A_4 z^4 = \sum \binom{4}{j} A_j z^j$$

setzen[3]),

$$\frac{1}{s(\mathfrak{z})} \frac{dz}{dt} = \frac{D}{\sqrt{\sum \binom{4}{j} A_j (\alpha w + \beta)^j (\gamma w + \delta)^{4-j}}} \frac{dw}{dt}.$$

D. h. es ist wegen (10)

$$(12) \qquad \sigma(\mathfrak{w}) = \sqrt{\sum \binom{4}{j} A_j (\alpha w + \beta)^j (\gamma w + \delta)^{4-j}},$$

falls $D = C$ ist; das ist aber eine erlaubte Voraussetzung. In (9) gehen ja nur die Verhältnisse der $\alpha, \beta, \gamma, \delta$ wirklich ein, man kann diese vier Koeffizienten also stets so wählen, daß D einen vorgeschriebenen Wert $C \neq 0$ hat.

Die rechte Seite von (12), in der der Radikand nach Potenzen von w zu ordnen ist, legt durch dessen Gestalt die Einführung homogener Ver-

---

[1]) Dabei ist $\mathfrak{a}_4 = \mathfrak{p}_\infty$, doch sind alle folgenden Entwicklungen von dieser speziellen Annahme unabhängig.

[2]) Wegen (9) ist (10) als Identität in z oder in w zu verstehen. Auf beiden Seiten muß dieselbe Ortsuniformisierende benutzt werden — welche, ist übrigens gleichgültig.

[3]) Wenn $\mathfrak{a}_4 = \mathfrak{p}_\infty$ ist, so ist $A_4 = 0$.

änderlicher nahe. Dasselbe muß dann schon in (9) und (11) geschehen. Setzt man demnach:

$$(9^*)\qquad \begin{cases} w' = az' + bz'', & z' = \alpha w' + \beta w'', \\ w'' = cz' + dz'', & z'' = \gamma w' + \delta w'', \\ z = \dfrac{z'}{z''}, & w = \dfrac{w'}{w''}, \end{cases}$$

so werden damit zunächst a, b, c, d wegen (9'), (12') eindeutig durch $\alpha, \beta, \gamma, \delta$ festgelegt. Ferner ist

$$(13)\qquad z''^4(s(\mathfrak{z}))^2 = \sum \binom{4}{j} A_j z'^j z''^{4-j} = f(z', z'')$$

eine binäre biquadratische Form und

$$(14)\qquad w''^4(\sigma(\mathfrak{w}))^2 = \sum \binom{4}{j} B_j w'^j w''^{4-j} = f^*(w', w''),$$

die durch die Transformation (9*) aus (13) entstehende binäre biquadratische Form. Man nennt $f(z', z'')$ die „Verzweigungsform" der $\mathfrak{z}$-Fläche, da sie durch die Verzweigungspunkte und die Charakterisierung eindeutig bestimmt ist. Die Verzweigungsform gehört also zu der in $\mathfrak{m}$ stigmatisierten $\mathfrak{z}$-Fläche, ändert man $\mathfrak{m}$, so ändert sich $f(z_1, z_2)$ um einen Faktor. Ebenso ist $f^*(w', w'')$ die Verzweigungsform der $\mathfrak{w}$-Fläche.

Da wir durch (9*) zu homogenen Veränderlichen übergegangen sind, setzen wir noch

$$(15)\qquad a_j = \frac{a_j'}{a_j''}, \quad b_j = \frac{b_j'}{b_j''}$$

und verlangen

$$(15')\qquad a_1'' \cdot a_2'' \cdot a_3'' \cdot a_4'' = A_4.$$

Aus (13) wird dann

$$(13')\qquad f(z', z'') = \prod_1^4 (a_j'' z' - a_j' z'').$$

Führt man hierin mit (9*) die b_j und w ein, so erhält man durch eine kurze Determinantenrechnung

$$(14')\qquad f^*(w', w'') = D^4 \prod_1^4 (b_j'' w' - b_j' w_j'').$$

Formen, die durch lineare Substitution ineinander überführbar sind, nennt man **äquivalent**. Wir können also sagen: Zwei zweiblätterige Riemannsche Flächen mit vier Verzweigungspunkten lassen sich dann und nur dann durch eine lineare Funktion (9) konform aufeinander abbilden, wenn die zugehörigen Verzweigungsformen äquivalent sind. — Damit ist die

Frage der konformen Abbildbarkeit oder, wie wir jetzt sagen wollen: Äquivalenz zweier solcher Riemannscher Flächen zu dem rein algebraischen Problem geworden, die Bedingungen der Äquivalenz zweier biquadratischer Formen aufzustellen. Da wir die Invariantentheorie der biquadratischen Formen nicht als bekannt voraussetzen, wollen wir die Bedingungen für die Äquivalenz von (13) und (14) direkt ableiten.

Eine solche notwendige und hinreichende Bedingung können wir sofort angeben: Das Doppelverhältnis der $\mathfrak{a}_j$ muß gleich dem der $\mathfrak{b}_j$ sein. Aus (9) folgt nämlich, daß für vier beliebige Punkte $\mathfrak{a}_j$ und deren Bildpunkte $\mathfrak{b}_j$ die Doppelverhältnisse gleich sind. Da aus (12) folgt, daß die Verzweigungspunkte $\mathfrak{b}_j$ der $\mathfrak{w}$-Fläche wirklich die Bilder der $\mathfrak{a}_j$ sind, ist die Bedingung als notwendig erkannt. Sie ist hinreichend, weil man bei Gleichheit der Doppelverhältnisse eine lineare Funktion (9) angeben kann, die $s(\mathfrak{z})$ in $\sigma(\mathfrak{w})$ transformiert, nämlich die aus:

$$\frac{a_1 - a_3}{a_3 - a_2} : \frac{a_1 - z}{z - a_2} = \frac{b_1 - b_3}{b_3 - b_2} : \frac{b_1 - w}{w - b_2}$$

durch Auflösung nach w entstehende.

Die eben angegebene Äquivalenzbedingung erfordert zu ihrer Anwendung die Auflösung der beiden Gleichungen $(s(\mathfrak{z}))^2 = 0$ und $(\sigma(\mathfrak{w}))^2 = 0$; das Doppelverhältnis der Verzweigungspunkte ist eine irrationale Funktion der Koeffizienten dieser Gleichungen, d. h. der Koeffizienten der Verzweigungsformen. Wir formen die unbequem zu handhabende Bedingung der Gleichheit der Doppelverhältnisse so um, daß an Stelle dieser irrationalen Funktion rationale Funktionen der Koeffizienten der Verzweigungsformen die Entscheidung über die Äquivalenz liefern.

Das Doppelverhältnis der $\mathfrak{a}_j$ läßt sich wegen (15) schreiben:

$$\lambda = (\mathfrak{a}_1, \mathfrak{a}_2, \mathfrak{a}_3, \mathfrak{a}_4) = \frac{a_1' a_3'' - a_3' a_1''}{a_3' a_2'' - a_2' a_3''} \cdot \frac{a_4' a_2'' - a_2' a_4''}{a_1' a_4'' - a_4' a_1''}. \tag{16}$$

Bei Vertauschung der $\mathfrak{a}_j$ nimmt das Doppelverhältnis außer dem Wert λ noch die fünf weiteren Werte $\frac{1}{\lambda}, \frac{\lambda - 1}{\lambda}, \frac{\lambda}{\lambda - 1}, \frac{1}{1 - \lambda}, 1 - \lambda$ an, die ähnlich wie (16) geschrieben werden können. Wir betrachten die Zähler und Nenner dieser sechs Ausdrücke. Es sind dies die Produkte

$$(17)\quad \begin{cases} A = \begin{vmatrix} a_1' & a_1'' \\ a_2' & a_2'' \end{vmatrix} \cdot \begin{vmatrix} a_3' & a_3'' \\ a_4' & a_4'' \end{vmatrix}, \\ B = \begin{vmatrix} a_1' & a_1'' \\ a_3' & a_3'' \end{vmatrix} \cdot \begin{vmatrix} a_4' & a_4'' \\ a_2' & a_2'' \end{vmatrix}, \\ C = \begin{vmatrix} a_1' & a_1'' \\ a_4' & a_4'' \end{vmatrix} \cdot \begin{vmatrix} a_2' & a_2'' \\ a_3' & a_3'' \end{vmatrix}. \end{cases}$$

Z. B. gibt (16) $\lambda = -\frac{B}{C}$, ebenso für die anderen Werte des Doppelverhältnisses. Es ist

$$A + B + C = 0, \tag{18}$$

denn durch Zerlegen nach Minoren zweiter Ordnung erhält man

$$0 = \begin{vmatrix} a_1' & a_1'' & a_1' & a_1'' \\ a_2' & a_2'' & a_2' & a_2'' \\ a_3' & a_3'' & a_3' & a_3'' \\ a_4' & a_4'' & a_4' & a_4'' \end{vmatrix} = 2(A + B + C).$$

Führt man mit Hilfe von (9″) in (17) die b_j ein, so findet man

$$A = D^2 A^*, \quad B = D^2 B^*, \quad C = D^2 C^*, \tag{19}$$

wenn A^*, B^*, C^* die mit Hilfe der b_j', b_j'' an Stelle der a_j', a_j'' gebildeten Determinantenprodukte (17) sind. Aus dem Zusammenhang zwischen dem Doppelverhältnis λ und A, B, C folgt: $f(z', z'')$ und $f^*(w', w'')$ sind äquivalent, wenn $A : B : C = A^* : B^* : C^*$.

Bei Permutation der $\mathfrak{a}_j$ vertauschen sich A, B, C untereinander und mit $-A, -B, -C$. Ein bedeutend einfacheres Verhalten zeigen hier die Differenzen

$$\mathsf{A} = B - C, \quad \mathsf{B} = C - A, \quad \Gamma = A - B. \tag{20}$$

Diese vertauschen sich nur untereinander bei Vertauschung der $\mathfrak{a}_j$. Eine Transposition (d. h. eine Vertauschung von nur zweien) der $\mathfrak{a}_j$ kann nämlich nie gleichzeitig A in $-A$, B in $-B$ und C in $-C$ überführen. Also trifft unsere Behauptung für Transpositionen und damit auch für jede Permutation zu.

Ist $\mathsf{A}^* = B^* - C^*$ usw., so folgt wieder ohne weiteres: Die Doppelverhältnisse der $\mathfrak{a}_j$ und $\mathfrak{b}_j$ sind gleich, d. h. f und f^* sind äquivalent, wenn $\mathsf{A} : \mathsf{B} : \Gamma = \mathsf{A}^* : \mathsf{B}^* : \Gamma^*$.

Die $\mathsf{A}, \mathsf{B}, \Gamma$ sind aber, da $\mathsf{A} + \mathsf{B} + \Gamma = 0$ ist, die Lösungen der Gleichung

$$\mathsf{A}^3 - 36 g_2 \mathsf{A} - 432 g_3 = 0,$$

wenn

$$\begin{cases} -36 g_2 = \mathsf{A}\mathsf{B} + \mathsf{B}\Gamma + \Gamma\mathsf{A}, \\ 432 g_3 = \mathsf{A}\mathsf{B}\Gamma \end{cases} \tag{21}$$

ist[1]). Aus (19) und der letzten Proportion folgt nun: f und f^* sind dann und nur dann äquivalent, wenn zwischen g_2, g_3 und den entsprechenden Größen g_2^*, g_3^* von f^* die Beziehungen bestehen:

$$g_2 = D^4 g_2^*, \quad g_3 = D^6 g_3^*, \tag{22}$$

[1]) Die Zahlenfaktoren bei g_2 und g_3 sind nur zur Vereinfachung des folgenden bestimmt.

und D muß dabei die Determinante (9′) der Substitution (9″) sein, die f in f^* überführt.

Aus (21) folgt aber, daß g_2, g_3 ganze rationale symmetrische Funktionen in den a'_j und a''_j sind, sie lassen sich daher als ganze rationale Funktionen der Koeffizienten der Form $f(z', z'')$ darstellen. Da g_2 in den a'_j homogen vom vierten Grad ist, ebenso in den a''_j, so folgt:

(23) $$g_2 = \gamma_0 A_0 A_4 + \gamma_1 A_1 A_3 + \gamma_2 A_2^2,$$

wobei $\gamma_0, \gamma_1, \gamma_2$ noch zu bestimmen sind. Jedes Glied in g_2 kann nämlich nur das Produkt von genau zwei A_j mit der Indexsumme vier sein, da sonst die Dimension in den a' oder a'' nicht 4 wäre. Denn A_j ist wegen (13′) homogen vom Grade j in den a'' und vom Grade $4-j$ in den a'.

Die Bestimmung der γ geschieht am raschesten dadurch, daß man den a'_j, a''_j spezielle Werte erteilt, die A_j und A, B, Γ und damit g_2 ausrechnet und beide Werte vergleicht. So liefert

$$f(z', z'') = z'^4 - z''^4$$

sofort $A = 2i$, $B = -4i$, $C = 2i$ und daher

$$-36 g_2 = -6i \cdot 6i = 36$$
$$= -36\gamma_0 \cdot 1 \cdot -1,$$

also

$$\gamma_0 = 1.$$

Aus $f(z', z'') = z'^3 z'' - z' z''^3$ folgt ebenso

$$\gamma_1 = -4.$$

Ferner ergibt $f(z' z'') = z'^4 - 2z'^3 z'' - z'^2 z''^2 + 2z' z''^3$ noch

$$\gamma_2 = 3.$$

Damit haben wir gefunden:

(24) $$g_2 = A_0 A_4 - 4A_1 A_3 + 3A_2^2.$$

Ganz ähnlich findet man zunächst

(25) $$g_3 = \gamma'_0 A_0 A_2 A_4 + \gamma'_1 A_1 A_2 A_3 + \gamma'_2 A_2^3 + \gamma'_3 A_0 A_3^2 + \gamma'_4 A_1^2 A_4$$

und daraus dann

(26) $$g_3 = A_0 A_2 A_4 + 2A_1 A_2 A_3 - A_2^3 - A_0 A_3^2 - A_1^2 A_4.$$

Satz 105. *Notwendig und hinreichend dafür, daß sich zwei zweiblätterige Flächen mit vier Verzweigungspunkten durch eine lineare Funktion konform aufeinander abbilden lassen, ist die Gleichheit der Doppelverhältnisse der* *vier Verzweigungspunkte*[1]) *für beide Flächen. Gleichwertig mit der Übereinstimmung der Doppelverhältnisse ist, daß sich die „Invarianten“*

$$(27)\qquad \begin{cases} g_2 = A_0A_4 - 4A_1A_3 + 3A_2^2 \\ g_3 = A_0A_2A_4 + 2A_1A_2A_3 - A_2^3 - A_0A_3^2 - A_1^2A_4 \end{cases}$$

der Verzweigungsform

$$z''^4(s(\mathfrak{z}))^2 = f(z', z'') = \sum \binom{4}{j} A_j z'^j z''^{4-j}$$

der ersten Fläche in die entsprechenden Invarianten g_2^*, g_3^* der Verzweigungsform

$$w''^4(\sigma(\mathfrak{w}))^2 = f^*(w', w'') = \sum \binom{4}{j} B_j w'^j w''^{4-j}$$

verwandeln lassen durch Multiplikation mit den Potenzen D^{-4}, D^{-6} einer und derselben Zahl D. Diese Zahl ist dann die Determinante der f^* in f überführenden linearen Substitution.

Aus (17) folgt sofort, daß $(ABC)^2$ nichts weiter ist als die Diskriminante von $f(z', z'')$, abgesehen von einem konstanten Faktor.

Nun ist

$$\mathsf{B} - \Gamma = (C - A) - (A - B) = (A + B + C) - 3A = -3A$$

usw., also

$$(-27ABC)^2 = (\mathsf{B} - \Gamma)^2(\Gamma - \mathsf{A})^2(\mathsf{A} - \mathsf{B})^2.$$

Da nun

$$(\mathsf{B} - \Gamma)^2 = (\mathsf{B} + \Gamma)^2 - 4\mathsf{B}\Gamma = \mathsf{A}^2 - 4\mathsf{B}\Gamma$$

ist, und

$$\begin{aligned} \mathsf{A}^2 - 4\mathsf{B}\Gamma &= \mathsf{A}^2 - 4\mathsf{B}\Gamma - (\mathsf{A} + \mathsf{B} + \Gamma)\mathsf{A} \\ &= -\{(\mathsf{AB} + \mathsf{B}\Gamma + \Gamma\mathsf{A}) + 3\mathsf{B}\Gamma\} \end{aligned}$$

ist und Entsprechendes für die anderen Faktoren gilt, so folgt:

$$\begin{aligned} &(-27ABC)^2 \\ &= -\{(\mathsf{AB} + \mathsf{B}\Gamma + \Gamma\mathsf{A})^3 + (\mathsf{AB} + \mathsf{B}\Gamma + \Gamma\mathsf{A})^2 \cdot (3\mathsf{B}\Gamma + 3\mathsf{AB} + 3\Gamma\mathsf{A}) \\ &\qquad + (\mathsf{AB} + \mathsf{B}\Gamma + \Gamma\mathsf{A})(9\mathsf{AB}^2\Gamma + 9\mathsf{A}^2\mathsf{B}\Gamma + 9\mathsf{AB}\Gamma^2) \\ &\qquad + 27\mathsf{A}^2\mathsf{B}^2\Gamma^2\} \\ &= 4 \cdot 36^3 g_2^3 - 27 \cdot 432^2 g_3^2 \\ &= 3^6 \cdot 2^8 (g_2^3 - 27 g_3^2). \end{aligned}$$

Die Diskriminante von $f(z', z'')$ ist also, bei geeigneter Verfügung über den konstanten Faktor:

$$(28)\qquad \Delta = g_2^3 - 27g_3^2.$$

[1]) Natürlich bei richtig gewählter Numerierung!

$\Delta = 0$ kann bei uns nicht vorkommen, da dann zwei Verzweigungspunkte zusammenfielen, d. h. wir keine elliptischen Funktionen mehr hätten.

Es ist weiter sofort zu sehen, daß $\Delta^* = D^{-12} \cdot \Delta$ ist. Daraus folgt, daß

(29) $$J = \frac{g_2^3}{\Delta},$$

die sog. „absolute Invariante" der Verzweigungsform, für alle äquivalenten Formen den gleichen Wert hat. Umgekehrt folgt daraus, daß J für zwei Formen den gleichen Wert hat, deren Äquivalenz. Entweder ist nämlich $J = 0$, dann ist $g_2 = g_2^* = 0$; bestimmt man noch D aus $g_3 = D^6 g_3^*$, so ist von selbst auch $g_2 = D^4 g_2^*$, also die Formen äquivalent. Ist aber $J \neq 0$, so ist $J^{-1} = J^{*-1}$, d. h.

$$1 - 27\frac{g_3^2}{g_2^3} = 1 - 27\frac{g_3^{*2}}{g_2^{*3}},$$

daraus folgt entweder $g_3 = g_3^* = 0$ oder

$$\left(\frac{g_2^*}{g_2}\right)^3 = \left(\frac{g_3^*}{g_3}\right)^2.$$

Setzt man nun $\frac{g_2^*}{g_2} = D^2$, so ist in beiden Fällen wieder (22) erfüllt, also beide Formen äquivalent.

Satz 106. *Notwendig und hinreichend für die Äquivalenz zweier Verzweigungsformen ist, daß sie die gleiche „absolute Invariante"*

(29) $$J = \frac{g_2^3}{g_2^3 - 27 g_3^2}$$

besitzen. Da der Nenner als Diskriminante der Verzweigungsform nicht verschwindet, ist J stets endlich.

§ 51. Die Normalformen der überall endlichen Differentiale.

In der linearen Substitution (9) kommen nur drei wesentliche Konstanten vor; man kann diese benutzen, um die Verzweigungsform in besonders einfache Gestalten zu transformieren.

Verlangt man, daß Verzweigungspunkte werden sollen: $\mathfrak{b}_1 = \mathfrak{p}_\infty$, $\mathfrak{b}_2 = 0$, $\mathfrak{b}_3 = 1$, so folgt sofort

(30) $$\mathfrak{b}_4 = (\mathfrak{a}_1, \mathfrak{a}_2, \mathfrak{a}_3, \mathfrak{a}_4) = \lambda.$$

Wir erhalten so, wenn wir noch $\mathfrak{m}^* = \mathfrak{p}_\infty$ verlangen:

(31) $$\frac{dz}{s(\mathfrak{z})} = \frac{C \cdot dw}{\sqrt{4w(w-1)(w-\lambda)}},$$

wobei zur Bestimmung von C noch die spezielle Kenntnis von $s(\mathfrak{z})$ nötig ist. Man nennt

$$\frac{dw}{\sqrt{4w(w-1)(w-\lambda)}} \tag{32}$$

auch die Riemannsche Normalform des Differentials erster Gattung.

Ferner kann man verlangen

$$\mathfrak{b}_1 = -\mathfrak{b}_2, \quad \mathfrak{b}_3 = -\mathfrak{b}_4, \quad \mathfrak{b}_1 \cdot \mathfrak{b}_3 = 1,$$

so daß die Verzweigungsform lautet:

$$\frac{1}{D^4}(b_1''^2 z'^2 - b_1'^2 z''^2)(b_1'^2 z'^2 - b_1''^2 z''^2). \tag{33}$$

Diese Normalform tritt zuerst bei Abel auf.

Am wichtigsten ist weiter die sog. Weierstraßsche Normalform. Hier verlangen wir $\mathfrak{b}_4 = \mathfrak{p}_\infty$, $\mathfrak{b}_1 + \mathfrak{b}_2 + \mathfrak{b}_3 = 0$; $\mathfrak{m}^* = \mathfrak{p}_\infty$. Da dies nur drei Forderungen sind, dürfen wir als vierte hinzufügen: $D = 1$. Dann wird

$$\frac{dz}{s(\mathfrak{z})} = \frac{dw}{\sqrt{4w^3 - g_2 w - g_3}}. \tag{34}$$

Aus $\mathfrak{b}_4 = \mathfrak{p}_\infty$ folgt nämlich $B_4 = 0$. Aus $\mathfrak{m}^* = \mathfrak{p}_\infty$ ebenso $B_3 = 1$. Aus $\mathfrak{b}_1 + \mathfrak{b}_2 + \mathfrak{b}_3 = 0$ folgt $B_2 = 0$. Da $D = 1$ ist, ist $g_2^* = g_2$, $g_3^* = g_3$, also wegen (24) und (26), die analog für die g^* und B gelten

$$g_2 = -4B_1, \quad g_3 = -B_0.$$

Es bleibt noch die Substitution (9) zu bestimmen, die die Fläche von $s(\mathfrak{z})$ in die Weierstraßsche Normalform überführt.

Aus $\mathfrak{b}_4 = \mathfrak{p}_\infty$ folgt zunächst, daß $\mathfrak{p}_\infty$ Bild eines Verzweigungspunktes, etwa $\mathfrak{a}_j$, ist. Liegt $\mathfrak{a}_j$ im Endlichen, so ist daher:

$$w = \frac{az+b}{c(z-a_j)}.$$

Da die Determinante $D = 1$ sein soll, ist auch

$$\begin{vmatrix} a & b \\ c & -ca_j \end{vmatrix} = 1,$$

d. h.

$$\frac{1}{c} = \begin{vmatrix} a & b \\ 1 & -a_j \end{vmatrix}. \tag{35$_1$}$$

Aus $\mathfrak{b}_1 + \mathfrak{b}_2 + \mathfrak{b}_3 = 0$ folgt:

$$\sum_{\varkappa \neq j} \frac{a a_\varkappa + b}{a_\varkappa - a_j} = 0,$$

d. h.

$$a \sum_{\varkappa \neq j} \frac{a_\varkappa}{a_\varkappa - a_j} + b \sum_{\varkappa \neq j} \frac{1}{a_\varkappa - a_j} = 0, \tag{35$_2$}$$

(35_1) und (35_2) können als lineare Gleichungen für a und b aufgefaßt werden; die Determinante dieser Gleichungen hat den Wert 3, die Lösungen sind

$$a = \frac{1}{3c} \sum{}' \frac{1}{a_k - a_j}, \qquad b = -\frac{1}{3c} \sum{}' \frac{a_k}{a_k - a_j}.$$

Es ist also nur noch c zu bestimmen. Für dieses folgt aus $B_3 = 1$, d. h. $\mathfrak{m}^* = \mathfrak{p}_\infty$, eine lineare Gleichung für c^2. Es ergeben sich also zwei Substitutionen. Diese sind aber nicht wesentlich verschieden, da mit c auch a und b das Zeichen wechseln.

Ist $\mathfrak{a}_j = \mathfrak{p}_\infty$, so ist $w = \dfrac{az + b}{d}$ und von hier aus geht alles analog weiter.

Satz 107. *Es gibt stets vier verschiedene lineare Substitutionen von der Determinante* 1, *die das überall endliche Differential auf die Weierstraßsche Normalform*

$$\frac{dz}{s(z)} = \frac{dw}{\sqrt{4w^3 - g_2 w - g_3}}$$

transformieren.

Die endlichen Verzweigungspunkte der zur Weierstraßschen Normalform gehörigen Fläche bezeichnet man mit e_1, e_2, e_3. Demnach ist

$$4w^3 - g_2 w - g_3 = 4(w - e_1)(w - e_2)(w - e_3) \tag{36}$$

und

$$e_1 + e_2 + e_3 = 0. \tag{36'}$$

Denkt man sich in den Punkten e_j drei Massenpunkte gleicher Masse liegen, so bedeutet (36'): Der Schwerpunkt der im Endlichen liegenden Verzweigungspunkte ist bei der Weierstraßschen Normalform der Nullpunkt.

Gehört die Riemannsche Fläche zur Weierstraßschen Normalform, d. h. liegt ein Verzweigungspunkt, der zugleich Charakterisierungspunkt ist, bei $\mathfrak{p}_\infty$, während für die anderen (36') gilt, so sagen wir, die Fläche habe die Weierstraßsche Normalform.

Das Doppelverhältnis λ nimmt sechs verschiedene Werte an. Da vier Elemente 24 verschiedene Permutationen haben, gibt es unter diesen immer vier, denen der gleiche Wert des Doppelverhältnisses zukommt. So stimmen überein die Doppelverhältnisse

$$\begin{cases} \lambda = (\mathfrak{a}_1, \mathfrak{a}_2, \mathfrak{a}_3, \mathfrak{a}_4) = (\mathfrak{a}_2, \mathfrak{a}_1, \mathfrak{a}_4, \mathfrak{a}_3) \\ \quad = (\mathfrak{a}_3, \mathfrak{a}_4, \mathfrak{a}_1, \mathfrak{a}_2) = (\mathfrak{a}_4, \mathfrak{a}_3, \mathfrak{a}_2, \mathfrak{a}_1). \end{cases} \tag{37}$$

Es gibt nun lineare Substitutionen, die $\mathfrak{a}_1, \mathfrak{a}_2, \mathfrak{a}_3, \mathfrak{a}_4$ überführen in $\mathfrak{a}_2, \mathfrak{a}_1, \mathfrak{a}_4, \mathfrak{a}_3$ bzw. eine der beiden anderen Anordnungen. Dann hat die $\mathfrak{w}$-Fläche genau die gleichen Verzweigungspunkte wie die $\mathfrak{z}$-Fläche, sie ist also mit ihr bis auf den Charakterisierungspunkt identisch. Da wir nur drei Punktepaare $\mathfrak{z}, \mathfrak{w}$ zur Herstellung der Substitution brauchen, ist noch die Determinante verfügbar, d. h. auch der Charakterisierungspunkt kann festgelegt werden, wie er ursprünglich lag. Es wird danach

$$\frac{dz}{s(\mathfrak{z})} = C \frac{dw}{s(\mathfrak{w})}.$$

C ist zu bestimmen. Führt man dieselbe Substitution zweimal hintereinander aus, so wird dadurch jedes $\mathfrak{a}_j$ auf sich selbst abgebildet; die zweimal ausgeführte Substitution muß also die Identität sein. In Verbindung mit der letzten Gleichung gibt das aber

$$\frac{dz}{s(\mathfrak{z})} = C^2 \frac{dz}{s(\mathfrak{z})},$$

d. h. $C^2 = 1$. Da wir das Vorzeichen von $s(\mathfrak{w})$ noch wählen können, dürfen wir also $C = +1$ annehmen.

Satz 108. *Es gibt einschließlich der identischen Substitution $w = z$ stets genau vier lineare Substitutionen, welche die charakterisierte Fläche von $s(\mathfrak{z})$ auf sich selbst abbilden.*

§ 52. Konforme Abbildung der Fläche von $s(\mathfrak{z})$ durch nichtlineare zweipolige Funktionen.

Wir haben bisher von den zweipoligen Funktionen nur die linearen als Abbildungsfunktionen zugelassen. Wir heben jetzt diese Beschränkung auf. Wegen der Ergebnisse von §§ 50, 51 dürfen wir voraussetzen, daß die Abbildungsfunktion w einen Doppelpol, nicht zwei getrennte Pole haben soll.

Hat nämlich w getrennte Pole und sind b_1, b_2, b_3, b_4 die nach Satz 104 sämtlich im Endlichen liegenden Verzweigungspunkte der w-Fläche, so ist

$$v = \frac{aw + b}{c(w - b_1)} \tag{38}$$

eine Funktion mit Doppelpol. (Statt b_1 könnte man auch ein anderes b_j nehmen.) w hat nämlich in der Umgebung des b_1 entsprechenden Punktes $\mathfrak{z}$ die Entwicklung

$$w = b_1 + t^2 \mathfrak{P}(t), \qquad \mathfrak{P}(0) \neq 0,$$

da b_1 eine einfache Nullstelle von dw sein muß. Daraus folgt aber

$$v = \frac{ab_1 + b}{ct^2} + \mathfrak{P}(t).$$

Da w als zweipolige Funktion jeden Wert genau zweimal annimmt und die Stellen, an denen es den Wert b_1 annimmt, zusammenfallen, so wird der Nenner in (38) sonst nicht mehr Null. An den Polstellen von w ist v regulär.

Statt nun die $\mathfrak{z}$-Fläche unmittelbar auf die $\mathfrak{w}$-Fläche abzubilden, kann man die $\mathfrak{z}$-Fläche zunächst auf die $\mathfrak{v}$-Fläche abbilden und von dieser mit nochmaliger Abbildung durch die lineare Funktion (38) zur $\mathfrak{w}$-Fläche übergehen. Bei geeigneter Wahl von a, b, c hat übrigens die $\mathfrak{v}$-Fläche die Weierstraßsche Normalform.

Die Untersuchung der allgemeinen Abbildung ist damit auf die Aufgabe zurückgeführt: Es soll die elliptische Funktion mit Doppelpol (wir wollen sie jetzt wieder w, nicht mehr v, nennen) aufgestellt werden, welche die Riemannsche Fläche von $s(\mathfrak{z})$ auf eine Fläche in der Weierstraßschen Normalform abbildet.

Aus dieser Abbildung folgt (vgl. Anmerkung 2 S. 177)

$$\frac{dz}{s(\mathfrak{z})} = C\frac{dw}{\sigma(\mathfrak{w})}, \quad (\sigma(\mathfrak{w}))^2 = 4w^3 - g_2^* w - g_3^*.$$

Wir dürfen $C = 1$ voraussetzen, da wir bei $C \neq 1$ durch $w = C^2\bar{w}$ von der $\mathfrak{w}$-Fläche zu einer $\bar{\mathfrak{w}}$-Fläche übergehen können, derart, daß

$$\frac{dz}{s(\mathfrak{z})} = \frac{d\bar{w}}{\bar{\sigma}(\bar{\mathfrak{w}})}$$

ist. Dabei hat $\bar{\sigma}(\bar{\mathfrak{w}})$ wieder die Weierstraßsche Normalform, aber mit den Invarianten $C^{-4}g_2^*$ und $C^{-6}g_3^*$.

Es sei also $C = 1$. Die Polstelle von w sei $\mathfrak{z} = \mathfrak{d}$. Dann ist:

$$w = C_2\mathfrak{E}^{(2)}(\mathfrak{z}, \mathfrak{d}) + C_1\mathfrak{E}^{(1)}(\mathfrak{z}, \mathfrak{d}) + C_0. \tag{39}$$

Ferner ist $\sigma(\mathfrak{w})$ dreipolig bei $\mathfrak{w} = \mathfrak{p}_\infty$, also bei $\mathfrak{z} = \mathfrak{d}$, d. h. es ist

$$\sigma(\mathfrak{w}) = \Gamma_3\mathfrak{E}^{(3)}(\mathfrak{z}, \mathfrak{d}) + \Gamma_2\mathfrak{E}^{(2)}(\mathfrak{z}, \mathfrak{d}) + \Gamma_1\mathfrak{E}^{(1)}(\mathfrak{z}, \mathfrak{d}) + \Gamma_0. \tag{40}$$

Aus (39) und dem Reduktionstheorem (§ 30, Formel (52)) folgt nun

$$\tag{41} \left\{\begin{aligned} dw = \frac{dw}{dz}dz = & -2C_2 d\mathfrak{F}^{(3)}(\mathfrak{z}, \mathfrak{d}) - C_1 d\mathfrak{F}^{(2)}(\mathfrak{z}, \mathfrak{d}) \\ & - \frac{dz}{s(\mathfrak{z})}\left\{C_2 \frac{d\mathfrak{F}^{(2)}(\mathfrak{x}, \mathfrak{m})}{dx}\bigg|_{\mathfrak{r}^1} + C_1 \frac{d\mathfrak{F}^{(2)}(\mathfrak{x}, \mathfrak{m})}{dx}\bigg|_{\mathfrak{r}^0}\right\} \\ & + d\mathfrak{F}^{(2)}(\mathfrak{z}, \mathfrak{m})\left\{C_2 \frac{1}{s(\mathfrak{x})}\bigg|_{\mathfrak{r}^1} + C_1 \frac{1}{s(\mathfrak{x})}\bigg|_{\mathfrak{r}^0}\right\}. \end{aligned}\right.$$

Dabei sind in den Klammern die Entwicklungskoeffizienten an der Stelle $\mathfrak{d}$ gemeint.

(39) und (40) müssen nun an der Stelle $\mathfrak{m}$ regulär sein. Nach dem Koeffizientensatz für Funktionen ist die Bedingung hierfür bei w gerade das Verschwinden der letzten Klammer in (41). Dies folgt auch sofort aus

der Tatsache, daß dw an der Stelle $\mathfrak{z} = \mathfrak{m}$ regulär sein muß. Entwickelt man $\frac{1}{s(\mathfrak{x})}$ wirklich, so findet man damit die Relation:

$$-\frac{s'(\mathfrak{d})}{s^2(\mathfrak{d})} C_2 + \frac{C_1}{s(\mathfrak{d})} = 0. \tag{42}$$

Ganz ebenso kann man den Koeffizienten von $-\frac{dz}{s(\mathfrak{z})}$ in (41) nach Aufstellung von $d\mathfrak{F}^{(2)}(\mathfrak{x}, \mathfrak{m})$ berechnen. Wir wollen diese Berechnung nur durchführen für den Fall, daß die $\mathfrak{z}$-Fläche den Punkt $\mathfrak{p}_\infty$ zum Verzweigungs- und Charakterisierungspunkt hat. In diesem Fall ist nämlich

$$d\mathfrak{F}^{(2)}(\mathfrak{x}, \mathfrak{m}) = \frac{x\,dx}{s(\mathfrak{x})},$$

also ergibt sich für die erste Klammer in (41) wegen (42)

$$C_2\left\{\frac{1}{s(\mathfrak{d})} - \frac{d\,s'(\mathfrak{d})}{s^2(\mathfrak{d})}\right\} + C_1\frac{d}{s(\mathfrak{d})} = \frac{1}{s(\mathfrak{d})} C_2.$$

Im allgemeinen Fall wollen wir diesen Koeffizienten einfach C^* nennen. Aus (39) folgt also:

$$dw = -2C_2 d\mathfrak{F}^{(3)}(\mathfrak{z}, \mathfrak{d}) - C_1 d\mathfrak{F}^{(2)}(\mathfrak{z}, \mathfrak{d}) - C^*\frac{dz}{s(\mathfrak{z})} \tag{41'}$$

mit

$$C_1 s(\mathfrak{d}) - C_2 s'(\mathfrak{d}) = 0 \tag{42'}$$

und, falls $\mathfrak{z} = \mathfrak{p}_\infty$ Verzweigungspunkt und Charakterisierungspunkt der $\mathfrak{z}$-Fläche ist,

$$C^* = \frac{C_2}{s(\mathfrak{d})}. \tag{42''}$$

Da nun

$$\frac{dz}{s(\mathfrak{z})} = \frac{dw}{\sigma(\mathfrak{w})} \tag{43}$$

sein soll, so ist

$$dw = \sigma(\mathfrak{w}) \cdot \frac{dz}{s(\mathfrak{z})}. \tag{43'}$$

Setzt man in (43') die Ausdrücke (40) und (41') ein und vergleicht man die Koeffizienten der Hauptteile an der Stelle $\mathfrak{d}$ auf beiden Seiten von (43'), so findet man:

$$\left\{\begin{aligned} -2C_2 &= \frac{1}{s(\mathfrak{d})}\Gamma_3, \\ -C_1 &= -\frac{s'(\mathfrak{d})}{s^2(\mathfrak{d})}\Gamma_3 + \frac{1}{s(\mathfrak{d})}\Gamma_2, \\ 0 &= \frac{2(s'(\mathfrak{d}))^2 - s(\mathfrak{d})s''(\mathfrak{d})}{2s^3(\mathfrak{d})}\Gamma_3 - \frac{s'(\mathfrak{d})}{s^2(\mathfrak{d})}\Gamma_2 + \frac{1}{s(\mathfrak{d})}\Gamma_1. \end{aligned}\right. \tag{44}$$

Die dritte Gleichung (44) ist übrigens nichts anderes als die aus dem Koeffizientensatz folgende Bedingung für die Regularität von $\sigma(\mathfrak{w})$ bei $\mathfrak{m}$. Die Stelle $\mathfrak{n}$ spielt weder hier noch im folgenden eine wesentliche Rolle. Wir legen sie deshalb mit $\mathfrak{m}$ zusammen. In diesem Fall ergibt die Entwicklung bei $\mathfrak{m} = \mathfrak{n}$ noch die Gleichung

$$(44') \qquad -C^* = \Gamma_0 .$$

Vermöge der Gleichungen (42'), (42'') (oder der (42'') im allg. Fall entsprechenden), (44), (44') sind alle Koeffizienten in (39) und (40) zurückgeführt auf C_2, ausgenommen C_0. C_2 dient uns nun dazu, die Charakterisierung von $\sigma(\mathfrak{w})$ bei $\mathfrak{p}_\infty$ zu erzwingen und C_0, den Schwerpunkt der endlichen Verzweigungspunkte, in den Nullpunkt zu verschieben.

Die Charakterisierung verlangt, daß bei $\mathfrak{w} = \mathfrak{p}_\infty$ (d. h. $\mathfrak{z} = \mathfrak{d}$)

$$(45) \qquad \frac{1}{\sigma(\mathfrak{w})} \frac{dw}{dT} = 1 + T^2 \mathfrak{P}(T^2)$$

sein soll. Dabei ist $w = \frac{1}{T^2}$. Aus der Entwicklung von w bei $\mathfrak{d}$ folgt aber ($t = z - d$):

$$(46) \qquad \begin{cases} \dfrac{1}{T^2} = \dfrac{C_2}{t^2} + \dfrac{C_1}{t} + \gamma + \cdots \\ t = \sqrt{C_2}\, T + \cdots \end{cases}$$

Aus (43) und (46) entnimmt man nun:

$$\frac{1}{\sigma(\mathfrak{w})} \cdot \frac{dw}{dT} = \frac{1}{\sigma(\mathfrak{w})} \cdot \frac{dw}{dt} \cdot \frac{dt}{dT} = \frac{1}{s(\mathfrak{z})} \cdot \frac{dz}{dt} \cdot \frac{dt}{dT}$$
$$= \left(\frac{1}{s(\mathfrak{d})} + t\mathfrak{P}^*(t)\right) \frac{dt}{dT} = \frac{\sqrt{C_2}}{s(\mathfrak{d})} + T\mathfrak{P}^{**}(T).$$

D. h. aber, damit die $\mathfrak{w}$-Fläche $\mathfrak{p}_\infty$ als Charakterisierungspunkt besitzt, muß:

$$(47) \qquad C_2 = s^2(\mathfrak{d}) .$$

Ist C_2 und damit C_1 und die Γ_j so bestimmt, so hat $\sigma(\mathfrak{w})$ notwendig die Gestalt

$$\sigma(\mathfrak{w}) = \sqrt{4(w - C_0)^3 + A(w - C_0)^2 + B(w - C_0) + C},$$

und es ist offenbar auch möglich, das C_0 so zu bestimmen, daß der Koeffizient von w^2, nämlich $A - 12C_0$, verschwindet. Damit wäre die Weierstraßsche Normalform erreicht.

Um nun diese Bestimmung von C_0 wirklich durchzuführen, müssen wir in (46) noch ein weiteres Glied der Entwicklung kennen. Entwickelt man nämlich $\sigma(\mathfrak{w})$ bei $w = \mathfrak{p}_\infty$ nach Potenzen von T, so erhält man (das Vorzeichen ist durch die Charakterisierung bedingt):

$$-2T^{-3} - \tfrac{1}{4}(A - 12C_0)T^{-1} + \cdots$$

D. h. aber: hat $\sigma(\mathfrak{w})$ die Weierstraßsche Normalform, so hat es, nach Potenzen von t entwickelt, den gleichen Hauptteil, wie die Entwicklung von $-2T^{-3}$ nach Potenzen von t.

Dies erlaubt uns den Koeffizienten γ von t^0 in (46) zu bestimmen. Aus

$$\frac{1}{T^2} = \frac{C_2}{t^2} + \frac{C_1}{t} + \gamma + t\mathfrak{P}(t),$$

ergibt sich

$$(46') \quad \begin{cases} -\dfrac{2}{T^3} = -2\dfrac{C_2\sqrt{C_2}}{t^3}\left(1 + \dfrac{C_1}{C_2}t + \dfrac{\gamma}{C_2}t^2 + \cdots\right)^{\frac{3}{2}} \\ \quad = -2\dfrac{C_2\sqrt{C_2}}{t^3} - 3\dfrac{C_1\sqrt{C_2}}{t^2} - \dfrac{3}{4\sqrt{C_2}}(4\gamma C_2 + C_1^2)\dfrac{1}{t} + \cdots, \end{cases}$$

und es muß

$$\Gamma_3 = -2C_2\sqrt{C_2}, \qquad \Gamma_2 = -3C_1\sqrt{C_2}$$

$$\Gamma_1 = -\frac{3}{4\sqrt{C_2}}(4\gamma C_2 + C_1^2)$$

sein. Aus (47), (42′) und (44) folgt sofort, daß die beiden ersten Gleichungen tatsächlich gelten. Die dritte nimmt, wenn man C_2, C_1, Γ_1 aus (47), (42′), (44) ausrechnet, die Gestalt an:

$$12\gamma = (s'(\mathfrak{d}))^2 + 4s(\mathfrak{d})s''(\mathfrak{d}).$$

Mit Hilfe von (42′) und (47) verifiziert man nun leicht, daß

$$(48) \qquad w - C_0 = s(\mathfrak{d})\frac{s(\mathfrak{z}) + s(\mathfrak{d}) + s'(\mathfrak{d})(z-d)}{2(z-d)^2} + \overline{C}$$

sein muß ($\overline{C} = \text{const}$); denn die rechte Seite hat den in (39) vorgeschriebenen Hauptteil bei $\mathfrak{d}$ und ist sonst regulär. $\overline{C}$ ist bekannt, da nach (39) $\mathfrak{n}$ Nullstelle von $w - C_0$ ist. Es ist daher auch C_0 bekannt, wenn $C' = \overline{C} + C_0$ bekannt ist. Bei $\mathfrak{z} = \mathfrak{d}$ aber ist

$$w = \frac{1}{T^2} = \frac{s^2(\mathfrak{d})}{t^2} + \frac{s(\mathfrak{d})s'(\mathfrak{d})}{t} + \frac{s(\mathfrak{d})s''(\mathfrak{d}) + 4C'}{4} + \cdots.$$

daher haben wir

$$4\gamma = s(\mathfrak{d})s''(\mathfrak{d}) + 4C'$$

und daher

$$(48') \quad \begin{cases} 12C' = (s'(\mathfrak{d}))^2 + s(\mathfrak{d})s''(\mathfrak{d}), \\ C' = \frac{1}{24}(s^2(\mathfrak{d}))''. \end{cases}$$

Damit ist die Konstantenbestimmung zu Ende geführt, und wir erhalten aus (48′) und (48)

Satz 109. *Die Funktion*

$$w = \frac{s(\mathfrak{d})s(\mathfrak{z}) + s^2(\mathfrak{d}) + s(\mathfrak{d})s'(\mathfrak{d})(z-d) + \frac{1}{6}((s'(\mathfrak{d}))^2 + s(\mathfrak{d})s''(\mathfrak{d}))(z-d)^2}{2(z-d)^2} \tag{49}$$

bildet die Riemannsche Fläche von $s(\mathfrak{z})$ auf eine Fläche in der Weierstraßschen Normalform ab.

Erinnern wir uns an

$$(s(\mathfrak{z}))^2 = \sum \binom{4}{j} A_j z^j \tag{50}$$

und an

$$2s(\mathfrak{z})s'(\mathfrak{z}) = \frac{d}{dz} s^2(\mathfrak{z}),$$

$$2(s'(\mathfrak{z}))^2 + 2s(\mathfrak{z})s''(\mathfrak{z}) = \frac{d^2}{dz^2} s^2(\mathfrak{z}),$$

so läßt sich w noch umformen, und wir erhalten durch eine einfache Rechnung:

Zusatz zu Satz 109. *Die Funktion* (49) *läßt sich auch in der Gestalt schreiben*:

$$w = \frac{1}{4}\left(\frac{s(\mathfrak{z}) + s(\mathfrak{d})}{z-d}\right)^2 - \frac{A_4}{4}(z+d)^2 - A_3(z+d) - A_2. \tag{49'}$$

Hat speziell schon $s(\mathfrak{z})$ die Weierstraßsche Normalform, so wird

$$w = \frac{1}{4}\left(\frac{s(\mathfrak{z}) + s(\mathfrak{d})}{z-d}\right)^2 - (z+d). \tag{49''}$$

Nachdem wir die Abbildungsfunktion (49) kennen, ist die Frage, wann zwei Riemannsche Flächen bei allgemeiner birationaler Transformation durch zweipolige elliptische Funktionen äquivalent sind, sofort zu beantworten. Wir können jede solche Abbildung in zwei Schritte zerlegen. Statt nämlich die Fläche von $s(\mathfrak{z})$ direkt auf die $\mathfrak{w}$-Fläche abzubilden, bilden wir sie zuerst durch eine lineare Funktion auf eine Fläche in der Weierstraßschen Normalform ab und diese dann durch (49″) auf die $\mathfrak{w}$-Fläche. Da wir die Abbildung durch lineare Funktionen völlig beherrschen, reduziert sich unsere Frage auf die folgende speziellere: Wann sind zwei Riemannsche Flächen in der Weierstraßschen Normalform vermöge birationaler Transformation äquivalent?

Es sei

$$s^2(\mathfrak{z}) = 4z^3 - g_2 z - g_3 \tag{50}$$

und

$$\sigma^2(\mathfrak{w}) = 4w^3 - g_2^* w - g_3^*. \tag{50'}$$

Daraus folgt aber: bei $\mathfrak{z} = \mathfrak{p}_\infty$ ist

$$\frac{1}{s(\mathfrak{z})}\frac{dz}{dt} = 1 + t^4\mathfrak{P}(t^2). \tag{51}$$

Nun entspricht aber dem Punkt $\mathfrak{z} = \mathfrak{p}_\infty$ ein zur Zahl

$$w = C' = \tfrac{1}{12}\{s(\mathfrak{d})s''(\mathfrak{d}) + (s'(\mathfrak{d}))^2\} = \tfrac{1}{24}(s^2(\mathfrak{d}))'' = d$$

gehöriger Punkt, also $\mathfrak{d}$ oder $\mathfrak{d}'$. Wir dürfen annehmen, daß es der Punkt $\mathfrak{d}$ ist, da dies durch Vertauschung der beiden Blätter der $\mathfrak{w}$-Fläche erreicht werden kann. Bei $\mathfrak{d}$ ist, wenn $T = w - d$ gesetzt wird,

$$\frac{1}{\sigma(\mathfrak{w})}\frac{dw}{dT} = \frac{1}{\sigma(\mathfrak{d})} - \frac{\sigma'(\mathfrak{d})}{\sigma^2(\mathfrak{d})}T + \cdots,$$

und, wie aus (48) sofort folgt,

$$T = -s(\mathfrak{d})t + \tfrac{1}{2}s(\mathfrak{d})s'(\mathfrak{d})t^2 + \cdots.$$

Nach (43) ist aber:

$$\frac{1}{s(\mathfrak{z})}\frac{dz}{dt} = \frac{1}{\sigma(\mathfrak{w})}\frac{dw}{dt} = \frac{1}{\sigma(\mathfrak{w})}\frac{dw}{dT}\frac{dT}{dt}$$

$$= \left(\frac{1}{\sigma(\mathfrak{d})} - \frac{\sigma'(\mathfrak{d})}{\sigma^2(\mathfrak{d})}T + \cdots\right)(-s(\mathfrak{d}) + s(\mathfrak{d})s'(\mathfrak{d})t + \cdots)$$

$$= -\frac{s(\mathfrak{d})}{\sigma(\mathfrak{d})} + \left(\frac{s(\mathfrak{d})s'(\mathfrak{d})}{\sigma(\mathfrak{d})} - \frac{s(\mathfrak{d})\sigma'(\mathfrak{d})}{\sigma^2(\mathfrak{d})}s(\mathfrak{d})\right)t + \cdots$$

Es muß also, wie aus (51) folgt,

$$\frac{-s(\mathfrak{d})}{\sigma(\mathfrak{d})} = 1, \quad \frac{s(\mathfrak{d})}{\sigma^2(\mathfrak{d})}\left\{\sigma(\mathfrak{d})s'(\mathfrak{d}) - s(\mathfrak{d})\sigma'(\mathfrak{d})\right\} = 0$$

sein. Durch Quadrieren der ersten dieser Gleichungen folgt sofort:

$$\sigma^2(\mathfrak{d}) - s^2(\mathfrak{d}) = 0$$

und durch Einsetzen aus der ersten in die zweite:

$$2\sigma(\mathfrak{d})\sigma'(\mathfrak{d}) - 2s(\mathfrak{d})s'(\mathfrak{d}) = (\sigma^2(\mathfrak{d}))' - (s^2(\mathfrak{d}))' = 0.$$

Setzt man hierin aus (50) und (50′) ein, so erhält man:

$$(g_2 - g_2^*)d + (g_3 - g_3^*) = 0$$
$$(g_2 - g_2^*) = 0,$$

d. h.

$$g_2 = g_2^*, \quad g_3 = g_3^*. \tag{52}$$

Damit haben wir den

Satz 110. *Bei birationaler Transformation der Fläche von* $s(\mathfrak{z})$ *auf die* $\mathfrak{w}$*-Fläche in der Weierstraßschen Normalform mittels der Funktion* (49) *bleiben die Invarianten* g_2 *und* g_3 *unverändert.*

Aus Satz 109 und 110, den Bemerkungen zu Anfang dieses Paragraphen und den früheren Sätzen, können wir nun den Schluß ziehen:

Satz 111. *Zwei zweiblätterige Riemannsche Flächen mit vier Verzweigungspunkten sind nur dann äquivalent, d. h. können durch birationale Transformation nur dann ineinander verwandelt werden, wenn die zu beiden Flächen gehörigen Invarianten g_2, g_3, g_2^*, g_3^* durch die Gleichung*

$$g_2^3 g_3^{*2} - g_3^2 g_2^{*3} = 0 \tag{53}$$

verbunden sind, d. h. wenn es eine Konstante C gibt derart, daß

$$g_2^* = C^4 g_2, \quad g_3^* = C^6 g_3 \tag{53'}$$

ist. Sind $s(\mathfrak{z})$ und $\sigma(\mathfrak{w})$ die zu beiden Flächen gehörigen charakterisierten Quadratwurzeln, so ist überdies mit demselben C:

$$\frac{dz}{s(\mathfrak{z})} = \frac{C\,dw}{\sigma(\mathfrak{w})}. \tag{54}$$

Die Beziehungen (53), (53') *sind gleichwertig der Forderung, daß für beide Flächen die absolute Invariante $J = \dfrac{g_2^3}{g_2^3 - 27 g_3^2}$ gleichen Wert hat.*

Ferner folgt aus unseren Überlegungen, daß jede zweiblätterige Fläche mit vier Verzweigungspunkten auf unendlich viele Arten auf sich selbst abgebildet werden kann. Man braucht sie nämlich nur durch (49) abzubilden und dann durch die Umkehrung einer der linearen Substitutionen, welche die $\mathfrak{z}$-Fläche auf die Weierstraßsche Normalform bringen, die $\mathfrak{w}$-Fläche nochmals abzubilden, dann erhält man wieder die ursprüngliche Fläche.

Satz 112. *Die zweiblättrigen Riemannschen Flächen mit vier Verzweigungspunkten können auf unendlich viele Arten konform auf sich selbst abgebildet werden.*

Diese letzte Tatsache ist übrigens unmittelbar aus dem Abelschen Theorem abzulesen. Soll nämlich die $\mathfrak{z}$-Fläche so auf sich selbst abgebildet werden, daß dem Punkt $\mathfrak{d}$ der Punkt $\mathfrak{p}_\infty$ entspricht und dem Punkt $\mathfrak{z}$ der Punkt $\mathfrak{w}$, so ist

$$\frac{dz}{s(\mathfrak{z})} = \frac{dw}{s(\mathfrak{w})}$$

und

$$\int_{\mathfrak{d}}^{\mathfrak{z}} \frac{dz}{s(\mathfrak{z})} = \int_{\mathfrak{p}_\infty}^{\mathfrak{w}} \frac{dw}{s(\mathfrak{w})}. \tag{55}$$

Sind $\mathfrak{w}'$, $\mathfrak{p}'_\infty$ die $\mathfrak{w}$ und $\mathfrak{p}_\infty$ entsprechenden Punkte des anderen Blattes der Riemannschen Fläche, so dürfen wir, da es auf die Bezeichnung der Integrationsvariablen nicht ankommt und

$$\int_{\mathfrak{p}'_\infty}^{\mathfrak{w}'} \frac{dz}{s(\mathfrak{z})} = -\int_{\mathfrak{p}_\infty}^{\mathfrak{w}} \frac{dx}{s(\mathfrak{x})}$$

ist, die letzte Gleichung auch schreiben:

$$\int_{\mathfrak{d}}^{\mathfrak{z}} \frac{dx}{s(\mathfrak{x})} + \int_{\mathfrak{p}'_\infty}^{\mathfrak{w}'} \frac{dx}{s(\mathfrak{x})} = 0. \tag{55'}$$

Diese Gleichung besagt aber nach dem Abelschen Theorem, daß $\mathfrak{d}^{-1}\mathfrak{p}'^{-1}_\infty \mathfrak{z}\mathfrak{w}'$ der vollständige Divisor einer elliptischen Funktion ist. Aus $\mathfrak{d}^{-1}\mathfrak{p}'^{-1}_\infty \mathfrak{z}$ folgt, daß diese, falls $\mathfrak{p}_\infty$ Verzweigungspunkt ist[1]), die Gestalt hat

$$c\left(\frac{s(\mathfrak{x}) + s(\mathfrak{d})}{x - d} - \frac{s(\mathfrak{z}) + s(\mathfrak{d})}{z - d}\right).$$

Da $\mathfrak{w}'$ Nullstelle sein soll, ist notwendig nicht nur

$$\frac{s(\mathfrak{w}') + s(\mathfrak{d})}{w - d} - \frac{s(\mathfrak{z}) + s(\mathfrak{d})}{z - d} = 0,$$

sondern auch die Norm der Funktion verschwindet für $x = w$. D. h.

$$\frac{s^2(\mathfrak{d}) - s^2(\mathfrak{x})}{(x - d)^2} - \frac{2s(\mathfrak{d})}{x - d}\,\frac{s(\mathfrak{z}) + s(\mathfrak{d})}{z - d} + \left(\frac{s(\mathfrak{z}) + s(\mathfrak{d})}{z - d}\right)^2 = 0$$

hat die Lösung $x = w$ und natürlich ebenso die Lösung $x = z$. Hieraus folgt aber wegen $A_4 = 0$ nach Multiplikation mit $(x - d)$:

$$4A_3x^2 + \left\{(4A_3d + 6A_2) - \left(\frac{s(\mathfrak{z}) + s(\mathfrak{d})}{z - d}\right)^2\right\} x + \{\cdot\cdot\cdot\cdot\cdot\cdot\} = 0.$$

Der Koeffizient von x ist aber nichts anderes als $-4A_3(w + z)$, also ist:

$$w = \frac{1}{4A_3}\left(\frac{s(\mathfrak{z}) + s(\mathfrak{d})}{z - d}\right)^2 - (z + d) - \frac{3}{2}\frac{A_2}{A_3}. \tag{56}$$

Damit ist die Abbildungsfunktion gefunden. Hat $s(\mathfrak{z})$ die Weierstraßsche Normalform, ist also $A_3 = 1$, $A_2 = 0$, so kommen wir wirklich auf die Funktion (49'') zurück.

Satz 113. *Die Existenz unendlich vieler Abbildungen auf sich selbst ist für die zweiblätterigen Riemannschen Flächen mit vier Verzweigungspunkten eine unmittelbare Folge des Abelschen Theorems, mit dessen Hilfe man auch die Abbildungsfunktion auffinden kann.*

---

[1]) Die Funktion ist auf jeden Fall, auch wenn $\mathfrak{p}_\infty$ kein Verzweigungspunkt ist,

$$c_1\mathfrak{E}^{(1)}(\mathfrak{x}, \mathfrak{d}) + c_2\mathfrak{E}^{(1)}(\mathfrak{x}, \mathfrak{p}'_\infty) - c_1\mathfrak{E}^{(1)}(\mathfrak{z}, \mathfrak{d}) - c_2\mathfrak{E}^{(1)}(\mathfrak{z}, \mathfrak{p}'_\infty).$$

Das Verhältnis $c_1 : c_2$ wird durch den Koeffizientensatz für Funktionen bestimmt, c_1 selbst bleibt notwendig willkürlich. Die übrigen Schlüsse wie oben.

Neuntes Kapitel.

Die elliptischen Funktionen und Integrale im Periodenparallelogramm.

§ 53. Konforme Abbildung durch das elliptische Integral erster Gattung.

Das elliptische Integral erster Gattung

$$u = \int_{\infty}^{\mathfrak{z}} \frac{dz}{s(\mathfrak{z})} \tag{1}$$

vermittelt eine konforme Abbildung der $\mathfrak{z}$-Fläche in die u-Ebene. Diese Abbildung ist nicht mehr umkehrbar eindeutig. Ist nämlich u^* der Wert des Integrals für die obere Grenze $\mathfrak{z}$ und einen ganz bestimmten Integrationsweg, so nimmt das Integral für dieselbe obere Grenze und andere Integrationswege alle Werte von folgender Form und nur diese an

$$u^* + m\,\omega_1 + n\,\omega_2 \qquad (m, n \text{ ganz}). \tag{2}$$

Dabei sind ω_1, ω_2 die Perioden des Integrals (1). Alle Punkte (2) mit demselben m liegen auf einer Geraden und alle zu verschiedenen m gehörenden Geraden sind untereinander parallel. Ebenso liefern die n eine Parallelenschar, von der wir noch zeigen werden, daß sie mit der ersten Parallelenschar einen von 0 verschiedenen Winkel bildet. Beide Scharen von Parallelen zerteilen die u-Ebene in kongruente Parallelogramme, deren Ecken die Punkte (2) sind. Zu jedem $\mathfrak{z}$ gehören daher unendlich viele, ein parallelogrammatisches Netz bildende Punkte der u-Ebene. Daraus folgt: Bilden wir eine Umgebung eines $\mathfrak{z}$ durch u ab, so besteht das Bild aus unendlich vielen kongruenten Stücken.

Zu jedem u gehört, wenn dies überhaupt der Fall ist, so nur ein einziges $\mathfrak{z}$; denn aus

$$u = \int_{\infty\, C_1}^{\mathfrak{z}_1} \frac{dz}{s(\mathfrak{z})} = \int_{\infty\, C_2}^{\mathfrak{z}_2} \frac{dz}{s(\mathfrak{z})}$$

würde folgen

$$\int\limits_{\mathfrak{z}_1\, C_1 + C_2}^{\mathfrak{z}_2} \frac{dz}{s(\mathfrak{z})} = 0, \tag{3}$$

wobei $C_1 + C_2$ den aus C_1 und C_2 zusammengesetzten Weg bedeutet. Wir haben beim Beweise des Abelschen Theorems aber gezeigt[1]), daß das Bestehen der Gleichung (3) notwendig $\mathfrak{z}_1 = \mathfrak{z}_2$ nach sich zieht.

Wir wollen nun zeigen, daß zu jedem u auch wirklich ein $\mathfrak{z}$ gehört. Zu diesem Zwecke betrachten wir die Umkehrfunktion $z = z(u)$ von (1) näher.

Da $\frac{dz}{s(\mathfrak{z})}$ für kein $\mathfrak{z}$ verschwindet, folgt, daß in der Entwicklung von (1) in der Umgebung irgendeiner Stelle $\mathfrak{z}_1$ (mit der Ortsuniformisierenden t) das Glied mit t^1 wirklich vorhanden ist. Ist $\mathfrak{z}_1$ weder Verzweigungspunkt, noch bei $\mathfrak{p}_\infty$ gelegen, so ist $t = z - z_1$ und

$$u = u_1 + u_1' t + t^2 \mathfrak{P}(t), \tag{4}$$

wobei $u_1' \neq 0$, d. h.

$$t = \frac{u - u_1}{u_1'} + (u - u_1)^2 \overline{\mathfrak{P}}(u - u_1) \tag{4'}$$

oder

$$z = z_1 + (u - u_1)\, \mathfrak{P}^*(u - u_1); \tag{5}$$

der Konvergenzradius der Potenzreihe $\mathfrak{P}^*$ ist sicher nicht Null.

Ist dagegen $\mathfrak{z}_1$ ein im Endlichen liegender Verzweigungspunkt, so ist $t^2 = z - z_1$, (4) und (4′) gilt unverändert weiter, und an Stelle von (5) tritt

$$z = z_1 + (u - u_1)^2 \cdot \mathfrak{P}^*(u - u_1); \tag{5'}$$

ist aber endlich $\mathfrak{z}_1$ der Punkt $\mathfrak{p}_\infty$, so gibt $z = \frac{1}{t^2}$ ganz analog:

$$z = \frac{u_1'^2 + (u - u_1)\, \mathfrak{P}^*(u - u_1)}{(u - u_1)^2}. \tag{5''}$$

Die Gleichungen (5), (5′), (5″) sagen aus, daß $z(u)$ in seinem ganzen Definitionsbereich rationalen Verhaltens ist, nämlich Doppelpole in den Bildpunkten von $\mathfrak{p}_\infty$ besitzt und sonst regulär ist.

Wir können jetzt die oben ausgesprochene Behauptung, daß die beiden zur Definition des Parallelogrammnetzes benutzten Parallelenscharen verschiedene Richtung haben, beweisen. Diese Behauptung ist

---

[1]) Kap. 7, § 47, Satz 98.

offenbar gleichwertig der anderen: das Verhältnis $\omega_1 : \omega_2$ ist nie reell. In der u-Ebene sind die Punkte $w = m\omega_1 + n\omega_2$ als Bilder von $\mathfrak{z} = \mathfrak{p}_\infty$ Polstellen von $z(u)$. Da $z(u)$ eindeutige Funktion von u ist und bei $u_1 = 0$ die Entwicklung (5″) hat, ist stets $|w| \geqq \varrho$ außer für $w = 0$, unter ϱ den Konvergenzradius von (5″) verstanden. Daraus folgt aber, daß die Entfernung irgend zweier w ebenfalls nicht kleiner als ϱ sein kann. Die Differenz zweier w ist nämlich wieder ein w. Die w können sich also im Endlichen nicht häufen. Es gibt daher ein absolut kleinstes w, das ω heißen möge. Wäre nun $\omega_1 : \omega_2$ reell, so auch alle $w : \omega$. Zu jedem w müßte es also eine ganze Zahl N geben, derart daß $N \leqq \frac{w}{\omega} < N + 1$ ist. Links muß hier das Gleichheitszeichen stehen, da sonst $0 < |w - N\omega| < |\omega| \leqq \varrho$ wäre, was der Definition von ω widerspricht. Aus $w = N\omega$ folgt aber, daß $e^{2\pi i \frac{u}{\omega}}$ eine nichtkonstante, überall endliche elliptische Funktion ist. Die Annahme der Realität $\omega_1 : \omega_2$ führt also zu einem Widerspruch.

Es sei ϱ^* eine solche Zahl, daß die Konvergenzradien der vier Reihen (5′) für $\mathfrak{z}_1 = \mathfrak{a}_j$ $(j = 1, 2, 3)$ und (5″) für $\mathfrak{z}_1 = \mathfrak{p}_\infty$ sämtlich größer sind als $2\varrho^*$ und daß ferner die Kreise mit dem Radius $2\varrho^*$ um die Bildpunkte der $\mathfrak{a}_j$ und von $\mathfrak{p}_\infty$ in der u-Ebene ganz getrennt liegen. Wir schneiden aus der $\mathfrak{z}$-Fläche offene Umgebungen der Punkte $\mathfrak{a}_1, \mathfrak{a}_2, \mathfrak{a}_3, \mathfrak{p}_\infty$ heraus, die alle so klein sind, daß ihre Bilder in der u-Ebene innerhalb der Kreise vom Radius ϱ^* um die Bildpunkte der vier Verzweigungspunkte liegen.

Beschränkt man sich jetzt auf die $\mathfrak{z}_1$ der verbleibenden Restfläche, so ist der Konvergenzradius ϱ_1 von (5) eine stetige positive Funktion von u_1 und damit auch von $\mathfrak{z}_1$[1]. Diese Restfläche ist abgeschlossen. Eine stetige, auf einem abgeschlossenen Bereiche überall positive Funktion hat aber auf diesem ein positives Minimum. D. h., beschränkt man sich auf die $\mathfrak{z}_1$ der Restfläche, so gibt es ein von $\mathfrak{z}_1$ unabhängiges $\varrho > 0$ derart, daß (5) für alle u, die der Bedingung $|u - u_1| < 2\varrho$ genügen, sicher konvergiert. Es sei nun irgendein u gegeben. Wir verbinden es mit dem nächsten Bildpunkt eines der Punkte $\mathfrak{a}_j$ bzw. $\mathfrak{p}_\infty$ geradlinig und teilen diese Verbindungsstrecke in Teile von der Länge ϱ, nur der erste Teil soll $\geqq \varrho^*$ und $< 2\varrho^*$ sein. Dann liegt der erste Teilpunkt im Konvergenzkreise des Elements (5′) bzw. (5″) des Anfangspunktes der Strecke, gehört also wirklich zu einem $\mathfrak{z}$, und dieses muß, wegen der Voraussetzungen über den Teilpunkt, in der Restfläche liegen. Von diesem ersten Teilpunkte aus kann ich nun durch analytische Fortsetzung zu den nächsten Teilpunkten fortschreiten, da jeder im Konvergenzkreise des zum vorhergehenden Teil-

[1]) Eigentlich gehören zu jedem $\mathfrak{z}$ die unendlich vielen ϱ aller seiner Bilder, diese sind aber alle gleich, wegen der vorhin gemachten Bemerkung über die Abbildung einer Umgebung von $\mathfrak{z}$.

punkte gehörigen Elements (5) liegen muß[1]). So müssen wir in endlich vielen Schritten nach u hinkommen.

Satz 114. *Die Umkehrfunktion $z = z(u)$ des elliptischen Integrals erster Gattung*

(1) $$u = \int_{\infty}^{\mathfrak{z}} \frac{dz}{s(\mathfrak{z})}$$

ist eindeutig und in der ganzen Ebene regulär, abgesehen von Polen zweiter Ordnung in den Punkten

$$w = m\omega_1 + n\omega_2 \qquad (m, n = 0, \pm 1, \pm 2, \ldots).$$

Hat $s(\mathfrak{z})$ die Weierstraßsche Normalform, so bezeichnet man $z(u)$ mit $\wp(u)$.

Einige einfache Eigenschaften der Funktion $z(u)$ kann man sofort ablesen. Da zu allen Punkten (2) dasselbe $\mathfrak{z}$ und damit auch dasselbe z gehört, ist

(7) $$z(u^*) = z(u^* + m\omega_1 + n\omega_2) \qquad (m, n = 0, \pm 1, \pm 2, \ldots).$$

Diejenigen Funktionen nun, für welche zwei solche Konstanten ω_1, ω_2 gefunden werden können, daß für jedes u^* eine Gleichung der Gestalt (7) besteht, nennt man doppeltperiodisch; ω_1, ω_2 heißen ihre Perioden. Aus (7) folgt aber sofort, daß $z(u)$ alle seine Werte sicher schon auf einem Parallelogramm mit den Ecken

(8) $$u_0, \quad u_0 + \omega_1, \quad u_0 + \omega_1 + \omega_2, \quad u_0 + \omega_2 \qquad (u_0 \text{ beliebig})$$

annimmt. Dabei soll von jedem Paar paralleler Seiten nur je eine zum Parallelogramm gehören und von den vier Ecken nur eine, nämlich üblicherweise die, in der die beiden zum Parallelogramm gehörenden Seiten sich treffen.

$z(u)$ ist eine gerade Funktion. Denn ist $u = \int_{\infty}^{\mathfrak{z}'} \frac{dz}{s(\mathfrak{z})}$ und integrieren wir von ∞ nach dem $\mathfrak{z}'$ entsprechenden Punkte $\mathfrak{z}''$ des anderen Blattes längs des Weges C'', dessen Punkte denen von C' im anderen Blatt entsprechen, so sind längs C' und C'' die Integranden entgegengesetzt gleich, also ist $\int_{\infty}^{\mathfrak{z}''} \frac{dz}{s(\mathfrak{z})} = -u$.

---

[1]) Da wir u mit dem nächsten Bildpunkt eines der vier Verzweigungspunkte verbinden, trifft die Verbindungsstrecke keinen andern der Kreise mit dem Radius $2\varrho^*$ um einen solchen Punkt.

Da ferner zu jedem $\mathfrak{z}$ ein einziges u innerhalb oder auf dem Rande dieses Parallelogramms gehört, gehören zu jedem z, abgesehen von a_1, a_2, a_3 und $\mathfrak{p}_\infty$ genau zwei Werte u im Parallelogramm, zu a_j ($j = 1, 2, 3$) und $\mathfrak{p}_\infty$ aber jeweils nur ein einziger; dieser ist aber wegen (5′) Doppelwurzel der Gleichung $z(u) = a_j$ bzw. $z(u) = \infty$.

Satz 115. *Die Funktion $z(u)$ ist doppeltperiodisch und hat die Perioden des Integrals erster Gattung zu Perioden. Sie ist eine gerade Funktion und nimmt alle ihre Werte schon in dem Parallelogramm mit den Ecken*

$$u_0, \quad u_0 + \omega_1, \quad u_0 + \omega_1 + \omega_2, \quad u_0 + \omega_2 \qquad (u_0 \textit{ beliebig}),$$

einem sogenannten Periodenparallelogramm, an. Dabei ist von jedem Paar paralleler Seiten immer nur eine zum Parallelogramm zu rechnen. Im Parallelogramm hat die Gleichung $z(u) = c$ für jedes c genau zwei Lösungen u, die überdies verschieden sind, wenn nicht $c = a_j$ oder $c = \infty$ ist ($j = 1, 2, 3$).

Aus den beiden Sätzen 114 und 115 folgt sofort

Satz 116. *Durch*

$$u = \int_\infty^{\mathfrak{z}} \frac{dz}{s(\mathfrak{z})}$$

wird die zweiblätterige Riemannsche $\mathfrak{z}$-Fläche so auf die schlichte u-Ebene abgebildet, daß jedem $\mathfrak{z}$ ein ganzes parallelogrammatisches Netz

$$u = u^* + m\omega_1 + n\omega_2$$

(wobei m, n unabhängig voneinander der Reihe nach alle ganzzahligen Werte annehmen) eindeutig entspricht. Wir bezeichnen die u-Ebene deshalb auch als Parallelogrammebene.

Auf der Fläche entsprechen den Parallelogrammseiten desjenigen parallelogrammatischen Netzes, das u_0 enthält, d. h. den Punkten

$$u_0 + (m + \lambda)\omega_1 + n\omega_2 \quad \text{bzw.} \quad u_0 + m\omega_1 + (n + \lambda)\omega_2$$

(wobei λ reell und

$$0 \leqq \lambda \leqq 1, \quad m, n = 0, \pm 1, \pm 2, \ldots \quad \text{ist}),$$

geschlossene Kurven, die nur den Bildpunkt $\mathfrak{z}_0$ des Punktes u_0 gemeinsam haben. Schneiden wir die Fläche längs dieser Kurven auf, so bedeutet dies eine Beschränkung des Integrationswegs für u. Da man aber im Parallelogramm mit den Ecken u_0, $u_0 + \omega_1$, $u_0 + \omega_1 + \omega_2$, $u_0 + \omega_2$ u stetig variieren kann, ohne die Seiten zu überschreiten, und da dieses Parallelogramm bereits zu allen Flächenpunkten einen und nur einen Bildpunkt enthält, so kann das zugehörige $\mathfrak{z}$ stetig variierend, ohne Überschreitung der Schnitte, die ganze Fläche überstreichen. Diese Zerschneidung der Fläche macht also u zu einer eindeutigen Funktion von $\mathfrak{z}$. Da die Abbildung der zerschnittenen Fläche auf das Parallelogramm eineindeutig, als konforme Abbildung stetig und das Bild einfach zusammenhängend ist, so gilt das letzte auch von der zerschnittenen Fläche. Diese Zerschneidung der Fläche leistet daher dasselbe wie die frühere Zerschneidung durch (a) und (b). Überdies ist wieder längs dieser Schnitte der Sprung des Integrals ω_1 bzw. ω_2. Dies folgt daraus, daß gegenüberliegende Ufer der Schnitte auf parallele Seiten des Parallelogramms abgebildet werden. Da wir die neuen Schnitte demnach mit (a) und (b) identifizieren können, haben wir

Satz 117. *Die Schnitte (a) und (b), welche die $\mathfrak{z}$-Fläche in ein einfach zusammenhängendes Flächenstück zerlegen, können so gewählt werden, daß das Integral erster Gattung die zerschnittene Fläche umkehrbar eindeutig auf ein geradliniges Parallelogramm mit den Ecken u_0, $u_0+\omega_1$, $u_0+\omega_1+\omega_2$, $u_0+\omega_2$ abbildet, wobei u_0 beliebig ist. Dieses Parallelogramm und jedes aus ihm durch Parallelverschiebung hervorgehende soll künftig „Periodenparallelogramm" heißen.*

Man kann noch beweisen, daß die früheren Schnitte (a), (b) durch stetiges Deformieren in die neuen Schnitte übergeführt werden können, doch ist die Durchführung eines einwandfreien Beweises mühevoll. Für uns ist dieser Nachweis jetzt überflüssig, da wir uns auf die jetzt gefundene Zerschneidung festlegen können und voraussetzen dürfen, daß wir sie von vornherein so gewählt haben.

§ 54. Die elliptischen Funktionen als Funktionen des Integrals erster Gattung $u=\int \frac{dz}{s(\mathfrak{z})}$.

Genau wie im vorigen Kapitel die Funktionen und Differentiale der $\mathfrak{z}$-Fläche auf die $\mathfrak{w}$-Fläche übertragen wurden, genau so können wir jetzt die Übertragung in die u-Ebene (Parallelogrammebene) vornehmen.

Da durch (4) und (4′) die Ortsuniformisierenden der Fläche und der Parallelogrammebene eineindeutig aufeinander bezogen sind, so folgt aus

$$f(\mathfrak{z}) = t^{\alpha}\,\mathfrak{P}(t), \qquad \mathfrak{P}(0) \neq 0 \tag{9}$$

sofort, genau wie früher

$$f(\mathfrak{z}) = (u-u_1)^{\alpha}\,\overline{\mathfrak{P}}(u-u_1), \qquad \overline{\mathfrak{P}}(0) \neq 0. \tag{9'}$$

Die Ordnungszahl α ist also invariant. Dies gilt natürlich bei jeder Übertragung nach konformer Abbildung. Speziell folgt hieraus die ungeänderte Übertragung der Lückensätze, Anzahltheoreme usw.

Nennen wir das übertragene $f(\mathfrak{z})$ kurz $\varphi(u)$, so ist

$$f(\mathfrak{z}) = \varphi(u) = \varphi(u + \omega_1) = \varphi(u + \omega_2); \tag{10}$$

denn die Punkte $u, u + \omega_1, u + \omega_2$ entsprechen demselben Punkte $\mathfrak{z}$.

Ist umgekehrt $\varphi(u)$ eindeutig, bis auf Pole regulär und doppeltperiodisch mit den Perioden ω_1, ω_2, so ist dadurch jedem System von Gitterpunkten $u + m\omega_1 + n\omega_2$, d. h. jedem Punkte der $\mathfrak{z}$-Fläche eindeutig ein Funktionswert zugeordnet. D. h. diesem $\varphi(u)$ entspricht auf der Fläche eine bestimmte eindeutige, bis auf Pole reguläre Funktion. Wir haben damit:

Satz 118. *Die Übertragungen der elliptisch-algebraischen Funktionen in die Parallelogrammebene sind identisch mit der Gesamtheit der eindeutigen, im Endlichen bis auf Pole regulären doppeltperiodischen Funktionen*[1]) *von u mit den beiden Perioden ω_1, ω_2. Man bezeichnet diese doppeltperiodischen Funktionen als elliptische Funktionen.*

Aus (1) folgt sofort durch Differenzieren:

$$\frac{du}{dz} = \frac{1}{s(\mathfrak{z})} \quad \text{oder} \quad \frac{dz}{du} = s(\mathfrak{z}). \tag{11}$$

Die Basisdarstellung der elliptischen Funktionen zeigt damit

Satz 119. *Jede elliptische Funktion kann in der Parallelogrammebene dargestellt werden in der Gestalt*

$$\varphi(u) = r(z(u)) + R(z(u)) \cdot \frac{dz(u)}{du}. \tag{12}$$

Die Übertragung der Differentiale liefert nichts Neues. Denn wegen

$$f(\mathfrak{z})\,dz = f(\mathfrak{z}) \cdot \frac{dz}{du} \cdot du = \varphi(u) \cdot \frac{dz(u)}{du} \cdot du$$

und $\dfrac{du}{dT} = 1$ für alle u, wenn T die Ortsuniformisierende in der u-Ebene ist, folgt, daß die Entwicklung von $f(\mathfrak{z})\,dz$ an jeder Stelle der u-Ebene übereinstimmt mit der Entwicklung von

$$\varphi(u) \cdot \frac{dz(u)}{du} = f(\mathfrak{z}) \cdot s(\mathfrak{z})$$

an jeder Stelle. $f(\mathfrak{z}) \cdot s(\mathfrak{z})$ ist aber wieder eine elliptische Funktion.

Satz 120. *Ist $\varphi(u)$ die Übertragung der Funktion $f(\mathfrak{z})$, so ist $\varphi(u)\,du$ die Übertragung des Differentials $f(\mathfrak{z}) \cdot \dfrac{dz}{s(\mathfrak{z})}$. Die Funktion $\varphi(u)$ und das*

---

[1]) Wenn wir künftig von doppeltperiodischen Funktionen sprechen, so soll die Eindeutigkeit und Regularität bis auf Pole stets mit vorausgesetzt sein.

Differential $\varphi(u)\cdot du$ haben an jeder Stelle der Parallelogrammebene die gleiche Entwicklung nach Potenzen der Ortsuniformisierenden T.

Der Umstand, daß in der u-Ebene Funktionen und Differentiale wegen $\frac{du}{dT} = 1$ zusammenfallen, hat große Vereinfachungen zur Folge. Als erste ist hier das Zusammenfallen der Koeffizientensätze für Funktionen und Differentiale zu nennen. Man kann in (4), (4′) ja $T = u - u_1$ als verallgemeinerte Ortsuniformisierende der Stelle $\mathfrak{z}_1$ betrachten. Nun haben wir schon früher (§ 6, Satz 3) gezeigt, daß das Residuum eine Invariante gegen die Wahl der Ortsuniformisierenden ist. Der Koeffizientensatz für Differentiale lautet aber einfach: die Summe der Residuen verschwindet. Übertragen heißt dies wegen der Invarianz der Residuen

$$\sum f(\mathfrak{z})\,dz\,|_{t^{-1}} = \sum f(\mathfrak{z})\,dz\,|_{T^{-1}} = \sum f(\mathfrak{z})\,s(\mathfrak{z})\,du\,|_{T^{-1}}$$
$$= \sum \varphi(u)\,\frac{dz(u)}{du}\,du\Big|_{T^{-1}}.$$

Dabei ist die letzte Summe nur für die u im Parallelogramm $0, \omega_1, \omega_1 + \omega_2, \omega_2$ zu nehmen, da diese schon der ganzen Fläche entsprechen.

Der Koeffizientensatz für Funktionen hieß $\sum f(\mathfrak{z})\,\frac{dz}{s(\mathfrak{z})}\Big|_{t^{-1}} = 0$. Da nun

$$\sum f(\mathfrak{z})\,\frac{dz}{s(\mathfrak{z})}\Big|_{t^{-1}} = \sum f(\mathfrak{z})\,\frac{dz}{s(\mathfrak{z})}\Big|_{T^{-1}} = \sum f(\mathfrak{z})\,du\,|_{T^{-1}} = \sum \varphi(u)\,du\,|_{T^{-1}}$$

ist und wegen der Körpereigenschaft der elliptischen Funktionen $f(\mathfrak{z}) = \varphi(u)$ und $f(\mathfrak{z})\,s(\mathfrak{z}) = \varphi(u)\,\frac{dz}{du}$ beide gleichzeitig elliptische Funktionen sind, so fallen die Koeffizientensätze in die Aussage zusammen:

Satz 121. *Ist $\psi(u)$ eine elliptische Funktion in der Parallelogrammebene, so ist*

$$\sum \psi(u)\,|_{T^{-1}} = 0, \tag{13}$$

wobei die Summierung über ein Periodenparallelogramm zu erstrecken ist.

Daraus folgt sofort, daß in der Entwicklung von $z(u)$ an der Polstelle notwendig das Glied mit T^{-1} fehlen muß.

Wegen der Invarianz der Ordnungszahl entspricht einem $f(\mathfrak{z})$, das Multiplum des Divisors

$$\mathfrak{Q}_{\mathfrak{z}} = \mathfrak{p}_1^{n_1} \cdot \mathfrak{p}_2^{n_2} \cdots$$

ist, ein $\varphi(u)$, das Multiplum von

$$\mathfrak{Q}_u = \mathfrak{q}_1^{n_1} \cdot \mathfrak{q}_2^{n_2} \cdots$$

ist. Dabei bedeuten die $\mathfrak{q}_j$ die in einem bestimmten Parallelogramm gelegenen Bildpunkte der $\mathfrak{p}_j$. Für die anderen Bildpunkte folgt das durch $\mathfrak{Q}_u$ vorgeschriebene Verhalten dann aus der doppelten Periodizität. Ganz genau dasselbe gilt für Differentiale.

Das erste Anzahltheorem überträgt sich, da Funktion $\varphi(u)$ und Differential $\varphi(u)du$ ja identische Entwicklungen haben, in der Gestalt

Satz 122 (Anzahltheorem für elliptische Funktionen in der Parallelogrammebene). *Die Anzahl U der linear unabhängigen elliptischen (d. h. doppeltperiodischen) Funktionen, die Multipla des Divisors $\mathfrak{Q}_u$ von der Gesamtordnung q sind und die Anzahl V der linear unabhängigen elliptischen Funktionen, die Multipla von $\mathfrak{Q}_u^{-1}$ sind, stehen in der Beziehung*

$$U - V = -q. \tag{14}$$

Das zweite und das dritte Anzahltheorem fallen in der Übertragung mit dem ersten zusammen.

Ebenso liefert die Übertragung den

Satz 123. *Die einzigen überall endlichen doppeltperiodischen Funktionen sind die Konstanten; die überall endlichen Differentiale der Parallelogrammebene haben die Gestalt $C \cdot du$.*

Die Lückensätze fallen wieder zusammen in den

Satz 124 (Lückensatz). *Es gibt keine elliptische Funktion, die im Parallelogramm nur einen einzigen Pol besitzt.*

Dieser folgt durch Übertragung von der Fläche oder direkt aus (14). Der Koeffizientensatz wurde schon übertragen (Satz 121); in der systematischen Reihenfolge kämen jetzt die Elementarfunktionen. Wir wollen an deren Stelle zunächst zwei auf der Körpereigenschaft der elliptischen Funktionen beruhende Sätze des Kapitels 7 übertragen. Aus der Invarianz der Ordnungszahl folgt sofort die Übertragung von Satz 91a und 91b:

Satz 125. *Eine elliptische Funktion hat im Periodenparallelogramm ebenso viele Nullstellen wie Pole. Sie nimmt dort überhaupt jeden Wert gleichoft an.*

Ebenso überträgt sich das Abelsche Theorem für Integrale erster Gattung in der Gestalt:

Satz 126. (Abelsches Theorem für elliptische Funktionen.) *Sind $a_1, a_2, \ldots, a_n$ die Nullstellen, $b_1, b_2, \ldots, b_n$ die Pole einer elliptischen Funktion im Periodenparallelogramm, so ist notwendig*

$$\sum^{\nu} b_\nu - \sum^{\nu} a_\nu = \text{Periode} = m_1\omega_1 + m_2\omega_2, \tag{15}$$

und umgekehrt: gilt (15), *so gibt es eine elliptische Funktion mit diesen Polen und Nullstellen.*

Aus $\int\limits_{\mathfrak{p}_\nu}^{\mathfrak{q}_\nu} d\psi$ wird in der Übertragung $b_\nu - a_\nu$; in der ursprünglichen Fassung stand rechts Null „bei geeigneter Wahl des Integrationswegs des letzten Integrals“, da wir hier aber alle a_ν und b_ν im Parallelogramm angenommen haben, so erhalten wir rechts eine Periode.

§ 55. Die Elementarfunktionen im Parallelogramm.

Bei der Übertragung bleiben die Hauptteile i. A. nicht invariant, also sind die Übertragungen der $\mathfrak{E}^{(h)}$, $E^{(h)}$ und $d\mathfrak{F}^{(h)}$, $dF^{(h)}$ i. A. nicht auch in der Parallelogrammebene Elementarfunktionen und -differentiale, d. h. sie haben dort nicht die Hauptteile $\frac{1}{T^h}$; wohl aber folgt aus der Invarianz der Ordnungszahl sofort, daß sich die Übertragungen von $\mathfrak{E}^{(1)}$, $E^{(1)}$, $d\mathfrak{F}^{(1)}$, $dF^{(1)}$ von den entsprechenden Gebilden des Parallelogramms nur um konstante Faktoren unterscheiden können. (Fallen die Charakterisierungsstellen zusammen, so kann überdies noch eine überall endliche Funktion additiv dazutreten.)

Die Elementarfunktionen und Differentiale des Periodenparallelogramms werden wir mit $\tilde{E}(u, v)$, $d\tilde{F}(u, v)$, bzw. $\tilde{\mathfrak{E}}$ und $d\tilde{\mathfrak{F}}$ bezeichnen. Offenbar ist wegen Satz 120 und der Definitionseigenschaften der $\tilde{E}$, $d\tilde{F}$, $\tilde{\mathfrak{E}}$, $d\tilde{\mathfrak{F}}$:

$$d\tilde{F}^{(h)}(u, v) = \tilde{E}^{(h)}(u, v)\, du, \quad d\tilde{\mathfrak{F}}^{(h)}(u, u_1) = \tilde{\mathfrak{E}}^{(h)}(u, u_1)\, du,$$

so daß nur noch die $\tilde{E}$ und $\tilde{\mathfrak{E}}$ aufzustellen sind.

Wegen der Übertragung ist

$$\tilde{E}^{(1)}_{0,0}(u, v) = C \cdot E^{(1)}_{\mathfrak{p}_\infty, \mathfrak{p}_\infty}(\mathfrak{z}, \mathfrak{x}) = C \cdot \frac{1}{2s(\mathfrak{x})} \cdot \frac{s(\mathfrak{z}) + s(\mathfrak{x})}{z - x},$$

wobei $u = 0$ der Bildpunkt von $\mathfrak{p}_\infty$ ist; C bleibt noch zu bestimmen.

Aus (1) und (11) folgt sofort

$$\tilde{E}^{(1)}_{0,0}(u, v) = C \cdot \frac{1}{2z'(v)} \cdot \frac{z'(u) + z'(v)}{z(u) - z(v)}.$$

Nun ist in der Umgebung von v für gewöhnliches $\mathfrak{x}$:

$$u = v + \int\limits_{\mathfrak{x}}^{\mathfrak{z}} \frac{dz}{s(\mathfrak{z})} = v + \int\limits_0^t \left(\frac{1}{s(\mathfrak{x})} - \frac{s'(\mathfrak{x})}{s^2(\mathfrak{x})}\, t + \cdots\right) dt$$

oder

$$T = u - v = \frac{t}{s(\mathfrak{x})} - \frac{s'(\mathfrak{x})}{s^2(\mathfrak{x})}\, t^2 + \cdots = \frac{t}{z'(v)} + t^2\, \mathfrak{P}(t), \tag{16}$$

$$\begin{cases} t = s(\mathfrak{x})\, T + s(\mathfrak{x})\, s'(\mathfrak{x})\, T^2 + \cdots \\ = z'(v)\, T + z''(v)\, T^2 + \cdots \\ = z'(v)\{T + T^2\, \overline{\mathfrak{P}}(T)\}. \end{cases} \tag{16'}$$

Da $z(u) - z(v) = t$ ist und

$$z'(u) = z'(v) + T z''(v) + \cdots,$$

so folgt in der Umgebung von v

$$\tilde{E}^{(1)} = C \cdot \frac{1}{2z'^2(v)} \cdot \frac{2z'(v) + T \cdot \overline{\overline{\mathfrak{P}}}(T)}{T(1 + T \cdot \overline{\mathfrak{P}}(T))} = \frac{C}{z'(v)} \cdot \frac{1}{T} + \overline{\overline{\overline{\mathfrak{P}}}}(T).$$

Daraus folgt aber

$$C = z'(v).$$

Ferner ist bei $u = 0$

$$\frac{1}{2} \cdot \frac{z'(u) + z'(v)}{z(u) - z(v)} = \frac{-1}{2T} \cdot \frac{2 + T^3 \mathfrak{P}_1(T)}{1 + T^2 \mathfrak{P}_2(T)} = -\frac{1}{2T} \cdot (2 + 2T^2 \mathfrak{P}_3(T))$$
$$= -\frac{1}{T} + T \mathfrak{P}_3(T).$$

Wir haben damit

Satz 127. *Die Elementarfunktion erster Ordnung des Periodenparallelogramms mit dem Hilfspol und der Hilfsnullstelle bei* $u = 0$ *ist*

(17) $$\tilde{E}^{(1)}_{0,0}(u, v) = \frac{1}{2} \cdot \frac{z'(u) + z'(v)}{z(u) - z(v)}.$$

Ganz ebenso könnten wir $\tilde{E}^{(2)}$ als eine lineare Kombination[1]) von $E^{(2)}$ und $E^{(1)}$ übertragen; es ergäbe sich (R bedeutet eine rationale Funktion)

$$E^{(2)}(u, v) = R(z(u), z(v), z'(u), z'(v), z''(u), z''(v)).$$

Da überdies aus (11) folgt:

(18) $$\left(\frac{dz}{du}\right)^2 = Az^3 + Bz^2 + Cz + D,$$

so ist, wenn wir beide Seiten nach u differenzieren,

(19) $$2\frac{d^2 z}{du^2} = 3Az^2 + 2Bz + C.$$

Wenn auch R^* eine rationale Funktion bedeutet, ist also

(20) $$\tilde{E}^{(2)}(u, v) = R^*(z(u), z(v), z'(u), z'(v)).$$

---

[1]) Bei der Übertragung wird nämlich

$$E^{(2)} = \frac{C'}{T^2} + \frac{C''}{T} + \mathfrak{P}(T), \qquad \tilde{E}^{(1)} = C \cdot E^{(1)} = \frac{1}{T} + \overline{\overline{\mathfrak{P}}}(T),$$

also

$$\tilde{E}^{(2)} = \frac{1}{C'} E^{(2)} - \frac{CC''}{C'} E^{(1)}.$$

Es ist indessen möglich, $\bar{E}^{(2)}$ noch auf eine andere Weise zu bestimmen. Dazu müssen wir die Transformationen der $\mathfrak{z}$-Fläche in sich auf der u-Ebene deuten. Bei jeder solchen Transformation ist

$$\frac{dz}{s(\mathfrak{z})} = \frac{dw}{s(\mathfrak{w})},$$

folglich

$$\int_{\infty}^{\mathfrak{z}} \frac{dz}{s(\mathfrak{z})} = \int_{\mathfrak{w}_0}^{\mathfrak{w}} \frac{dw}{s(\mathfrak{w})}.$$

Da man im Integral rechts die Integrationsveränderliche beliebig bezeichnen kann, bedeutet dies

(21) $$u = U - U_0,$$

wobei

$$U = \int_{\infty}^{\mathfrak{w}} \frac{dz}{s(\mathfrak{z})}, \quad U_0 = \int_{\infty}^{\mathfrak{w}_0} \frac{dz}{s(\mathfrak{z})}$$

ist.

Satz 128. *Dem Übergange von den $\mathfrak{z}$ zu den $\mathfrak{w}$ entspricht bei einer Transformation der Fläche in sich eine Parallelverschiebung in der u-Ebene.*

Nun ist an der Stelle $u = 0$, wie wir wissen, $T = u$,

$$z(u) = \frac{C}{T^2} + \mathfrak{P}(T).$$

Hier ist C zu bestimmen. Da

$$u = \int_{\infty}^{\mathfrak{z}} \frac{dz}{s(\mathfrak{z})} = -2\int_0^t \frac{dt}{\sqrt{A + Bt^2 + \cdots}} = -2\frac{t}{\sqrt{A}} + \frac{B}{3A\sqrt{A}}t^3 + \cdots$$

oder

$$T = \frac{-2}{\sqrt{A}}t + \frac{B}{3A\sqrt{A}}t^3 + \cdots$$

ist, so folgt

$$t = -\frac{1}{2}\sqrt{A}\,T - \frac{1}{48}B\sqrt{A}\,T^3 + \cdots,$$

$$z = \frac{1}{t^2} = \frac{4}{AT^2\left(1 + \frac{B}{24}T^2 + \cdots\right)^2}$$

$$= \frac{4}{AT^2}\left(1 - \frac{B}{12}T^2 + \cdots\right)$$

$$= \frac{4}{A}\frac{1}{T^2} - \frac{B}{3A} + T\mathfrak{P}(T).$$

Daraus folgt die Elementarfunktion von einer Variabeln

$$\mathfrak{E}^{(2)}_{0,0}(u,0) = \frac{A}{4}\,z(u) + \frac{B}{12}\,. \tag{22}$$

Um $\tilde{E}^{(2)}_{0,0}(u, v)$ zu erhalten, transformieren wir die Fläche in sich, so daß der zu v gehörige Punkt $\mathfrak{x}$ nach $\mathfrak{p}_\infty$ geworfen wird, also durch eine bei $\mathfrak{x}$ zweipolige Funktion. Dieser Transformation entspricht die Parallelverschiebung der u-Ebene, die v in den Koordinatenanfang rückt, d. h. die Einführung der neuen Veränderlichen $U = u - v$. Da entsprechende Punkte U_0, u_0 die gleichen Uniformisierenden $T = U - U_0 = u - u_0$ haben, so ergibt sich aus den Entwicklungen von $\mathfrak{E}^{(2)}(U, 0) + C = \mathfrak{E}^{(2)}(u - v, 0) + C$, daß dieses bei geeigneter Verfügung über die Konstante C alle charakteristischen Eigenschaften von $\tilde{E}^{(2)}(u, v)$ hat. Wegen (22) und der Nullstelle bei $u = 0$ ergibt sich so, da $z(v)$ eine gerade Funktion ist,

$$\tilde{E}^{(2)}(u, v) = \frac{A}{4}\,(z(u - v) - z(v))\,. \tag{23}$$

Vergleicht man (20) mit (23), so folgt daraus

$$z(u - v) = \mathfrak{R}^*(z(u),\, z'(u),\, z(v),\, z'(v))\,^{1)}. \tag{24}$$

Da $z(u)$ eine gerade und deshalb $z'(u)$ eine ungerade Funktion ist, so gibt (24) noch

$$z(u + v) = \mathfrak{R}(z(u),\, z'(u),\, z(v),\, z'(v))\,. \tag{25}$$

Satz 129. *Die Elementarfunktion $\tilde{E}^{(2)}_{0,0}(u, v)$ läßt sich auf zwei Arten ausdrücken, nämlich rational durch $z(u)$, $z(v)$, $z'(u)$, $z'(v)$ und linear durch $z(u - v)$ und $z(v)$. Daraus folgen Additionstheoreme für $z(u)$:*

$$z(u + v) = \mathfrak{R}(z(u),\, z'(u),\, z(v),\, z'(v))\,, \tag{25}$$

und durch Differentiation nach u unter Benutzung von (19) für $z'(u)$:

$$z'(u + v) = \mathfrak{R}^*(z(u),\, z'(u),\, z(v),\, z'(v))\,. \tag{25'}$$

Aus (12), (25), (25′) folgt nun für irgendeine elliptische Funktion $\varphi(u)$:

$$\left\{\begin{aligned} \varphi(u+v) &= r(z(u+v)) + R(z(u+v))\cdot z'(u+v) = \mathfrak{R}_1(z(u), z'(u), z(v), z'(v)) \\ \varphi(u) &= \mathfrak{R}_2(z(u), z'(u)) \\ \varphi'(u) &= \mathfrak{R}_3(z(u), z'(u)) \\ \varphi(v) &= \mathfrak{R}_2(z(v), z'(v)) \\ \varphi'(v) &= \mathfrak{R}_3(z(v), z'(v))\,. \end{aligned}\right. \tag{26}$$

[1]) $\mathfrak{R}$ bedeutet stets eine rationale Funktion seiner Argumente.

Eliminiert man aus diesen fünf Gleichungen (26) die vier Größen $z(u), z'(u), z(v), z'(v)$, was allein mit Hilfe von rationalen Operationen möglich ist[1]), so folgt daraus ein Additionstheorem für φ in der Gestalt

$$(27)\qquad \tilde{\mathfrak{R}}(\varphi(u+v),\ \varphi(u),\ \varphi'(u),\ \varphi(v),\ \varphi'(v)) = 0\,.$$

Das Bestehen eines solchen Additionstheorems war für Weierstraß der Ausgangspunkt seiner ersten Vorlesungen über elliptische Funktionen, da bei eindeutigen Funktionen einer Variabeln ein derartiges Additionstheorem nur existiert bei den rationalen Funktionen von z oder von $e^{\varkappa z}$ ($\varkappa = \text{const}$) und endlich bei den elliptischen Funktionen.

Aus (23) folgt durch Differentiation nach v sofort, daß, wenn $h > 2$

$$\tilde{E}^{(h)}_{0,0}(u, v) = \frac{1}{(h-1)!}\cdot\frac{d^{h-2}}{d v^{h-2}}\tilde{E}^{(2)}_{0,0}(u, v)$$

$$= \frac{A}{4(h-1)!}\left((-1)^{h-2} z^{(h-2)}(u-v) - z^{(h-2)}(v)\right)$$

alle Eigenschaften einer Elementarfunktion hat. Da die Unität genau so wie auf der Fläche aus Satz 123 folgt, so haben wir

Satz 130. *Es ist*

$$(24)\qquad \tilde{E}^{(2)}_{0,0}(u, v) = \frac{A}{4}\left(z(u-v) - z(v)\right);$$

daraus folgt

$$(24')\quad \tilde{E}^{(h)}_{0,0}(u, v) = \frac{A}{4(h-1)!}\cdot\left((-1)^{h-2} z^{(h-2)}(u-v) - z^{(h-2)}(v)\right);\qquad h > 2\,.$$

§ 56. Die Weierstraßschen elliptischen Funktionen und die Übertragung der Integrale.

Gehen wir von einem $s(z)$ in der Weierstraßschen Normalform aus,

$$s(z) = \sqrt{4z^3 - g_2 z - g_3}\,,$$

so bezeichnet man $z(u)$ mit $\wp(u)$ und nennt es die Weierstraßsche $\wp$-Funktion. In diesem Fall ist

$$(28)\qquad \begin{cases} \tilde{E}^{(1)}(u, v) = \dfrac{1}{2}\cdot\dfrac{\wp'(u)+\wp'(v)}{\wp(u)-\wp(v)} \\ \tilde{E}^{(2)}(u, v) = \wp(u-v) - \wp(v) \\ \tilde{E}^{(3)}(u, v) = \frac{1}{2}\left(-\wp'(u-v) - \wp'(v)\right). \end{cases}$$

Ferner liefert (18), (19) für den Fall der $\wp$-Funktion spezialisiert:

[1]) Das kann z. B. mit Hilfe Sylvesterscher Resultanten geschehen, wenn man (26) als Flächen im vierdimensionalen Raum deutet, die einen Punkt gemein haben.

Satz 131. *Die Weierstraßsche $\wp$-Funktion genügt den beiden Differentialgleichungen*

$$\wp'^2 = 4\wp^3 - g_2\wp - g_3, \tag{29}$$

$$\wp'' = 6\wp^2 - \frac{g_2}{2}. \tag{30}$$

Die birationale Transformation ergab (25), dieses $\wp(u - v)$ ist aber zurückübertragen nichts anderes als die Variable der Fläche nach der Transformation, also das, was wir früher w nannten. Nun war bei der Transformation einer Fläche in sich unter Verwendung der Weierstraßschen Normalform[1])

$$w = \frac{1}{4}\left(\frac{s(\mathfrak{z}) + s(\mathfrak{d})}{z - d}\right)^2 - (z + d),$$

also folgt durch Übertragung, daß die Weierstraßsche $\wp$-Funktion folgendes Additionstheorem hat:

$$\wp(u - v) = \frac{1}{4}\left(\frac{\wp'(u) + \wp'(v)}{\wp(u) - \wp(v)}\right)^2 - \wp(u) - \wp(v). \tag{31'}$$

Bei Ersetzung von v durch $-v$ gibt dies:

Satz 132. *Die Funktion $\wp(u)$ besitzt das Additionstheorem*

$$\wp(u + v) = \frac{1}{4}\left(\frac{\wp'(u) - \wp'(v)}{\wp(u) - \wp(v)}\right)^2 - \wp(u) - \wp(v). \tag{31}$$

Aus den Gleichungen (29) und (30) folgt nun leicht die Potenzreihenentwicklung von $\wp$ bei $u = 0$. Dort ist (wegen der Eigenschaften von $z(u)$):

$$\wp(u) = \frac{1}{u^2} + a_1u^2 + a_2u^4 + a_3u^6 + \cdots, \tag{32}$$

ungerade u-Potenzen und das Glied mit u^0 fehlen, erstere, weil $\wp(u)$ eine gerade Funktion ist, das letztere, weil man bei $u = 0\,(\mathfrak{z} = \mathfrak{p}_\infty)$ die Entwicklung hat:

$$u = \int_0^t \frac{-2dt}{\sqrt{4 - g_2t^4 - g_3t^6}} = \int_0^t dt\left\{1 + \frac{g_2}{8}t^4 + \cdots\right\} = t + \frac{g_2}{40}t^5 + \cdots,$$

denn hieraus folgt umgekehrt

$$t = u - \frac{g_2}{40}u^5 + \cdots = u - cu^5 + \cdots, \tag{33}$$

---

[1]) Kapitel VIII, § 52, (49'').

und da

$$z = \wp(u) = \frac{1}{t^2} = \frac{1}{u^2(1 - cu^4 + \cdots)^2} = \frac{1}{u^2} + 2cu^2 + \cdots$$

ist, so ist die Behauptung richtig.

Setzt man (32) in (30) ein, so erhält man:

$$(34)\quad \begin{cases} 6 + 2\cdot 1\cdot a_1 u^4 + 4\cdot 3\cdot a_2 u^6 + 6\cdot 5\cdot a_3 u^8 + 8\cdot 7\cdot a_4 u^{10} + \cdots \\ \qquad = 6 + \left(12a_1 - \frac{g_2}{2}\right) u^4 + 12a_2 u^6 + 6(2a_3 + a_1^2)\, u^8 + \cdots, \end{cases}$$

d. h.

$$(35_1)\qquad a_1 = \frac{g_2}{20}, \quad a_3 = \frac{g_2^2}{3\cdot 20^2},$$

dagegen bleibt a_2 und damit auch die folgenden a_ν $(\nu > 3)$ unbestimmt, da in die Gleichungen für die letzteren stets a_2 eingeht. Wohl aber folgt aus (34), daß für $\nu > 2$

$$(35_2)\qquad a_\nu = \lambda_\nu \{a_{\nu-2}a_1 + a_{\nu-3}a_2 + a_{\nu-4}a_3 + \cdots + a_1 a_{\nu-2}\}$$

ist, wobei das λ_ν ein reiner Zahlenfaktor, also unabhängig von g_2, g_3 ist.

Durch Einsetzen von (32) in (29) folgt:

$$(34')\quad \begin{cases} 4 - 8a_1 u^4 - 16a_2 u^6 + \cdots \\ \qquad = 4 + 12a_1 u^4 + 12a_2 u^6 + \cdots \\ \qquad\quad - \; g_2 u^4 + \; 0 \; + \cdots \\ \qquad\quad - \; g_3 u^6 + \cdots, \end{cases}$$

d. h.

$$(35_3)\qquad a_1 = \frac{g_2}{20}, \quad a_2 = \frac{g_3}{28}.$$

Es sei φ eine (ganze rationale) Funktion der Koeffizienten einer Form, φ^* dieselbe Funktion gebildet mit den Koeffizienten einer äquivalenten Form. Ist dann stets, gleichgültig welche äquivalente Form wir auch nehmen, $\varphi = D^k \varphi^*$, unter k eine Konstante verstanden und unter D die Determinante der beide Formen in einander überführenden linearen Substitution, so nennt man φ eine (ganze rationale) Invariante k^{ten} Grades der Form. So sind z. B. g_2 und g_3 ganze rationale Invarianten 2. und 3. Grades der Verzweigungsform und jeder Ausdruck von der Gestalt

$$\sum C_{k,l}\, g_2^k g_3^l$$

mit $2k + 3l = n$ ist eine ganze rationale Invariante n^{ten} Grades der Verzweigungsform. Es gilt mithin wegen (35_{1-3}):

Satz 133. *Die Potenzreihenentwicklung von $\wp(u)$ bei $u = 0$ lautet*

$$(32)\qquad \wp(u) = \frac{1}{u^2} + \frac{g_2}{20}\cdot u^2 + \frac{g_3}{28}\cdot u^4 + a_3\cdot u^6 + a_4\cdot u^8 + \cdots.$$

Dabei sind die a_ν ganze rationale Invarianten $(\nu + 1)^{\text{ten}}$ Grades der Verzweigungsform.

Das Stammintegral zweiter Gattung war $\int d\,\mathfrak{F}^{(2)}_{\mathfrak{p}_\infty, \mathfrak{p}_\infty}(\mathfrak{z}, \mathfrak{p}_\infty)$. Dieses $d\,\mathfrak{F}^{(2)}$ hat wegen des Residuensatzes bei $\mathfrak{p}_\infty$ die Entwicklung $dt \cdot \left\{\frac{1}{t^2} + t\,\mathfrak{P}(t)\right\}$ und ist sonst regulär. Aus (33) folgt:

$$\left\{\frac{1}{t^2} + t\,\mathfrak{P}(t)\right\} \cdot \frac{dt}{du} \cdot du = \left\{\frac{1}{u^2} + u\,\overline{\mathfrak{P}}(u)\right\}(1 - 5c\,u^4 + \cdots)\,du$$
$$= \left(\frac{1}{u^2} + u\,\overline{\overline{\mathfrak{P}}}(u)\right) du.$$

$\frac{1}{u^2} + u\,\overline{\overline{\mathfrak{P}}}(u)$ ist eine elliptische Funktion mit den gleichen Hauptteilen wie $\wp(u)$, $\wp(u) - \frac{1}{u^2} - u\,\overline{\overline{\mathfrak{P}}}(u)$ ist also eine überall endliche elliptische Funktion, die überdies bei $u = 0$ verschwindet, demnach identisch Null ist. Es ist somit

$$(36) \qquad - \int d\,\mathfrak{F}^{(2)}_{\mathfrak{p}_\infty, \mathfrak{p}_\infty}(\mathfrak{z}, \mathfrak{p}_\infty) = - \int \wp(u)\,du.$$

In diesem unbestimmten Integral wollen wir die Integrationskonstante festlegen durch die Forderung, daß bei $u = 0$ sein soll:

$$- \int \wp(u)\,du = \frac{1}{u} + u\,\mathfrak{P}(u);$$

um an diese Festsetzung zu erinnern, werden wir schreiben $\int^{u}$. Weierstraß bezeichnet das so normierte Integral (36) mit $\zeta(u)$:

$$(37) \qquad \zeta(u) = - \int^{u} \wp(u)\,du.$$

Wenn in (36) das $\mathfrak{z}$ einen Periodenweg beschreibt, so beschreibt das entsprechende u einen Weg zwischen zwei sich um die zugehörige Integralperiode unterscheidenden u. Aus der Gleichheit der Integrale (36) folgt daher

$$(38) \qquad - \int_{u_0}^{u_0 + \omega_1} \wp(u)\,du = \eta_1, \qquad - \int_{u_0}^{u_0 + \omega_2} \wp(u)\,du = \eta_2.$$

Dabei sind η_1, η_2 wie immer die Periodizitätsmoduln von (36). Der Integrationsweg und u_0 sind beliebig; liegt auf dem Integrationsweg eine Polstelle, so gestattet der Cauchysche Integralsatz, das Integral als Grenzwert zu erklären.

Aus (38) folgt sofort

$$(39) \qquad \begin{cases} \zeta(u + \omega_1) = \zeta(u) + \eta_1 \\ \zeta(u + \omega_2) = \zeta(u) + \eta_2. \end{cases}$$

Offenbar hat

$$-\int^{u} \wp(u-v)\,du = \zeta(u-v)$$

an der Stelle $u = v$ einen Pol erster Ordnung mit dem Hauptteil $\frac{1}{u-v}$ und genügt den (39) entsprechenden Relationen. Hieraus folgt aber, daß

$$\zeta(u-v) - \zeta(u)$$

doppeltperiodisch ist, bei $u = v$ die Entwicklung hat

$$\frac{1}{u-v} + \mathfrak{P}(u-v),$$

und bei $u = 0$ die Entwicklung

$$-\frac{1}{u} + \zeta(-v) + u\,\mathfrak{P}(u).$$

Bedenkt man, daß $\zeta(u)$ als Integral einer geraden Funktion und infolge der Normierung der Integrationskonstanten eine ungerade Funktion ist, so folgt, daß

$$\zeta(u-v) - \zeta(u) + \zeta(v) \tag{40}$$

alle Eigenschaften von $\tilde{E}^{(1)}_{0,0}(u, v)$ hat, also mit diesem identisch sein muß. Wir finden damit die merkwürdige Beziehung

$$\zeta(u-v) = \zeta(u) - \zeta(v) + \frac{1}{2}\cdot\frac{\wp'(u)+\wp'(v)}{\wp(u)-\wp(v)} \tag{41'}$$

oder, wenn $-v$ durch v ersetzt wird,

$$\zeta(u+v) = \zeta(u) + \zeta(v) + \frac{1}{2}\cdot\frac{\wp'(u)-\wp'(v)}{\wp(u)-\wp(v)}. \tag{41}$$

Satz 134. *Das Stammintegral zweiter Gattung lautet in der Übertragung*

$$\zeta(u) = -\int^{u} \wp(u)\,du, \tag{37}$$

dabei soll die Integrationskonstante so normiert sein, daß bei $u = 0$ die Entwicklung lautet $\frac{1}{u} + u\,\mathfrak{P}(u)$. $\zeta(u)$ ist eine ungerade Funktion von u, für welche

$$\begin{cases} \zeta(u+\omega_1) = \zeta(u) + \eta_1 \\ \zeta(u+\omega_2) = \zeta(u) + \eta_2 \end{cases} \tag{39}$$

gilt. Die Elementarfunktion $\tilde{E}^{(1)}$ läßt sich durch ζ darstellen in der Gestalt

$$\tilde{E}^{(1)}_{0,0}(u, v) = \zeta(u-v) - \zeta(u) + \zeta(v); \tag{40}$$

hieraus folgt für das Stammintegral zweiter Gattung das Additionstheorem:

(41) $$\zeta(u+v) = \zeta(u) + \zeta(v) + \frac{1}{2}\cdot\frac{\wp'(u) - \wp'(v)}{\wp(u) - \wp(v)}.$$

Durch diesen Satz ist zugleich gezeigt, daß man sich anstatt mit dem Integral dritter Gattung

$$\int dF^{(1)}(\mathfrak{z}, \mathfrak{x}) = \int \tilde{E}^{(1)}(u, v)\, du$$

nur noch abzugeben braucht mit dem wiederholten Integral

$$-\iint \wp(u)\, du = \int \zeta(u)\, du.$$

Wir normieren hier die Integrationskonstante so, daß bei $u = 0$ die Entwicklung lautet

$$\log u + u\,\mathfrak{P}(u).$$

Weierstraß bezeichnet dieses wiederholte Integral mit $\log\sigma(u)$:

(42) $$\log\sigma(u) = \int^{u} \zeta(u)\, du.$$

Wir müssen zuerst das Verhalten von $\log\sigma(u)$ ermitteln für den Fall, daß u sich um eine Periode ändert. Dann ist

$$\log\sigma(u+\omega_1) - \log\sigma(u) = \int_{u}^{u+\omega_1} \zeta(u)\, du.$$

Da aber die Ableitung der rechten Seite nach u

$$\zeta(u+\omega_1) - \zeta(u) = \eta_1$$

ist, so ist

(43) $$\int_{u}^{u+\omega_1} \zeta(u)\, du = \eta_1 u + \text{const.}$$

Diese Konstante folgt für $u = -\frac{\omega_1}{2}$ und daraus, daß $\log\sigma(u) - \log u$ eine gerade Funktion ist. Dies gibt nämlich

$$\log\sigma\left(\frac{\omega_1}{2}\right) - \log\sigma\left(\frac{-\omega_1}{2}\right) = \log\frac{\omega_1}{2} - \log\left(-\frac{\omega_1}{2}\right) = \log(-1)$$
$$= (2n+1)\pi i \qquad (n \text{ ganz}).$$

Andererseits muß sein

$$\log\sigma\left(\frac{\omega_1}{2}\right) - \log\sigma\left(-\frac{\omega_1}{2}\right) = -\eta_1\cdot\frac{\omega_1}{2} + C.$$

Daraus folgt:

(43′) $$C = \frac{\eta_1\omega_1}{2} + (2n+1)\pi i,$$

wobei n unbestimmt bleiben muß, da wir nicht festgelegt haben, auf welchem Wege von $-\frac{\omega_1}{2}$ nach $+\frac{\omega_1}{2}$ integriert ist. Ganz entsprechend kann man, von u zu $u+\omega_2$ übergehend, die zweite additive Periode von $\log\sigma(u)$ angeben. Wir erhalten so

Satz 135. *Das Integral*

$$\log\sigma(u) = -\int\left(\int d\,\mathfrak{F}^{(2)}_{\mathfrak{p}_x\mathfrak{p}_x}(\mathfrak{z},\,\mathfrak{p}_\infty)\right)d\,\psi(\mathfrak{z}) = \int^{u}\zeta(u)\,du$$

hat die Periodizitätseigenschaft

$$(44)\quad \begin{cases} \log\dfrac{\sigma(u+\omega_1)}{\sigma(u)} = \eta_1\left(u+\dfrac{\omega_1}{2}\right) + (2n_1+1)\,\pi i \\ \log\dfrac{\sigma(u+\omega_2)}{\sigma(u)} = \eta_2\left(u+\dfrac{\omega_2}{2}\right) + (2n_2+1)\,\pi i \qquad (n_1,\ n_2 \text{ ganz}). \end{cases}$$

$\log\sigma(u)$ *besitzt die logarithmischen Stellen* $u = m\,\omega_1 + n\,\omega_2\,(m,\,n = 0,\,\pm 1,\,\pm 2,\,\ldots)$ *und bei* $u=0$ *die Entwicklung*

$$(45)\qquad \log\sigma(u) = \log u + u^2\,\mathfrak{P}(u^2).$$

Geht man von $\log\sigma(u)$ über zur Funktion

$$\sigma(u) = e^{\int^{u}\zeta(u)\,du}$$

der Weierstraßschen σ-Funktion, so folgt sofort

Satz 136. *Die Weierstraßsche σ-Funktion*

$$(46)\qquad \sigma(u) = e^{\int^{u}\zeta(u)\,du}$$

ist eine für alle u eindeutige reguläre Funktion (eine ganze transzendente Funktion), die bei $u=0$ die Entwicklung besitzt

$$(47)\qquad \sigma(u) = u\left(1 + u^2\,\overline{\mathfrak{P}}(u^2)\right).$$

$\sigma(u)$ *ist also eine ungerade Funktion von u. Es besitzt die Stellen*

$$(48)\qquad u = m\,\omega_1 + n\,\omega_2 \quad (m,\,n = 0,\,\pm 1,\,\pm 2,\,\ldots)$$

zu einfachen Nullstellen und verschwindet sonst nirgends. Ferner ist

$$(49)\quad \begin{cases} \sigma(u+\omega_1) = -\,\sigma(u)\cdot e^{\eta_1\left(u+\frac{\omega_1}{2}\right)}, \\ \sigma(u+\omega_2) = -\,\sigma(u)\cdot e^{\eta_2\left(u+\frac{\omega_2}{2}\right)}. \end{cases}$$

Diese Funktion $\sigma(u)$ haben wir schon früher betrachtet, und zwar in Kap. VI, Satz 87. Dort gingen wir dann zu einer Funktion über, die ihre einzige Nullstelle an einer beliebigen Stelle der Fläche besitzt, deren Übertragung also nicht gerade in den Ecken des Parallelogrammnetzes verschwindet, das den Nullpunkt als Ecke enthält. Dies geschah dort mit Hilfe des $\int d\,\mathfrak{F}^{(1)}(\mathfrak{z}, \mathfrak{d})$ (Satz 88). Hier geschieht dies einfacher mittels birationaler Transformation der Fläche in sich, d. h. durch Parallelverschiebung: $\sigma(u - v)$ hat nur einfache Nullstellen. Diese sind die Punkte

$$v + m\,\omega_1 + n\,\omega_2 \quad (m, n = 0, \pm 1, \pm 2, \ldots)$$

usw., alles ist aus Satz 136 ja sofort abzulesen.

Es sei der Divisor einer Funktion gegeben und laute in der Übertragung auf die u-Ebene

$$(a_1 \cdot a_2 \ldots a_n)\,(b_1 \cdot b_2 \ldots b_n)^{-1}. \tag{50}$$

Wir bilden dann (mit $C = \text{const.}$)

$$\varphi(u) = C \cdot \frac{\sigma(u - a_1) \cdot \sigma(u - a_2) \cdots \sigma(u - a_n)}{\sigma(u - b_1) \cdot \sigma(u - b_2) \ldots \sigma(u - b_n)} \cdot e^{\lambda u}. \tag{51}$$

Dabei wird $e^{\lambda u}$ hinzugefügt, weil $e^{\lambda u}$, ebenso wie der Rest, eine Funktion mit konstanten Multiplikatoren (elliptische Funktion zweiter Art) ist, also den Charakter des Ausdrucks in σ nicht ändert.

Dafür, daß (51) die Übertragung einer elliptischen Funktion ist, ist die notwendige und hinreichende Bedingung

$$\varphi(u + \omega_1) = \varphi(u + \omega_2) = \varphi(u).$$

Nun ist wegen der Eigenschaften von $\sigma(u)$:

$$\varphi(u + \omega_j) = \varphi(u) \cdot e^{\eta_j \sum (b_\nu - a_\nu) + \lambda \omega_j},$$

d. h. $\varphi(u)$ ist Übertragung einer elliptischen Funktion, wenn:

$$\eta_1 \sum (b_\nu - a_\nu) + \lambda\,\omega_1 = 2 m_1 \pi i,$$
$$\eta_2 \sum (b_\nu - a_\nu) + \lambda\,\omega_2 = 2 m_2 \pi i$$

ist, wobei m_1, m_2 ganze Zahlen sind.

Wegen der Legendreschen Relation

$$\omega_1 \eta_2 - \omega_2 \eta_1 = -\,2\pi i$$

heißt dies für $m_1 = m_2 = 0$, daß $\sum (a_\nu - b_\nu) = 0$ ist, und wenn m_1, m_2 nicht beide Null sind

$$\sum (b_\nu - a_\nu) = -\,m_2 \omega_1 + m_1 \omega_2,$$
$$\lambda = m_2 \eta_1 - m_1 \eta_2.$$

Notwendig und hinreichend dafür, daß die a_ν, b_ν Nullstellen und Pole einer elliptischen Funktion sind, ist also

$$\sum (b_\nu - a_\nu) = \text{Periode des Integrals erster Gattung.} \tag{52}$$

Entsprechen den a_ν und b_ν auf der Riemannschen Fläche die Punkte $\mathfrak{p}_\nu$ und $\mathfrak{q}_\nu$, so bedeutet (52) zurückübertragen,

$$\sum \int_{\mathfrak{p}_\nu}^{\mathfrak{q}_\nu} d\psi = \text{Periode}. \tag{53}$$

Ersetzt man etwa noch b_1 durch den homologen Punkt

$$b' = b_1 + m_2\omega_1 - m_1\omega_2,$$

so bedeutet dies eine Abänderung des Weges von $\int_{\mathfrak{p}_1}^{\mathfrak{q}_1} d\psi$, durch die

$$\sum \int_{\mathfrak{p}_\nu}^{\mathfrak{q}_\nu} d\psi = 0$$

erreicht wird: Wir sind wieder beim Abelschen Theorem angekommen.

Satz 137. *Das Abelsche Theorem für Integrale als notwendige und hinreichende Bedingung dafür, daß ein Divisor zu einer elliptischen Funktion gehört, nimmt in der u-Ebene die Gestalt an: Die Summe sämtlicher in einem Periodenparallelogramm gelegenen Nullstellen a_ν einer doppeltperiodischen Funktion unterscheidet sich von der Summe sämtlicher Polstellen b_ν im Parallelogramm höchstens um eine Periode $n_1\omega_1 + n_2\omega_2$ $(n_1, n_2 = 0, \pm 1, \pm 2, \ldots)$. Die zugehörige elliptische Funktion ist dann*

$$\varphi(u) = C \cdot \frac{\prod_\nu \sigma(u - a_\nu)}{\prod_\nu \sigma(u - b_\nu)} \cdot e^{-(n_1\eta_1 + n_2\eta_2)u}. \tag{54}$$

Eine solche Produktdarstellung hatten wir schon bei der Behandlung der elliptischen Funktionen zweiter Art kennengelernt. Dort bildeten wir

$$P_{\mathfrak{n}}\binom{\mathfrak{d}}{\mathfrak{z}} = e^{\int d\mathfrak{F}^{(1)}(\mathfrak{z},\mathfrak{d}) + \gamma \int^{\mathfrak{m}} d\psi}.$$

Nun ist in der Übertragung (v, k, l seien Bildpunkte von $\mathfrak{d}$, $\mathfrak{m}$, $\mathfrak{n}$)

$$d\mathfrak{F}^{(1)}_{\mathfrak{n},\mathfrak{m}}(\mathfrak{z}, \mathfrak{d}) = (\zeta(u - v) - \zeta(u - k) - \alpha)\, du,$$

wobei $\alpha = \zeta(l - v) - \zeta(l - k)$ zur Charakterisierung bei $\mathfrak{m}$ dient. Folglich ist

$$P_{\mathfrak{n}}\binom{\mathfrak{d}}{\mathfrak{z}} = C \cdot e^{(\gamma - \alpha)u} \frac{\sigma(u - v)}{\sigma(u - k)}. \tag{55}$$

Die weiterhin (Satz 88) gebildete Funktion

$$e^{-\int \left\{\int d\mathfrak{F}^{(2)}(\mathfrak{z},\mathfrak{m})\right\} \cdot d\psi(\mathfrak{z}) + \int d\mathfrak{F}^{(1)}(\mathfrak{z},\mathfrak{d}) - \int d\mathfrak{F}^{(1)}(\mathfrak{z},\mathfrak{m})}$$

wird hier ($\mathfrak{m} = \mathfrak{p}_\infty$, $d\mathfrak{F}^{(1)}(\mathfrak{z}, \mathfrak{m}) \equiv 0$):

$$e^{-\int \left\{\int \wp(u)\,du - \zeta(u - v) + \zeta(u)\right\} du} = e^{\int \zeta(u - v)\,du} = \sigma(u - v), \tag{56}$$

wenn noch die früher festgesetzte Normierung der Integrationskonstanten durch das Verhalten an der Unstetigkeitsstelle berücksichtigt wird.

Genau so kann man die Weierstraßsche Primfunktion übertragen; man sieht dann, daß die Zerlegung von Satz 96 im Grunde mit (54) identisch ist.

Der Vollständigkeit halber fügen wir noch an den aus der Darstellung

$$\tilde{E}^{(1)}(u, v) = \zeta(u - v) - \zeta(u) + \zeta(v),$$

$$\tilde{E}^{(h+1)}(u, v) = \frac{1}{h!} \frac{d^{h-1}}{dv^{h-1}} \{\wp(u - v) - \wp(v)\}$$

sofort folgenden Satz:

Satz 138. *Ist eine elliptische Funktion durch ihre Hauptteile gegeben, so läßt sich ihre Übertragung linear ausdrücken durch*

$$1, \zeta(u - b_\nu), \wp(u - b_\nu), \wp'(u - b_\nu), \wp''(u - b_\nu), \ldots,$$

wenn man unter b_ν alle Polstellen in einem Parallelogramm versteht.

§ 57. Independente Theorie der doppeltperiodischen Funktionen.

Es blieb bisher noch eine Frage offen, nämlich die, ob es zu jedem nicht ausartenden Parallelogramm mit den Ecken $0, \omega_1, \omega_2, \omega_1 + \omega_2$, d. h. zu beliebigen ω_1, ω_2, für die $\frac{\omega_1}{\omega_2}$ nicht reell ist, eine zweiblätterige Riemannsche Fläche mit vier Verzweigungspunkten gibt, als deren Bild sie aufgefaßt werden kann. Um zu zeigen, daß es tatsächlich stets eine solche Fläche gibt, gehen wir von einem beliebigen Parallelogramm (bzw. dem ganzen Parallelogrammgitter) in einer u-Ebene aus und konstruieren zu ihm Funktionen, welche alle Eigenschaften von $\wp'(u), \wp(u), \zeta(u), \sigma(u)$ besitzen. Weil diese Funktionen aber in bekannter Weise auseinander hervorgehen, genügt dazu die Konstruktion der ersten.

Besitzt man diese Funktion und ist die Behauptung richtig, so muß das konstruierte $\wp(u)$ die Übertragung von z, das konstruierte $\wp'(u)$ die Übertragung von $s(\mathfrak{z})$ sein; $z = \wp(u)$ muß also einer Differentialgleichung von der Form (29) genügen, wobei g_2, g_3 angegeben werden können. Mit der Aufstellung der Differentialgleichung ist aber der Nachweis geführt, denn (29) sagt ja nichts anderes aus, als daß

$$u = \int \frac{dz}{\sqrt{4z^3 - g_2 z - g_3}}$$

ist.

Die Funktion $\wp'(u)$ hat die charakteristischen Eigenschaften

$$(57) \quad \begin{cases} 1.\ \wp'(u + \omega_j) = \wp'(u), \\ 2.\ \text{Pole an allen Stellen } w = m_1\omega_1 + m_2\omega_2 \text{ mit den Hauptteilen } \dfrac{-2}{(u - w)^3}, \\ 3.\ \text{bei } u = 0 \text{ ist } \wp'(u) = -\dfrac{2}{u^3} + u\,\mathfrak{P}(u). \end{cases}$$

Wir konstruieren nun eine Funktion mit diesen drei Eigenschaften. Die $4 \cdot 2k = 8k$ Punkte ($k > 0$ und $\varkappa$ ganz)

$$\begin{aligned} &k\omega_1 + \varkappa\omega_2 \\ -&k\omega_1 - \varkappa\omega_2 \qquad\qquad -k \leqq \varkappa < k \\ -&\varkappa\omega_1 + k\omega_2 \\ &\varkappa\omega_1 - k\omega_2 \end{aligned}$$

liegen auf den Seiten eines Parallelogramms π_k mit den Ecken $\pm k(\omega_1 \pm \omega_2)$. Sie gehören alle zu den Punkten w, und jedes w liegt auf einem solchen Parallelogramm π_k.

Da $\frac{\omega_1}{\omega_2}$ nicht reell sein sollte, also das von ω_1, ω_2 gebildete Parallelogramm nicht ausarten sollte, so gilt dies auch für die dazu ähnlichen Parallelogramme π_k. Es gibt demnach ein $\varrho > 0$ derart, daß der Kreis $|u| \leqq \varrho$ ganz in π_1, der Kreis $|u| \leqq k \cdot \varrho$ also ganz in π_k, liegt.

Wir bilden nun

$$\sum_{-\infty}^{+\infty} \frac{1}{(u - m_1\omega_1 - m_2\omega_2)^3} = \frac{1}{u^3} + \sum_{-\infty}^{+\infty}{}' \frac{1}{(u - m\omega_1 - m_2\omega_2)^3}, \tag{58}$$

wobei über alle Wertepaare m_1, m_2 (außer in der zweiten Summe über $m_1 = m_2 = 0$) zu summieren ist. Da die Reihe eine Doppelreihe ist, müssen wir bis zum Nachweis der absoluten Konvergenz eine bestimmte Anordnung der Glieder der Reihe festlegen. Diese sei

$$\frac{1}{u^3} + \sum_{1}^{\infty} \sum_{\pi_\nu} \frac{1}{(u - w)^3} \qquad (w = m_1\omega_1 + m_2\omega_2). \tag{58'}$$

Ist die absolute Konvergenz nachgewiesen, so folgt aus der Gestalt $\sum \frac{1}{(u - w)^3}$ sofort die doppelte Periodizität.

Es sei $\mathfrak{B}$ ein beschränkter (also ganz im Endlichen liegender) Bereich. Dann gibt es ein ganzzahliges N, das so groß ist, daß $\mathfrak{B}$ ganz im Innern der Kreisscheibe $|u| < \varrho \cdot N$ liegt. Wir beschränken u auf $\mathfrak{B}$ und zerteilen die Summe wie folgt

$$\left\{ \frac{1}{u^3} + \sum_{1}^{2N} \sum_{\pi_\nu} \frac{1}{(u - w)^3} \right\} + \sum_{2N+1}^{\infty} \sum_{\pi_\nu} \frac{1}{(u - w)^3}.$$

Die erste Summe ist endlich. In der zweiten ist, weil u in $\mathfrak{B}$ liegt,

$$|u| < \varrho \cdot N,$$

dagegen

$$|w| > \varrho \cdot \nu > \varrho \cdot 2N > 2|u|, \tag{59}$$

folglich

(60) $$|u-w| \geqq |w| - |u| > |w| - \frac{|w|}{2} = \frac{1}{2}|w|.$$

Da auf π_ν stets gerade 8ν Punkte w liegen, ergeben diese Ungleichungen

$$\left|\sum_{\pi_\nu} \frac{1}{(u-w)^3}\right| \leqq \sum_{\pi_\nu} \left|\frac{1}{(u-w)^3}\right| < \sum_{\pi_\nu} \frac{8}{|w|^3} < \sum_{\pi_\nu} \frac{8}{\varrho^3 \nu^3} = \frac{64\nu}{\varrho^3 \nu^3}$$
$$= \frac{64}{\varrho^3 \nu^2} < \frac{64}{\varrho^3} \cdot \frac{1}{\nu(\nu-1)},$$

d. h.

$$\sum_{2N+1}^{\infty}{}_{\nu} \sum_{\pi_\nu} \frac{1}{(u-w)^3}$$

hat für alle u aus $\mathfrak{B}$ die konvergente Majorante

$$\frac{64}{\varrho^3} \cdot \sum_{2N+1}^{\infty}{}_{\nu} \frac{1}{\nu(\nu-1)} = \frac{32}{N\varrho^3}.$$

Da die Glieder dieser Majorante von u unabhängig sind, konvergiert (58) für alle u aus $\mathfrak{B}$ absolut und gleichmäßig, wenn die allenfalls in $\mathfrak{B}$ liegenden Polstellen w der endlichen Reihe

$$\frac{1}{u^3} + \sum_{1}^{2N}{}_{\nu} \sum_{\pi_\nu} \frac{1}{(u-w)^3}$$

durch Kreise um w mit festem, aber sonst beliebig kleinem Radius ausgeschlossen werden.

Da in $\sum' \frac{1}{(u-w)^3}$ in (58) neben $w = m_1\omega_1 + m_2\omega_2$ auch

$$w = -(m_1\omega_1 + m_2\omega_2)$$

vorkommt und die Reihe absolut konvergiert, so folgt

$$\sum' \frac{1}{(-w)^3} = 0$$

oder

$$\sum' \frac{1}{(u-w)^3} = u \cdot \mathfrak{P}(u^2).$$

Die doppelte Periodizität von $\sum \frac{1}{(u-w)^3}$ folgt unmittelbar aus dem Aufbau. $-2\sum \frac{1}{(u-w)^3}$ ist demnach eine analytische Funktion, die alle Eigenschaften von $\wp'(u)$ hat. Es kann aber keine zweite derartige Funktion geben, denn die Differenz beider wäre auf dem Parallelogramm $0, \omega_1, \omega_1+\omega_2, \omega_2$ regulär und von beschränktem Betrage. Da wegen der Periodizität dieselbe Schranke für jedes endliche Teilgebiet der Ebene gilt, so wäre nach dem Liouvilleschen Satze diese Differenz notwendig eine Konstante. Diese verschwindet aber für $u=0$, womit die Behauptung bewiesen ist.

Satz 139. *Die Forderungen* (57) *bestimmen eindeutig eine Funktion, die wir wieder mit* $\wp'(u)$ *bezeichnen. Diese Funktion wird dargestellt durch die in jedem keine Polstelle* w *enthaltenden beschränkten Bereich absolut und gleichmäßig konvergente Partialbruchreihe*

$$-2\sum_{(m_1,m_2)}\frac{1}{(u-w)^3}=-\frac{2}{u^3}+\sum_{-\infty}^{+\infty}\sum_{-\infty}^{+\infty}{}'\frac{-2}{(u-w)^3}. \tag{61}$$

Die Funktion $\wp(u)$ wird nun bestimmt durch die Forderungen

$$\left\{\begin{aligned}&1.\ \wp(u+\omega_j)=\wp(u),\\&2.\ \frac{d}{du}\wp(u)=\wp'(u),\\&3.\ \wp(u)=\frac{1}{u^2}+u\,\mathfrak{P}(u)\ \text{bei}\ u=0.\end{aligned}\right. \tag{62}$$

Es ist demnach $\wp(u)$ ein durch das Verhalten an einer Unstetigkeitsstelle normiertes unbestimmtes Integral von $\wp'(u)$. Da nun

$$\begin{aligned}\int\wp'(u)\,du&=-\int\frac{2du}{u^3}+\int\sum\sum{}'\frac{-2du}{(u-w)^3}\\&=\int\frac{-2du}{u^3}+\int_0^u\sum\sum{}'\frac{-2du}{(u-w)^3}\end{aligned}$$

ist, so kommt es nur darauf an, in

$$\int\frac{-2du}{u^3}=\frac{1}{u^2}+\text{const.}$$

die Integrationskonstante festzulegen. Nach (62_3) ist sie Null, also

$$\wp(u)=\frac{1}{u^2}+\int_0^u\sum\sum{}'\frac{-2du}{(u-w)^3},$$

oder wegen der gleichmäßigen Konvergenz der Reihe im Integranden

$$\wp(u)=\frac{1}{u^2}+\sum\sum{}'\left\{\frac{1}{(u-w)^2}-\frac{1}{w^2}\right\}. \tag{63}$$

Da $\frac{1}{(u-w)^2} - \frac{1}{w^2} = \frac{2uw - u^2}{(u-w)^2 \cdot w^2}$ ist, so folgt, bei denselben Voraussetzungen über u und die Summationsfolge wie in (58′), aus (59), daß

$$\left|\frac{1}{(u-w)^2} - \frac{1}{w^2}\right| < \varrho N \cdot \frac{3\,|w|}{|u-w|^2 \cdot |w|^2} < \frac{12N}{\varrho^2} \cdot \frac{1}{\nu^3},$$

d. h. die absolute und gleichmäßige Konvergenz von (63). $\wp(u)$ ist auch doppeltperiodisch, denn es ist zunächst

$$\wp(u+\omega_j) - \wp(u) = \text{const.},$$

da ja

$$\wp'(u+\omega_j) - \wp'(u) \equiv 0.$$

Setzt man jetzt $u = -\frac{\omega_j}{2}$, so findet man diese Konstante zu

$$\wp\left(\frac{\omega_j}{2}\right) - \wp\left(-\frac{\omega_j}{2}\right).$$

Aus (63) folgt aber, daß $\wp(u)$ eine gerade Funktion ist, denn beim Übergange von u zu $-u$ vertauschen sich nur die beiden Reihenglieder für w und $-w$, nämlich

$$\frac{1}{(u-w)^2} - \frac{1}{w^2} \quad \text{und} \quad \frac{1}{(u+w)^2} - \frac{1}{w^2}$$

miteinander; d. h. es ist $\wp\left(\frac{\omega_j}{2}\right) - \wp\left(-\frac{\omega_j}{2}\right) = 0$ oder

$$\wp(u+\omega_j) = \wp(u).$$

Satz 140. *Für $\wp(u)$ folgt aus $\wp'(u)$ die Darstellung durch eine Partialbruchreihe:*

$$\wp(u) = \frac{1}{u^2} + \sum\sum{}'\left(\frac{1}{(u-w)^2} - \frac{1}{w^2}\right). \tag{63}$$

Die Reihe hat dieselben Konvergenzeigenschaften wie (61).

Aus (61) und (63) erhalten wir in der Umgebung von $u = 0$

$$\wp(u) = \frac{1}{u^2} + * + c_1 u^2 + c_2 u^4 + \cdots,$$

$$\wp'(u) = -\frac{2}{u^3} + * + 2c_1 u + 4c_2 u^3 + \cdots,$$

also

$$\wp'(u)^2 = \frac{4}{u^6} - \frac{8c_1}{u^2} - 16c_2 + u\,\mathfrak{P}_1(u),$$

$$\wp(u)^3 = \frac{1}{u^6} + \frac{3c_1}{u^2} + 3c_2 + u\,\mathfrak{P}_2(u).$$

Hieraus ergibt sich

$$\wp'(u)^2 - 4\wp(u)^3 + 20c_1\wp(u) + 28c_2 = u\mathfrak{P}(u).$$

Die linke Seite dieser Gleichung ist also eine doppeltperiodische, bei $u = 0$ (und damit überhaupt) singularitätenfreie Funktion und daher nach der Schlußweise beim Einzigkeitsbeweis für $\wp'(u)$ eine Konstante. Da aber $u = 0$ Nullstelle sein soll, ergibt sich:

$$\wp'(u)^2 = 4\wp(u)^3 - 20c_1\wp(u) - 28c_2.$$

Es bleiben noch c_1 und c_2 zu bestimmen. (63) ergibt wegen des Weierstraßschen Doppelreihensatzes

$$\begin{aligned} c_1u^2 + c_2u^4 + \cdots &= \sum{}'\left(\frac{1}{(u-w)^2} - \frac{1}{w^2}\right) \\ &= \sum{}'\frac{1}{w^2}\left\{\frac{2u}{w} + \frac{3u^2}{w^2} + \frac{4u^3}{w^3} + \frac{5u^4}{w^4} + \cdots\right\} \\ &= 3u^2\sum{}'\frac{1}{w^4} + 5u^4\sum{}'\frac{1}{w^6} + \cdots, \end{aligned}$$

denn alle $\sum{}'\frac{1}{w^{2n+1}}$ verschwinden, da neben w stets $-w$ in ihnen auftritt. Setzt man

$$20c_1 = g_2, \quad 28c_2 = g_3,$$

so erhält man

$$g_2 = 60\sum{}'\frac{1}{w^4}, \quad g_3 = 140\sum{}'\frac{1}{w^6} \tag{64}$$

und

$$\wp'^2 = 4\wp^3 - g_2\wp - g_3. \tag{65}$$

Dies ist aber genau die Differentialgleichung (29), gebildet mit den g_2 und g_3 aus (64).

Satz 141. *Die Invarianten g_2, g_3 lassen sich aus den Perioden berechnen nach*

$$g_2 = 60\sum{}'\frac{1}{w^4}, \quad g_3 = 140\sum{}'\frac{1}{w^6}. \tag{64}$$

Bildet man die g_2 und g_3 auf diese Weise aus ω_1, ω_2, so ist jede Fläche mit diesen g_2, g_3 auf das gegebene Parallelogramm abbildbar.

Die Konvergenz der Reihen (64) folgt sowohl aus (59), wie aus (61).

Durch nochmalige unbestimmte Integration und die Zusatzbestimmung

$$\zeta(u) = \frac{1}{u} + u\mathfrak{P}(u) \qquad \text{bei } u = 0$$

folgt

$$\zeta(u) = \frac{1}{u} + \sum{}'\left\{\frac{1}{(u-w)} + \frac{u}{w^2} + \frac{1}{w}\right\} \tag{66}$$

und hieraus durch unbestimmte Integration und aus der Zusatzbestimmung

$$\log\sigma(u) = \log u + u\,\mathfrak{P}(u) \quad \text{bei } u = 0:$$

(67) $$\log\sigma(u) = \log u + \sum{}'\left\{\log\frac{u-w}{-w} + \frac{u^2}{2w^2} + \frac{u}{w}\right\},$$

wobei die Logarithmen unter der Summe so gewählt sein sollen, daß sie für $u=0$ verschwinden. Im übrigen soll für sie der Wert genommen werden, der durch geradlinige Fortsetzung von $u = 0$ her erreicht wird. (67) ergibt dann sofort

(68) $$\sigma(u) = u\cdot\prod{}'\left(1-\frac{u}{w}\right)e^{\frac{u}{w}+\frac{u^2}{2w^2}}.$$

Satz 142. *Für die Funktionen $\zeta(u)$ und $\sigma(u)$ folgen aus der Partialbruchreihe für $\wp(u)$ die Darstellungen*

(66) $$\zeta(u) = \frac{1}{u} + \sum{}'\left\{\frac{1}{(u-w)} + \frac{u}{w^2} + \frac{1}{w}\right\}$$

(68) $$\sigma(u) = u\cdot\prod{}'\left(1-\frac{u}{w}\right)e^{\frac{u}{w}+\frac{u^2}{2w^2}}.$$

Es bleiben noch die Perioden η_1, η_2 des Integrals zweiter Gattung $\zeta(u)$ durch ω_1, ω_2 auszudrücken. Es ist nun $\zeta(u)$ eine ungerade Funktion von u,

$$\zeta(-u) = -\zeta(u),$$

und da

$$\zeta(u+\omega_j) = \zeta(u) + \eta_j$$

ist, so folgt für $u = -\frac{\omega_j}{2}$

$$\zeta\left(\frac{\omega_j}{2}\right) = \zeta\left(-\frac{\omega_j}{2}\right) + \eta_j = -\zeta\left(\frac{\omega_j}{2}\right) + \eta_j,$$

also

(69) $$\eta_j = 2\zeta\left(\frac{\omega_j}{2}\right).$$

Satz 143. *Die Perioden des Integrals zweiter Gattung sind*

(69) $$\eta_1 = 2\zeta\left(\frac{\omega_1}{2}\right), \quad \eta_2 = 2\zeta\left(\frac{\omega_2}{2}\right).$$

Aus Satz 120 und 134 folgt das Integral dritter Gattung in der Gestalt

$$\int_{u_0}^{u}\bar{E}^{(1)}_{0,0}(u,v)\,du = \int(\zeta(u-v) - \zeta(u) + \zeta(v))\,du$$
$$= \log\frac{\sigma(u-v)}{\sigma(u)} - \log\frac{\sigma(u_0-v)}{\sigma(u_0)} + \zeta(v)(u-u_0).$$

Im Grunde ist dies nichts anderes als Formel (55).

Satz 144. *Das Integral dritter Gattung läßt sich durch die σ-Funktion darstellen in der Form*

$$(70)\quad \int_{u_0}^{u} d\tilde{F}^{(1)}_{0,0}(u,v) = \int_{u_0}^{u} \tilde{E}^{(1)}_{0,0}(u,v)\,du = \log \frac{\sigma(u-v)}{\sigma u} \cdot \frac{\sigma u_0}{\sigma(u_0-v)} + \zeta(v)(u-u_0).$$

§ 58. Homogenitäts- und Gruppeneigenschaften der elliptischen Funktionen.

Während bisher die Perioden ω_1, ω_2 oder, was dasselbe war, die Invarianten g_2, g_3 fest gegeben waren und wir die Funktionen des Periodenparallelogramms nur in Abhängigkeit von u betrachteten, wollen wir jetzt diese Funktionen als Funktionen der drei Variabeln u, ω_1, ω_2 näher untersuchen. Das erste, was aus den unendlichen Partialbruchreihen für $\wp' u, \wp u, \zeta u$ sofort zu ersehen ist und was sofort auch für $\wp^{(n)} u$ als richtig sich erweist, ist:

Satz 145. *$\sigma u, \zeta u, \wp u$ und seine Ableitungen nach u sind homogene Funktionen der drei Variabeln u, ω_1, ω_2, und zwar ist σu homogen von der Dimension $+1$, ζu von der Dimension -1, $\wp u$ von der Dimension -2 und $\wp^{(n)} u$ von der Dimension $-(n+2)$.*

Wichtig ist nun, daß $\wp u$ und seine Ableitungen, aber nicht ζu, invariant sind gegen eine gewisse Gruppe linearer Substitutionen in den drei Variabeln. Schon die doppelte Periodizität sagt dies, da sie als Invarianz gegen die eine Gruppe bildenden Substitutionen

$$\begin{aligned} u' &= u + m_1\omega_1 + m_2\omega_2, \qquad (m_1, m_2 \text{ ganz}),\\ \omega_1' &= \omega_1,\\ \omega_2' &= \omega_2 \end{aligned}$$

aufgefaßt werden kann. Es besteht aber sogar Invarianz gegen die umfassendere Gruppe von Substitutionen

$$(71)\quad \begin{cases} u = u' + m_1\omega_1' + m_2\omega_2' \\ \omega_1 = \alpha\omega_1' + \beta\omega_2' \\ \omega_2 = \gamma\omega_1' + \delta\omega_2', \end{cases}$$

wobei m_1, m_2, α, β, γ, δ sämtlich ganze Zahlen bedeuten und

$$(72)\quad \begin{vmatrix} \alpha & \beta \\ \gamma & \delta \end{vmatrix} = 1$$

sein soll.

Zum Beweis der Invarianz zerfällen wir die allgemeine Substitution (71) in die beiden nacheinander auszuführenden:

$$(73_1)\qquad \begin{cases} u = u^*, \\ \omega_1 = \alpha\,\omega_1^* + \beta\,\omega_2^*, \\ \omega_2 = \gamma\,\omega_1^* + \delta\,\omega_2^* \end{cases}$$

und

$$(73_2)\qquad \begin{cases} u^* = u' + m_1\omega_1' + m_2\omega_2', \\ \omega_1^* = \omega_1', \\ \omega_2^* = \omega_2', \end{cases}$$

und zeigen, daß die Substitution (73_1) auf eine Permutation aller

$$w = \mu_1\omega_1 + \mu_2\omega_2 \qquad (\mu_1, \mu_2 \text{ ganz})$$

hinausläuft, bei der $w = 0$ in sich übergeht, d. h. daß jedes Glied der Partialbruchreihe von $\wp(u;\omega_1,\omega_2)$ (bzw. $\wp^{(n)}(u;\omega_1,\omega_2)$) identisch ist mit einem Glied der Partialbruchreihe von $\wp(u^*;\omega_1^*,\omega_2^*) = \wp(u;\omega_1^*,\omega_2^*)$ (bzw. $\wp^{(n)}(u,\omega_1^*,\omega_2^*)$) und umgekehrt. Da aber

$$w = \mu_1\omega_1 + \mu_2\omega_2 = (\mu_1\alpha + \mu_2\gamma)\,\omega_1^* + (\mu_1\beta + \mu_2\delta)\,\omega_2^* = \mu_1^*\omega_1^* + \mu_2^*\omega_2^*$$

ist und wegen (72) umgekehrt

$$w^* = \mu_1^*\omega_1^* + \mu_2^*\omega_2^* = (\mu_1^*\delta - \mu_2^*\gamma)\,\omega_1 + (-\mu_1^*\beta + \mu_2^*\alpha)\,\omega_2 = \mu_1\omega_1 + \mu_2\omega_2$$

ist, so folgt tatsächlich, daß sich die w und w^* umkehrbar eindeutig entsprechen. Es ist also, wenn wir gleich zu (73_2) übergehen,

$$\wp(u;\omega_1,\omega_2) \equiv \wp(u;\omega_1',\omega_2').$$

Da

$$m_1\omega_1' + m_2\omega_2' = (m_1\delta - m_2\gamma)\,\omega_1 + (-m_1\beta + m_2\alpha)\,\omega_2$$

ist, so ist es eine Periode von $\wp u$ und seinen Ableitungen, d. h. es ist

$$(74)\qquad \begin{cases} \wp(u;\omega_1,\omega_2) \equiv \wp(u' + m_1\omega_1' + m_2\omega_2';\, \omega_1', \omega_2') \\ \qquad\qquad\qquad \equiv \wp(u', \omega_1', \omega_2') \end{cases}$$

und ebenso für die Ableitungen.

Satz 146. $\wp(u;\omega_1,\omega_2)$ *und seine Ableitungen sind invariant gegen die Gruppe von Substitutionen*

$$(71)\qquad \begin{cases} u = u' + m_1\omega_1' + m_2\omega_2', \\ \omega_1 = \alpha\,\omega_1' + \beta\,\omega_2', \\ \omega_2 = \gamma\,\omega_1' + \delta\,\omega_2'. \end{cases}$$

$$(m_1, m_2, \alpha, \beta, \gamma, \delta \text{ ganz})$$

mit

(72) $$\begin{vmatrix} \alpha & \beta \\ \gamma & \delta \end{vmatrix} = 1.$$

Durch Anwendung auf die Darstellung (64) von g_2 und g_3 erhalten wir sofort

Satz 147. *Die Invarianten g_2, g_3 sind homogene Funktionen der Dimensionen -4 und -6 in den ω_1, ω_2. Sie sind invariant gegen die Gruppe der Substitutionen*

(75) $$\begin{cases} \omega_1 = \alpha\omega_1' + \beta\omega_2', \\ \omega_2 = \gamma\omega_1' + \delta\omega_2', \end{cases} \qquad \begin{vmatrix} \alpha & \beta \\ \gamma & \delta \end{vmatrix} = 1 \quad (\alpha, \beta, \gamma, \delta \text{ ganz}).$$

Die absolute Invariante

(76) $$J = \frac{g_2^3}{g_2^3 - 27 g_3^2}$$

ist eine homogene Funktion der Dimension 0, d. h. nur vom Periodenquotienten $\tau = \frac{\omega_2}{\omega_1}$ abhängig und invariant gegen die linearen Substitutionen

(77) $$\tau = \frac{\alpha\tau' + \beta}{\gamma\tau' + \delta} \qquad \begin{vmatrix} \alpha & \beta \\ \gamma & \delta \end{vmatrix} = 1.$$

Wir beweisen noch, daß $J(\omega_1, \omega_2) = J(1, \tau)$ analytische Funktion von τ ist. Dazu genügt es, die gleichmäßige Konvergenz der mit (64) gebildeten, ebenfalls nur von τ abhängigen Reihen für $\omega_1^4 g_2$ und $\omega_1^6 g_3$ für gewisse τ zu beweisen. Dabei ordnen wir die Glieder dieser Reihen ebenso an, wie es in (58) geschah. Ist $0 < \varepsilon < 1$ und $\tau = \tau_1 + i\tau_2$, so ist für $\tau_2 \geqq \varepsilon$ auf π_ν sicher

$$|w| \geqq |\omega_1| \nu\varepsilon.$$

Damit ist der Beweis geführt.

Zusatz zu Satz 147. *Die absolute Invariante ist eine für alle τ mit positivem imaginären Teil reguläre analytische Funktion, die sog. Modulfunktion $J(\tau)$*[1].

Aus (77) und (75) folgt übrigens, daß die Imaginärteile von τ und τ' gleiches Vorzeichen besitzen.

$\wp(u)$ und seine Ableitungen sind gegen die Substitutionen (71) nicht nur unter der Bedingung (72) invariant, sondern auch unter der Bedingung

$$\begin{vmatrix} \alpha & \beta \\ \gamma & \delta \end{vmatrix} = -1.$$

[1]) Für die Theorie der Modulfunktion verweisen wir auf L. Bieberbach, Lehrbuch der Funktionentheorie, Band II.

Für die $\wp u$, $\wp' u$ usw. definierenden Partialbruchreihen ist dies allerdings der Fall, anders aber ist es, wenn man sich erinnert, daß auf der Riemannschen Fläche für $s(\mathfrak{z})$ ω_1 und ω_2 Integrale über Periodenwege (a), (b) von ganz bestimmter Richtung waren. Wegen der Konformität der Abbildung der durch (a), (b) zerschnittenen Fläche auf das Periodenparallelogramm ist der Winkel zwischen ω_1, ω_2 derselbe wie zwischen den Periodenwegen. Unsere Festsetzung über die Periodenwege kommt nun darauf hinaus, daß dieser Winkel zwischen 0 und π liegt, d. h. der Imaginärteil von τ positiv ist. Die Bedingung (72) ist daher notwendig, wenn wir auch für die ω_1', ω_2' entsprechenden Periodenwege die analoge Festsetzung über die Richtungen machen. Die Invarianz der Partialbruchreihen auch gegen die Substitutionen mit

$$\begin{vmatrix} \alpha & \beta \\ \gamma & \delta \end{vmatrix} = -1$$

zeigt, daß es keine Einschränkung ist, wenn wir auch in der independenten Theorie der doppeltperiodischen Funktionen stets den Imaginärteil des Periodenquotienten positiv voraussetzen.

Satz 148. *Die frühere Festsetzung über die Richtung von* (a) *und* (b) *hat zur Folge, daß der Imaginärteil des Periodenquotienten* τ *positiv ist. Diese Eigenschaft bleibt beim Übergang von* τ *zu* τ' *erhalten.*

Dem Kreuzungspunkte von (a) und (b) entspricht in der u-Ebene ein System von Gitterpunkten. Die Schnitte (a) und (b) können so angenommen werden, daß ihre Bilder die Seiten eines parallelogrammatischen Netzes sind, das die erwähnten Gitterpunkte zu Ecken hat.

Jedem Punkte $\mathfrak{z}$ der Fläche entspricht ein ganzes System von Gitterpunkten u in der Parallelogrammebene. Jedem dieser Punkte u entspricht wieder ein u'; diese bilden zusammen ein mit dem ersten identisches Punktgitter. Unter den u ist genau eines, das in dem Parallelogramm $0, \omega_1, \omega_1 + \omega_2, \omega_2$ liegt. Ebenso unter den u' genau eines, das dem Parallelogramm $0, \omega_1', \omega_1' + \omega_2', \omega_2'$ angehört. Es ist also das von ω_1', ω_2' gebildete Parallelogramm ebenso wie das durch ω_1, ω_2 bestimmte ein umkehrbar eindeutiges konformes Bild der Fläche. Den Rändern des Parallelogramms entsprechen geschlossene, sich in einem Punkte kreuzende Linien auf der Fläche. Da bei umkehrbar eindeutiger, stetiger Abbildung aus einem einfach zusammenhängenden Gebiete wieder ein ebensolches wird und da ein Parallelogramm stets ein einfach zusammenhängendes Gebiet begrenzt, so muß die Riemannsche Fläche von $s(\mathfrak{z})$, wenn sie längs der den Parallelogrammrändern entsprechenden Kurven (a'), (b') zerschnitten wird, einfach zusammenhängend geworden sein. Die Substitutionen (71) entsprechen daher dem Übergange von einer Zerschneidung der Riemannschen Fläche zu einer andern Zerschneidung. Wir hatten früher gezeigt (vgl. S. 129)

$$\omega_j = 2\int_{\infty}^{e_j} \frac{dz}{s(\mathfrak{z})}, \tag{78}$$

wobei die Integration ganz innerhalb der durch (a), (b) zerschnittenen Fläche zu erstrecken war. Da nun $\frac{\omega_j}{2}$ sich von einer der drei Zahlen $\frac{\omega_1'}{2}$, $\frac{\omega_2'}{2}$, $\frac{\omega_3'}{2}$ nur um eine Periode unterscheidet, so müssen, falls der Integrationsweg ganz innerhalb der durch (a'), (b') zerschnittenen Fläche liegt, die drei Integrale

$$\int_{\infty}^{e_j} \frac{dz}{s(\mathfrak{z})}, \qquad (j = 1, 2, 3)$$

identisch sein mit den drei Zahlen $\frac{1}{2}\omega_\varkappa'$ $(\varkappa = 1, 2, 3)$. Bezeichnet man daher die e_j in richtiger Reihenfolge mit e_1', e_2', e_3', so gilt (78) auch dann, wenn man e und ω durch e' und ω' ersetzt.

Satz 149. *Den Substitutionen* (71) *entspricht auf der Riemannschen Fläche der Übergang von einer Zerschneidung der Riemannschen Fläche in eine einfach zusammenhängende Fläche zu einer andern solchen Zerschneidung unter gleichzeitiger Abänderung der Reihenfolge der Verzweigungspunkte.*

§ 59. Die multiplikativen elliptischen Funktionen.

In Kap. VI Satz 84 haben wir festgestellt, daß jede multiplikative elliptische Funktion sich darstellen läßt als das Produkt aus einer elliptischen Funktion und der speziellen Funktion

$$e^{\gamma\int \frac{dz}{s(\mathfrak{z})} + \int d\,\overset{\mathfrak{m}}{\mathfrak{F}}{}^{(1)}(\mathfrak{z},\, \mathfrak{p}^*)}. \tag{79}$$

Dabei haben wir jetzt für $\gamma d\psi(\mathfrak{z})$ einfacher $\frac{\gamma dz}{s(\mathfrak{z})}$ geschrieben. Wir wählen $s(\mathfrak{z})$ in der Weierstraßschen Normalform und legen beide Charakterisierungsstellen nach $u = 0$. Setzt man dann (vgl. 55) $c = \gamma + \zeta(u^*)$, u^* sei der Bildpunkt von $\mathfrak{p}^*$, so liegen c und $\mathfrak{p}^*$ fest und bestimmen die Multiplikatoren. Statt dessen können wir auch die Multiplikatoren geben und c und $\mathfrak{p}^*$ aus ihnen bestimmen. Die Übertragung der Funktion (79) ist wegen (55):

$$Ce^{cu}\cdot\frac{\sigma(u-u^*)}{\sigma(u)}, \tag{80}$$

unter u^* das Bild von $\mathfrak{p}^*$ im Ausgangsparallelogramm mit den Ecken 0, ω_1, $\omega_1 + \omega_2$, ω_2 verstanden.

Bei Vermehrung von u um eine Periode erhalten wir

$$C e^{c(u+\omega_j)} \frac{\sigma(u - u^* + \omega_j)}{\sigma(u + \omega_j)} = e^{c\omega_j - \eta_j u^*} \cdot C e^{cu} \frac{\sigma(u - u^*)}{\sigma(u)}.$$

Die Multiplikatoren sind also:

$$(81) \qquad \mu_1 = e^{c\omega_1 - \eta_1 u^*}, \qquad \mu_2 = e^{c\omega_2 - \eta_2 u^*}.$$

Sind die Multiplikatoren gegeben, $\log \mu_1$, $\log \mu_2$ die Hauptwerte ihrer Logarithmen, so sind c und u^* aus den Gleichungen

$$(82) \qquad \begin{cases} c\,\omega_1 - u^* \eta_1 = 2 n_1 \pi i + \log \mu_1, \\ c\,\omega_2 - u^* \eta_2 = 2 n_2 \pi i + \log \mu_2. \end{cases}$$

(n_1, n_2 ganz) zu bestimmen. Wegen der Legendreschen Relation ergibt dies

$$(83) \qquad \begin{cases} c = n_2 \eta_1 - n_1 \eta_2 + \dfrac{1}{2\pi i} (\eta_1 \log \mu_2 - \eta_2 \log \mu_1), \\ u^* = n_2 \omega_1 - n_1 \omega_2 + \dfrac{1}{2\pi i} (\omega_1 \log \mu_2 - \omega_2 \log \mu_1). \end{cases}$$

u^* ist also durch die Multiplikatoren bis auf eine Periode bestimmt. Da aber der Übergang von einem u^* zu einem um eine Periode verschiedenen das $\sigma(u - u^*)$ um einen Exponentialfaktor mit in u linearem Exponenten ändert, so muß sich dabei, um diesen Faktor zu beseitigen, c um die entsprechende Periode des Integrals zweiter Gattung ändern. Setzt man fest, daß u^* in einem gegebenen Parallelogramm liegen soll, so sind u^* und c eindeutig durch μ_1, μ_2 bestimmt.

Satz 150. *Alle zu einer Klasse gehörigen multiplikativen Funktionen lassen sich darstellen als Produkt einer elliptischen Funktion mit der speziellen Funktion*

$$e^{cu} \frac{\sigma(u - u^*)}{\sigma(u)},$$

dabei sind entweder c und u^* fest gegeben und bestimmen die Multiplikatoren

$$\mu_1 = e^{c\omega_1 - u^* \eta_1}, \qquad \mu_2 = e^{c\omega_2 - u^* \eta_2},$$

oder es sind die Multiplikatoren gegeben. Diese bestimmen u^* bis auf eine Periode des Integrals erster Gattung und c bis auf die zum gleichen Wege gehörige Periode des Integrals zweiter Gattung.

Besonders wichtig ist nun der Fall, daß μ_1 und μ_2 beide n^{te} Einheitswurzeln sind:

$$(84) \qquad \mu_1 = e^{\frac{2\pi i k_1}{n}}, \qquad \mu_2 = e^{\frac{2\pi i k_2}{n}} \qquad (k_1, k_2 \text{ ganz}) \qquad 0 \leqq k_j \leqq n.$$

Dann ergibt (83)

$$c = \left(n_2 + \frac{k_2}{n}\right)\eta_1 - \left(n_1 + \frac{k_1}{n}\right)\eta_2,$$

$$u^* = \left(n_2 + \frac{k_2}{n}\right)\omega_1 - \left(n_1 + \frac{k_1}{n}\right)\omega_2$$

und, wenn wir noch verlangen, daß u^* im Parallelogramm $0, \omega_1, \omega_1 + \omega_2, \omega_2$ liegt,

$$(85) \qquad \left\{ \begin{aligned} c &= \frac{k_2}{n}\eta_1 + \frac{n-k_1}{n}\eta_2, \\ u^* &= \frac{k_2}{n}\omega_1 + \frac{n-k_1}{n}\omega_2. \end{aligned} \right.$$

Setzt man, wie es üblich geworden ist,

$$k_2 = g, \qquad n - k_1 = h,$$

so folgt:

Die Funktion

$$(86) \qquad \frac{e^{\frac{(g\eta_1 + h\eta_2)u}{n}} \cdot \sigma\left(u - \frac{g\omega_1 + h\omega_2}{n}\right)}{\sigma(u)}$$

hat die Multiplikatoren $e^{-\frac{2\pi i h}{n}}$ und $e^{\frac{2\pi i g}{n}}$. Den Zähler von (86) bezeichnet man, abgesehen von einem konstanten Faktor, mit $\sigma_{gh}(u; \omega_1, \omega_2)$:

Satz 151. *Sind die Multiplikatoren μ_1, μ_2 beide n^{te} Einheitswurzeln:*

$$(84') \qquad \mu_1 = e^{-\frac{2\pi i h}{n}}, \qquad \mu_2 = e^{\frac{2\pi i g}{n}},$$

so wird die zugehörige Klasse multiplikativer Funktionen bestimmt durch die Funktion $\frac{\sigma_{gh}(u)}{\sigma(u)}$, wenn σ_{gh} definiert wird durch:

$$(86') \qquad \sigma_{gh}(u; \omega_1, \omega_2) = e^{\frac{g\eta_1 + h\eta_2}{n}\left(u - \frac{g\omega_1 + h\omega_2}{n}\right)} \cdot \sigma\left(u - \frac{g\omega_1 + h\omega_2}{n}; \omega_1, \omega_2\right).$$

Wir beschäftigen uns mit den Funktionen σ_{gh} nicht weiter, sondern wenden uns sofort dem Spezialfall $n = 2$ zu. Hier benutzt man statt der von Klein eingeführten σ_{gh} die von Weierstraß geschaffenen sog. Nebensigmas $\sigma_1, \sigma_2, \sigma_3$, die sich von den $\sigma_{10}, \sigma_{01}, \sigma_{11}$ nur um einen, allein von ω_1, ω_2 abhängigen, Faktor unterscheiden.

§ 60. Die Funktionen $\sigma_1(u)$, $\sigma_2(u)$, $\sigma_3(u)$.

Die drei Weierstraßschen Nebensigma sind definiert durch

$$(87)\quad \begin{cases} \sigma_1(u) = -e^{\frac{\eta_1 u}{2}} \dfrac{\sigma\left(u-\frac{\omega_1}{2}\right)}{\sigma\left(\frac{\omega_1}{2}\right)}, \\ \sigma_2(u) = -e^{\frac{\eta_2 u}{2}} \dfrac{\sigma\left(u-\frac{\omega_2}{2}\right)}{\sigma\left(\frac{\omega_2}{2}\right)}, \\ \sigma_3(u) = -e^{\frac{(\eta_1+\eta_2)u}{2}} \dfrac{\sigma\left(u-\frac{\omega_1+\omega_2}{2}\right)}{\sigma\left(\frac{\omega_1+\omega_2}{2}\right)} = -e^{\frac{\eta_3 u}{2}} \dfrac{\sigma\left(u-\frac{\omega_3}{2}\right)}{\sigma\left(\frac{\omega_3}{2}\right)}, \end{cases}$$

wenn wir $\omega_1 + \omega_2 = \omega_3$ und $\eta_1 + \eta_2 = \eta_3$ setzen.

Die zugehörigen multiplikativen Funktionen

$$(88)\quad \varphi_1 = \frac{\sigma_1(u)}{\sigma(u)}, \quad \varphi_2 = \frac{\sigma_2(u)}{\sigma(u)}, \quad \varphi_3 = \frac{\sigma_3(u)}{\sigma(u)}$$

haben die Multiplikatoren

$$(88')\quad 1, -1; \quad -1, 1; \quad -1, -1.$$

D. h. es ist wegen Satz 151 und (87)

$$(88'')\quad \begin{cases} \varphi_1(u) = +\varphi_1(u+\omega_1) = -\varphi_1(u+\omega_2), \\ \varphi_2(u) = -\varphi_2(u+\omega_1) = +\varphi_2(u+\omega_2), \\ \varphi_3(u) = -\varphi_3(u+\omega_1) = -\varphi_3(u+\omega_2). \end{cases}$$

Alle drei Funktionen lassen sich in einfacher Weise durch $\wp(u)$ ausdrücken. Es ist nämlich bei $u = 0$

$$\sigma_j(u) = 1 + u\,\mathfrak{P}(u).$$

Da σ eine ganze transzendente Funktion ist, gilt dasselbe auch von σ_j. σ selbst hat zu Nullstellen nur den Punkt $u = 0$ und seine homologen Punkte. Aus (88') folgt, daß

$$\varphi_j^2 = \frac{\sigma_j^2(u)}{\sigma^2(u)}$$

eine elliptische Funktion ist, die bei $u = 0$ die Entwicklung besitzt

$$\frac{1}{u^2} + \mathfrak{P}(u).$$

Ein Glied mit $\frac{1}{u}$ kann nicht vorkommen wegen des Residuensatzes, denn $u = 0$ ist die einzige Polstelle im Parallelogramm. $\varphi_j^2 - \wp(u)$ ist also eine überall endliche elliptische Funktion, d. h. konstant. Da $\varphi_j\left(\frac{\omega_j}{2}\right) = 0$ ist, so folgt:

$$\varphi_j^2 = \wp(u) - \wp\left(\frac{\omega_j}{2}\right)$$

$$\varphi_j = \sqrt{\wp(u) - \wp\left(\frac{\omega_j}{2}\right)}.$$

Die linke Seite hat wegen $\sigma_j(0) = 1$ und (47) bei $u = 0$ die Entwicklung $\frac{1}{u} + \mathfrak{P}(u)$; dadurch ist völlig bestimmt, welcher Wert der Wurzel rechts zu nehmen ist. Da nun Formel (78) auch

$$\wp\left(\frac{\omega_j}{2}\right) = e_j$$

geschrieben werden kann, so haben wir

Satz 152. *Die Klassen multiplikativer elliptischer Funktionen mit den Multiplikatoren* ± 1 *werden durch die drei speziellen Funktionen*

$$\frac{\sigma_1(u)}{\sigma(u)} = \sqrt{\wp(u) - e_1}, \quad \frac{\sigma_2(u)}{\sigma(u)} = \sqrt{\wp(u) - e_2}, \quad \frac{\sigma_3(u)}{\sigma(u)} = \sqrt{\wp(u) - e_3} \tag{89}$$

bestimmt. Dabei bedeuten $\sigma_1, \sigma_2, \sigma_3$ *die durch* (87) *definierten Nebensigmas. Aus* (89) *folgt wegen der Differentialgleichung* (29) *für* $\wp(u)$ *und* $\sigma_j(0) = 1$

$$\wp'(u) = -2\frac{\sigma_1(u)\,\sigma_2(u)\,\sigma_3(u)}{\sigma^3(u)}. \tag{90}$$

Die multiplikativen Funktionen $\chi(u)$, deren Multiplikatoren n^{te} Einheitswurzeln sind, sind nun offenbar dadurch ausgezeichnet, daß sie wieder doppeltperiodisch sind, und zwar ist sicher

$$\chi(u + n\,\omega_j) = \chi(u).$$

Angewendet auf die drei speziellen „Wurzelfunktionen" $\sqrt{\wp(u) - e_j}$ ergibt sich so oder direkt aus (88''):

$$\left\{\begin{array}{l} \sqrt{\wp(u) - e_1} \text{ hat die Perioden } \omega_1, 2\omega_2, \\ \sqrt{\wp(u) - e_2} \text{ hat die Perioden } 2\omega_1, \omega_2, \\ \sqrt{\wp(u) - e_2} \text{ hat die Perioden } 2\omega_1, 2\omega_2. \end{array}\right. \tag{91}$$

Diese drei Funktionen, die übrigens, wie aus ihrer Darstellung als σ-Quotienten folgt, in u, ω_1, ω_2 homogen von der Dimension -1 sind,

sind also jede für sich invariant gegen eine Untergruppe der früher mit (73_2) bezeichneten Gruppe, und zwar enthalten die beiden ersten Untergruppen die dritte:

$$(92)\qquad \begin{cases} u^* = u^* + 2n_1\,\omega_1^* + 2n_2\,\omega_2^*, \\ \omega_1 = \omega_1^*, \\ \omega_2 = \omega_2^* \end{cases}$$

als gemeinsame Untergruppe. Die zu $\sqrt{\wp(u) - e_1}$ gehörende Gruppe ist übrigens

$$(93_1)\qquad \begin{cases} u = u^* + m_1\,\omega_1^* + 2\,n_2\,\omega_2^*, \\ \omega_1 = \omega_1^*, \\ \omega_2 = \omega_2^* \end{cases}$$

und die zu $\sqrt{\wp(u) - e_2}$ gehörende:

$$(93_2)\qquad \begin{cases} u = u^* + 2\,n_1\,\omega_1^* + m_2\,\omega_2^*, \\ \omega_1 = \omega_1^*, \\ \omega_2 = \omega_2^*. \end{cases}$$

Die drei Wurzelfunktionen sind aber auch invariant gegen eine Untergruppe der früher mit (73_1) bezeichneten Gruppe.

Um dies zu erkennen, betrachten wir die Wirkung einer beliebigen Substitution aus (73_1) auf e_1, e_2, e_3. Jede dieser Substitutionen ersetzt das Parallelogramm, das von ω_1, ω_2 gebildet ist, durch das von ω_1', ω_2' gebildete Parallelogramm. Nun war aber

$$\omega_j = 2\int_\infty^{e_j} \frac{dz}{s(\mathfrak{z})}$$

und ganz entsprechend

$$\omega_j' = 2\int_\infty^{e_j'} \frac{dz}{s(\mathfrak{z})},$$

und die e_j' und e_j gehen durch eine Permutation auseinander hervor. Soll also bei einer solchen Substitution

$$\sqrt{\wp(u) - e_1}$$

in sich übergehen, so muß diese Substitution so beschaffen sein, daß sie e_1 in sich überführt, d. h. so, daß $\frac{\omega_1}{2}$ und $\frac{\omega_1'}{2}$ sich nur um eine Periode unterscheiden:

$$\frac{\omega_1}{2} = \frac{\omega_1'}{2} + \alpha'\,\omega_1' + \beta'\,\omega_2' \qquad (\alpha', \beta' \text{ ganz}).$$

Wenn wir auf unsere früheren Bezeichnungen zurückgehen, heißt das:

$$\alpha \equiv 1 \pmod 2, \qquad \beta \equiv 0 \pmod 2.$$

Alle Substitutionen aus (73_1), welche diese Eigenschaft besitzen, bilden aber wieder eine Gruppe.

Ganz entsprechend ergibt sich, daß $\sqrt{\wp(u) - e_2}$ invariant ist gegen die Untergruppe von (73_1), welche aus den Substitutionen gebildet wird, für die

$$\gamma \equiv 0 \pmod 2, \qquad \delta \equiv 1 \pmod 2,$$

und für $\sqrt{\wp(u) - e_3}$ ist es endlich die Untergruppe, für welche

$$\alpha + \gamma \equiv 1 \pmod 2,$$
$$\beta + \delta \equiv 1 \pmod 2.$$

Diese drei Untergruppen haben wieder eine gemeinsame Untergruppe, nämlich die Untergruppe der Substitutionen, für welche modulo 2 ist:

$$\alpha \equiv 1, \quad \beta \equiv 0,$$
$$\gamma \equiv 0, \quad \delta \equiv 1.$$

Diese Substitutionen bilden die sogenannte Hauptkongruenzuntergruppe der Modulgruppe.

Satz 153. *Die drei Wurzelfunktionen*

$$\sqrt{\wp(u) - e_1} = \frac{\sigma_1(u)}{\sigma(u)}, \quad \sqrt{\wp(u) - e_2} = \frac{\sigma_2(u)}{\sigma(u)}, \quad \sqrt{\wp(u) - e_3} = \frac{\sigma_3(u)}{\sigma(u)}$$

sind in den drei Variabeln u, ω_1, ω_2 homogen von der Dimension -1. Sie sind jede für sich invariant gegen eine Untergruppe der Gruppe (71).

Diese drei Untergruppen enthalten als gemeinsame Untergruppe die Hauptkongruenzuntergruppe zweiter Stufe

$$(94) \qquad \begin{cases} u = u' + 2\,n_1\,\omega_1' + 2\,n_2\,\omega_2', \\ \omega_1 = (2\alpha' + 1)\,\omega_1' + 2\beta'\,\omega_2', \\ \omega_2 = 2\gamma'\,\omega_1' + (2\delta' + 1)\,\omega_2', \text{ wobei} \\ \begin{vmatrix} 2\alpha' + 1 & 2\beta' \\ 2\gamma' & 2\delta' + 1 \end{vmatrix} = 1. \end{cases}$$

Die drei Wurzelfunktionen sind also auf dem ursprünglichen Parallelogramm der $\wp$-Funktion $(0, \omega_1, \omega_3, \omega_2)$ multiplikativ, auf geeignet erweiterten Parallelogrammen doppeltperiodisch.

§ 61. Die Jacobischen Funktionen.

Geht man durch lineare Transformation von der Weierstraßschen Normalform zu einer andern Gestalt des Integrals erster Gattung über, so sind in der neuen Gestalt die Koeffizienten Funktionen von g_2 und g_3

und den Koeffizienten der linearen Transformation. Letztere entsprechen drei willkürlich wählbaren Konstanten. Man kann sie etwa dadurch festlegen, daß man den Koeffizienten oder den Nullstellen der transformierten Verzweigungsform irgendwie drei Bedingungen auferlegt. Dadurch werden dann die Koeffizienten der linearen Transformationen Funktionen von g_2 und g_3, und infolgedessen gilt dasselbe von den Koeffizienten der Verzweigungsform.

Wir beschränken uns auf den Fall, daß die Bedingungen so gewählt sind, daß die Koeffizienten der linearen Substitutionen algebraische Funktionen von g_2, g_3 sind.

Während nun g_2 und g_3 gegen alle Substitutionen der Gruppe (73_1) invariant sind, gilt dies nicht mehr von den Koeffizienten der transformierten Verzweigungsform. In der Tat sind die Gleichungen für die Koeffizienten der linearen Transformation invariant gegen sämtliche Substitutionen von (73_1). Daraus folgt aber nicht, daß diese Koeffizienten selbst invariant sind, sondern nur, daß sie bei Anwendung dieser Transformation stets Wurzeln dieser Gleichungen bleiben, d. h. daß nur gewisse endlich viele Werte für sie in Betracht kommen, welche durch die Substitutionen (73_1) untereinander vertauscht werden können.

Sucht man sich nun aus allen Substitutionen (73_1) diejenigen heraus, welche die Wurzeln dieser Gleichungen nicht permutieren, so bilden diese offenbar eine Untergruppe, und das Integral erster Gattung ist in der neuen Gestalt gegen die Substitutionen dieser Untergruppe invariant, während jede andere Substitution seine Gestalt ändert. Es wird nun angemessen sein, bei Beschäftigung mit den Wurzelfunktionen den Integralen gerade eine solche Gestalt zu geben, welche sich der gleichen Untergruppe gegenüber invariant verhält, wie die betreffende Wurzelfunktion selbst und die sich bei denselben Substitutionen ändert wie die Wurzelfunktionen. Bei einer linearen Transformation einer Riemannschen Fläche wird nun aus einem Verzweigungspunkt stets wieder ein Verzweigungspunkt. Man kann daher die obenerwähnten drei Bedingungen etwa so wählen, daß von den vier Verzweigungspunkten drei festgelegt werden.

Als einen dieser festgelegten Punkte nimmt man immer den Punkt $\mathfrak{p}_\infty$; von den e_i gibt es nur sechs Permutationen, deshalb haben wir auch nur sechs verschiedene Möglichkeiten, zwei von diesen festzulegen, d. h. den verschiedenen Substitutionen der Gruppe (73_1) entsprechen nun sechs verschiedene Gestalten der Riemannschen Fläche, die sich nur durch die Lage des vierten Verzweigungspunktes unterscheiden. Bei allen Substitutionen der Gruppe (94) geht jede dieser Flächen in sich selbst über. Dann entsprechen den Substitutionen der Gruppe (94) auf der transformierten Fläche solche Veränderungen der Schnitte, bei denen die Verzweigungspunkte nicht permutiert werden. Es ist üblich, in dieser neuen Fläche die Verzweigungspunkte so festzulegen, daß folgendes gegenseitige Entsprechen statt hat:

$\mathfrak{p}_\infty$	der Weierstraßschen	Normalform	entspricht	dem	Punkte	0,
e_1	,,	,,	,,	,,	,,	1,
e_2	,,	,,	,,	,,	,,	$\mathfrak{p}_\infty$.

Daraus folgt, daß sein muß

$$z = \frac{e_2 z' + e_1 - e_2}{z'} \tag{95}$$

oder bei Einführung homogener Variabler

$$\left\{\begin{aligned} \sqrt{e_2 - e_1} \cdot z_1 &= e_2 z_1' - (e_2 - e_1) z_2', \\ \sqrt{e_2 - e_1} \cdot z_2 &= z_1'. \end{aligned}\right. \tag{95'}$$

Setzen wir dies in die Verzweigungsform ein, so ergibt sich

$$\begin{aligned} &4(z_1 - e_1 z_2)(z_1 - e_2 z_2)(z_1 - e_3 z_2) \cdot z_2 \\ &\quad = -4(z_1' - z_2') z_1' z_2' \{(e_2 - e_3) z_1' + (e_1 - e_2) z_2'\}. \end{aligned}$$

Die neue Verzweigungsform lautet also

$$4 \cdot (e_1 - e_2) z'(z' - 1)\left(z' \frac{e_2 - e_3}{e_2 - e_1} - 1\right). \tag{96}$$

und für das Integral erster Gattung erhalten wir

$$\sqrt{e_1 - e_2} \cdot u = \int_0^{z'} \frac{dz'}{\sqrt{4 z'(z' - 1)(z' \lambda - 1)}}. \tag{97}$$

Das rechtsstehende Integral nennen wir Normalintegral erster Gattung zweiter Stufe oder Riemannsches Normalintegral, da Riemann dieses seinen Untersuchungen zugrunde gelegt hat.

$$\lambda = \frac{e_2 - e_3}{e_2 - e_1} \tag{98}$$

ist einer der Werte des Doppelverhältnisses der Verzweigungspunkte, welches ja bei linearer Transformation ungeändert bleibt. Das Doppelverhältnis von vier Punkten nimmt tatsächlich sechs verschiedene Werte an bei Vertauschung dieser Punkte. Zwischen der absoluten Invariante J und dem Doppelverhältnis λ besteht eine algebraische Gleichung, welche die sechs Werte des Doppelverhältnisses zu Lösungen hat. Wegen

$$e_1 + e_2 + e_3 = 0, \quad g_2 = -4(e_1 e_2 + e_2 e_3 + e_3 e_1) \quad \text{und}$$
$$g_2^3 - 27 g_3^2 = 16(e_1 - e_2)^2 (e_2 - e_3)^2 (e_3 - e_1)^2$$

ist nämlich

$$J = \frac{-4(e_1e_2+e_2e_3+e_3e_1)^3}{(e_1-e_2)^2(e_2-e_3)^2(e_3-e_1)^2}$$
$$= \frac{-4\{(e_1-e_2)(e_2-e_3)+(e_2-e_3)(e_3-e_1)+(e_3-e_1)(e_1-e_2)\}^3}{27(e_1-e_2)^2(e_2-e_3)^2(e_3-e_1)^2}$$
$$= \frac{4}{27}\cdot\frac{(\lambda^2-\lambda+1)^3}{\lambda^2(\lambda-1)^2}.$$

Man überzeugt sich sofort, daß mit λ auch $\frac{1}{\lambda}$, $1-\lambda$, $\frac{1}{1-\lambda}$, $\frac{\lambda}{\lambda-1}$, $\frac{\lambda-1}{\lambda}$ Lösungen der Gleichung

$$J = \frac{4}{27}\cdot\frac{(\lambda^2-\lambda+1)^3}{\lambda^2(\lambda-1)^2} \tag{99}$$

sind.

Satz 154. *Durch die lineare Substitution*

$$z = \frac{e_2z'+e_1-e_2}{z'} \tag{95}$$

geht das Integral erster Gattung in der Weierstraßschen Normalform über in

$$u = \frac{1}{\sqrt{e_1-e_2}}\cdot\int\limits_0^{z'}\frac{dz'}{\sqrt{4z'(z'-1)(\lambda z'-1)}}; \tag{97}$$

dabei ist λ das Doppelverhältnis der vier Verzweigungspunkte der Fläche, das mit der absoluten Invariante J durch die Gleichung

$$\frac{4(\lambda^2-\lambda+1)^3}{27\lambda^2(\lambda-1)^2} = J \tag{99}$$

verbunden ist. Durch die Substitutionen der Gruppe (94) *geht* (97) *in sich über, durch irgendwelche anderen Substitutionen der Gruppe* (73_1) *in die Integrale, bei denen λ durch einen der fünf anderen Werte des Doppelverhältnisses der Verzweigungspunkte ersetzt ist.*

$$w = \sqrt{e_1-e_2}\cdot u = \int\limits_0^{z'}\frac{dz'}{\sqrt{4z'(z'-1)(\lambda z'-1)}} \tag{100}$$

heißt das Riemannsche Normalintegral.

Unsere drei Wurzelfunktionen $\sqrt{\wp(u)-e_j}$ entsprechen auf der Fläche in der Weierstraßschen Normalform den drei Wurzelfunktionen $\sqrt{z-e_j}$.

Bei dem Übergang von der Weierstraßschen Normalform zu der Riemannschen wird

$$z - e_1 = \frac{(e_1 - e_2)(1 - z')}{z'},$$

$$z - e_2 = \frac{(e_1 - e_2)}{z'},$$

$$z - e_3 = \frac{(e_1 - e_2)(1 - \lambda z')}{z'},$$

d. h. die drei Wurzelfunktionen gehen über in die drei anderen Wurzelfunktionen:

$$(101)\quad \begin{cases} \sqrt{z - e_1} = \sqrt{\dfrac{(e_1 - e_2)(1 - z')}{z'}}, \\ \sqrt{z - e_2} = \sqrt{\dfrac{(e_1 - e_2)}{z'}}, \\ \sqrt{z - e_3} = \sqrt{\dfrac{(e_1 - e_2)(1 - \lambda z')}{z'}}. \end{cases}$$

Es genügt demnach, auf der neuen Fläche die folgenden drei Funktionen zu betrachten:

$$(102)\quad \begin{cases} \sqrt{z'} = \sqrt{\dfrac{e_1 - e_2}{z - e_2}} = \sqrt{\dfrac{\wp\left(\frac{\omega_1}{2}\right) - \wp\left(\frac{\omega_2}{2}\right)}{\wp(u) - \wp\left(\frac{\omega_2}{2}\right)}} = \dfrac{\sigma(u)}{\sigma_2(u)} \cdot \dfrac{\sigma_2\left(\frac{\omega_1}{2}\right)}{\sigma\left(\frac{\omega_1}{2}\right)}, \\ \sqrt{1 - z'} = \sqrt{\dfrac{z - e_1}{z - e_2}} = \sqrt{\dfrac{\wp(u) - \wp\left(\frac{\omega_1}{2}\right)}{\wp(u) - \wp\left(\frac{\omega_2}{2}\right)}} = \dfrac{\sigma_1(u)}{\sigma_2(u)}, \\ \sqrt{1 - \lambda z'} = \sqrt{\dfrac{z - e_3}{z - e_2}} = \sqrt{\dfrac{\wp(u) - \wp\left(\frac{\omega_3}{2}\right)}{\wp(u) - \wp\left(\frac{\omega_2}{2}\right)}} = \dfrac{\sigma_3(u)}{\sigma_2(u)}. \end{cases}$$

Auch diese drei Funktionen sind multiplikative Funktionen von u. Für die erste bedarf dies keiner Erörterung, für die zweite und dritte folgt dies aus (101) oder (88′).

Wichtig ist aber nun, daß diese drei Funktionen homogen von der Dimension Null in u, ω_1, ω_2 sind, d. h. wenn wir statt u, ω_1, ω_2 einsetzen: cu, $c\omega_1$, $c\omega_2$ — wobei c eine von Null verschiedene, sonst beliebige

Zahl sein soll — so sind die drei Funktionen invariant gegen diese Transformation. Man setzt nun wiederum allgemein

$$c = \sqrt{e_1 - e_2}$$

und bezeichnet

$$(103)\qquad \begin{cases} \sqrt{e_1 - e_2}\, u = w, \\ \sqrt{e_1 - e_2}\, \omega_1 = 2K, \\ \sqrt{e_1 - e_2}\, \omega_2 = 2iK'. \end{cases}$$

Dann ist

$$w = \int_0^{z'} \frac{dz'}{\sqrt{4z'(z'-1)(\lambda z'-1)}}$$

und diese neue Gestalt hat den Vorzug, daß sie nur noch von dem einen Parameter λ abhängt. Die drei Funktionen (102) kann man wegen (103) auch als Funktionen von w auffassen. Der Schluß von Satz (153) ergibt, daß diese drei Funktionen von w multiplikativ sind auf dem Parallelogramm $0, 2K, 2K + 2iK', 2iK'$, dagegen doppeltperiodische, d. h. also elliptische Funktionen auf gewissen größeren Parallelogrammen. Jacobi legte sie seiner Theorie der elliptischen Funktionen zugrunde und deshalb nennt man sie oft kurz Jacobische Funktionen. Man bezeichnet sie nach Gudermann wie folgt

$$(104)\qquad \begin{cases} \sqrt{z'} = \operatorname{sn} w, \\ \sqrt{1 - z'} = \operatorname{cn} w, \\ \sqrt{1 - \lambda z'} = \operatorname{dn} w, \end{cases}$$

wobei die Funktionsbezeichnungen sn, cn, dn historisch von einer Umformung des elliptischen Integrals erster Gattung herstammen, die auf Legendre zurückgeht. Diese Umformung behandeln wir in § 62 und werden dann die Herkunft dieser Funktionsbezeichnungen erklären.

Aus den Nullstellen von $\sigma(u)$ und den daraus sich ergebenden Nullstellen der Nebensigmas ergeben sich die Nullstellen der drei Jacobischen Funktionen. Ferner folgen aus (102) und (103) sofort die Gleichungen:

$$(105)\qquad \operatorname{sn}(K + iK') = \frac{1}{\sqrt{\lambda}}, \quad \operatorname{dn} K = \sqrt{1-\lambda},$$

wobei durch die σ-Quotienten in (102) genau bestimmt ist, welcher Wert der Wurzel jedesmal zu nehmen ist. Man bezeichnet die so bestimmten Werte von $\sqrt{\lambda}$ und $\sqrt{1-\lambda}$ mit k und k'. Weiter ergeben

$$\frac{\omega_1}{2} = \int_\infty^{e_1} \frac{dz}{s(\mathfrak{z})}, \quad \frac{\omega_2}{2} = \int_\infty^{e_3} \frac{dz}{s(\mathfrak{z})} = \int_{e_1}^{e_3} \frac{dz}{s(\mathfrak{z})}$$

die Gleichungen

$$\text{(106)}\quad \begin{cases} K = \int\limits_0^1 \frac{d\zeta}{\sqrt{4\zeta(\zeta-1)(\lambda\zeta-1)}} \\ iK' = \int\limits_0^\infty \frac{d\zeta}{\sqrt{4\zeta(\zeta-1)(\lambda\zeta-1)}} = \int\limits_1^{\frac{1}{\lambda}} \frac{d\zeta}{\sqrt{4\zeta(\zeta-1)(\lambda\zeta-1)}}. \end{cases}$$

Diese sind gleichbedeutend mit

$$\text{(105')}\quad \begin{cases} \operatorname{sn} K = 1, \qquad \operatorname{sn}(iK') = \infty \\ \operatorname{sn}(K + iK') = \frac{1}{\sqrt{\lambda}} \end{cases}$$

und den entsprechenden Beziehungen für die Funktionen $\operatorname{cn} w$ und $\operatorname{dn} w$.

Wir fassen die aus den Darstellungen (102) unter Berücksichtigung von (103) folgenden Eigenschaften (Nullstellen, Pole) und die aus (105) und den analogen durch Einsetzen in (104) folgenden speziellen Werte der drei Jacobischen Funktionen in folgender Tabelle zusammen:

(107)

w	$\operatorname{sn}(w)$	$\operatorname{cn}(w)$	$\operatorname{dn}(w)$
0	0	1	1
K	1	0	k'
$2K$	0	-1	1
iK'	∞	∞	∞ (Pole erster Ordnung)
$2iK'$	0	-1	-1
$K + iK'$	$\frac{1}{k}$	$-\frac{ik'}{k}$	0
$2K + iK'$	∞	∞	∞ (Pole erster Ordnung)
$K + 2iK'$	1	0	$-k'$
$2K + 2iK'$	0	1	-1

Dabei ist überall

$$\text{(107')}\quad k = \sqrt{\lambda}, \quad k' = \sqrt{1-\lambda}$$

gesetzt; durch (102) ist bestimmt, welcher Wurzelwert gemeint ist.

Ferner folgt aus (102) und (103) wegen (88''):

$$\text{(108)}\quad \begin{cases} \operatorname{sn}(w + 2K) = -\operatorname{sn}(w), & \operatorname{sn}(w + 2iK') = +\operatorname{sn}(w), \\ \operatorname{cn}(w + 2K) = -\operatorname{cn}(w), & \operatorname{cn}(w + 2iK') = -\operatorname{cn}(w), \\ \operatorname{dn}(w + 2K) = +\operatorname{dn}(w), & \operatorname{dn}(w + 2iK') = -\operatorname{dn}(w). \end{cases}$$

Diese Formeln ergeben sofort die Perioden der drei Jacobischen Funktionen und zusammen mit (107) noch weitere Funktionswerte.

Satz 155. *Ist w das Riemannsche Normalintegral, so sind die zur Verzweigungsform dieses Integrals gehörigen Wurzelfunktionen, aufgefaßt als Funktionen des Integralwertes w als Argument, eindeutige doppeltperiodische Funktionen von w, und zwar hat die Funktion*

$$\sqrt{z'} = \operatorname{sn}(w)$$

die Perioden $4K$ und $2iK'$; die Funktion

$$\sqrt{1-z'} = \operatorname{cn}(w)$$

die Perioden $4K$ und $2K+2iK'$ und endlich die Funktion

$$\sqrt{1-\lambda z'} = \operatorname{dn}(w)$$

die Perioden $2K$ und $4iK'$. Die weiteren Eigenschaften dieser Funktionen sind in (107) *und* (108) *zusammengefaßt.*

Da

$$\frac{d\operatorname{sn}(w)}{dw} = \frac{d\sqrt{z'}}{dz'} \cdot \frac{dz'}{dw} = \frac{1}{2\sqrt{z'}} \cdot \sqrt{4z'(1-z')(1-\lambda z')} = \sqrt{1-z'} \cdot \sqrt{1-\lambda z'}$$

ist, so erhalten wir

$$\frac{d\operatorname{sn}(w)}{dw} = \operatorname{cn}(w) \cdot \operatorname{dn}(w). \tag{109'}$$

Man erhält in derselben Weise noch die Formeln

$$\frac{d\operatorname{cn}(w)}{dw} = -\operatorname{sn}(w) \cdot \operatorname{dn}(w), \tag{109''}$$

$$\frac{d\operatorname{dn}(w)}{dw} = -\lambda \cdot \operatorname{sn}(w) \cdot \operatorname{cn}(w). \tag{109'''}$$

Satz 156. *Die drei Funktionen*

$$\operatorname{sn}(w), \quad \operatorname{cn}(w), \quad \operatorname{dn}(w)$$

sind durch die Beziehungen

$$\left\{\begin{aligned} \operatorname{sn}(w)^2 + \operatorname{cn}(w)^2 &= 1, \\ \lambda \cdot \operatorname{sn}(w)^2 + \operatorname{dn}(w)^2 &= 1; \end{aligned}\right. \tag{110}$$

$$\left\{\begin{aligned} \frac{d\operatorname{sn}(w)}{dw} &= \operatorname{cn}(w) \cdot \operatorname{dn}(w), \\ \frac{d\operatorname{cn}(w)}{dw} &= -\operatorname{sn}(w) \cdot \operatorname{dn}(w), \\ \frac{d\operatorname{dn}(w)}{dw} &= -\lambda \cdot \operatorname{sn}(w) \cdot \operatorname{cn}(w) \end{aligned}\right. \tag{109}$$

verbunden, von denen die ersten unmittelbar aus (104) *folgen.*

Mit Hilfe von (49) und (87) ergibt sich aus (102)

(111) $$k = \sqrt{\lambda} = \frac{\sigma_2\left(\frac{\omega_1+\omega_2}{2}\right)}{\sigma\left(\frac{\omega_1+\omega_2}{2}\right)} \cdot \frac{\sigma\left(\frac{\omega_1}{2}\right)}{\sigma_2\left(\frac{\omega_1}{2}\right)} = \frac{\sigma_3\left(\frac{\omega_2}{2}\right)}{\sigma_1\left(\frac{\omega_2}{2}\right)};$$

unmittelbar aus (102) folgt auch

(111') $$k' = \sqrt{1-\lambda} = \frac{\sigma_3\left(\frac{\omega_1}{2}\right)}{\sigma_2\left(\frac{\omega_1}{2}\right)}.$$

Durch die lineare Transformation

$$z'' = \frac{z'}{z'-1}$$

kommt

(112) $$w = i\int_0^{z''} \frac{dz''}{\sqrt{4z''(1-z'')(1-(1-\lambda)z'')}}.$$

(106) ergibt dann speziell

Satz 157. *Die Periode K' läßt sich darstellen in der Gestalt*

(113) $$K' = \int_0^1 \frac{d\zeta}{\sqrt{4\zeta(1-\zeta)(1-(1-\lambda)\zeta)}}.$$

§ 62. Die Legendresche Normalform des elliptischen Integrals erster Gattung.

Substituiert man in der Riemannschen Normalform des elliptischen Integrals erster Gattung

(114) $$\int_0^{\zeta} \frac{d\zeta}{\sqrt{4\zeta(1-\zeta)(1-\lambda\zeta)}}$$

x^2 für ζ und bezeichnet man λ der Symmetrie halber mit k^2, $1-\lambda$ mit k'^2, so erhält man

(115) $$w = \int_0^x \frac{dx}{\sqrt{(1-x^2)(1-k^2x^2)}}.$$

$x = \sqrt{\zeta}$ ist auf der ζ-Fläche eine multiplikative Funktion. Jedem ζ entsprechen zwei Werte x. Zieht man auf der ζ-Fläche die Rückkehrschnitte (a), (b) und umschließt (a) die Punkte Null und Unendlich, so ist x auf der so zerschnittenen Fläche eindeutig, wenn wir den Schnitt (b) schließen, dagegen nimmt x an gegenüberliegenden Ufern von (a) entgegengesetzt gleiche Werte an. Man kann daher alle Werte von x ausbreiten auf zwei nur durch (a) zerschnittenen ζ-Flächen. Verbindet man dann das linke Ufer von (a) in der einen mit dem rechten Ufer von (a) der anderen Fläche, so erhält man eine vierblätterige Fläche, auf der x eindeutige Funktion von ζ ist. Durch $\zeta = x^2$ wird diese vierblätterige Fläche eineindeutig und konform auf eine andere Riemannsche Fläche abgebildet. Diese zweite Fläche, die x-Fläche, ist zweiblätterig. Es gehört nämlich zu einer Zahl x eine einzige Zahl ζ. Da aber zwei x dieselbe Zahl ζ liefern, so müssen jeder Zahl x zwei Punkte x entsprechen, damit zu einer Zahl ζ auch vier Punkte ζ gehören, was wegen der Eineindeutigkeit der Abbildung nötig ist. Verzweigt kann diese Fläche nur an den Stellen x sein, an denen sich x nicht nach ganzzahligen Potenzen der Ortsuniformisierenden t entwickeln läßt. So kommt es heraus, daß nur die Bildpunkte von $\zeta = 1$ und $\zeta = \frac{1}{\lambda}$ Verzweigungspunkte sein können. Das sind aber die Punkte $x = \pm 1$ und $x = \pm \frac{1}{k}$.

Die Periodizitätsmoduln von w waren auf der zweiblätterigen ζ-Fläche $2K$ und $2iK'$; auf der vierblätterigen Fläche darf der Schnitt (a) einmal überschritten werden, ohne daß man zu demselben Punkte zurückkommt, d. h. die Perioden des Integrals (115) sind auf der vierblätterigen Riemannschen Fläche $4K$ und $2iK'$, und denselben Wert haben sie auf den entsprechenden Wegen der x-Fläche. Die Umkehrung des Integrals (115) ist aber wegen (104) nichts anderes als $\operatorname{sn}(w)$. Legendre setzt nun $x = \sin\varphi$, womit aus (115) wird

$$w = \int_0^{\varphi} \frac{d\varphi}{\sqrt{1 - k^2 \sin^2\varphi}},$$

und hieraus folgt

$$x = \sin\varphi = \operatorname{sn}(w).$$

$\varphi = \varphi(w)$ nennt man nach Legendre die Amplitude des elliptischen Integrals. Diese Amplitude ist also eine Funktion von w, für welche Legendre und Jacobi schreiben

$$\varphi = \operatorname{am}(w);$$

x ist daher

$$x = \sin(\operatorname{am}(w)),$$

gelesen: „sinus amplitudinis w“. Statt dieser etwas umständlichen Jacobischen Bezeichnung führte Gudermann den Anfangsbuchstaben der ersten und der letzten Silbe ein, also s und n. Dies ist die Entstehung des Funktionszeichens sn; ebenso sind cn und dn Abkürzungen für die Bezeichnungen „cosinus amplitudinis" bzw. „delta amplitudinis". Letztere rührt davon her, daß Legendre den Ausdruck $\sqrt{1-k^2\sin^2\varphi}$ abkürzend mit $\Delta\varphi$ bezeichnete.

Zusammen mit einigen leichten Folgerungen aus (105) und (113) haben wir

Satz 158. *Statt auf der zweiblätterigen Fläche kann man das elliptische Integral erster Gattung in der Riemannschen Normalform* (114) *auch auf einer gewissen vierblätterigen Fläche betrachten, die durch*

$$\zeta = x^2 \tag{116}$$

auf eine zweiblätterige Fläche mit vier Verzweigungspunkten abgebildet wird. Das Integral erster Gattung geht dabei in die sogenannte Legendresche Normalform

$$w = \int_0^x \frac{dx}{\sqrt{(1-x^2)(1-k^2x^2)}} \tag{115}$$

über. Die Größe $k=\sqrt{\lambda}$ *nennt man den Modul des Integrals. Die Perioden dieses Integrals sind* $4K$ *und* $2iK'$, *wobei*

$$K = \int_0^1 \frac{dx}{\sqrt{(1-x^2)(1-k^2x^2)}}, \tag{117}$$

$$K' = \int_0^1 \frac{dx}{\sqrt{(1-x^2)(1-k'^2x^2)}} \tag{118}$$

ist. k' *in* (118) *ist der zu* k *komplementäre Modul. Dieser ist mit* k *durch die Gleichung*

$$k^2 + k'^2 = 1 \tag{119}$$

verbunden.

Schließlich ist (115) *gleichbedeutend mit*

$$x = \operatorname{sn}(w).$$

Zehntes Kapitel.

Die Funktionen des Ringes.

§ 63. Konforme Abbildung der Riemannschen Fläche von $s(\mathfrak{z})$ auf den Kreisring.

Wir haben früher die Integrale dadurch normiert, daß wir Vorschriften über das Verhalten der Differentiale an den Unstetigkeitsstellen (Elementardifferentiale) und an den Charakterisierungsstellen (Charakterisierungsnullstellen) machten. Wir nannten die dadurch festgelegten Integrale „algebraisch normiert". Für viele Fälle sehr bequem ist eine andere Festlegung der Integrale. Schreibt man einem Differential nur den Charakterisierungspol und das Verhalten an seinen Unstetigkeitsstellen vor, so ist dieses Differential nur bestimmt bis auf ein additives, überall endliches Differential. Dieses kann man nun dadurch festlegen, daß man verlangt, die eine Periode des mit diesem Differential gebildeten Integrals solle verschwinden. Integrale, die auf diese Art und Weise normiert sind, nennt man transzendent normierte Integrale. Es kann, wie früher (Satz 64) bewiesen, im elliptischen Fall kein transzendent normiertes Integral erster Gattung geben. Dagegen können Integrale zweiter und dritter Gattung transzendent normiert werden. So hat z. B. das Stammintegral zweiter Gattung

$$-\int d\mathfrak{F}^{(2)}_{\mathfrak{n},\mathfrak{m}}(\mathfrak{z},\mathfrak{m})$$

die Perioden η_1, η_2, dagegen hat das Integral

$$\int \left\{ -\, d\mathfrak{F}^{(2)}_{\mathfrak{n},\mathfrak{m}}(\mathfrak{z},\mathfrak{m}) - \frac{\eta_1}{\omega_1}\, d\overset{\mathfrak{m}}{\psi}(\mathfrak{z}) \right\} \tag{1}$$

die Perioden

$$0, \quad \frac{\eta_2\omega_1 - \eta_1\omega_2}{\omega_1} = -\frac{2\pi i}{\omega_1}. \tag{1'}$$

Dieses Integral ist also ein transzendent normiertes Integral. Jedes transzendent normierte Integral ist über einen der Schnitte (a), (b) hinweg stetig. Wenn wir nur transzendent normierte Integrale betrachten, können wir daher den einen Schnitt schließen und die Zerschneidung der Fläche auf den andern Schnitt beschränken. Damit ist das Integral erster Gattung, da es nicht transzendent normiert werden kann, von der Betrachtung ausgeschlossen. Aber seine wesentliche Eigenschaft, nämlich die, überall endlich zu sein, kommt auch der multiplikativen Funktion

$$t(\mathfrak{z}) = e^{2\pi i \frac{u}{\omega_1}} \tag{2}$$

zu, und diese Funktion ist überdies über den Schnitt (a) hinweg stetig. Durch Vertauschung von ω_1 mit ω_2 in (2) entsteht eine überall endliche, über (b) hinweg stetige, multiplikative Funktion.

Wir werden künftig stets so transzendent normieren, daß die zum Schnitt (a) gehörige Periode verschwindet. Wir betrachten auf der nur durch (b) zerschnittenen Fläche alle elliptischen Funktionen, die spezielle multiplikative Funktion (2), alle in bezug auf (a) transzendent normierten Integrale und die Funktionen, die an (b) konstante oder variable Multiplikatoren haben, während sie über (a) hinweg stetig sind. Die nur durch (b) zerschnittene Riemannsche Fläche ist zweifach zusammenhängend. Die Funktion $t(\mathfrak{z})$ ist eine auf der durch (b) zerschnittenen Fläche einwertige Funktion. Denn nimmt t für zwei Punkte $\mathfrak{z}$ und $\mathfrak{z}'$ denselben Wert an, so ist notwendig

$$\int_{\mathfrak{z}'}^{\mathfrak{z}} \frac{dz}{s(\mathfrak{z})} = n\,\omega_1 \ (n \text{ ganz}),$$

also der $\mathfrak{z}$ und $\mathfrak{z}'$ verbindende Weg wegen des Abelschen Theorems ein Periodenweg, d. h. $\mathfrak{z} = \mathfrak{z}'$.

Längs des Schnittes (b) ist

$$t(\mathfrak{z}^+) = t(\mathfrak{z}^-) \cdot e^{2\pi i \frac{\omega_2}{\omega_1}}$$

oder

$$t(\mathfrak{z}^+) = t(\mathfrak{z}^-) \cdot q^2, \tag{3}$$

wenn

$$q = e^{\pi i \frac{\omega_2}{\omega_1}} = e^{\pi i \tau} \tag{4}$$

gesetzt wird.

Durch $t(\mathfrak{z})$ wird wegen der Einwertigkeit von $t(\mathfrak{z})$ die nur durch (b) zerschnittene Riemannsche Fläche auf ein schlichtes Gebiet abgebildet. Dieses muß zweifach zusammenhängend sein, da die zerschnittene $\mathfrak{z}$-Fläche zweifach zusammenhängend ist. Wir wählen (b) so, daß eines seiner Bilder in der u-Ebene geradlinig von 0 nach ω_1 läuft. Diese Festsetzung über (b) bedeutet, wenn wir mit dem Integrationswege von u ganz innerhalb der zerschnittenen Fläche bleiben, daß das Bild der zerschnittenen Fläche der Kreisring[1])

(5) $$1 \geqq |t| > |q^2|$$

ist.

Alle erwähnten Funktionen und Integrale sind in diesem Kreisring eindeutige und bis auf Pole reguläre Funktionen von t. Die elliptischen Funktionen nehmen auf beiden Ufern von (b) gleiche Werte an. Da gegenüberliegenden Punkten von (b) wegen (3) stets zwei Werte t entsprechen, die sich verhalten wie $1 : q^2$, so wird aus jeder elliptischen Funktion $f(\mathfrak{z})$ in der Ringebene eine Funktion $\varphi(t)$ mit

(6) $$\varphi(t) = \varphi(q^2 t).$$

Ebenso entspricht einem transzendent normierten Integral zweiter Gattung $F(\mathfrak{z})$ mit der Periode Ω an (b) in der Ringebene ein $\Phi(t)$ mit

(7) $$\Phi(t) + \Omega = \Phi(q^2 t).$$

Entsprechend würde für multiplikative Funktionen mit konstantem oder variablem Multiplikator μ gelten

(8) $$\mu \cdot \psi(t) = \psi(q^2 t).$$

Die Beziehungen (3), (6), (7), (8) gelten aber nicht nur für Werte t auf dem Einheitskreise. Betrachtet man nämlich die Funktion $t(\mathfrak{z})$ auf der unzerschnittenen Riemannschen Fläche, so sieht man, daß einem Punkte $\mathfrak{z}$ unendlich viele Werte t entsprechen, und zwar ist das Verhältnis irgend zweier derselben stets irgendeine ganze positive oder negative Potenz von q^2. Daraus folgt weiter, daß jeder Kreisring

(9) $$r \geqq |t| > |q^2| r$$

mit beliebigem positivem r ein eineindeutiges Bild der Riemannschen Fläche ist.

Satz 159. *Durch*

(2) $$t(\mathfrak{z}) = e^{2\pi i \frac{u}{\omega_1}}$$

wird die Riemannsche Fläche von $s(\mathfrak{z})$ so in die t-Ebene abgebildet, daß jedem t ein $\mathfrak{z}$ entspricht und jedem $\mathfrak{z}$ unendlich viele t. Ist t_0 ein Bildpunkt von $\mathfrak{z}$, so sind die anderen die Punkte $q^{2n} \cdot t_0$ $(n = \pm 1, \pm 2, \pm 3, \ldots)$.

Dabei ist

(4) $$q = e^{\pi \frac{\omega_2}{\omega_1}}.$$

Jeder Kreisring

(9) $$r \geqq |t| > |q^2| r$$

ist daher ein eindeutiges Bild der Riemannschen Fläche von $s(\mathfrak{z})$.

---

[1]) Da nach Satz 148 der imaginäre Teil von τ positiv ist, ist $|q| < 1$.

Den Inhalt der Formeln (6) bis (8) fassen wir zusammen in

Satz 160. *Bei Übertragung in die t-Ebene werden aus den elliptischen Funktionen solche Funktionen, die der Funktionalgleichung*

$$\varphi(t) = \varphi(q^2 t) \tag{6}$$

genügen und bis auf endlich viele Pole in jedem Kreisring (9) *regulär sind.*

Ebenso werden aus den transzendent normierten Integralen zweiter Gattung Funktionen, die der Funktionalgleichung

$$\Phi(t) + \Omega = \Phi(q^2 t) \qquad (\Omega = \text{const}) \tag{7}$$

genügen. Endlich werden aus den multiplikativen Funktionen solche Funktionen, welche die Funktionalgleichung

$$\mu \cdot \psi(t) = \psi(q^2 t) \tag{8}$$

erfüllen.

Da man durch Erheben in den Exponenten der Basis e aus den transzendent normierten Elementarintegralen dritter Gattung auf der zerschnittenen Fläche eindeutige multiplikative Funktionen erhält, schließen wir im folgenden diese Integrale selbst von der Betrachtung aus. Ebenso beschränken wir uns bei den multiplikativen Funktionen auf solche, die auf der zerschnittenen Fläche bis auf endlich viele Pole regulär sind. Dieselbe Eigenschaft kommt auch ihren Übertragungen in jedem Kreisring (9) der t-Ebene zu.

§ 64. Partialbruchreihen und unendliche Produkte.

Die nächste Aufgabe wäre die Übertragung aller Sätze über Funktionen, Differentiale und Integrale der Fläche auf die entsprechenden Gebilde des Ringes. Da wir die analoge Aufgabe schon bei der Übertragung der Sätze von den Funktionen der Fläche auf die Funktionen des Periodenparallelogramms ausführlich behandelt haben, überlassen wir jetzt diese Ausführung dem Leser.

Dagegen wollen wir zeigen, wie in der t-Ebene für die wichtigsten Funktionen ganz einfache Darstellungen angegeben werden können, die meist nur durch sehr unübersichtliche Rechnungen aus den Entwicklungen der Funktionen in der Parallelogrammebene gewonnen werden. Für die transzendent normierten Integrale $\Phi(t)$ folgt durch Differentiation von (7)

$$\Phi'(t) = q^2 \cdot \Phi'(q^2 t), \tag{10}$$

und daraus folgt, daß $t \cdot \Phi'(t)$ die Relation (6) erfüllt.

Dies ist übrigens selbstverständlich, wenn man beachtet, daß

$$\frac{d}{du}\Phi(t) = \Phi'(t) \cdot \frac{dt}{du} = \frac{2\pi i}{\omega_1} \cdot t\,\Phi'(t) \tag{11}$$

eine doppeltperiodische Funktion von u ist, also als Funktion von t der Beziehung (6) genügt.

Nun hat das transzendent normierte Integral zweiter Gattung (1) auf der Riemannschen Fläche von $s(\mathfrak{z})$ nur einen einzigen Pol erster Ordnung, und dasselbe gilt von der Übertragung in die t-Ebene in jedem Ring (9). Man kann durch Differentiieren des Integrals zweiter Gattung und darauffolgende Multiplikation mit t Funktionen herstellen, die in jedem Ring (9) nur einen einzigen Pol zweiter, dritter, ... Ordnung besitzen. Die ganze Aufgabe reduziert sich also darauf, für die Integrale zweiter Gattung eine Darstellung zu finden. Es genügt dabei, dies für das transzendent normierte Stammintegral (1) zu leisten, da durch birationale Transformation der Fläche jeder Punkt $\mathfrak{z}$ nach $\mathfrak{p}_\infty$ gebracht werden kann. Der birationalen Transformation entspricht aber eine Parallelverschiebung in der u-Ebene, d. h. die Änderung von t um einen konstanten Faktor.

Satz 161. *Ist*

$$\frac{2\pi i}{\omega_1}\cdot\Psi(t)$$

das transzendent normierte Stammintegral zweiter Gattung, so ist das transzendent normierte Integral zweiter Gattung mit der Polstelle $\mathfrak{d}$ identisch mit

$$\frac{2\pi i}{\omega_1}\cdot\Psi(t_0\cdot t),$$

wobei t_0 einen der Bildpunkte von $\mathfrak{d}$ in der t-Ebene bedeutet. Die Elementarfunktionen erster Ordnung im Ring sind Differenzen zweier Integrale zweiter Gattung. Durch die Operation $t\cdot\frac{d}{dt}$ entsteht aus jedem Integral zweiter Gattung und aus jeder elliptischen Funktion eine elliptische Funktion. Die Kenntnis der Partialbruchzerlegungen der Integrale zweiter Gattung ergibt somit sofort die Elementarfunktionen zweiter und höherer Ordnung für den Ring.

Dem Punkte $\mathfrak{z}=\mathfrak{p}_\infty$ entspricht in der t-Ebene der Punkt $t=1$. Da das transzendent normierte Stammintegral (1), das als Funktion von t mit $\frac{2\pi i}{\omega_1}\cdot\Psi(t)$ bezeichnet wurde, bei der speziellen Wahl der Charakterisierungspunkte $\mathfrak{n}=\mathfrak{m}=\mathfrak{p}_\infty$ in der Parallelogrammebene dargestellt wird durch

$$\zeta(u)-\frac{\eta_1}{\omega_1}\cdot u=\frac{1}{u}+u\,\mathfrak{P}(u), \tag{12}$$

und da ferner aus (2) folgt

$$\left\{\begin{aligned}\frac{1}{u}&=\frac{2\pi i}{\omega_1}\cdot\frac{1}{\log t}=\frac{2\pi i}{\omega_1}\cdot\frac{1}{(t-1)-\frac{1}{2}(t-1)^2+\cdots}\\&=\frac{2\pi i}{\omega_1}\left\{\frac{1}{t-1}+\frac{1}{2}+(t-1)\cdot\mathfrak{P}_0(t-1)\right\},\end{aligned}\right. \tag{13}$$

so gilt in der Umgebung von $t = 1$ die Entwicklung

(14) $$\Psi(t) = \frac{1}{t-1} + \frac{1}{2} + (t-1) \cdot \mathfrak{P}_1(t-1).$$

Daraus, daß $t = 1$ Pol ist, folgt wegen (7) dasselbe für alle Punkte $t = q^{2n}$ ($n = 0, \pm 1, \pm 2, \ldots$). Für $\Psi(t)$ wollen wir jetzt eine Partialbruchreihe herleiten.

Setzt man

(15) $$\lambda_n(t) = \frac{1}{q^{2n} \cdot t - 1},$$

so ist

(15′) $$\lambda_n(q^2 \cdot t) = \lambda_{n+1}(t).$$

Die Reihe $\sum^n \lambda_n(t)$ kann nicht konvergieren; denn die Rückübertragung der durch diese Reihe allenfalls dargestellten Funktion auf die Riemannsche Fläche wäre eine einpolige elliptische Funktion.

Wir haben früher[1]) schon gefolgert, daß der Imaginärteil von $\frac{\omega_2}{\omega_1}$ positiv ist. Daraus folgt aber $|q| < 1$. Aus dieser Ungleichung sieht man ohne weiteres, daß sich für negatives n die $\lambda_n(t)$ ungefähr verhalten wie die Glieder einer konvergenten geometrischen Reihe, daß dagegen für positives n dies nicht für die Reihe der $\lambda_n(t)$ gilt, wohl aber für die Reihe, die aus den Ausdrücken $(\lambda_n(t) + 1)$ gebildet ist. Wir betrachten deshalb die Summe

(16) $$\psi(t) = \sum_{-\infty}^{+\infty}{}^{n} (\lambda_n(t) + \alpha_n), \qquad \begin{array}{l} \alpha_n = 1 \text{ für } n > 0, \\ \alpha_n = 0 \text{ für } n \leqq 0. \end{array}$$

Falls diese Reihe konvergent ist, folgt aus (15′)

$$\psi(q^2 t) = \sum_{-\infty}^{+\infty}{}^{n} (\lambda_{n+1}(t) + \alpha_n)$$

und

$$\psi(t) - \psi(q^2 t) = \sum_{-\infty}^{+\infty}{}^{n} \{\lambda_{n+1}(t) + \alpha_{n+1}) - (\lambda_{n+1}(t) + \alpha_n\}$$

$$= \sum_{-\infty}^{+\infty}{}^{n} (\alpha_{n+1} - \alpha_n) = \alpha_1 - \alpha_0 = 1,$$

da alle andern Glieder der Reihe verschwinden. Die Beziehung

(17) $$\psi(t) = \psi(q^2 t) + 1$$

steht in Übereinstimmung mit der aus (1′) und (7) folgenden Beziehung

(17′) $$\Psi(t) = \Psi(q^2 t) + 1.$$

---

[1]) S. Satz 148.

Es ist nun noch der Konvergenzbeweis für die Reihe (16) zu führen. Da $t = 0$ wegen (6) wesentliche Singularität von $t \cdot \Psi'(t)$ und damit auch von $\Psi(t)$ ist, beschränken wir von vornherein t auf einen endlichen abgeschlossenen Bereich, der $t = 0$ nicht enthält. Es gibt dann ein r und ein R derart, daß für alle t dieses Bereichs

$$0 < r < |t| < R$$

ist. Aus $|q| < 1$ folgt weiter, daß es ein $N > 0$ gibt, derart, daß für $n \geqq N$

$$|q^{2n}| < \frac{r}{2}, \quad |q^{2n} \cdot R| < \frac{1}{2}$$

ist. Für $n \geqq N$ folgt demnach

$$|\lambda_n(t) + 1| = \frac{|q^2|^n |t|}{|q^{2n} t - 1|} < \frac{|q^2|^n R}{1 - |q^2|^n R} < 2R\,|q^2|^n$$

und für $n = -\nu \leqq -N$ kommt

$$|\lambda_n(t)| < \frac{|q^2|^\nu}{|t - q^{2\nu}|} < \frac{|q^2|^\nu}{(r - |q^2|^\nu)} < \frac{2}{r}|q^2|^\nu.$$

Wir können also eine geometrische Reihe mit konstanten Gliedern angeben, die für alle t des vorgegebenen Bereichs von einem gewissen Index N an eine Majorante zu (16) bildet; d. h. die Reihe (16) hat für alle t des Bereichs einen absolut und gleichmäßig konvergenten Rest. An den Punkten q^{2n} aus unserem Bereich liegen Pole. Daraus und aus (17), (17′) folgt aber, daß $\Psi(t) - \phi(t)$ eine in jedem Ring (9) reguläre, der Funktionalgleichung (6) genügende Funktion ist. Die Zurückübertragung auf die Fläche ist also eine überall endliche elliptische Funktion, d. h. eine Konstante. Da nun wegen (14)

$$\lim_{t \to 1} \left(\Psi(t) - \frac{1}{t-1}\right) = \frac{1}{2}$$

ist, so kommt die Konstante $C = \Psi(t) - \phi(t)$ als

$$C = \frac{1}{2} - \lim_{t \to 1}\left(\phi(t) - \frac{1}{t-1}\right) = \frac{1}{2} - \sum_{-\infty}^{+\infty}{}_n'(\lambda_n(1) + \alpha_n),$$

d. h. es ist:

$$\Psi(t) = \frac{1}{2} + \frac{1}{t-1} + \sum_{-\infty}^{+\infty}{}_n'(\lambda_n(t) - \lambda_n(1)). \tag{18}$$

Satz 162. *Das transzendent normierte Stammintegral zweiter Gattung, dessen zweite Periode* $-\frac{2\pi i}{\omega_1}$ *ist, läßt sich in der Parallelogrammebene durch die Partialbruchreihe*

$$\frac{2\pi i}{\omega_1} \cdot \Psi(t) = \frac{2\pi i}{\omega_1} \cdot \left[\frac{1}{2} + \frac{1}{t-1} + \sum_{-\infty}^{+\infty}{}_n'\left\{\frac{1}{q^{2n}t - 1} - \frac{1}{q^{2n} - 1}\right\}\right] \tag{18'}$$

darstellen. Diese Partialbruchreihe hat einen absolut und gleichmäßig konvergenten Rest in jedem abgeschlossenen endlichen Gebiete, welches den Punkt $t = 0$ nicht enthält. In den Punkten q^{2n} $(n = 0, \pm 1, \ldots)$ liegen einfache Pole.

Es ist üblich, die Reihe für das transzendent normierte Stammintegral zweiter Gattung nicht in der eben angegebenen Gestalt zu gebrauchen; wegen der absoluten Konvergenz dürfen wir die Reihe umordnen:

$$\Psi(t) = \frac{1}{2} \cdot \frac{t+1}{t-1} + \sum_{1}^{\infty}{}_n \left\{ \left(\lambda_n(t) + \frac{1}{2} \right) + \left(\lambda_{-n}(t) + \frac{1}{2} \right) - (\lambda_n(1) + \lambda_{-n}(1) + 1) \right\}.$$

Aus (15) folgt dann, daß sich die rechte Seite wesentlich vereinfacht. Man erhält

$$\Psi(t) = \frac{1}{2} \cdot \frac{t+1}{t-1} + \frac{1}{2} \sum_{1}^{\infty}{}_n \left\{ \frac{q^{2n}t + 1}{q^{2n}t - 1} + \frac{q^{-2n}t + 1}{q^{-2n}t - 1} \right\}. \tag{19}$$

Aus der Definition von $\Psi(t)$ ergibt sich dann, wenn man noch für t und q die Ausdrücke (2) und (4) einsetzt:

Satz 163. *Für $\zeta(u)$ gilt folgende Darstellung:*

$$\tag{20} \left\{ \begin{aligned} \zeta(u) = {} & \frac{\eta_1}{\omega_1} u + \frac{\pi}{\omega_1} \operatorname{ctg}\left(\frac{\pi}{\omega_1} u \right) + \\ & + \frac{\pi}{\omega_1} \sum_{1}^{\infty}{}_n \left\{ \operatorname{ctg}\left(\frac{\pi}{\omega_1} u + \frac{n\pi\omega_2}{\omega_1} \right) + \operatorname{ctg}\left(\frac{\pi}{\omega_1} u - \frac{n\pi\omega_2}{\omega_1} \right) \right\}. \end{aligned} \right.$$

Diese Reihe konvergiert absolut und gleichmäßig innerhalb eines jeden abgeschlossenen endlichen Gebietes für u, von den Polstellen abgesehen.

Gleichmäßig konvergente Reihen analytischer Funktionen darf man wegen des Weierstraßschen Doppelreihensatzes gliedweise differenzieren. Daher folgt aus (11) und (18) oder aus (20)

$$\tag{21} \left\{ \begin{aligned} \wp(u) &= \frac{-\eta_1}{\omega_1} + \frac{4\pi^2}{\omega_1^2} \left\{ \frac{-t}{(t-1)^2} + \sum_{-\infty}^{+\infty}{}'_n \, t \cdot \frac{d}{dt} \lambda_n(t) \right\} \\ &= \frac{-\eta_1}{\omega_1} - \frac{4\pi^2}{\omega_1^2} \sum_{-\infty}^{+\infty}{}_n \frac{q^{2n}t}{(q^{2n}t - 1)^2} \\ &= \frac{-\eta_1}{\omega_1} + \frac{\pi^2}{\omega_1^2} \sum_{-\infty}^{+\infty}{}_n \frac{1}{\sin^2\left(\frac{\pi}{\omega_1} u + \frac{n\pi\omega_2}{\omega_1} \right)}. \end{aligned} \right.$$

$\sigma(u)$ können wir erst auf den Kreisring übertragen, nachdem wir es transzendent normiert, d. h. eine seiner multiplikativen Perioden zu 1 gemacht haben. Wir betrachten deshalb statt $\sigma(u)$ die Hilfsfunktion

$$e^{-\frac{\eta_1}{2\omega_1} u^2 + \frac{\pi i}{\omega_1} \cdot u} \cdot \sigma(u).$$

Diese Funktion hat dieselben Nullstellen wie $\sigma(u)$ und ist einfach periodisch mit der Periode ω_1. Sie kann daher auch in die Ringebene übertragen werden und soll dort $s(t)$ heißen. Aus den Periodizitätseigenschaften von $\sigma(u)$ und der Legendreschen Relation folgt sofort

$$s(q^2 t) = -\frac{1}{t} s(t), \tag{22}$$

und die Nullstellen von $s(t)$ sind die Punkte q^{2n} $(n = 0, \pm 1, \pm 2, \ldots)$. Es liegt nahe, für $s(t)$ den Ansatz zu machen

$$s(t) = C \cdot \prod_{-\infty}^{+\infty} \lambda_n(t), \tag{23}$$

wobei

$$\lambda_n(t) = 1 - q^{2n} \cdot t \quad \text{für} \quad n \geqq 0$$

ist. Man sieht sofort, daß für $n < 0$ die Definition unbrauchbar ist, da (23) nicht konvergieren würde. Für negatives n wächst nämlich $|\lambda_n(t)|$ über alle Grenzen. Deswegen definieren wir $\lambda_n(t)$ für negative n durch

$$\lambda_n(t) = 1 - \frac{q^{-2n}}{t}, \quad n < 0.$$

Beschränken wir t wieder auf einen abgeschlossenen endlichen, den Punkt $t = 0$ nicht enthaltenden Bereich, so gibt es auch wieder ein r und ein R derart, daß

$$0 < r < |t| < R$$

ist für alle t des Bereiches. Für hinreichend großes $N > 0$ und für $n \geqq N$ ist dann

$$e^{-2R|q^2|^n} < 1 - R|q^2|^n < |\lambda_n(t)| < 1 + R|q^2|^n < e^{R|q^2|^n},$$

und für $n = -\nu \leqq -N$ ist

$$e^{-\frac{2}{r}|q^2|^\nu} < 1 - \frac{1}{r}|q^2|^\nu < |\lambda_n(t)| < 1 + \frac{1}{r}|q^2|^\nu < e^{\frac{1}{r}|q^2|^\nu}.$$

Dabei ist die für $0 < x \leqq \frac{1}{2}$ sicher gültige, geometrisch sofort als richtig zu erkennende Ungleichung $1 - x > e^{-2x}$ benutzt. Daraus folgt dann sofort die absolute und gleichmäßige Konvergenz des Produktes $\prod\limits_{-\infty}^{+\infty} \lambda_n(t)$.

Es ist

$$\lambda_n(q^2 t) = \lambda_{n+1}(t)$$

für alle $\lambda_n(t)$ außer für $\lambda_{-1}(t)$, denn es ist

$$\lambda_{-1}(q^2 t) = -\frac{1}{t} \cdot \lambda_0(t).$$

$\prod\limits_{-\infty}^{+\infty} \lambda_n(t)$ genügt daher der Funktionalgleichung für $s(t)$. Der Quotient aus $s(t)$ und dem Produkte ist deshalb die Übertragung einer überall endlichen elliptischen Funktion in die t-Ebene, d. h. eine Konstante C. (23) ist damit bewiesen.

Um die Konstante C zu bestimmen, beachten wir, daß

$$\lim_{u \to 0} \frac{\sigma(u)}{u} = 1$$

ist. Daraus folgt sofort

$$\lim_{t \to 1} \frac{s(t)}{t-1} \cdot \lim_{t \to 1} \frac{t-1}{u} = \frac{2\pi i}{\omega_1} \cdot \lim_{t \to 1} \frac{s(t)}{t-1} = 1$$

und daher

$$C = -\frac{\omega_1}{2\pi i} \cdot \frac{1}{\prod\limits_{-\infty}^{+\infty}{}' \lambda_n(1)}.$$

Wir erhalten somit

$$(24) \qquad s(t) = -\frac{\omega_1}{2\pi i} \cdot (1-t) \cdot \frac{\prod\limits_{1}^{\infty} (1-q^{2n} t)\left(1-\frac{q^{2n}}{t}\right)}{\prod\limits_{1}^{\infty} (1-q^{2n})^2}.$$

Zusammen mit der Definition von $s(t)$ erhalten wir:

Satz 164. *In der t-Ebene läßt sich $\sigma(u)$ darstellen in der Gestalt*

$$(25) \qquad \begin{cases} \sigma(u) = -\dfrac{\omega_1}{2\pi i} \cdot e^{\frac{\eta_1}{2\omega_1} u^2} \cdot \left(\dfrac{1-t}{\sqrt{t}}\right) \cdot \dfrac{\prod\limits_{1}^{\infty} (1-q^{2n} t)(1-q^{2n} t^{-1})}{\prod\limits_{1}^{\infty} (1-q^{2n})^2} \\ \quad = \dfrac{\omega_1}{\pi} e^{\frac{\eta_1}{2\omega_1} u^2} \sin \dfrac{\pi}{\omega_1} u \prod\limits_{1}^{\infty} \dfrac{\sin\left(\dfrac{n\pi\omega_2}{\omega_1} + \dfrac{\pi}{\omega_1} u\right) \sin\left(\dfrac{n\pi\omega_2}{\omega_1} - \dfrac{\pi}{\omega_1} u\right)}{\sin^2 \dfrac{n\pi\omega_2}{\omega_1}}. \end{cases}$$

§ 65. Die Laurentreihen für die Funktionen des Ringes.

Die Funktionalgleichungen (6), (7), (8) und (22) sind Spezialfälle der Funktionalgleichung

$$(26) \qquad f(q^2 t) = c t^{\lambda} f(t) + \gamma,$$

in der c, λ und γ bekannte Konstanten bedeuten. Wir betrachten den Ring (9); $h(t)$ sei die Summe der Hauptteile der im Ring gelegenen Pole von $f(t)$. Andere Singularitäten soll $f(t)$ im Ring nicht besitzen.

$f(t) - h(t)$ ist in eine im ganzen Ring (9) konvergente Laurentreihe entwickelbar:

$$f(t) - h(t) = \sum_{-\infty}^{+\infty} A_\nu t^\nu, \tag{27}$$

und zwar ist

$$A_\nu = \frac{1}{2\pi i} \int \frac{f(t) - h(t)}{t^{\nu+1}} dt,$$

wenn die Integration über einen ganz im Ring liegenden Kreis $|t| = \text{const}$ erstreckt wird. Nehmen wir als Integrationskurve einmal den Kreis $|t| = r$, das andere Mal den Kreis $|t| = r \cdot |q^2|$, so erhalten wir zwei Ausdrücke für A_ν:

$$A_\nu = \frac{1}{2\pi i} \int\limits_{|t|=r} \frac{f(t) - h(t)}{t^{\nu+1}} dt = \frac{1}{2\pi i} \int\limits_{|t|=|q^2|\cdot r} \frac{f(t) - h(t)}{t^{\nu+1}} dt. \tag{28}$$

Wegen der Funktionalgleichung (26) läßt sich das zweite Integral umformen in

$$A_\nu = \frac{1}{2\pi i} \int\limits_{|t|=r} \frac{c f(t)\, dt}{q^{2\nu} t^{\nu-\lambda+1}} + \frac{1}{2\pi i} \int\limits_{|t|=r} \frac{\gamma\, dt}{q^{2\nu} t^{\nu+1}} - \frac{1}{2\pi i} \int\limits_{|t|=r\cdot|q^2|} \frac{h(t)\, dt}{t^{\nu+1}}. \tag{29}$$

Das mittlere Integral hier ist Null, außer wenn $\nu = 0$. In diesem Falle hat es den Wert $\gamma q^{-2\lambda}$. Das erste Integral ist wegen (28) nichts anderes als

$$c q^{-2\nu} A_{\nu-\lambda} + \frac{c q^{-2\nu}}{2\pi i} \int\limits_{|t|=r} \frac{h(t)\, dt}{t^{\nu-\lambda+1}}.$$

Aus (29) folgt also für $\nu \neq \lambda$

$$A_\nu - c q^{-2\nu} A_{\nu-\lambda} = \frac{c q^{-2\nu}}{2\pi i} \int\limits_{|t|=r} \frac{h(t)\, dt}{t^{\nu-\lambda+1}} - \frac{1}{2\pi i} \int\limits_{|t|=r\cdot|q^2|} \frac{h(t)\, dt}{t^{\nu+1}}, \tag{30}$$

während für $\nu = 0$ rechts noch die Konstante γ additiv hinzutritt.

Von dieser Formel (30) wollen wir die einzelnen wichtigen Spezialfälle gesondert untersuchen.

1. Ist $f(t)$ eine elliptische Funktion, so ist $c = 1$, $\gamma = \lambda = 0$. Die linke Seite von (30) geht daher über in $(1 - q^{-2\nu}) \cdot A_\nu$. A_0 bleibt also unbestimmt. Durch eine einfache Umformung der rechten Seite von (30) erhalten wir so in unserem Fall, wenn $\nu \neq 0$,

$$(1 - q^{-2\nu}) \cdot A_\nu = \frac{q^{-2\nu} - 1}{2\pi i} \int\limits_{|t|=r\cdot|q^2|} \frac{h(t)\, dt}{t^{\nu+1}} + \frac{q^{-2\nu}}{2\pi i} \int\limits_{\mathfrak{R}} \frac{h(t)\, dt}{t^{\nu+1}},$$

wenn $\mathfrak{R}$ den im positiven Sinn durchlaufenen Rand des ganzen Ringes bedeutet. Das Bestehen der Gleichung

$$(30') \qquad A_\nu = -\frac{1}{2\pi i}\int\limits_{|t|=r\cdot|q^2|}\frac{h(t)\,dt}{t^{\nu+1}} + \frac{1}{q^{2\nu}-1}\cdot\frac{1}{2\pi i}\int\limits_{\mathfrak{R}}\frac{h(t)\,dt}{t^{\nu+1}}$$

heißt aber: A_ν ist die Summe der im Ringe (9) gelegenen Residuen von $\frac{h(t)\,dt}{(q^{2\nu}-1)\cdot t^{\nu+1}}$, vermindert um den ν^{ten} Koeffizienten der Entwicklung von $h(t)$ bei $t=0$. (Für $\nu<0$ verschwindet dieser Bestandteil offenbar.) Jedes A_ν ist also wirklich angebbar.

2. Ist $f(t)$ ein elliptisches Integral zweiter Gattung, so ist $c=1$, $\lambda=0$, $\gamma\neq 0$. Für $\nu\neq 0$ gilt genau dasselbe wie im ersten Falle. Für $\nu=0$ verschwindet die linke Seite wieder identisch.

Satz 165. *Für die transzendent normierten Integrale zweiter Gattung und für die elliptischen Funktionen lassen sich im ganzen Ring* (9) *gültige Entwicklungen angeben von der Gestalt*

$$h(t)+\sum_{-\infty}^{+\infty}{}' A_\nu t^\nu;$$

dabei ist $h(t)$ der Hauptteil der zu entwickelnden Funktion (bzw. des zu entwickelnden Integrals) im Ring, und die A_ν sind gleich der Summe der Residuen von $\frac{h(t)\,dt}{(q^{2\nu}-1)\cdot t^{\nu+1}}$ im Ring, vermindert um den ν^{ten} Koeffizienten der Taylorreihe von $h(t)$ bei $t=0$. A_0 bleibt unbestimmt und muß aus anderen Angaben erschlossen werden.

3. Es sei $f(t)$ die oben mit $s(t)$ bezeichnete Funktion. Dann ist $c=-1$, $\lambda=-1$, $\gamma=0$, und wir erhalten auf der linken Seite $A_\nu+q^{-2\nu}\cdot A_{\nu+1}$. Da ferner $s(t)$ im ganzen Ring regulär ist, so ist $h(t)=0$. Es folgt also

$$A_{\nu+1}+q^{2\nu}\cdot A_\nu=0$$

oder aber

$$(31) \qquad A_\nu=(-1)^\nu\cdot q^{\nu(\nu-1)}\cdot A_0 \quad \text{für } \nu\neq 0.$$

A_0 bestimmt man wieder aus der Gleichung

$$\lim_{n\to 0}\frac{\sigma(u)}{u}=1.$$

Man findet, da

$$\lim_{t\to 1}\frac{s(t)}{t-1}=\left(\frac{ds(t)}{dt}\right)_{t=1}$$

ist,

$$\frac{\omega_1}{2\pi i}=\sum_{-\infty}^{+\infty}{}'\nu A_\nu.$$

Setzt man hierin für A_ν seine Werte aus (31) ein, so ergibt sich

$$\frac{\omega_1}{2\pi i} = A_0 \cdot \sum_{-\infty}^{\infty}{}^{\nu} (-1)^\nu \nu q^{\nu(\nu-1)}.$$

Wir erhalten damit:

$$\text{(32)} \qquad \sigma(u) = \frac{\omega_1}{2\pi i} \cdot e^{\frac{\eta_1}{2\omega_1}\cdot u^2} \cdot t^{-\frac{1}{2}} \cdot \frac{\sum_{-\infty}^{+\infty}{}^{\nu} (-1)^\nu q^{\nu(\nu-1)} t^\nu}{\sum_{-\infty}^{+\infty}{}^{\nu} (-1)^\nu \nu q^{\nu(\nu-1)}}.$$

Da $s(1) = 0$ ist, ist übrigens

$$\text{(32')} \qquad 2\sum (-1)^\nu \nu q^{\nu(\nu-1)} = \sum (-1)^\nu (2\nu - 1) q^{\nu(\nu-1)}.$$

Aus (32) folgt nun sehr leicht der entsprechende Ausdruck für $\sigma_1(u)$. Da

$$\sigma_1(u) = -e^{\frac{\eta_1}{2}\cdot u} \cdot \frac{\sigma\left(u - \frac{\omega_1}{2}\right)}{\sigma\left(\frac{\omega_1}{2}\right)}$$

ist und den Argumentwerten $\left(u - \frac{\omega_1}{2}\right)$ und $\frac{\omega_1}{2}$ in der t-Ebene die Werte $-t$ und -1 entsprechen, und da durch die Definitionsgleichung (2) von t eindeutig bestimmt ist, was $t^{\frac{1}{2}}$ bedeutet, so ergibt sich

$$\text{(33')} \qquad \sigma_1(u) = e^{\frac{\eta_1}{2\omega_1}\cdot u^2} \cdot t^{-\frac{1}{2}} \cdot \frac{\sum_{-\infty}^{+\infty}{}^{\nu} q^{\nu(\nu-1)} t^\nu}{\sum_{-\infty}^{+\infty}{}^{\nu} q^{\nu(\nu-1)}}.$$

Da den Argumenten $u - \frac{\omega_2}{2}$, $\frac{\omega_2}{2}$, $u - \frac{\omega_1 + \omega_2}{2}$, $\frac{\omega_1 + \omega_2}{2}$ in der t-Ebene die Werte $t \cdot q^{-1}$, q, $-t \cdot q^{-1}$, $-q$ entsprechen, findet man unter Berücksichtigung der Legendreschen Relation

$$\text{(33'')} \qquad \sigma_2(u) = e^{\frac{\eta_1}{2\omega_1}\cdot u^2} \cdot \frac{\sum_{-\infty}^{+\infty} (-1)^\nu q^{\nu^2} t^\nu}{\sum_{-\infty}^{+\infty} (-1)^\nu q^{\nu^2}}.$$

$$\text{(33''')} \qquad \sigma_3(u) = e^{\frac{\eta_1}{2\omega_1}\cdot u^2} \cdot \frac{\sum_{-\infty}^{+\infty}{}^{\nu} q^{\nu^2} t^\nu}{\sum_{-\infty}^{+\infty}{}^{\nu} q^{\nu^2}},$$

Die hier in den Zählern auftretenden Reihen sind offenbar für den Ring die Analoga der σ-Funktion und der Nebensigmas, sie sind im wesentlichen die berühmten Thetafunktionen. In den üblichen Bezeichnungen ist

$$\vartheta_0\left(\frac{u}{\omega_1}, q\right) = \sum_{-\infty}^{+\infty}{}_n (-1)^n q^{n^2} t^n,$$

$$\vartheta_1\left(\frac{u}{\omega_1}, q\right) = \frac{1}{i}\sum_{-\infty}^{+\infty}{}_n (-1)^n q^{\left(n+\frac{1}{2}\right)^2} t^{n+\frac{1}{2}},$$

$$\vartheta_2\left(\frac{u}{\omega_1}, q\right) = \sum_{-\infty}^{+\infty}{}_n q^{\left(n+\frac{1}{2}\right)^2} t^{n+\frac{1}{2}},$$

$$\vartheta_3\left(\frac{u}{\omega_1}, q\right) = \sum_{-\infty}^{+\infty}{}_n q^{n^2} t^n.$$

Die Nenner in $\sigma_1(u)$, $\sigma_2(u)$, $\sigma_3(u)$ sind abgesehen von konstanten Faktoren die Werte von ϑ_0, ϑ_2, ϑ_3 für $u = 0$; man nennt sie daher „Thetanullwerte". Der Nenner in $\sigma(u)$ ist wegen (32') bis auf einen konstanten Faktor die Ableitung $\vartheta_1'(0, q)$ von ϑ_1 nach u für $u = 0$.

Satz 166. *Definiert man die vier Thetafunktionen durch folgende Reihen*

$$(34)\quad \begin{cases} \vartheta_0\left(\frac{u}{\omega_1}, q\right) = \sum_{-\infty}^{+\infty}{}_n (-1)^n q^{n^2} t^n, \\ \vartheta_1\left(\frac{u}{\omega_1}, q\right) = \frac{1}{i}\sum_{-\infty}^{+\infty}{}_n (-1)^n q^{\left(n+\frac{1}{2}\right)^2} t^{n+\frac{1}{2}}, \\ \vartheta_2\left(\frac{u}{\omega_1}, q\right) = \sum_{-\infty}^{+\infty}{}_n q^{\left(n+\frac{1}{2}\right)^2} t^{n+\frac{1}{2}}, \\ \vartheta_3\left(\frac{u}{\omega_1}, q\right) = \sum_{-\infty}^{+\infty}{}_n q^{n^2} t^n, \end{cases}$$

so lassen sich die σ-Funktionen durch sie wie folgt darstellen:

$$(35)\quad \begin{cases} \sigma(u) = e^{\frac{\eta_1}{2\omega_1}\cdot u^2}\cdot\dfrac{\vartheta_1\left(\frac{u}{\omega_1}, q\right)}{\vartheta_1'(0, q)}, \\ \sigma_1(u) = e^{\frac{\eta_1}{2\omega_1}\cdot u^2}\cdot\dfrac{\vartheta_2\left(\frac{u}{\omega_1}, q\right)}{\vartheta_2(0, q)}, \\ \sigma_2(u) = e^{\frac{\eta_1}{2\omega_1}\cdot u^2}\cdot\dfrac{\vartheta_0\left(\frac{u}{\omega_1}, q\right)}{\vartheta_0(0, q)}, \\ \sigma_3(u) = e^{\frac{\eta_1}{2\omega_1}\cdot u^2}\cdot\dfrac{\vartheta_3\left(\frac{u}{\omega_1}, q\right)}{\vartheta_3(0, q)}. \end{cases}$$

Dabei ist $\vartheta_1'(0, q)$ die Ableitung von ϑ_1 nach u für $u = 0$. Die Eigenschaften der Thetafunktionen folgen somit aus denen der Sigmafunktionen. Da die $\vartheta_j (j = 0, 1, 2, 3)$ homogen sind in u, ω_1, ω_2 von der Ordnung Null, so ist (vgl. Kap. IX (102) *und* (104)):

$$(36)\quad \left\{\begin{aligned} \operatorname{sn}(w) &= \frac{\vartheta_1\left(\frac{w}{2K}, q\right)}{\vartheta_0\left(\frac{w}{2K}, q\right)} \cdot \frac{\vartheta_0\left(\frac{\omega_1}{2\omega_1}, q\right)}{\vartheta_1\left(\frac{\omega_1}{2\omega_1}, q\right)} = \frac{\vartheta_1\left(\frac{w}{2K}, q\right)}{\vartheta_0\left(\frac{w}{2K}, q\right)} \cdot \frac{\vartheta_3(0, q)}{\vartheta_2(0, q)}, \\ \operatorname{cn}(w) &= \frac{\vartheta_2\left(\frac{w}{2K}, q\right)}{\vartheta_0\left(\frac{w}{2K}, q\right)} \cdot \frac{\vartheta_0(0, q)}{\vartheta_2(0, q)}, \\ \operatorname{dn}(w) &= \frac{\vartheta_3\left(\frac{w}{2K}, q\right)}{\vartheta_0\left(\frac{w}{2K}, q\right)} \cdot \frac{\vartheta_0(0, q)}{\vartheta_3(0, q)}. \end{aligned}\right.$$

In der ersten dieser Formeln haben wir von den Beziehungen

$$(37)\qquad \vartheta_0(\tfrac{1}{2}, q) = \vartheta_3(0, q), \quad \vartheta_1(\tfrac{1}{2}, q) = \vartheta_2(0, q)$$

Gebrauch gemacht. Sie folgen unmittelbar aus den Thetareihen (34).

Hieraus kann man eine wichtige Folgerung ziehen. Da (§ 61, (107))

$$\operatorname{sn}(K + iK') = \frac{1}{k} = \frac{1}{\sqrt{\lambda}}, \qquad dn\,K = k' = \sqrt{1 - \lambda}$$

ist, so folgt durch eine leichte Rechnung

Satz 167. *Der Modul k und der komplementäre Modul k' des Integrals erster Gattung in der Legendreschen Normalform lassen sich durch Thetanullwerte darstellen in der Form*

$$(38)\qquad k = \left\{\frac{\vartheta_2(0, q)}{\vartheta_3(0, q)}\right\}^2, \quad k' = \left\{\frac{\vartheta_0(0, q)}{\vartheta_3(0, q)}\right\}^2.$$

Literaturverzeichnis.

1. Enzyklopädieartikel und Berichte über elliptische und algebraische Funktionen:

Brill, A., und Noether, M., Die Entwicklung der Theorie der algebraischen Funktionen in älterer und neuerer Zeit. Jahresbericht der D. M. V., Bd. 3 (1894).

Fricke, R., Elliptische Funktionen. Enzyklopädie II, 2.

Hensel, K., Arithmetische Theorie der algebraischen Funktionen. Enzyklopädie II, 3, 1.

Noether, E., Die arithmetische Theorie der algebraischen Funktionen einer Veränderlichen in ihrer Beziehung zu den übrigen Theorien und zu der Zahlkörpertheorie. Jahresbericht der D. M. V., Bd. 28 (1919).

Wirtinger, W., Algebraische Funktionen und ihre Integrale. Enzyklopädie II, 2.

2. Wir verweisen auf die in diesen Artikeln genannten Lehrbücher und Abhandlungen. Von den nach Abschluß obiger Artikel erschienenen einführenden Lehrbüchern erwähnen wir:

Appell, P., et Lacour, E., Principes de la théorie des fonctions elliptiques, 2. Aufl., Paris 1922.

Brill, A., Vorlesungen über ebene algebraische Kurven und algebraische Funktionen, Braunschweig 1925.

Burkhardt, H., Funktionentheoretische Vorlesungen, neu herausgegeben von G. Faber, Bd. 2 (Elliptische Funktionen), 3. Aufl., Berlin 1920.

Fricke, R., Die elliptischen Funktionen und ihre Anwendungen, 2 Bde., Leipzig 1916, 1922.

Jung, H. W. E., Einführung in die Theorie der algebraischen Funktionen einer Veränderlichen, Berlin 1923.

3. Ferner sind die bisher schwer zugänglichen Untersuchungen über elliptische Funktionen aus dem Nachlaß von Gauß jetzt systematisch geordnet und durch verbindenden Text erläutert herausgegeben:

Gauß, C. F., Bestimmung der Anziehung eines elliptischen Ringes. Nachlaß zur Theorie des arithmetisch-geometrischen Mittels und der Modulfunktion. Übersetzt und herausgegeben von Dr. H. Geppert. Ostwalds Klassiker der exakten Wissenschaften, Nr. 225, Leipzig 1927.

4. Für die Theorie der Riemannschen Funktionensysteme verweisen wir auf folgende Arbeiten von R. König und die darin zitierte Literatur:

Die Elementartheoreme bei den Riemannschen Transzendenten. Math. Zeitschr., Bd. 15 (1922), S. 26—65.

Die Reduktions- und Reziprozitätstheoreme bei den Riemannschen Transzendenten. Math. Annalen, Bd. 79 (1918), S. 76—135.

Die Integrale der Riemannschen Transzendenten. Math. Annalen, Bd. 80 (1919), S. 1—28.

Sachverzeichnis.

(Schräge Zahlen verweisen auf Paragraphen, gerade auf Seiten.)

Abbildung der Riemannschen Fläche auf das Periodenparallelogramm *53*.
— — — — auf den Kreisring *63*.
— — — — auf die Weierstraßsche Normalform 185, 191.
— — — — auf sich selbst 186, 193, 194.
— — — — durch das überall endliche Integral *53*.
— — — — durch elliptische Funktionen *49*, *50*, *52*.
— — — — durch lineare Funktionen *50*.
— — — — durch nichtlineare zweipolige Funktionen *52*.
Abelsche Theoreme *47*, *48*, 194, 203, 216.
Abhängigkeit, lineare 43.
— rationale 25.
— — dreier elliptischen Funktionen 39.
Ableitungssätze *24*.
Additionstheorem, algebraisches 207.
— für Integrale 1. Gattung 169.
— für $\wp u$, ζu 209, 213.
Algebraisch-kanonische Funktionen und Differentiale *29*, 109.
Algebraische Normierung 72.
am (w) 243.
Anzahltheoreme *13*, 65ff., 203.
Äquivalenz zweier Riemannscher Flächen 178, 183.
Arithmetische Eigenschaften *4*, 117.
Arithmetisches Geschlecht 67, 68.

Basis einer linearen Mannigfaltigkeit 24.
— Ideal- 41, *9*, 52.
— Klassen- *3*, *7*, 46, 201.
— Multipla- 43, 44, 56ff.
— normale 47, 56, 58.
Bestimmtheit, Stelle der 30.
Birationale Transformation 176, *52*, 192f.

Charakterisierung, algebraische *14*.
Charakterisierungsdivisor 71.
— -stellen 71, 76.
cn (w) 239, 259.

Differentiale *6*, 201.
— drei Gattungen 114.
— Partialbruchzerlegung *19*, *25*.
— überall endliche 67, 68.
Differentialteiler 65.
Diskriminante eines Ideals 53.
Diskriminantensatz von Kronecker 53.
Divisor 21.
— Charakterisierungs- 71.
— von elliptischen Funktionen und Differentialen 56, 149, 161, 162.
— rationaler 45.
— Verzweigungs- 63.
— vollständiger 55, 56, 149.
dn (w) 239, 259.
Doppeltperiodische Funktionen 198, 201ff.
Doppelverhältnis der Verzweigungspunkte 179, 236, 237.
Dualität von Funktionen und Differentialen *6*, 37.

Eigenschaften, arithmetische 26.
— transzendente 118.
Elementardifferentiale *19*, *20*.
— Aufstellung spezieller *20*, 104.
— von zwei Veränderlichen *21*.
— s. auch Vertauschungstheoreme.
Elementarfunktionen *17*, *20*.
— Aufstellung spezieller *20*.
— auf dem Kreisring 249.
— auf dem Parallelogramm *55*, 204.
— von zwei Veränderlichen *21*, 84ff., 88.
Elementarintegrale 117.

Elliptische Funktion (Definitionen) 19, 148, 156, 201.
— — doppeltperiodische 201.
— — einpolige 43, 75.
— — elliptisch-algebraische 19.
— — ganze *8*.
— — multiplikative 148.
— — überall endliche 41, 42.
— — zweiter und dritter Art 148, 156.
Entwicklungssätze nach dem Parameter *22*.
— nach zwei Veränderlichen *23*.
Exponenten, reduzierte 60.

Funktionalgleichung auf der Kreisringfläche 248, 254.
Funktionenkörper 26.
— -paare (-systeme) *5*, *12*.

Ganze Funktionen *8*.
Gattung bei Differentialen 114.
— bei Integralen 118.
Gesamtordnung eines Divisors 66, 149, 161, 162.
Geschlecht, arithmetisches 67, 122.
— — komplementärer Klassen 68.
— topologisches 122.
Grad einer elliptischen Funktion 161.
Gruppeneigenschaften elliptischer Funktionen *58*.
g_2, g_3 180, 182, 192, 222.

Hauptideal 152.
— -klasse (Funktionen 2. Art) 151.
— -kongruenzuntergruppe 234.
Hilfsnullstelle, Hilfspol 75, 76, 80.
Homogenitätseigenschaften *58*.

Ideal 40, 65, 152.
— -basis 41, *9*, *10*.
Integrale, elliptische.
— — arithmetische Sätze *32*.
— — drei Gattungen 118, 123, 124.
— — dritter Gattung 141—143.
— — Perioden 118, *34*, 140ff.
— — transzendent normierte 245.
— — überall endliches (1. Gattung) 117, 127, 168.
— — — — Abbildung *53*.
— — — — Normalformen *51*.
— — — — spezielle Werte 128f.
— — — — Umkehrfunktion 198ff.
— — zweier Veränderlichen, 1. Stufe *35*.
Integrale, zweier Veränderlichen, höhere Stufen *36*.
— — — — geschlossene Auswertung 137.
— — — — Perioden 140.
Invariante, absolute, J 184, 226.
— (allgemeine Definition) 210.
— der Riemannschen Fläche 182, 192, 222.

Jacobische elliptische Funktionen *61*, 234.

Kanonische Funktionen und Differentiale, algebraisch *29*, 109.
— — — — transzendent 138.
— Zerschneidung der Riemannschen Fläche *33*.
Klasse *5*, 30, 31.
— komplementäre 31, *12*, 68, 145.
— multiplikativer Funktionen 229, 232.
— von Funktionen 2. Art 149—151.
Klassenbasis *3*, *7*, 46.
Kleinsche Primfunktion *45*.
Koeffizientensatz für Hauptteile 74, 117, 202.
Komplementäre Klasse 31, *12*, 68, 145.
— Substitution 31.
Komplementärer Modul 244, 259.
Komplementensatz 64.
Körper 26.
Kronecker (Diskriminantensatz) 53.

Laurentreihen 254, *65*.
Legendre Normalform *62*.
— Periodenrelation 144.
Lineare Mannigfaltigkeit 24.
— Unabhängigkeit 43.
Lückensatz 68, *16*, 117, 203.

Mannigfaltigkeit, lineare 24.
Modul (im Legendreschen Integral) 244, 259.
— -funktion 226.
— -gruppe 234.
Multipla eines Divisors *11*.
— -basis 43, 44, *11*.
Multiplikation elliptischer Funktionen 148, 156, *59*, 232.
Multiplikatoren *40*, 156.
Multiplum (Definitionen) 21, 35, 60, 65.
— genaues 21.
— überall 22.

Nebensigmas $\sigma_i(u)$ *60*, 257, 258.
Norm eines Divisors 53.

Normalbasis 47, 56.
— -formen des überall endlichen Differentials und Integrals *51*, 236, *62*.
Normierung, algebraische 72, 245.
— transzendente 245.
Nullstellen und Pole einer elliptischen Funktion *46*.

Ordnungszahl 20, 34, 149, 200.
Ortsuniformisierende 20.
— einfachste 21.
— für Funktionenpaare 61.

Parallelogrammebene 199.
— -netz 195ff.
Partialbruchreihen *64*.
Partialbruchzerlegung für Funktionen und Differentiale *18*, *19*, *25*.
Perioden 118, *34*.
— Definition von η_i, ω_i, 127.
— Legendresche Relation 144.
— -parallelogramm 200ff.
— -quotient $\omega_2 : \omega_1$ 197, 227.
— -reduktion (Integrale 3. Gattung) *38*.
— -weg 118.
Periodizitätsmodul 118.
$\wp$-Funktion, $\wp(u)$ 198, 208ff., 221, 252.
$P_{\mathfrak{n}}\binom{\mathfrak{b}}{\mathfrak{z}}$ *42*, 216.
Primfunktionen *44*, *45*, 166.
— -ideale 152.
Produkte, unendliche 223, 254.
Produktzerfällung der elliptischen Funktionen *47*, 216.
Prymsche Primfunktion *45*.

Rationale Abhängigkeit 24, 25.
Rationaler Charakter 21.
Reduktionstheoreme *30*.
— -theorem III_2 113.
Reduzierte Exponenten 60.
Relation, Legendresche 144.
Residuensatz 74, 114, 117, 202.
Residuum 34, 36, 73.
Reziprozitätstheoreme *31*.
Riemannsche Fläche *1*, *33* (s. auch Abbildung)
— Normalform 184, 236.
Riemann-Rochscher Satz 67.

Sigmafunktion $\sigma(u)$ 156, 213, 223, 254, 257.
sn (w) 239, 259.
Spur einer elliptischen Funktion 22.
Stamm *29*.
— -integral 144, 211, 223, 249.
— -relationen 115.
Substitution, komplementäre 31.

Thetafunktionen (Thetareihen) 258.
— -nullwerte 258.
Topologisches Geschlecht 122.
Transformation, birationale 176, *52*, 192f.
Transzendente Eigenschaften 26, 118.
Transzendent-kanonische Funktionen und Differentiale 138.
Transzendent normierte Integrale 245.
Transzendenten, Erzeugung von *40*.
— — durch Integration 110, 114.
— — durch mehrfache Integration *43*.

U, $\breve{U}$ (Definition) 59, 66.
Überall endliches Differential 67, 183.
— — Funktion 41, 42, 203.
— — Integral 117, 127ff., 168, *53*.
Übertragung in die Parallelogrammebene *54*.
Umkehrfunktion des überall endlichen Integrals 198ff.
Umlaufssubstitution 30.
Unabhängigkeit, lineare 43.
— rationale 24.

V, $\breve{V}$ (Definition) 65.
Vertauschungstheoreme (im allgemeinen) *26*, *28*, 109.
— I_1 88.
— III_2 *27*, 109, 110, 140.
— Methode der *37*.
Vertauschungssatz (Argument-Parameter) 141.
Verzweigungsform 178.
— -punkte 19.
— -schnitte 19.
— -teiler (Divisor) 63.
Vorbereitungssätze *14*.

Weierstraß' elliptische Funktionen *56*.
— Normalform 184 (s. auch Abbildung)
— Primfunktion *44*, 166.
Wurzelfunktionen 232.

Zerschneidung, kanonische *33*.
Zetafunktion $\zeta(u)$ 211ff., 223, 253.

FSC
www.fsc.org
MIX
Papier | Fördert
gute Waldnutzung
FSC® C083411

Zeitfracht Medien GmbH
Ferdinand-Jühlke-Straße 7
99095 Erfurt, Deutschland
produktsicherheit@kolibri360.de